中华伦理文明新形态

何所向与何所为

晏辉◎著

NEW FORMS OF
CHINESE
ETHICAL CIVILIZATION

上海人民出版社

本成果为教育部人文社会科学重点研究基地
湖南师范大学中华伦理文明研究中心资助研究成果

目　录

导　言

　　"人类文明新形态"与"中国式现代化"是具有同等知性水平的范畴，二者作为把握我们的实际性、把握百年未有之大变局的内容构成、发展逻辑、未来趋势的知性范畴，乃是一种对中国式现代化之事实逻辑和价值逻辑的理论表达，是将人们的感受和体验、情感和意志、思考和判断概念化和观念化的过程，是基于经验的自然观点中经理论的自然观点而达于思想的自然观点的沉思过程，是被政治家和思想家呈现在表象里、把握在意识中的当代生活世界。起始于15世纪下半叶的现代化运动，使西方国家走上了快速发展的道路；在原子主义思维、主客二分观念、个人中心主义价值观的支配下，西方国家开启了全面的社会改造运动。然而，西方国家的现代化，是以军事打击作基础、以政治统治为手段、以文化殖民为途径、以经济侵略为目的，而在全球范围内不断制造矛盾和冲突、产生严重不平等和不正义的过程。与西方不同，中国共产党人创造着、实现着体现人类共同价值的平等观念和平等实践。中国式现代化是人类发展史上的新形态，中华文明是人类文明发展史上的新形态；推进中国式现代化、生成中华文明当代形态，不仅具有中国价值，更具有世界意义。

　　在新中国成立特别是改革开放以来长期探索和实践基础上，经过党的十八大以来在理论和实践上的创新突破，我们党成功推进和拓展了中国式现代化，创造了人类文明新形态。作为新的重大命题，"中国式现代化"与"人类文明新形态"在多个重要场合被提及。"中国式现代化"与"人类文明新形态"，是一体表达、互为印证的理论和实践范畴。在庆祝中国共产党成立100周年大会上，习近平总书记指出："我们坚持和发展中国特色社会主义，推动物质文明、政治文明、精神文明、社会文明、生态文明协调发展，创造了中国式现代化新道路，创造了人类文明新形态。"这是首次把"中国式现代化"与"人类文明新形态"放在一起加以强调。此后，党的十九届六中全会通过的《中共中央关于党的百年奋斗重大成就和历史经验的决议》指出，"党领导人民成功走出中国式现代化道路，创造了人类文明新形态，拓展了发展中国家走向现代化的途径"。党的二十大报告在两处谈到人类文明新形态，一处是把"不断丰富和发展人类文明新形态"作为新时代党和国家事业战略部署的重要内容，一处是把"创造人类文明新形态"列为中国式现代化本质要求之一。2023 年 2 月，习近平总书记在学习贯彻党的二十大精神研讨班开班式上发表重要讲话强调："中国式现代化，深深植根于中华优秀传统文化，体现科学社会主义的先进本质，借鉴吸收一切人类优秀文明成果，代表人类文明进步的发展方向，展现了不同于西方现代化模式的新图景，是一种全新的人类文明形态。"这一重要论述，阐述了现代化和文明形态、中国式现代化与人类文明新形态之间的关系。习近平总书记指出，中国式现代化"为人类对更好社会制度的探索提供了中国方案。中国式现代化蕴含的独特世界观、价值观、历史观、文明观、民主观、生态观等及其伟大实践，是对世界现代化理论和实践的重大创新"。这里谈到了制度关联、思想文化关联，由此使中国式现代化与人类文明新形态相通关系更具体化了。2023 年 6 月，习近平总书记在文化传承发展座谈会上的重要讲话，虽然没有专门论述中国式现代化和人类文明新形态，但其中多次谈到中华文明、世界文明、中华文明的突出特性、中华文明发展规律、中国式现代化的文化形态、新的文化生命体、新时代新的文化使命等概念和范畴，这对我们理解中国式现代化与人类文明新形态的关系，无疑具有重要启发意义。

人类发展史本质上就是个体与类制造问题、认识问题、感悟问题，最后去解决的问题的过程，然而，似乎没有任何一个问题的解决可以是一劳永逸的。在这些问题中，有些是基础性的问题。"我们首先应当确定一切人类生存的第一个前提，也就是一切历史的第一个前提，这个前提就是：

人们为了能够'创造历史',必须能够生活。但是为了生活,首先就需要
吃喝住穿以及其他一些东西。因此第一个历史活动就是生产满足这些需
要的资料,即生产物质生活本身,而且,这是人们从几千年前直到今天单
是为了维持生活就必须每日每时从事的历史活动,是一切历史的基本条
件。"①通过解放生产力和发展生产力,更通过发展科学技术,以创造用以
满足物质需要和精神需要的产品;人们用以创造生产资料和生活资料的
劳动力、劳动资料以及劳动产品,构成了一个总体性概念,即物质文化。
而物质文化中的先进部分就是物质文明。物质文明建设就是人类所有问
题中的基础性问题。

被创造出来的物质产品和精神产品,不可能直接确定其归属,直接进
入消费领域,而是要经过一定的程序,根据一定的分配原则将财富分配到
不同的个体和人群那里。这就产生了平等或不平等、公正与不公正的问
题。平等与不平等,往往是指两个事物之间的相等与不等。然而如果把
等与不等的状况同相关于这种状态的人直接关联起来,那么就产生了公
正或不公正的问题了。于是,便出现了两个或多个人之间在能力上、贡献
上和所得上的比例关系这三个实项,由谁来确定分配原则? 又由谁来执
行分配原则? 除了可数的社会财富的分配之外,还有不可数的、权威性
的、非物质化的财富的分配问题,如权力、资源、资本、身份、地位、机会、运
气等等。在此一方面,个体与类在构成社会的过程中创造出了社会文明,
包括政治文明和狭义的社会文明。社会结构的合理化程度,乃是人类进
步的重要标志。专制的社会和民主的社会,在文明的程度上具有质的差
别。如何建构一个能够充分实现效率与公平、正义与平等、自由与幸福之
价值原则的制度体系,乃是决定如何创造、分配和享用财富的根本性
问题。

无论是创造生态文明、政治文明还是创造社会文明,其基础都是人的
精神结构和精神力量的充分发挥;精神文明既是能力论的始点又是目的

---

① 　马克思、恩格斯:《德意志意识形态》,人民出版社 2018 年版,第 23 页。

论的始点。文明的本质乃是个体与类在科学文化方面的发展程度、在思想道德修养方面的进化程度。由生态文明、社会文明和精神文明有机构成的文明体，乃是人类文明的基本结构。

然而，如要进行一个终极性的追问，在所有的文明类型中，是否有一个核心性的要素，虽然它不是独立的文明类型，但却是所有文明类型的根基？回答一定是理智德性和道德德性。将理智德性和道德德性有机地统一起来，使之成为一个充满生命力的流动的善，这个善本身以及由它创造出的各种善，就是伦理文明。将伦理文明作为文明体中的核心要素立为首要因素，加以强调，加以优先构造，为构建人类文明新形态奠定了道德基础。如何创造丰富的器物文化、公正的制度文化和深刻的思想文化，是实现个体与类之终极之善的全局性问题。

在飞速发展的科学技术的支持下，在新质生产力的保证之下，一个极具中国特色的现代化运动便被运行起来。然而它们都只是实现人类终极之善的手段和条件，人类所有活动的终极目标是以追求快乐和幸福为根本目的的整体性的好生活。当人类使自己成为欲求主体、思考主体和行动主体，其最终目的不是为着这些主体自身，而是以它们为基础，过一种有尊严的整体性的好生活。生产、分配、交换和消费，认识能力、欲求能力、判断能力，理论理性、创智理性、实践理性，物质文明、社会文明、精神文明，它们之所以具有伦理性，乃是因为都是相关于个体与类之终极目的的，这就是追求和享用终极之善，并在这种享用中获得快乐和幸福的体验。人类的是、所是和应是，只有在终极之善的规定之下，才是可知的，可理解的，可实践的。

中国式现代化是不同于过往的和他者的社会发展模式的社会改革运动，它要求着同时也生成着为其进行伦理基础奠基的伦理范型，这就是中华伦理文明新形态。如果说，中国式现代化是我们的实际性，那么中华伦理文明新形态就是这个实际性中的伦理精神。我们觉知着这种伦理精神，并按照我们所知道的伦理精神去推进中国式现代化。然而，这个伦理精神不是附身性、距身性、异质性的实体，毋宁说是具身性、属己性和由身性的精神系统;它不是可以随意拆分又随意合成的实体性存在,它就是我们的心智结构,是未发状态的德性,更是已发状态的德行。中华伦理文明新形态作为现时代向我们发出的道德命令,实质上是这个现时代的逻各斯或道。那么,我们如何才能正确地、真实地将逻各斯或道呈现在表象里、把握在意识中呢?起于经验的自然观点、中经理论的自然观点而达于思想的自然观点,是统觉和统握时代精神的根本方式,非典型地说,这是一个现象学的致思范式。

没有任何中国人可以置身于中国式现代化这个社会历史场域之外,也没有任何有坚实的内在根据和充足的外在理由,向他者发布道德命令。每个人都是立法者,更是遵守立法而行动的人;做一个正确的言说者、公正的旁观者和正当的行动者,是每一个人的义务。为任何一个可能出现的观念与行动提供正当性基础证明,是在建构中华伦理文明新形态过程中,时代精神向每一个能思者提出的普遍性要求。

这就是"**中华伦理文明新形态:何所向与何所为——一种现象学考察**"的全部含义。对这一含义阐释,固然需要经济哲学、社会哲学、精神哲学,或是需要道德哲学和伦理学的研究范式,但它们似乎都不能呈现出"中华伦理文明新形态"的原始发生过程及其自我演进的客观逻辑,能够完成这一理论任务的致思范式只能是现象学的,因为"中华伦理文明新形态"的原始发生原本就具有现象学的性质。哲学与具有哲学性质的研究对象具有某种亲缘性和相似性,唯其如此,哲学应该研究具有哲学性质的问题,而不是随便的一个什么现象。当"中华伦理文明新形态"被我们的理性想到并用语言说出时,它就成了可被我们所认知和实践的事情,然而这个因我们的思考和行动而成的事情,究竟何所向、何所为?这是需要证明的,只有被证明是具有真正的必然性和严格的普遍性的事物,才是可实践的事情。那么,中华伦理文明新形态是否就是必然的和普遍的事情呢?现象学作为一种方法,旨在揭示出事物是如何呈现给我们的,我们又是如何统觉和统握到它的。"需要注意的是,现象学关注的是对象的呈现方式,而非对象的内容。现象学并不关心某个对象有多重、有多珍贵,或者由哪些化学成分构成,它关心的是对象显示或展现自身的方式,也即:它是如何显现的。"①而在我们看来,对象是什么,具有怎样的结构和功能,对于对象如何呈现给我们乃是前提性的问题,如若没有充满整体性、复杂性和冲突性的对象先行实存下来并持存下去,那么如何呈现的问题,也就没有了基础和根据。将现象学的方法充分运用于构建中华伦理文明新形态,旨在从结构现象学、价值现象学和发生现象学全面而深刻地呈现新形态的原始发生过程及其自我演进的客观逻辑。

如果说,哲学具有预设、批判和反思功能,那么它必然要充分运用人类的三种智性生活,借助思索,将不再是的传统的伦理文明形态在意识上后现出来,在实践中准当前化;借助判断,将正在是的伦理文明形态呈现在表象里、把握在意识中,将典型当前化、概念化和观念化;运用意愿将将要是的伦理文明新形态现前化,这是一种在意识中完成的前现。当把思索、判断和意愿统合在一起,变成一个集体性的行动的时候,那个具有自在的客观性的伦理文明新形态和具有自为的主观性的伦理文明新形态的概念和观念,就会消灭各自的片面性而消融在现实性之中;只有将片面的客观性和同样片面的主观性融合在行动中,一种既包含客观性又包含主观性的现实性才能出现。

高校人文社会科学重点研究基地,"湖南师范大学道德文化研究中心",在将思索、判断和意愿这三种智性生活充分运用于对"在中国式现代化中如何需要又如何生成伦理文明新形态"这一问题所进行的哲学沉思时,审时度势,将"构建中华伦理文明新形态"作为"十四五规划"的主攻方向。这与其说是被意识到的具有真正的必然性和严格的普遍性的中华伦理文明新形态,倒不如说是,作为具有历史必然性的中华伦理文明新形态要通过我们的理论理性、创制理性和实践理性而实现其自身。没有任何人有充足的理由说拥有了真理,真理是人类的历史理性、逻各斯、道,通过能够知晓它、领悟它、感悟它的个体、集体和类,而实现它自身。中华

---

① ［丹麦］丹·扎哈维:《现象学入门》,康维阳译,商务印书馆 2023 年版,第 13 页。

伦理文明新形态就是我们所生活于其中的这个生活世界向我们提出的必要要求，发布的道德命令；它是我们的是、所是和应是。因此，高校人文社会科学重点研究基地，"湖南师范大学道德文化研究中心"，结合自身优势和特色，将"中华伦理文明新形态研究"确定为"十四五"时期科研主攻方向。

中华伦理文明新形态是中国共产党团结带领中国人民、中华民族在推进中国式现代化进程中创造的人类文明新形态的重要内容和伦理文明样本，是中华伦理文明演进发展的最新成果，是具有中国特色、反映新时代需要和符合人类伦理文明发展规律的社会主义伦理文明范式，体现中华民族在伦理认知、伦理情感、伦理意志、伦理信念等方面达到的新境界，反映中华民族在伦理学理论和伦理道德实践方面达到的新高度，其存在具有既成性与未成性、实然性与应然性相统一的特征。

"中华伦理文明新形态：何所向与何所为"，正是从学科高度（现象学）和问题深度（基础性、根本性和全局性问题），对中华伦理文明新形态所做的理论研究。这是一种前提性的、基础性的研究，它要为"何所向"和"何所为"进行一个元哲学奠基，因为，只有把朝向"中华伦理文明新形态"的元哲学问题或哲学中的元问题，预先阐释和阐发出来，后续的研究才有坚实的内在根据和充分的外在理由。

第1章　构建中华伦理文明新形态：
何以可能？

何所向指所意欲的是为着什么的,亦即,我们何以需要构造一种中华伦理文明新形态;何所为寻求的是,这个伦理文明新形态是如何可能的。如若这两个前提性问题已被澄清和澄明,那么一个直接的问题便是,这种新形态具有怎样的结构,结构中的每一个要素和环节是如何被安置在整体结构中的,它们各自发挥着怎样的作用。我们试图借助现象学方法,对中华伦理文明新形态做结构现象学、功能现象学和发生现象学考察。如何在语义学和语言哲学的视阈内予以规定? 从其内部构成看,首先,它是一种主体性的德性,亦即令行动者、令他人、令政治共同体的各种能力得到充分发挥并使之处在整体性的好状态的能力和品质,令个体获得总体性的善自然可喜,令整个政治共同体都获得总体性的善则更加可贵;其次,它是一种作为客体性存在的观念系统和感受性存在的社会场域,亦即作为习性存贮下来的类意义上的意识和规范,以及由此形成的伦理环境。以此可以说,中华伦理文明新形态既是目的性又是功能性的文明体。最为困难的似乎不是指明中华伦理文明新形态的构成与功能问题,而是被明确意识到的当下的拥有和应有的缺失;我们所实际拥有并反复被运用的德性和规范已不足以推动我们实现被人们意识到并明确标画出来的终极之善,而能够助力实现终极之善的德性和规范尚在意愿之中,于是,如何拥有并切实可行地运用意愿中的德性与规范,才是最为艰难的事情。真实动机、正心诚意、格物致知、道德革命构成了一个自我流动、自我实现和自我完善的主体性逻辑;以此为基础,将现象学的致思范式充分运用到伦理文明新形态的分析和论证之中,便有了结构现象学、价值现象学和发生现象学,其间充满了自我开显、自我转换的内在逻辑,这是事物自身的发生和演进过程。

一、从善良意志到语言哲学:前提性问题

1. 前提性问题的一般说明

就"中华伦理文明新形态:何所向与何所为——一种现象学考察"这一题材而言,这与其说是朝向中华伦理文明新形态的提问方式和致思范式,倒不如说是直面事情自身。进一步地,我们何以要直面事情自身?毫无疑问,这是一种指向前提性问题的追问方式。无论是被人类理性想到并用语言说出的对象,还是已经和正在出现的事物,都是事情。将事物变成事情,并不仅仅在于语词的变换,而在于一种本源性的"给予"过程。"事物"是就其自身而言的,而"事情"则是事物对所指者和能指者所具有的意义而言的。"事情"是渗透着人的意愿、意向的事物,是获得了"被给予性"的事物。这是一个他者进入我的"视界"或"视阈"的过程,虽然不因为我们的努力而存在,却因我们的给予过程而实存。现在的问题是,我们何以要把自己的理性、语言、情感、情绪、意志注入到对象上去?那是因为我们需要它们,它们对我们是充满着"意味着"的事物。中国式现代化就是当代中国人的根本事情,如何为这个根本事情进行伦理基础奠基,就是一个基础性的事情。对这个前提进行预设、批判和反思,是构建人类伦理文明新形态的核心议题。为中国式现代化寻找和构建一个形而上学前提,不但是必要的,也是可能的。在传统的哲学研究中,寻找前提和构建前提,乃是任何一种哲学研究都必须预先完成的事情。在具体的沉思中,就是发问和追问,诸如,人为什么活着?如何才能过一种有意义的生活?为着能够生活的好,个体和类就必须能够正确思维,而正确思维的目的就是为了获得知识,理论知识、技艺知识和实践知识。那么,如何才能获得

正确知识呢？通过笛卡尔式的沉思，通过彻底地怀疑，通过我以"思"的方式去实现我的"是"，一个正确的知识就被共出了。那这是否意味着，只要获得了正确知识，个体与类的任何一种思考与行动都是可以接受的？显然不是。尚需一个正当性基础的证明。如果说笛卡尔追求的是经过怀疑而获得的真知识，体现的是人的认知能力，那么康德则在"人是什么"这个总标题之下，提出了三个疑问：我所知者何？我所行者何？我所欲者何？我自知着我在获得真知识，我能够证明我所获得的知识是正确的，因而是普遍有效的。我觉知着我在行动，且我明知着我的行动是出于责任的。我意愿着，且能够预想到，我所希望的东西乃是那些令我愉快与不快的东西。那么如何才能实现我所知、我所行和我所欲呢？那必是预先拥有实现这些目的的能力，然而，我们是否先天地拥有这些能力呢？与三种目的相对应，人类必须拥有三种能力：认知能力、欲求能力和判断能力。在构建哲学大厦之前，康德要殚精竭虑地为这个哲学大厦进行能力基础奠基；没有一个牢靠的基础，任何一种大厦迟早都会坍塌。康德通过对人的先天的认识能力、欲求能力和判断力的考察，找到了实现人的三个目的的基础：理论理性、实践理性和愉快与不快的判断力。

　　而在我们今天的学术研究中，寻找前提和构造前提的工作已经不那么重要了。对任何一个可能和已经出现的思考与行动是否具备一个事实性的和正当性的基础，人们似乎已经失去了兴趣，人们只问，这个思考与行动是否出于意愿，只要出于意愿和合于意愿就是正当，只要自认为或由他者认为出于意志就正确，至于这个意志是一般意志还是特殊意志、是个人意志还是公共意志，都不是或都不应该是值得疑问和过问的事情。一个缺少坚实的内在根据和充分的外在理由的观念和行动就是缺少根据的事情。无根、拔根状态，是我们必须正视和重视的社会现象。在某种程度上可以说，当代中国伦理学研究中的无根和拔根状态更加明显，也更加令人担忧。如果缺少了追问到底的精神，如果没有经过对何以可能、如何可能和怎样可能进行追问的艰苦的沉思过程，那么，任何一个伦理理论和道德判断都是不牢靠的。例如，我们尚未对 AI 技术和生成式人工智能之能够创制、支配、控制和运用的事实性的、正当性的基础进行彻底的考察之前,就信誓旦旦地宣称说,人工智能既可以分解一切又能够合成一切的神奇功效,可以将人类带入全面而彻底的好生活状态。这种只问是否拥有主观根据而不问是否拥有客观根据,甚至置主客观根据于不顾的研究方式,使伦理学研究陷入了无根和拔根状态。

为任何一个可能出现的观念和行动寻找和建构一个正当性基础,无疑是道德形而上学、道德哲学和伦理学的根本任务,它们与一般形而上学不同。在传统的形而上学沉思中,数学和自然科学都包含有先天综合判断,这似乎是人所共知的事情。然而,在人类求得真理的过程中,是否也有先天综合知识呢?于是,在可知与不可知的阈限内,康德在纯粹理性范围内给出了本体与现象的二分世界,人类只能在理性原则指导下对表象作知性范畴意义上的统觉和统握工作,不为本体而只为表象立法;而在由人的观念和行动构成的由己性和属己性世界里,人是用理智世界(原型世界)对感性世界(模型世界)实施指导和支配的,是通过理智为感性立法的。由康德的先验哲学开显出来的启示是,是否也应该为构建人类文明新形态、进一步地为构建中华伦理文明新形态进行一个可靠的奠基呢?

中华伦理文明新形态是怎样一种事情呢?首先,它不是实体性的存在,而是观念性的、情感性的、意志性的存在,是个体、群体、民族、国家性的观念和行动。其次,这样一种观念和行动对于个体与类的生活何以重要?倘若通过经验和直观就可以证明这些疑问都是不成问题的,或者说,通过常识和知识就可以证明人类的伦理文明对于个体和类的生活而言,乃是真问题、根本性的重大问题,事实也确实如此,那么,现在的疑问是,我们何以要构建中华伦理文明新形态?我们是否具备了构建伦理文明新形态的主体性力量和客体性资源?抑或是,我们只是具备了重建伦理文明新形态的意愿,而没有行动?更加深层的问题是,我们的观念、意识、知识、情感和意志,本质上还是前现代的,而我们的意愿却是现代的。我们用前现代思维构建着现代文明,这种措置可能还没有被人们明晰地感觉到,意识与潜意识和无意识之间的矛盾和冲突还没有呈现在表象里、把握在意识中。

如果对这些前提性问题没有预先作出明确的批判和反思,而只是出于感觉或直觉而模糊地意识到,重建中华伦理文明新形态对于推进中国式现代化是一件基础性的、根本性的事情,那么,谁来重建、重建什么、如何重建,谁为重建担负道德责任,都将是模糊的。对象的确定性和主观的清晰性是我们从事这种重建工作所必须坚持的两大原则;对象的确定性是事情自身的客观逻辑,主观的明晰性是概念、话语和表述的主观逻辑。一个充满确定性的事情,其自身具有自明性,但这种自明性必须通过概念的清晰性被阐释出来。何所向与何所为就是我们试图将构建中华伦理文明新形态这个具有自明性的事情,通过充满明晰性的概念阐释出来的一种艰苦的努力。

我们不是站在中华伦理文明新形态这一"题材"的对面,以一种他者的身份描述这个"题材"的自我开显和自我转换的过程,而是让"题材"本身当权,"题材"借助我们的概念、话语和逻辑呈现其自身。中华伦理文明新形态并不是无根的自我显现物,而是基于"道德事实"这个充满生命力和自我转化能力的"有机体"之上的,这个"有机体"凭借其自身的质料因、动力因、形式因和目的因这四种元素和环节,不断由可能转化现实,从人性道德事实转向社会道德事实、精神道德事实,最后发展成为一种自我呈现、自我修正、自我完善和自我发展的伦理精神。当这种伦理精神在一个民族之内生成着、活跃着的时候,它就是民族伦理精神;当它在现代国家的意义上显现着、活跃着的时候,它就是国家伦理精神;当它在特定的历史时期成为整个人类的共同价值时,它就是人类伦理精神。为着防止把中华伦理文明新形态视作是一个由诸种要素和环节组合而不是结合起来的机械物,是一个可以随意拆分又随意组合的无生命存在物,必须采取"超越论的现象学"的致思范式,只有这样才能真正直面中华伦理文明新形态这个事物自身。

人类似乎从不缺少对美好事物的向往,而最缺的是实现向往的勇气和能力;虽然也不缺乏实现终极之善的真情实意,但也不缺少虚情假意,亦即以所谓的道德革命精神掩盖真实的道德保守主义。所拥有的资源不同，所处的地位各异，进行道德革命的动机就不同，因此，预先完成"正心诚意"的工作，对于构建伦理文明新形态具有前提性作用。真诚是追寻真理并运用真理的道德基础，因为如果只是为着获得由个人感觉和特殊利益而来的目的而去追寻和获得真理，那是永远都不可能实现的目的。没有合理性作坚实基础的合法性是不会是出于理性或合于理性的，因而是无法用真理的标准加以论证的。追问、追寻和构建中华伦理文明新形态就需要真诚的动机和科学的精神，实现从善良意志到公共意志的转变，这是实现这一目的的意识前提。

如果说，在前提问题的一般性说明中，已经初步完成了对构建中华伦理文明新形态何以可能、如何可能和怎样可能所进行的前提考察，那么，更终极性的追问是，我们为何要构建中华伦理文明新形态？显然，这不是目的自身，它是为着另一个更重要的目的服务，这个目的就是中国式现代化。然而，如若将前提追问到底，那自然就会问，中国式现代化究竟为着什么目的而被发动起来？这就是，令每个人都有自明的意愿且有充分的条件和环境过一种整体性的好生活。只有将中国式现代化的伦理性质充分地揭示出来，构建中华伦理文明新形态才能够成为推动中国式现代化的伦理基础。这就是建构中华伦理文明新形态的何所向问题，只有预先澄明了何所向的问题，何所为的问题才有根基。

2. 如何为中国式现代化进行正当性基础论证？

中国式现代化是朝向作为目的论始点的伦理世界的整体性社会运动过程，这不仅为观念所预设，也为社会改革过程所证明。

只要有人类存在，只要人们意愿过一种整体性的好生活，作为目的论始点的伦理世界就会存在。伦理世界乃是那个源出人的所是与应是的价值世界，个体及个体的有机结合——类都是由于这个伦理世界而生存和生活的；任何一种社会都是朝向这个伦理世界而完成的复杂设置。人们固然怀旧于过往的伦理世界或沉浸于未来的想象的伦理世界而对当下的伦理世界表示不满,但正是这种不满才是我们的实际性。最为重要的不是朝向"不再是",而是面对、应对"正在是",并指明一个"尚未是"的可能状态来。海德格尔在 1923 年的讲座"存在论:实际性的解释学"中,开篇便说,一切诠释都是朝向"实际性"的体验与思考:"实际性是用来表示'我们的''本己'的此在的存在特征,更准确地说,这个用语系指:当下的这个此在('当下性的'的现象;试比较:逗留、停驻、寓于此的存在、此—在),如果它在其存在特征是存在方式中的'此'的话。存在方式中的此在指:不是而且决不是最初作为直观和直观规定的对象,不是作为仅仅从中获得知识和占有知识的对象,而是此在为了它自己以其最本己的存在如何在此存在。这种存在的如何敞开并规定着'此'之当下的可能性。存在(Sein)——为及物动词:去过实际生活。如果存在取决于它自身,即存在,那么存在本身根本就不可能是一个占有的对象。"①人们总习惯于去占有已经逝去的不再是和想象拥有尚未是,从而不能理性地、科学地对待我们实际拥有的"实际性",即正在是。那么,什么才是我们实际拥有的伦理世界呢?中国式现代化所要实现的那个伦理世界究竟是怎样一种价值结构呢?这个伦理世界就是我们这个时代的有理性的东西,是我们的实际性,是时代的所是;它要借着中国式现代化而实现其自身,这个运动就是应是。所是与应是都深深地蕴藏在民众的心声里、历史的声音中,"公共舆论中有一切种类的错误和真理,找出其中的真理乃是伟大人物的事。谁道出了他那个时代的意志,把它告诉他那个时代并使之实现,他就是那个时代的伟大人物。他所做的是时代的内心东西和本质,他使时代现实化"②。

在现时代,那个作为终极之善的伦理世界可以这样被表述:找到一种能够持续地创造财富并合理分配财富的经济组织方式;创制一种令每一个人自愿且合理表达其政治意志的制度安排;令每个人有能力也有条件

---

① 　[德]海德格尔:《存在论:实际性的解释学》,何卫平译,商务印书馆 2016 年版,第8—9 页。

② 　[德]黑格尔:《法哲学原理》,范扬、张企泰译,商务印书馆 1961 年版,第 334 页。

过一种整体性的好生活。在这三个陈述中，经济和政治都仅仅具有手段之善的意义，而整体性的好生活才是终极目的。

（1）人类始终孜孜以求于一种能够持续地创造财富并合理分配财富的经济组织方式

以采集和狩猎为基本类型的原始经济，以畜牧业和农业为主要类型的自然经济，以创造人工产品为主要类型的工业经济，以信息和知识的生产与传播为主要类型的知识经济、信息经济和数字经济，是人类发展到今天能够找到的最为重要的经济组织方式。这是就财富的生产方式而言的，就产品的交换方式来说则有自给自足式的自然经济、日常消费品之交换的交换经济、生产资料和生活资料普遍交换的商品经济以及以市场为导向进行资源配置的市场经济。市场经济被认为是迄今为止人类能够找到的相对有效率的经济组织方式，它发轫于15世纪下半叶欧洲一些沿海城市。起始于15世纪下半叶的西方国家的现代化运动，起初可能是经济形态的，换言之，市场经济是推动现代化运动的直接动力。然而，西方形态的现代化运动从来就不是纯粹的经济行为，尽管资本的运行逻辑是支配西方现代化运动的基础性的力量，但通过劳动资本化、资本私有化、私有制度化，一个完整的资本主义体系就被建构起来了；至此，市场经济仅仅成了资本主义体系实现其本质的一种手段。

法国年鉴学派标志性人物布罗代尔，则通过对资本主义发生史和演变史的考察，从经济史的角度给出了人们建构和发展市场经济所引发的伦理后果。布罗代尔在《十五至十八世纪的物质文明、经济与资本主义》第二卷上卷，集中论述了"市场与经济"和"资本、资本家、资本主义"，虽然并未给出有关"市场""市场经济""资本主义"的明确或精确定义，但却用大量实证材料描述了市场的形成过程和资本、资本家、资本主义的产生过程。①在《资本主义的动力》这本小薄册子中，布罗代尔明晰地指出了市

---

① ［法］费尔南·布罗代尔：《十五至十八世纪的物质文明、经济与资本主义》，第二卷，第二、三章，顾良、施康强译，商务印书馆2018年版，第144—260、261—440页。

场经济和资本主义都有世界化的倾向。市场经济的世界化是借着普遍的交换完成的，正是通过交换不同的商品在世界范围内流通；也正是通过交换，人们实现了满足需要的多样性和生活方式的多样化，其间并无恶的因素。"从 15 世纪到 18 世纪，市场经济这个快速生活区不断拓宽。拓宽的征兆，证明拓宽的标记，这就是市场价格越过空间呈现出的链条变化。在全世界，在对此已有许多观察的欧洲，在日本，在中国，在美洲……价格都在变动。"①而资本主义又借着逐渐世界性的市场、交换，简言之借着逐渐世界化的市场经济而将自己也推广到世界中去。"诚然，今日资本主义的规模与范围出现了令人难以置信的变化。它是随着基础交换和运作手段令人难以置信的扩展而水涨船高的。但是，万变不离其宗，我怀疑资本主义的性质发生了彻头彻尾的变化。"但"资本主义仍然建立在剥削国际资源、利用国际机遇的基础上，换言之，它以世界为存活的范围，至少它是向全世界伸展的。它当前的最大目标是：重整全球主义的旗鼓。"②资本主义如果离开了物质生活和市场经济，它就绝不能变成世界性的。"我更加坚信我自己慢慢归顺的意见，即资本主义是地地道道地从顶端的、或伸向顶端的经济活动中衍生出来的。如此说来，这个强悍的资本主义是由两层垫子托着的，一层是物质生活，一层是结构紧密的市场经济，资本主义代表的是高利润领域。鉴此，我把资本主义定位在顶点上。"③布罗代尔一再强调指出，资本主义与市场经济是不同的，无论在时间逻辑还是在事物的逻辑上，市场、市场经济都是先于资本主义而发生的。但人们对二者通常是不加区分地使用的，认为将市场经济推广到世界各地就是把资本主义扩展到整个世界，这就为资本主义的世界性扩张提供了坚实基础。布罗代尔指出："通常，人们对于资本主义与市场经济不加区别，之所以如此，是因为二者从中世纪至今总是同步发展的，是因为人们经常将资本主义说成是经济进步的驱动力和经济进步的充分的展现。其实，一切都驶

---

① ［法］布罗代尔：《资本主义的动力》，杨起译，三联书店 1997 年版，第 27—28 页。
② 同上书，第 76 页。
③ 同上书，第 77 页。

在物质生活的巨大脊背上。物质生活充盈了，一切也就前进了，市场经济也就藉此迅速地充盈起来，扩展其关系网。资本主义一贯是这种扩充的收益者。"①布罗代尔将市场经济与资本主义区别开来，而将前者视为一种提升物质生活水平的经济组织方式，推行市场经济未必造成剥削、不公正，而推行资本主义则必然造成极端利己主义、不平等和不公正，这一观点对于研究市场经济的伦理性和伦理基础问题极为重要；进一步地，何种政治制度对于如何规避市场经济的劣势而发挥的它的优势起着根本性的作用。

事实证明，当资本主义体系借着现代生产逻辑，借助物质文明和市场经济这两个坐垫而逐渐爬升到经济世界的顶点时，它便把地方性的空间不正义变成了世界性的空间不公正。作为现代化运动之支点的资本，为资本主义的世界化开辟了道路，它把劳动资本化、资本私有化、私有制度化变成了世界性的存在。资产阶级消灭了过往的私有制，却又把新的私有制发展到了最完备的形态。"共产主义的特征并不是要废除一般的所有制，而是要废除资产阶级的所有制。但是，现代的资产阶级私有制是建立在阶级对立上面、建立在一些人对另一些人的剥削上面的产品生产和占有的最后而又最完备的表现。"②当资本被资产阶级变成一种社会力量的时候，它就可以凭借资本的魔力而把它的占有和支配欲望和行为贯彻到了世界的任何一个角落。"资本是集体的产物，它只有通过社会许多成员的共同活动，而且归根到底只有通过全体社会成员的共同活动，才能运动起来。因此，资本不是一种个人的力量，而是一种社会的力量。"③以此可以说，在现代生产逻辑中，资本的力量，无论是作为一种追求增殖的观念，作为一种实现占有和支配的欲望，还是作为一种实体性的要素，都深深地植根于生产、分配、交换和消费之中；资本是一种典型的悖论性存在，在快速创造财富的同时又制造着劳动异化、两极分化和尖锐的社会矛盾。

---

① ［法］布罗代尔：《资本主义的动力》，杨起译，三联书店 1997 年版，第 42 页。
② 《马克思恩格斯文集》第 2 卷，人民出版社 2009 年版，第 45 页。
③ 同上书，第 46 页。

当资本及其运行逻辑被立于经济世界顶点的资产阶级或既得利益集团所完全控制时，社会的全部结构就会朝向阶级矛盾和对立方向演进。市场自治在不受政治权力干预的交换领域是有效的，但完全的市场万能和市场自治被证明是靠不住的承诺。

于是，中国式现代化新道路的经济难题就充分地体现在如何正确引导、充分运用资本的社会作用上面。经过深刻地理论反思和艰苦地实践探索，经过市场经济到底是手段还是目的的争论和"试验"，最终确定下来，社会主义有计划，资本主义也有计划，资本主义有市场，社会主义也有市场，市场经济作为一种资源配置方式，既可以为资本主义服务，同样可以为社会主义服务，甚至更好地位社会主义服务。以城市为中心开启了全面的经济体制改革，使得社会主义建设走上了快速创造财富和积累财富的道路。在不断推进市场化的过程中，也时隐时现地出现了亚当·斯密所描述的"看不见的手"和"公正的旁观者"景象。斯密首次使用"看不见的手"这一短语是在《天文学》中，在写到早期宗教思想时，他谈到，只有不合常规的偶然事件是神奇的力量引起的。"火燃烧起来，水得到补充；重的物体下降，轻的物体上升，这是它自身性质的必然；也不是朱庇特的这只看不见的手觉察到而作用于这些物体。"[1] 在《道德情操论》中，斯密将"看不见的手"表述得更清楚："一只看不见的手引导他们同穷人一样对生活必需品作出几乎同土地在平均分配给全体居民的情况下所能作出的一样的分配，从而不知不觉地增进了社会利益，并为不断增多的人口提供生活资料。当神把土地分给少数地主时，他既没有忘记也没有遗弃那些在这种分配中似乎被忽略了的人。后者在享用着他们在全部土地产品中所占有的份额。在构成人类生活的真正幸福之中，他们无论从哪方面都不比似乎大大超过他们的那些人逊色。在肉体的舒适和心灵的平静上，所有不同阶层的人几乎处于同一水平，一个在大路旁晒太阳的乞丐也

---

[1]　［英］亚当·斯密：《道德情操论》，蒋自强等译，商务印书馆1997年版，第17页。

享有国王们正在为之战斗的那种安全。"①在《国富论》"论限制从国外输入能生产的货物"小标题之下,他再一次地论述到了"看不见的手":"确实,他通常既不打算促进公共的利益,也不知道他自己在什么程度上促进那种利益。由于宁愿投资支持国内产业而不支持国外产业,他只是盘算自己的安全;由于他管理产业的方式目的在于使其生产物的价值能达到最大程度,他所盘算的也只是他自己的利益。在这场合,像在其他许多场合一样,他受着一只看不见的手的指导,去尽力达到一个并非他本意想要达到的目的。也并不因为事非出于本意,就对社会有害。他追求自己的利益,往往使他能比在真正出于本意的情况下更有效地促进社会的利益。"②

不可否认,亚当·斯密所说的"看不见的手",事实上是基于个人、组织、企业的自利行为而造成的意想不到的社会公益后果;每个行动者并无利他动机,但由于每个人之间、企业与个人之间、企业与企业之间、企业与政府之间的相互依存性决定了自利动机的社会效果。事实上,这并非一个典型的伦理问题,而只能算是企业自利行为的伦理后果问题。而造成这一后果的企业是否担负社会和道德责任,倒是一个典型的伦理问题。首先,自利性的普遍性问题。如果将每一个人、每一个企业视作是利益主体,那么每个企业的利己动机都是合理的,如果每个人都和每个企业都放弃了促使自己利益最大化的努力,而等待其他利益主体的救济,那么谁又会通过利己行为而客观上造成社会利益增加呢? 这里的关键不在于利己动机,而在于于人于己有利的自利行为,而不是损人利己。在市场经济条件下,正是不同利益主体之间的相互依赖性,导致人们或不同企业之间必须遵循互利原则。这正是康德所给出的普遍法则:要按照你希望别人对待你的方式对待别人。依照康德的论证,只有出于责任的行为才有道德价值,如果是出于自利目的而不得不遵循互利原则,而对于遵循互利原则本身并无爱好,那么这种行为只是具有功利价值,因为每个利益主体都是

① [英]亚当·斯密:《道德情操论》,蒋自强等译,商务印书馆1997年版,第230页。
② [英]亚当·斯密:《国富论》,郭大力、王亚南译,商务印书馆2015年版,第428页。

依照利己意图而行动的。相反,反乎责任的行为则不但不具有道德价值,反而具有负的道德价值,但此种情形则不会持久而普遍,因为,如果互相欺骗、欺诈成为普遍法则,则任何一个人的自利目的都无法实现。

　　然而,亚当·斯密的"看不见的手"的理论没有充分考虑到私有制与公有制的本质区别,如若每个企业家首先是资本家,进一步地说,"看不见的手"的运行是在资本家与雇佣工人之间的阶级对立和对抗条件下的,即便是产生了意想不到的社会伦理后果,那么它的伦理基础就是不道德的,是一部分压迫和剥削另一部分的后果,尽管遵循的是互惠互利原则,但它们的前提是不公正的,对此,马克思对貌似平等而实则不平等的"看不见的手"的理论及其实践后果做了正确的批判:"劳动力的买和卖是在流通领域或商品交换领域的界限内进行的,这个领域确实是天赋人权的真正伊甸园。那里占统治地位的只是自由、平等所有权和边沁。自由!因为商品例如劳动力的买者和卖者,只取决于自己的自由意志。他们是作为自由的、在法律上平等的人缔结契约的。契约是他们的意志借以得到共同的法律表现的最后结果。平等!因为他们彼此只是作为商品占有者而发生关系,用等价物交换等价物。所有权!因为每一个人都只支配自己的东西。边沁!因为双方只顾自己。使他们连在一起并发生关系的唯一力量,是他们的利己心,是他们的特殊利益,是他们的私人利益。正因为人人只顾自己,谁也不管别人,所以大家都是在事物的前定和谐下,或者说,在全能的神的保佑下,完成着互惠互利、共同有益、全体有利的事业。"①

　　斯密用他的"旁观者"理论来约束和矫正一个功利者的利己动机。人和人之间之所以构成一个互惠互利的利益整体,除了那只看不见的手的作用之外,还有一个根本性的主体性力量,那就是同情心和慈善。"无论人们会认为某人怎样自私,这个人的天赋中总是明显地存在着这样一种本性这些本性使他关心别人的命运,把别人的幸福看成是自己的事情,虽然他除了看到别人幸福而感到高兴以外,一无所得。这种本性就是怜

————————
　　① 《马克思恩格斯全集》,人民出版社 2001 年版,第 204—205 页。

悯或同情,就是当我们看到或逼真地想象到他人的不幸遭遇时所产生的感情。这种情感同人性中所有其他的原始感情一样,决不只是品行高尚的人才具备,虽然他们在这方面的感受可能最敏锐。最大的恶棍,极其严重地违犯社会法律的人,也不会全然丧失同情心。"①同情与怜悯,作为一种原始情感,发生于不同的人之间,是一个没有遭受痛苦的人,在直接感受到或想象地感受到遭受痛苦人的感受时而产生的内心体验,本质上是一个移情的过程,即把他人的感受迁移到自己的想象中来,然后再把这种想象体验推至到遭受不幸的人那里,继而产生安慰、抚慰。同情和怜悯使自己一分为二了,这便是斯密有名的"旁观者"理论。这种理论,斯密虽然是在同情心这种原始情感中来运用的,但对于深入理解康德普遍法则的有效性,同样有着深刻的借鉴意义。一个法则能被普遍地遵守,在心理机制和意识水平上,是建立在想象力基础上的,即当我遵循某个法则而行动时,我意愿同时我也相信他人也一如我那样遵守,反之亦然。

"显然,当我努力考察自己的行为时,当我努力对自己的行为作出判断并对此表示赞许和谴责时,在一切此类场合,我仿佛把自己分成两个人:一个是审查者和评判者,扮演和另一个我不同的角色;另一个是被审查和被评判的行为者。第一个我是旁观者,当以那个特殊的观点观察自己的行为时,尽力通过设身处地地设想并考虑它在我们面前会如何来理解有关自己的情感。第二个我是行为者,恰当地说是我自己,对其行为我将以旁观者的身份作出某种评论。前者是评判者,后者是被评判者。不过,正如原因和结果不可能相同一样,评判者和被评判者也不可能全然相同。"②一个公正的旁观者,既可以以同情和怜悯表达对遭受不幸的人的关爱和安慰,也可以把自己分成两个人,以公正的态度对自己的行为作出公正的评价,就如评价别人的行为那样,运用相同的评价标准;也如同别人评价自己那样,保持和他者评价的一致性。

---

① [英]亚当·斯密:《道德情操论》,蒋自强等译,商务印书馆1997年版,第5页。
② 同上书,第140页。

经过经济体制改革和市场经济的发展,斯密所描述的"看不见的手"和"公正的旁观者"景象并未普遍地出现,相反,资本和权力这两只看得见的手却牢牢地掌控着那只"看不见的手"。处在不利地位的弱势群体在初始性的分配中就奠定了后来的持续的不利地位,一种日益严重的固化现象普遍地呈现出来。这着实令人深思:不改革原有的经济体制和经济增长模式,结果是共同贫穷与落后;建立市场、解放生产力和发展生产力,财富积累起来了,经济总量增加了,却又加深了贫富差距。

事实证明,市场经济尽管内在地拥有通过价值与价格的对立统一关系调节着现代生产的四个要素,但却无法合理安排生产资料和生活资料以及随资本积累而来的权力、地位、身份、机会、运气等权威性资源和市场化要素在整个社会领域里的公平分配,进言之,经济的力量无法解决由资本的运行逻辑所可能导致的劳动异化、两极分化和社会矛盾,它必须借助政治的力量,通过体现公平与效率的多种分配方式,合理分配社会资源和社会财富,这就是社会主义制度的根本优势。如何充分并合理运用政治力量推进中国式现代化业已成为一个根本性的问题。

(2)构建充分体现正义与平等原则的政治制度

在构建中国式现代化的过程中,政治力量和政治智慧愈益显示出它的根本作用;这种作用是双重的,既是目的又是手段。如何建构一种令每个人自愿但合理地表达其政治意志的制度安排,就是手段论意义上的政治力量;培养每个人自觉、自愿、理性地关注和参与重大政治事件的政治意识,并充分表达民意和公意,就是目的论意义上的政治力量。人类进入阶级对立状态以及由此而产生的国家以来,"政治"作为一种观念、制度和行动便开始在人们的集体行动和公共生活中起着根本性的作用。在阶级对立之社会状态下,政治是一个用以描述在经济上居支配地位的阶级通过思想上层建筑和政治上层建筑维护自己的统治地位的概念,在此种状态下,自由、民主、平等、公正这些观念和价值是没有现实性的,而在社会主义制度之下,政治概念虽然依旧保留着政党、政府通过公共管理而为公民提供最大化的公共物品这一含义,但从性质及其功能上已经具有了全新的内涵和作用。

中国式现代化要求着同时也培育着现代政治文明。这种政治文明既不同于西方基于近代的现代化运动而来的资本主义政治文明，又不同于传统社会基于差序格局之上的封建主义政治文明，而是基于中国特色社会主义政治制度，既继承又超越中外古今政治文化而形成的新型文明形态。首先，它是一套新型的观念体系。这套观念体系是普遍的、根本性的。它来自当代形态的个体与类的理性自身，是这个理性的概念化和观念化，当把这个理性变成相关于目的之善的价值命题时，就体现为财富的持续创造与合理分配、令每个人自愿但合理地表达其政治意志的制度安排、能够过一种整体性的好生活。当把终极之善标画为初心和使命时，政治观念就被改造成了朝向天人之道的生态文明、朝向人伦之道的社会文明和朝向基于对好生活追求的整体素养提升的政策设计和制度安排，即制度文明。而就天人之道而言，重构当代的自然观、时空观和生态观，就人伦之道而言重构财富观、效率观、平等观、权力观、公平观、正义观、权力观，就整体性的好生活而言重构道德观念、自由观和幸福观，乃是重构当代制度体系的观念基础。在财富的持续创造和合理分配过程中，作为体现公平与效率的经济制度和生态政策，必须坚持代内伦理和代际伦理原则，亦即，为保护自然环境所付出的成本和所担负的道德与法律责任必须与个体与组织的所得成正比，生态正义原则所要实现的目标就是人与自然的和谐相处，人类社会的可持续发展。在财富、权力、地位、身份、机会乃至运气的分配上，必须充分考虑天赋地位和自致地位的历史差异性，在坚持公平与效率有机统一的基础上，阻止权力、财富和机会在优势人群那里的持续积累，防止资本的运行逻辑所可能造成的两极分化。既要人们有足够的积极性和创造性参与社会总财富的创造和分配，又不至于通过缩小甚至消灭差别而推行平均分配。共同富裕既是一个社会概念又是一个历史范畴，作为社会概念，每一个人都有分有和享有社会财富的权利，从经济平等、社会平等和政治平等回溯到人格平等，每一个受法律保护的公民都有平等的权利和义务，都有积极参加社会劳动的权利和义务，又有分得社会财富、享受社会主义制度优越性的权利。在实现共同富裕的道路上，作为观念和制度的政治，面临着两个根本性的问题，一个是如何阻止权力、资本和知识之间的"互联互通"问题，权力知识化、资本化，知识权力化、资本化，资本权力化，是导致腐败的根本原因，当权力、资本和知识作为现代化运动中的核心力量，失去其最基本的限制时，就必然造成社会资源和财富在少数人群那里的快速聚集，致使处在弱势状态下的人群无法突破日益固化的社会利益关系，而自愿而合理地进入"市场"，参与社会财富的创造和分配。将权力、资本和知识限制在合理范围内的核心力量便是政治，这着实是一个悖论，用权力来限制权力就如同让能够利用权力谋得私利的人来限制自己一样，是很难有道德和法律效力的。为此，就必须重构一种权力观和政治观，而这种更能体现正义、平等、民主价值的观念才是中国式现代化之伦理基础的核心内容，也是现代政治文明的重要标志。相反，如若依旧运用被证明是已经落后的权力观和政治观推动现代社会建设，那必然是徒有现代文明的外表而实有落后文化的内容。在朝向整体性的好生活过程中，政治更有它的核心作用。当我们描述一种整体性的好生活时，它往往意味着，人们在社会总劳动的分配上，能够在物质财富和精神财富的创造上合理分配社会时间，精心布局劳动部门。由资本的运行逻辑所造成的社会财富生产、分配与消费的畸形后果，乃是依靠资本自身的运行所无法改变的困境。事实证明，始自 15 世纪下半叶的西方现代化运动，本质上是一个全面改造自身自然和身外自然的过程，物质需要的细致化和物质产品的多样化，使得人们在物质需要的满足上乐不思蜀、乐此不疲；快速发展起来的现代技术，更是把人们置于一种被物包围的世界之中。虽然无法精确计算，但至少从感性知觉上可以得知，人们用于创造精神产品的意愿、时间和力量远远弱于用于物质产品的生产和消费。现代化运动似乎是一个单方突进时的运行过程，这与市场经济的本质密切关联。只有当同类产品能够被快速生产出来且被快速消费掉的时候，通过生产和交换而完成的收益最大化才能实现；相反，与物质产品不同，精神产品可以多人多次消费，更为重要的是，以衣食住行用为主要内容的物质需要,本质上是自在而自为的,而以信知情意为根本内容的精神需要则一定是通过后天的教育和教化而养成的;前者表现为人的物质性或生物性,而后者则表现为人的社会性和精神性。当人们沉浸于物质性或生物性需要的满足,甚至陷入奢侈与浪费而不能自拔,相反,人们的社会性和精神性却得不到相应的进化和提升,我们无论如何不能说这是一种高度的文明形态。由资本的运行逻辑所导致的物质生产与物质需要和精神生产与精神需要的不平衡发展,也是中国式现代化必然面临的挑战。如果人们将时间和精力用于和整体性的好生活没有直接相关性的事务上,甚至用于形式主义的事务上,那么,作为国家治理和社会管理之核心力量的政治就未能行使它的指向终极之善的使命。其次,政治是一个制度体系。如若使政治发挥它的真理性和终极性功能,就不能仅仅停留在观念的状态中,必须将观念制度化,只有借助制度,一个好的政治观念才能广泛而持续地发挥作用。制度是观念和行动的规范化形式,政治制度是借助思想上层建筑和政治上层建筑而完成规范设置,它是相关于每个人的根本利益的事项;它具有合法性、强制性、权威性和不可逆性。作为一种"看似有理性结构",政治制度一经被创制出来,就变成了意义不再增加的固定结构,因此,政治制度是否合理,是否真正朝向终极之善而被共出,直接决定着政治生态的合理、合法性程度。百年党史实践的最大功绩就在于建立了一个体现共同富裕、民主、平等、正义等价值的政治制度体系,这是中国式现代化最为坚实的基础。

(3) 追寻出于自愿但有充分的外部条件的好生活

促使每一个人拥有丰富的客体性条件和坚实的主体性根据,过一种整体性的好生活,是中国式现代化所欲求的终极目的。而就好生活的原始发生及其演进逻辑而言,可有两种道路,一种是对象化的道路,一种是自主性的途径。世界只为人的好生活提供了质料和环境,而没有提供既成的生活资料。所谓质料就是可供人类生产用于满足其各种需要所需的元素,人类只能在自然给定的条件下进行生产劳动,借以创造出各种生活资料。而这些元素通常是不能直接成为生活资料的,而必须经过人的加工和改造不可,这便是对象化的过程。劳动作为人的对象化活动的基本形态,乃是人的本质力量及其实现的根本标志;通过劳动人创造了一个对象性的存在,继而也就创造了一个属人的世界。然而,这个作为对象性存在的属人世界是否成为于人的好生活而言的客体性条件,则既取决于人类对自身之对象性存在的支配能力,更取决于人们能否创制出一种防止对象性存在成为异在性或异化性存在的政治制度,前者是普遍性问题,亦即,在任何一种社会状态下,对象性存在都可能成为异己性存在;后者是特殊性问题,亦即,在阶级对抗社会,异己性存在除了自然而然的对象性存在之外,还有人为的要素,即私有制。资产阶级消灭了以前的异己性存在,但又把由资产阶级私有制制造的异己性存在发展成了最高的、最完备的形式。当自然的和人为的、普遍的和特殊的对象性及其异在性被统合在一起,成为一个根本性的社会问题时,建构何种样式的政治制度就成了人类追求整体性好生活的根本任务。当人从人对人的依赖中摆脱出来,成为一个相对独立的存在时,却又因为资本的运行逻辑而陷入对物的依赖性之中。“在世界市场上,单个人与一切人发生联系,但同时这种联系又不以单个人为转移,这种情况甚至发展到这样的程度,以致这种联系的形成同时已经包含着超越它自身的条件……毫无疑问,这种物的联系比单个人之间没有联系要好,或者比只是以自然血缘关系和统治从属关系为基础的地方性联系要好。同样毫无疑问,在个人创造出他们自己的社会联系之前,他们不可能把这种社会联系置于自己支配之下。如果把这种单纯物的联系理解为自然发生的、同个性的自然(与反思的知识和意志相反)不可分割的、而且是个性内在的联系,那是荒谬的。这种联系是各个人的产物。它是历史的产物。它属于个人发展的一定阶段。这种联系借以同个人相对立而存在的异己性和独立性只是证明,个人还处于创造自己的社会生活条件的过程中,而不是从这种条件出发去开始他们的社会生活。这是各个人在一定的狭隘的生产关系内的自发的联系。”①只

---

① 《马克思恩格斯文集》第 8 卷,人民出版社 2009 年版,第 55—56 页。

有既超越于狭隘的血缘的、地方性联系，又超越于人对物的依赖关系，而成为整个作为对象性存在的社会关系的支配者的时候，人的全面发展才有可能。"全面发展的个人——他们的社会关系作为他们自己的共同的关系，也是服从于他们自己的共同的控制的——不是自然的产物，而是历史的产物。要使这种个性成为可能，能力的发展就要达到一定的程度和全面性，这正是以建立在交换价值基础上的生产为前提的，这种生产才在产生出个人同自己和同别人相异化的普遍性的同时，也产生出个人关系和个人能力的普遍性和全面性。"①这是人类的理性、历史的理性，谁将这个理性澄明出来并使之现实化，他就是他那个时代的伟大人物；有哪一种社会制度能够为个人自由而全面的发展提供充分必要条件，那么它就是一种体现人类和历史理性的现实事物。中国式现代化正是朝向这种现实事物的现实运动。

如果说，中国式现代化为个人的自由而全面的发展提供着外在的基础、条件和环境，那么，如何过一种整体性的好生活，则要取决于每个人的意愿、素养和能力。这里的好生活是一个整体性概念，就一个积极的人生而言，充满着向自身和他者而言的责任或义务。令每一个人拥有获得好生活的条件和环境，是集体和国家朝向每个人的责任，但这种责任是相互的，当每一个拥有最基本思考和实践能力的人拥有了来自他者的供给时，他同时也就产生了为他者供给的责任。一个不劳而获、躺平的人，一个从不对他人和社会履行应尽的义务的人，本质上是没有拥有好生活的充分根据的，因为不劳而获、躺平、自私自利不可能成为一条普遍原则。

当我们把中国式现代化所欲追求和实现的终极之善，先行标画出来，最为艰苦的工作则是为着实现这一终极之善而为中国式现代化进行道德基础的奠基，而用以奠基的文明体就是新形态的中华伦理文明。构建中华伦理文明新形态的初始力量，是朝向这个新形态自身的善良意志以及

① 《马克思恩格斯文集》第 8 卷，人民出版社 2009 年版，第 56 页。

由此形成的公共意志。

二、从善良意志到公共意志

1. 朝向由意志自身的性质而来的分析和论证

意志,是就完成一个行动所应有的动机和意志力而言的,无论这个行动是向善的,还是为恶的,意志,作为一种明确的意向性和强大的心理能量,都是必需的。无论是向行动者而言还是向他者而言,只要其行动是依善念而发、遵道德而行,亦即以善念存贮心中、以善行施于己和他者,其意志都是善良的,即其动机要么是出于责任、要么是合乎责任的,从而区别反乎责任的那种情形。在经院哲学中有一个古老的公式:若不是认其为善,我们就不贪求任何事情;若不是认其为恶,我们就不憎恶任何事情。康德解释说:"'认其为善'这个说法也是意义双关的。因为它的含义很可能是:我们所以把某种东西表象为善的,乃是我们欲求(意愿)它;但是它的含义也可能是:我们所以欲求一种东西,乃是因为我们把它表象为善的。因此,如果不是欲求为善的动机,就是善为欲求(意志)的动机。因而在前一种情形下,所谓'认其为善'的这个说法就会意味着:我们是本着善的观念而欲求某种东西,在第二种情形下,则是,我们是根据这个观念而欲求那种东西——这个观念是必须在愿望之前,而为其动机的。"①同理,"认其为善"对于构建中华伦理文明新形态也是双关语:唯其自身是善的我们才欲求它;我们是根据某种善的观念而欲求它。那么,什么才是决定中华伦理文明新形态自身即是善的呢?

第一,必须确定和确证它是目的性和功能性的"认其为善"。作为目的性,伦理文明新形态自身就值得追求,因为它是人的发展和社会进步的

---

① [德]康德:《实践理性批判》,关文运译,广西师范大学出版社 2002 年版,第 49 页注①。

根本标志,进步状态下的主体德性和进化状态下的规范,其本身就令人愉悦,亦即,合于德性的实现活动即是幸福,德性与幸福是相互规定的。

第二,作为功能性概念,中华伦理文明新形态是既为着个体又为着类的终极之善而构建起来的文明体,是向着终极之善而流动起来的德性和规范。这个终极之善可以这样来表述:**找到一个能够持续地创造财富并合理分配财富的经济组织方式;创制一个令每个人自愿而充分但必须是合理地表达自己之政治意志的制度安排;令每个人都有意愿且有条件和环境过一种整体性的好生活。**这个终极之善是出于个体而又超越个体而达于类的价值诉求。若试图使中华伦理文明新形态朝向这个目的之善并最大限度地实现它,那么构建这个新形态的主体的意志就是善良的,它自觉而自愿地实现了从善良意志到公共意志的飞越。

2. 从一般意志到特殊意志、从个人意志到公共意志

相反,从其真实动机看,如若我们只是形式地拥有而不是实质性地拥有伦理文明新形态,那么意志就是一般意志,只是令自己的支配地位得以巩固、令自己的利益得以增加;令因自己的支配行为而得来的愉悦得以持存。如果将官僚主义和形式主义的观念和行为贯彻到构建伦理文明新形态之中,那么,整个社会结构就会在自利动机的支配下而使指向终极之善的善良意志和公共意志失去人性基础和社会根源,进而与人的发展和社会进步的人类文明道路相向而行。这不是启蒙、开化、进步,而是蒙昧、愚化和退步。当然,潜藏于个体心灵之中的追求整体性的好生活的原始动力和深藏于历史深处的"理性"不会使虚情假意和诸种假相持续地遮蔽历史理性自身和人类理性的眼睛,只要去除官僚主义和形式主义的形而上学迷雾而回归理性自身,构建伦理文明新形态的历史的声音和民众的心声就会"招致前来",这是不可阻挡的必然趋势。"公共舆论中有一切种类的错误和真理,找出其中的真理是伟大人物的事。谁道出了他那个时代的意志,把它告诉他那个时代并使之实现,他就是那个时代的伟大人物。他所做的是时代的内心东西和本质,他使时代现实化。

谁在这里和那里听到了公共舆论而不懂得去藐视它,这种人决做不出伟大事业来。"①把公共舆论中的真理和他那个时代的意志呈现在表象里、把握在意识中,以理论和思想的形式诉诸现实,是思想家的事情;把历史的声音和人民的心声呈现于理念中、实现在治理中,乃是政治家的任务。作为伟大人物,思想家把时代精神变成了观念,政治家把时代精神变成了行动。构建伦理文明新形态既是思想家的初心,又是政治家的使命。它是我们的实际性,是我们这个时代的内心东西和本质;谁把终极之善先行标画出来,告诉给世人,并使之实现,他就是这个时代的伟大人物。可以相信,也必须坚信,只有善良意志和公共意志才能成为构建伦理文明新形态的道德基础。

而现在的问题是,我们为何要在善良意志和公共意志的支配下构建中华伦理文明新形态? 这个看上去似乎是一个前提性的问题,实质上却是一个构建中华伦理文明新形态的基本原则问题。在这个原则指导下,构建什么样的伦理文明才是属于中华伦理文明新形态? 如何去判断新的与旧的根本区别? 是替代关系还是发展关系? 如何证明新与旧的中华伦理文明形态的有效性问题? 更为根本的是,中华伦理文明新形态作为时代精神,作为中国式现代化的内心东西和本质,是如何必然地现出其自身,并命令每一个有理性存者都感悟、领悟和把握到它。

三、结构现象学:伦理文明的所是与应是

即便先行确定了构建伦理文明新形态的善良意志和公共意志,却也未必就能够拥有并切实地运用这个文明体,它们只构成必要条件,只有将意愿变成行动,新型伦理文明体才是可能的,这就需要从其构成上指明它的要素及其生成机理。

_____

① [德]黑格尔:《法哲学原理》,范扬、张企泰译,商务印书馆 1961 年版,第 334 页。

1. 语义学与语言哲学视阈中的中华伦理文明新形态

将新型伦理文明体概念化和观念化是将其呈现在表象里、把握在意识中的关键环节，而完成这一环节的学科基础则是语义学和语言哲学。借助它们所欲完成的是，把对这个伦理文明体而言的确定性和明晰性澄明出来，确定性实现的是，作为被指，它是一个能指的对象，但它既可以是意识所具有的实项内容，也可以是意向内容；意识的实项内容包括意识活动，也包括感觉材料，亦即意识用何种要素和环节去指称一个对象，而意识的意向内容则包括意识对象及其被给予方式，亦即意识用要素和环节所指称的那个对象究竟为何，以及是如何被指称出来的。于是，就确定性而言，作为被指，伦理文明新形态是可以被所指者指明了的实存；就明晰性而言，这个所指过程是清楚明了的，它以符合实存的方式也以符合可言说的方式被指称在表象里和意识之中。

然而，这却是一个极其困难的事情，因为，作为被指的伦理文明新形态乃是一个应然之是，而不是实然之是，更不是已然之是，且作为所是与应是不是一个实体性的存在，它只是实体所应具有的功能与属性，唯其功能和属性不能独立自存，故而不能被定义，而只能被描述。作为被指之物的新型伦理文明体只是一种意向性的存在而不是实体性的存在，于是，所指与被指就难以相互共属、相互共在。"感觉为了物而同物发生关系，但物本身是对自身和对人的一种对象性的、人的关系；反过来也是这样。"① 马克思对这一论断又做了一个更加深刻的表述："当物按人的方式同人发生关系时，我才能在实践上按人的方式同物发生关系。"② 诠释者与诠释对象之间的对象性关系虽然不是直接的改造与被改造的实践关系，却也同样是显现和被显现的共在关系，也同样蕴含着马克思所说的相互印证的关系。"这样我们就有了在被意指状态的方式之间，在 Intentio（意向行为）和 Intentum（意向对象）之间的一种固定的相互共属（Zugehorigkeit），根据这一相互共属，意向对象即被意向者就当在以上所揭示的意义上得

---

① ② ［德］马克思：《1844 年经济学哲学手稿》，人民出版社 2014 年版，第 82 页。

到理解：不是作为存在者的被感知者，而是存在者所从出于其中的被感知状态、意向对象所从于其中的被意向状态。运用这一属于每一意向行为的被意向状态，才能在根本上（尽管只是初步地）将意向性的根本枢机纳入眼界。"①只有当意向对象进入到意向者的视界里，只有当诠释对象走进诠释者的诠释视阈中，对象的意思和意义才能被意向者和诠释者见出，这就是对象之意思与意义的被给予性；同时，意向和诠释也只有在见出对象的意思和意义时才得到规定，才能证明他是意向者。所以，意向和诠释本质上就是一个解蔽的过程，它使对象由遮蔽状态进到解蔽和无蔽状态，向意向者和诠释者亮出它的光彩来，展现出它的魅力来，这正是让意向者和诠释者感到惊异之处。对此，海德格尔继续说道："只有当意向性被看作意向行为于意向对象的相互共属的时候，意向性才能得到充分的规定。现在可以概括地说：意向性与其说是一种事后指派给最初的非意向性体验和对象的东西，还不如说是一种结构，所以此结构所禀有的根本枢机就必然总是蕴含着它自己的意向式的何所向即意向对象。这里我们把意向性的根本枢机暂先标揭为意向行为和意向对象两个相对之方的相互共属，但这却并不是最后的结论，而只是对我们所探察的课题域的一种最初的指引和显示。"②

　　建基于"相互共属"之上的诠释，更加复杂的情形在于"所指"与"被指"和"能指"之间的非对称关系。诠释现象中的"所指"与"被指"和"能指"乃是一个典型的语言学和语言哲学问题。当意向对象、诠释对象以本真的状态向意向者、诠释者敞开的时候，诠释者能够用最接近这个本真状态的范畴和话语将这个本真的意思和意义揭示出来，指示给自己也指示给他者，这就是"能指"，这时所指与被指是重合的。而这种状态是一种难得的情形，如若此种情形能够普遍出现，那么强烈建构一种指向文本的版本学、阐释学和诠释学的价值诉求就是一种毫无意义的工作；相反，物

①　[德]海德格尔：《时间概念史导论》，欧东明译，商务印书馆 2009 年版，第 56 页。
②　同上书，第 57 页。

理事实、社会事实和精神事实都是复杂的，具有多面性和多义性，诠释者的知识结构、认知方式、情感结构、价值取向各异，诠释者与诠释对象之间具有多种结合方式，于是"见仁见智"的诠释效应就不可避免了。当诠释者依照自身的理性结构、知识体系和情感世界对有限对象进行无限诠释时，就会出现所指大于被指的后果，作为所指与被指之差额的语言剩余可能指向一个虚拟的意思领域，从文本中开显出增加的知识和思想来，也可能创设出一个充满合理性的意义世界来，这是一个更加体现自由、民主、正义、平等、富强、快乐和幸福的价值世界。看来，诠释、阐释、解释乃是人类生活所永远都不可或缺的存在形式。马克思在《关于费尔巴哈的提纲》的第十一条中说："哲学家只是用不同的方式解释世界，而问题在于改变世界。"①虽然改变世界极为重要，但解释世界也并非可有可无。当诠释的话语权向每一个有理性存在者开放的时候，以追求正确性和正当性为目标的诠释就显得越来越重要，因为以平等、正义和民主为实践法则的社会才是一个相对为好的社会。

于是，在所指、被指和能指之间就始终存在着双重任务，一个是，作为被指的伦理文明新形态能否被指，亦即，它是怎样一种结构和构成方式，哪怕是在描述的意义上，这个应然之事也当能被刻画出来；另一个是，这个被刻画出来的应然之事如何被把握得到，即一种怎样的被给予方式。必须承认，唯其被指之物是可能的应然之事，是一种尚未是，而且是因人的思考与行动构成的事情，故而其确定性无法像康德所期许的那样，是一个主客观都有充分根据的那种视其为真，而是一种主观有充分根据而客观根据不充分的那种视其为真。由于所指大于当下所是之是，它指向一种尚未是的他物，作为被指之物的他物总是大于当下的所是，因为这个他物拥有了我们所意愿的意义，而当下的能指恰好缺少这一意义，因而就成了一个无论如何都不能指出其全部内容的被指，人们无法对可能之物进行一个基于明晰性需要的指称。这就出现了所指大于能指的情形，这

---

① 《马克思恩格斯文集》第1卷，人民出版社2009年版，第506页。

是一种语言剩余,这个语言剩余为任何一个解释者和行动者提供了可能性空间。亦即,它同样可以为那种完全出于个人的占有、支配和表达意志提供基础,只要他认其为善,区别只在于康德所言的"认其为善"这个双关语之不同指向;也可以出于公共价值、充分运用公共意志和公共理性共出一个普遍有效的伦理文明体。以此可以说,预先指明重构"中华伦理文明新形态"何所向与何所为该是具有怎样的前提性意义。只有指向终极之善的重构意愿才是可行的,这是一种基于善良意志和公共意志的所指行动;是要在意识中预先完成的构造活动。在意识中先行构造出一个具有普遍有效的伦理文明体,然后再去寻找实现这个文明体的人心基础和社会根源,恰恰是个体与类之积极性、能动性和创造性的充分表现。

2. 先验还原与本质还原

在完成了语义学和语言哲学上的所指、被指和能指之后,中华伦理文明新形态的确定性和明晰性也就有了清晰的轮廓,但这对于统握中华伦理文明新形态的整体结构和本质规定还只是初步的理论工作,更为重要的则是要通过主客体双重悬置实现对中华伦理文明新形态的"本质直观"。

(1)"先验还原"与"本质还原"相统一的现象学方法

现象学之于我们的意义固然有许多方面,但最为重要的则是方法论意义,而"先验还原"和"本质还原"又是这种方法论意义中的核心部分。"先验还原"是要完成两个"悬置"或"加括号",朝向"我思"主体的悬置指的是,若想把握一个对象,先将先见、成见、偏见悬置起来,将日常的经验、常识悬置起来,求得一个"纯粹自我",这是一个"排除作用之剩余"。经过若干排除、悬置之后,一个由"自我""我思"为核心要素的"纯粹自我"就被构造出来了,"纯粹自我"似乎是某种本质上必然的东西;而且是作为在体验的每一实际的或可能的变化中某种绝对同一的东西。"纯粹自我在以特殊意义上完完全全地生存于每一实显的我思中,但是一切背景体验也属于它,它同样也属于背景体验;它们全体都属于为自我所有的一个体验流，必定能转变为实显的我思过程或以内在方式被纳入其中。按康德的话说，'我思'必定能伴随着我的一切表象。"①一如笛卡尔所做的工作那样，我们可以怀疑任何事情，直至最后一个事项即"怀疑"本身，这是不能被怀疑的，因为只有使这个"怀疑"自身持续地进行着，"怀疑"的行为系列才能实现，"我思"作为"怀疑"剩余乃是"怀疑"工作的最大成果，它不只具有否定意义，在积极的意义上，通过质疑、怀疑而获得具有确定性和正确性的知识。胡塞尔的"悬置"工作同样是为了获得一个可靠、可信的"主体"，它是我们获得知识、真理的本体，这个本体就是"纯粹意识"，它含有自我和我思两个要素。"如果在对世界和属于世界的经验主体进行了现象学还原之后留下了作为排除作用之剩余的纯粹自我（而且对每一体验流来说都有本质上不同的自我），那么在该自我处就呈现出一种独特的——非被构成的——超验性，一种内在性中的超验性。因为在每一我思行为中由此超验性所起的直接本质的作用，我们均不应对其实行排除；虽然在很多研究中与纯粹自我有关的问题可能仍然被悬置不问。但是就直接的、可明证论断的本质特征及其与纯粹意识被共同给予而言，我们将把纯粹自我当作一种现象学材料，而一切超出此界限的与自我有关的理论都应加以排除。"②简约地说，所谓"先验还原"就是要彻底排除经验、常识、成见、偏见对"我思"的干扰作用，我们虽然不能彻底清除它们，但可以将它们悬置起来，尽一切可能不使它们起阻碍和偏离作用，尽管我们永远无法将它们从自我中彻底清除出去，若此，自我也就不再是一个完整的自我了。不要以为胡塞尔殚精竭虑地所进行的排除行为是一种"独断论"，是一种毫无实践意义的"主观游戏"，相反，这是我们试图获得知识和真理所必须预先完成的"意识游戏"。

既然"先验还原"的目的旨在获得"真"，那么就必须实现从"先验还原"到"本质还原"的过度。这就是朝向客体的"本质还原"。作为"先验

---

① ［德］胡塞尔：《纯粹现象学通论》，李幼蒸译，商务印书馆1992年版，第151页。
② 同上书，第151—152页。

还原"的成果、业绩，纯粹意识可直面事物自身，在纯粹意识中，事物自身与自我形成了一个双向互逆结构：纯粹意识只有以符合事物本质的方式才能将事物的本质呈现在本质直观之中，而意见、情绪、常识、成见就是与事物本质不相符合的把握方式，它们使事物的"真"陷入"遮蔽""掩盖"的状态中。反之，事物的本质只有以向自我敞开的方式在纯粹意识中"招致前来"，它才能从"遮蔽"状态中解救和解放出来，置于"澄明"和"解蔽"状态之中，这就是"真"的"被给予性"。不是自我通过纯粹意识生成了、造就了真，而是真因自我而被呈现出来，现出它无比的光亮和光彩来。一如马克思在《1844 年经济学手稿》中的一个脚注中所说的："只有物以人的方式同人发生关系，我才以人的方式同物发生关系。"通过"先验还原"和"本质还原"，自我通过"纯粹意识"完成了双向过度和相互嵌入，被呈现在表象里、被把握在意识中的"事物本质"不再是一个点、线和面，而是一个整体。当这个整体被呈现在"纯粹意识"中时，一种关于事物自身的"本质直观"就被建构起来了。

（2）作为"本质还原"之结果的"本质直观"：直面伦理文明新形态自身

"先验还原"和"本质还原"的目的在于获得"真"，即在于获得一个事物的"是其所是"，那么，什么才是"伦理文明新形态"的是其所是呢？无论是作为目的性还是作为功能性存在的伦理文明新形态，都以这个存在的完整结构为基础。首先，从其来源看，伦理文明新形态乃是源出于人的意志与行动的过程及其结果，因而是自为之物，它并不自在地立在那里，等待着人们去拥有和分有它；它也不是可以与人的意志与行动相分离的实体性存在，相反，它就是人的情感、意志、欲求、理性和行动本身，是与人的身体和心灵不可分离的具身性存在。长期以来，人们总是被一种分离性的观念控制着，如"以德治国""依法治国""重构道德""构建新型伦理"，等等，这些术语并不仅仅是一种语言、话语，而是一种根深蒂固的观念，将德、法、伦理实体化，犹如创制一个物质存在物那样，构建所谓的外在于人的德、法、伦理，长此以往，人人都是构建者，而不是正确的思考者和正当的行动者。构建伦理文明新形态，本质上不是要构建一个附身性的他者，毋宁说，这是在重构我们之本己的、属己的具身性道德结构和伦理世界自身。重构伦理文明新形态是思考者和行动者向自己提出的朝向终极之善的价值诉求；我们不是德性、法律和伦理的旁观者，而是拥有者和践行者，缺少这样一种新观念，任何一种类型的构建所谓伦理文明新形态的行为都将是形式主义的；成为正确的思考者、公正的旁观者和正当行动者，本身就是伦理文明新形态中的核心要义。能够持续推进人类文明不断进步的道德基础，不是一种可能能力，而是一种可行能力。当人们沉浸在对可能能力的美好描述中，而不去培养可能能力，那么任何一种新型伦理文明的产生就绝不可能；在构建伦理文明新形态的具体道路上，官僚主义和形式主义都是有百害而无一利的做法。

其次，作为"本质还原"之结果的伦理文明新形态究竟具有怎样的样式呢？这便是就其自身结构看的伦理文明新形态。第一，作为原初形态的伦理文明。所谓原初形态乃指，个体及类在任一一种状态下所能够拥有的德性结构，主要指作为潜能的德性而言；而不同社会状态下的现实的德性结构则是这个原初的作为潜能的德性的充分实现和表现，构建伦理文明新形态也同样基于这种德性潜能之上。这个隐藏在诸种伦理范型背后的原初德性结构，可先行标画如下。首先，作为构造可践行的伦理范型的潜能。若要求得个体的生存、发展与幸福，个体就必须以类的形式创制出能够实现这些终极之善的德性和规范来，借以创造出可供分享或共享的财富来；一如个体及类拥有创造财富的诸种潜能那样，个体及类也同样具有创制用于规约人的意志和行动、用于分配资源之诸种规范的潜能。"约束性的根据既不能在人类本性中寻找，也不能在他所处的世界环境中去寻找，而是要完全先天地在纯粹理性的概念中去寻找。"①德性与规范根源于人们的相互依存性情形，来源于理性，亦即来源于创制概念的知性、建基于落实于行动的（实践）理性，但却根源于人们之间的相互依存

---

① ［德］康德：《道德形而上学原理》，苗力田译，上海人民出版社1986年版，第37页。

性情形。其次,只有就德性与规范得以生成和持存做根源与来源上的严格分别,才能指出它们得以持存的内在机理。创制规范和尊德性而行的潜能并非一实体性的存在,相反是人这个特殊实体内含于自身之内的信息、趋向,一如一棵麦子的全部信息都内含于一粒麦粒之中那样,它总会以各种适合于它自身的方式实现出来、展现出来,从而完成它的应是。第二,人类以何种方式进行生产、交往和生活,便以何种方式养成德性、创制规范;而德性和规范一经形成便又反身嵌入到诸种社会行动和社会结构之中,形成一个互为前提的系统。第三,原初形态的伦理文明,可以这样来表述,作为主体形态,伦理文明就是个体在道德人格上所达到的文明程度,亦即个体之精神世界的进步程度;这就是信、知、情、意四个元素的相互嵌入、相互促进的程度。道德人格在促使一个个体成为一个正确的言说者、公正的旁观者和正当的行动者的道路上,具有源初性作用。只有健全的道德人格才能使一个人成为有理性存在者,并充分运用他的诸种理性能力;无论是原有的伦理文明还是新型的伦理文明,无不建基在一个健全的道德人格之上。作为客体形态,伦理文明就是社会规范体系的完善和合理性程度。任何一种伦理范型,只要它曾经推动了个体及类的进步和发展,那它就可以被称为伦理文明;如若它已经成了滞阻个体及类向更高文明形态进化的因素,那么它就不再被称为文明,而只能是伦理文化,如官僚政治曾持续地支撑了大一统皇权系统的存续,在现代性场域下,它就不再是积极的伦理元素,而是落后于时代必然要求的因素了。在作为客体性的伦理文明中,又有基于社会地位之上的差序伦理和基于公共理性之上的普遍伦理。而就任何一种伦理文明形态而言,只要它在历史上存在过,甚至发生过或积极或消极的作用,都充分表明,它自有存续的根据和理由,将这种根据和理由澄明出来、表述出来,对于培养成更加高级的伦理文明无疑具有极为重要的方法论意义。

(3) 伦理文明形态的类型学考察

由中华伦理文明新形态这一题材所决定,我们既不可能也没必要对人类历史上已经和正在出现的伦理文明之各种形态一一加以考察,而应该集中讨论中华伦理文明的发生和发展史。

如若从社会进步和人的发展的维度审视中华伦理文明的发生和发展史，便可以将其划分为三个阶段或三种形态：前现代、现代和后现代。其内在根据在于，它们所建立其上的生产方式、交往方式和生活方式存在明显差异。在前现代社会状态下，以家庭为基本生产单位、以农业生产为基本类型、以自给自足为分配方式、以自然消费为基本目的，构成了生产方式的基本样式；在此基础上，不可能出现普遍的交换和广泛的陌生人交往，交往仅限于有限社会空间内的熟人交往；在生活方式上，人们重复性地过着在生产与消费之间具有直接关系的简朴的日常生活，大规模的公共生活是绝无可能的，以夺取封建王朝之政治权力为目的的数次农民起义，决不是真正的公共生活。在此种历史场域之下，涂尔干笔下的"有机团结"尚不具备产生的社会基础，人们只能在既定的观念、规范和习惯的规约下进行伦理意义上的交换和交往。在这种社会结构及其运行模式下，伦理文明具有怎样的结构和呈现方式呢？

首先，以主体形式存在着的、作为可行能力的德性结构。每一个生命个体无需接受专门的道德教化便可以在反复进行的道德叙事中，完成着以善念存贮心中、使身心互得其益的成良能、致良知的道德修养功夫；以善行施之他人使众人各得其益的兼济天下的道德实践过程，此谓内得于己、外得于人。

其次，以客体形式存在着的千百年来不曾改变的伦理规范体系。起初，这个规范体系完全是与人们的日常生活须臾不可分离的日常概念和日常话语，它们的所指、意指、被指和能指是极其清晰的，虽然规范所指的对象即人们的思考与行动是充满流动和易变的，但人们从不会在进行道德判断和评价时发生莫衷一是甚至前后矛盾的情形，这便是"中庸"的本义和妙用，妙用至极就是"时中"，不但在时间地点上是事宜的、合宜的，在机会的把握上更是"一语中的"；人们无需专门习得规范体系的含义，但绝对能够确定和领悟概念和话语的本义、转义和新义。客体性的规范体系并非如人们想象的那样，是一种实体性的存在，实质上是以文字、符号、数字等为精神标识的观念，是将人们应该遵守的规范体系文字化、符号化和数字化。在传统社会，社会规范体系的生成和呈现方式更是达到了话语与俗语、学理与道理高度统一的程度。智者、先哲、圣人将日常生活中无处不在、无时不有的日常道德语言，加以提炼、凝练，构造出了精妙的道德词典，或是言简意赅的道德词句，或是凝练至极的道德范畴。仁、义、礼、智、信，恭、宽、信、敏、惠；三纲五常；恻隐之心，仁之端也；羞恶之心，义之端也；辞让之心，礼之端也；是非之心，智之端也。《四书》就是四部精妙的道德词典，重要的不是其概念和语句显得多么精妙和简约，而是通过将其变成私塾教育的"通用教材"，变成可以识记的知识，将抽象的概念和形上的理论改造成可与日常言行紧密结合的话语，从而实现了话语与俗语、学理与道理的完美统一；也完成了从具体到抽象、再从抽象到具体的双重逻辑变奏。在传统社会，实践哲学与实践智慧的完美统一，着实是一个独特的伦理文明类型，这种情形只在雅典城邦中隐约出现过，然而其伦理文明的内涵与本质却是不同的。在雅典城邦中所实现的实践哲学和实践智慧的统一，乃是那种基于公共生活之上的、基于同时也是朝向城邦之公共之善的伦理文明范型；在中国传统社会则是那种将基于血缘、地缘和情缘关系之上的私人伦理文明普遍化的范型。在西方，及至近代，道德哲学理论与道德生活实践便有了明显的分野，这与其说是理论与实践的"脱节"，倒不如说是回归理论本身；正是保持了理论与实践的若即若离、不即不离的关系，才使道德哲学理论保持了鲜明的反思、批判与预设的风格，只有向真理而生而行的理论才是有生命力的理论，相反，只要理论变成了权力和资本的辩护和论证工具，那么就不再以真理为伍了，也就丧失了道德哲学的反思、批判和建构的功能，隐匿甚或丢失了它的批判气质。

如果说，在传统社会，话语与俗语、学理与道理的完美统一，乃是伦理文明的一大优势，那么，当意识形态将话语与俗语、学理与道理的统一纳入自己的支配之下时，独立于日常生活和政治生活之外的朝向真理的科学精神、思辨理性、实践哲学也就被遮蔽甚至放逐了。于是，往日的那种"时中"也就变成了技术主义、权变主义、实用主义和机会主义的行动技法。在用意识形态逐渐统合家庭与国家的情形之下，适用于家庭、家族和村社的道德感觉、体验、判断以及道德规范体系，也逐渐政治化，变成了国家伦理；当这一由一阶实践逻辑进升到高阶实践逻辑而形成的统一的伦理文明体逐渐被确定和稳定下来，一种外在于家庭、家族、村社之外的，以权力、地位、身份、角色和机会为本质关联的伦理文明便创制出来。我们之所以将其称之为传统的伦理文明体的重要部分，就在于它强有力地维系了一个以权力为最高原则的大一统的官僚政治社会，在适合于这种官僚政治的意义上，它是卓有成效的。这种外在于家庭和村社之外的政治伦理文明体，就其最本质的方面，可有皇帝情结、主奴意识和支配意志。而这三种面相，均奠基于将差别演变成优势与劣势、再将优势演变成权势这一实践逻辑之上。在传统的伦理文明体当中，是绝少有普遍观念的，相反，差别、个别、特殊才是普遍观念；皇帝情结、主奴意识和支配意志正是将差别发展成特殊、再将特殊发展成特权的重要环节。当情结、意识和意志被并置在一起，成为一种普遍性的无意识和潜意识，一种以权力、地位、身份、角色为轴心的伦理文化就会形成。如果说，这种伦理文化在维系传统社会之"超稳定结构"的意义上可以称之为"伦理文明"的化，那么及至近代，封建制度的自我发展空间已经丧失殆尽的时候，它就变成了社会发展和人的进步的桎梏；虽然可以将其称之为伦理文化，但绝不是伦理文明。

当内忧外患以一种整体性的民族危机的形式向人们汹涌而来的时候，在那个觉醒的年代，觉醒了的人们了开始艰难探索救亡图存的道路，同时也开启了探索中国式现代化道路的序幕。然而，虽经历了各种社会改良和政治革命，结束了封建帝制，但却陷入了更加混乱的局面；地方割据、军阀混战；政权多次易手，不但更加趋向文明的伦理范型难以形成，就连暂时的统一的国家形式都难以自存；中国官僚政治的劣根性暴露无遗。直至新中国成立，中国的伦理文明才焕然一新。在政治伦理文明上，它建立并完善了各种政策设计和制度安排；在物质伦理文明上，它要通过解放生产力和发展生产力，解决人们日益增长的物质文化需要与落后生产力之间的矛盾,以及生产力逐渐发展之后产生的人民对美好生活的向往与发展不平衡、不充分之间的矛盾;在生态伦理文明上,通过重构一种新型的自然观和生态观,通过严格的生态管理政策和制度,打造新型的生态文明。在个体德性与国家之善的关系上,逐渐养成适合于现代化运动所需要的道德人格结构、构建创造公共善并合理分配公共善的国家治理和社会管理模式。

新中国成立以来,虽说构建了一个不同于以往任何社会形态下的伦理范型,指向一种更加进步和发展的整体性的好状态,但它决不是一个绝对自足的、完美无缺的体系,相反,它是一个开放的、不断自我反思、矫正和完善的体系。人们不是刻意地构造一个伦理文明体,从外部供给给人们一个伦理文明体,以便人们进行正确思考和正当行动,而是人们在寻找更能体现效率与公平、正义与平等、自由与幸福的生产、交往和生活方式的过程中,从其心灵深处和社会结构中自发、自觉、自愿地生发出具有道德性质的感知、体验、判断、推理、思考,是可以在行动中反复运用的实际的道德人格能力。20 世纪 70 年代末开始的改革开放,使得中国走上了新型的现代化道路,历经 40 余年的经济、政治、文化体制改革,中国的伦理文明实现了新的发展,在此过程中,中华伦理文明不断自我修正和完善。在此,我们试图在比较哲学的意义上,将这种修正和完善的过程尽可能清晰地标画出来,并以此为基础更好地理解中华伦理文明新形态。

如若我们以先行标画出的终极之善为形成伦理文明新形态的直接目的,那么这个虽然尚未完成但却具有可能性和现实性的新型伦理文明体就必然以如下样式而展开其自身,并逐渐呈现出它的基础性、根本性和全局性作用。这就是伦理文明新形态的功能或价值现象学。

四、价值现象学

我们不但要具有明见性、明晰性地澄明、呈现伦理文明新形态的内部构成,更要指明它的目的价值和工具价值。

1. 作为主体性存在的德性结构

我们可以将理智德性和道德德性、进取性道德和协调性道德有机地整合在一起加以讨论。理智德性是灵魂用以肯定和否定真的五种方式:科学、技艺、明智、智慧和努斯,其中智慧既相关于事物自身的真也相关于向我们而言是真的东西,而努斯则是出于欲求而对合目的性事物的把握;道德德性则是在以意愿、选择、考虑和希望为基本环节的行为中,一个人既令自己又令他人处在整体性的好状态从而出色地完成他的活动所需要的能力和品质。理智德性与生产性的技艺相关,而道德德性则与行为的正当性和财富分配的适当性相关;技艺是创造一种外在之善的过程,这种外在善显然比技艺更重要,实践的逻各斯则因行为或分配而产生的状态而表现为优良品质,自制、节制、勇敢、智慧、正义、友爱等等就属这类。在这种规定性之下,理智德性与进取性道德、道德德性与协调性道德就具有了某种相似性。如果把它们视作是个体及类所具有的原初性的德性结构,那么,不同形态的伦理文明体就表现为这一原初德性结构在与生产、交往和生活方式相互嵌入、相互促进过程中形成的具体的伦理范型。源出于中国式现代化之内在要求的伦理文明范型必是以这样的面相来呈现。

（1）基于社会领域分离基础上的重叠式德性结构

在家国同构的传统社会中,家庭、社会与国家是一体化的过程,适合于三种领域的德性结构并无本质差别,只有角色上的差别,亦即血缘关系与政治关系的相互贯通;家庭伦理和国家伦理原本是不同的具身性和附身性关系,然而人们却在同一种道德思维的支配下消解了它们之间的本质区别,在此一方面比附性思维起到了关键作用,"师徒如父子""君权即父权""君王即父王"……市场经济的发轫、发展和拓展,逐渐打破了家国同构的状态,使社会逐渐出现了多领域情形;从领域合一到领域分离的转变,使得家庭、社会和国家相对独立地存在着。这是被证明为相对有效的社会结构及其运行模式,出于这种有效的社会结构的内在要求,个体及类的德性结构必然发生现代性转变,这就是领域分离基础上的重叠式德性结构,这是一种完全不同于传统道德思维的现代思维。

第一,家庭伦理。家庭伦理描述的是在一个反复交往的家庭共同体之中,基于血缘关系之上的家庭成员,会在反复进行的相互嵌入和相互促进中形成类型化、内在化的感知、体验、认知、判断和意志结构,它们通常都是非反思的;人们依照逐渐内化了的德性结构去建构、维系、调节家庭成员之间的情感和利益关系,从而形成一个本质上不同于社会和国家的伦理范型。在家国同构的场域下,同时在一个相对固定的生产、交往和生活空间之内,家庭伦理表现为相对固定而完整的形态,而在领域分离的情形下,家庭功能社会化、社会职能家庭化,使得传统的家庭伦理受到挑战,正逐渐改变着人们的婚姻家庭观念。于是,源出于中国式现代化内在要求的家庭伦理便逐渐生发出来,而且一经生发出来便又返身嵌入到人们的家庭伦理关系中。它在两个向度上发生着潜移默化的变化,一方面,用以建构、维系和矫正家庭伦理关系的道德基础发生着情感结构上的变化,亦即,由先前的情优先于理朝向情理并重,甚至理优先于情的方向转变。日益广泛而深化的社会交往,社会情感部分地取代了自然情感的作用,过往的紧密关系逐渐演变成了松散的关系。另一方面,与情理结构的优先地位的变化趋势相适应,一种基于权力观念之上的平等观念也逐渐渗透到家庭伦理关系中来,这意味着,当家庭伦理关系出现矛盾甚至冲突时,一种法律救济的形式便逐渐参与进来,它弥补了依靠基于血缘关系之上的自然情感无法维系和调节重大利益关系的脆弱性。这也意味着,一如个体的社会化程度越来越高那样,家庭的社会化程度也越来越提高。

第二,公民伦理。"在以物的依赖性为基础的人的独立性,是第二大形式,在这种形式下,才形成普遍的社会物质变换、全面的关系、多方面的需要以及全面的能力体系。"①市场经济构建出了一个完全不同于传统社

---

① 《马克思恩格斯文集》第 8 卷,人民出版社 2009 年版,第 52 页。

会的现代生产逻辑：生产—分配—交换—分配。这个通过劳动的分工与协作而建立起来的需要体系以及基于劳动和需要之上而形成的广泛的活动空间，黑格尔称之为市民社会。"市民社会含有下列三个环节：一，通过个人的劳动以及通过其他一切人的劳动与需要的满足，使需要得到中介，个人得到满足——即需要的体系。二，包含在上列体系中的自由这一普遍物的现实性——即通过司法对所有权的保护。三，通过警察和同业公会，来预防遗留在上列两体系中的偶然性，并把特殊利益作为共同利益予以关怀。"①这个广阔的社会空间既是实体性的，也是精神性的，作为实体性的存在，它是人们日常的和非日常的生产、交往和生活空间，或者是因为利益相关性和结合在一起，或出于个人消费而发生公共交往；作为精神性的存在，它是公共舆论形成和表达的意志空间，在这一意志空间内，道德以相对独立的身份发挥着反思、批判和预设作用。诚如黑格尔所言："在市民社会中，每个人都以自身为目的，其他一切在他看来都是虚无。但是如果不同别人发生关系，他就不能达到它全部的目的，因此，其他人便成为特殊的人达到目的的手段。但是特殊目的通过同他人的关系就取得了普遍性的形式，并且在满足他人福利的同时，满足自己。由于特殊性必然以普遍性为其条件，所以整个市民社会是中介的基地；在这一基地上，一切癖性、一切禀赋、一切有关出生和幸运的偶然性都自由地活跃着；又在这一基地上一切激情的巨浪，汹涌澎湃，它们仅仅受到向它们放射光芒的理性的节制。"②在这个意义上可以说，公民伦理就是基于利益相关性而来的交往主体，为使每个人的利益最大化，必须遵守人们可以相互提出的有效性要求；是形成自由、平等、民主和正义的社会基础。在这一基地之上，每个人都是利己的，这是普遍的，但若以一己之利损他人之利，这同样是普遍的，那么每个人的利己动机便不可能实现，于是，正是这种相互依存性情形，就构建起了道德的基础。

---

① ［德］黑格尔：《法哲学原理》，范扬、张企泰译，商务印书馆1961年版，第203页。
② 同上书，第197—198页。

这正是康德给出的先天实践法则,以及以绝对命令式出现的定言命令:"定言命令只有一条,这就是:要只按照你同时认为也能成为普遍规律的准则去行动。""你的行动,应该把行为准则通过你的意志变为普遍的自然规律。""你的行动,要把自己人身中的人性,和其他人身中的人性,在任何时候都同样看作是目的,永远不能只看作手段。"①第一条是认识命令,第二条是实践命令,第三条是于实践中实现的形式与质料相结合的综合命令。康德的绝对命令,并不仅仅具有社会哲学意义,更具有政治哲学意义,这就涉及国家伦理问题。

第三,政治伦理。黑格尔说:"国家是伦理理念的现实——是作为显示出来的、自知的实体性意志的伦理精神,这种伦理精神思考自身和知道自身,并完成一切它所知道的,而且只是完成它所知道的。"②这是黑格尔用诗一般的语言说出的话,然而这却令人感到疑惑,国家是非人格化的物理设置,没有灵魂、没有感知和判断,更没有罪感和耻感,那何来自知其一切并完成它所知道的一切呢? 国家是由人构造出来以统一的形式治理国家、管理社会的系统的、复杂的物理装备(政治上层建筑)和思想体系(思想上层建筑),这种装备和体系无疑是没有灵魂、判断、推理和情感的,但构造和运用国家这部机器的人或集团却是有观念、知识和理性的,他们知道国家这种伦理精神,并把他们理解了的一切实现出来,而且他们只完成国家向他们提出的伦理精神。于是,所谓国家的伦理精神不过是被政治家或政治精英集团理解和实现了的公共意志,这种意志是历史的声音和人民的心声。不是政治家或政治精英集团能够代表国家意志、伦理精神,而是历史的声音和人民的心声选择了政治家或政治精英集团来实现国家意志和伦理精神。这就是现代政治伦理。

在中华伦理文明新形态中,政治伦理居于核心地位。如果说在传统社会,权力、地位、身份是社会运转的轴心,人们将政治视作权力的观念已

---

① [德]康德:《道德形而上学原理》,苗力田译,上海人民出版社1986年版,第72、73、81页。

② [德]黑格尔:《法哲学原理》,范扬、张企泰译,商务印书馆1961年版,第253页。

然根深蒂固，那么重建现代伦理文明，首要的问题就是要重建现代政治伦理文明，将政治确立为用以约束权力分割和权力运用的法则、宗旨、制度和体制，将政治确立为相关于每个公民之根本利益的所有方面。在现代化运动中，权力、资本和知识业已成为社会运转的轴心，但它们均不具备约束自己并共同创造政治共同体之善、合理分配资源和财富的功能，相反，三者倒有可能形成"通存通兑"的情形，产生特权阶层、既得利益集团，也有可能将资本和知识垄断在权力之下，形成专权专制。只有形成朝向终极之善的现代政治观念，才能真正形成约束和引导权力、资本和知识的力量。

（2）意志与理性：从一般意志到特殊意志、从实用理性到公共理性

从传统伦理文明体转向现代伦理文明体，最为核心的同时也是最困难的方面，乃是意志与理性的转型。如若将道德哲学定位于关于道德人格的养成和运用的沉思方式，因而是始点意义上的，伦理学是关于规范和环境的生成和作用的，因而是关于过程及其后果的沉思方式，那么，道德哲学无疑是伦理学最为坚实的理论基础。构成道德哲学最为核心的内容则是意志和理性，情与理则是解决意志和理性问题的两种方式。"自然的一切事物都按照规律发生作用。唯有一个有理性存在者才具有按照对规律[法则]的表象，即按照原则去行动的能力，或者说它具有意志。既然从法则引出行动来需要理性，所以意志就不是别的，只是实践理性。如果理性免不了要规定意志，则这样一种存在者的行动，作为客观必然性来认识，也就是主观必然的，就是说，意志是一种只选择那种理性不依赖于爱好而认为在实践上是必然的、也就是善的那种能力。但如果理性凭自己单独不足以规定意志，如果意志还受到那些并不总与客观条件相一致的主观条件（某些动机）的支配，简言之，如果意志不是自在地完全合乎理性（这就像在人身上现实地发生的那样）：那么被认为是客观上必然的那些行动就是主观偶然的了，而按照客观法则对这样一个意志的规定就是强制，就是说，客观法则与一个并非绝对善良的意志的关系可以被表象为对一个理性存在者的意志的规定，虽然是通过理性的根据来规定，但这一

意志按照其自然本性而言并不是必然服从这些根据的。"①这就是一般意志与特殊意志的关系问题。就意志的原初含义而言,乃指意向、意向性,是起于心意以内的由己性,即动机。当把动机与意欲获得的价值客体关联起来,从而在主观上确立起一种相互证明或相互肯定的关系时,动机主体就必须把主要的甚至是全部的注意力、情感和经历投入到获得价值客体的行动中来,这种综合性的能力就是意志力和实践理性。如若为获得价值客体所遵循的法则仅对行动者有效,而对他者无效,那就是主观上必然和客观上不必然的。如果这种在主观上认其必然的行动并不对他者构成有利或有害的关系,那么它就是自在合理的;相反,当以加害于他者的人格或以利己的方式而有利于自己时,则是不合理的。如若,在一个特定的历史场域之下,行动者从不去考虑那个客观上普遍有效的法则,而只是将利己动机视作行动的首要动机,那么所谓的普遍实践法则就会成为实现各种利己动机的手段。我们把对普遍法则的意识并依照它而行动的动机视作特殊意志,而把出于利己动机而将普遍法则视作手段的意识和行动称作一般意志;将按照普遍法则而行动的意志力称之为实践理性,而将按照利己动机而行动的意志力称之为实用理性。

在现代化运动中,随着市场经济的拓展和深化,一种朝向公共上的普遍性要求就会生成,权力、资本和知识必须在有利于创造公共善并合理分配公共善方面而得到规定。一种没有经过合理性批判的私有观念一定是生产资料私有制基础上的,而经过合理性论证的私有财产才是合法而合理的。这正是从前现代社会向现代社会转型过程中所必然要发生的事情,如若我们依照未经合理性论证的私有观念去发动和推动现代化运动,那绝不可能实现我们所普遍诉求的终极之善。

基于社会领域分离基础之上的重叠式德性结构只是一种主观意志的法,只是一种可能的战斗力量,只有将主观意志的法变成对象性的存在,成为以绝对命令形式出现的普遍法则,甚至变成一种在善良意志支配下

---

① [德]康德:《道德形而上学奠基》,杨云飞译,人民出版社 2013 年版,第 40—41 页。

的行动，个体与政治共同体都能够获得总体性的善的那种情形才会出现。这就是作为客体性存在的规范体系和伦理环境。

2. 作为客体性存在的规范与场域

将规范与场域视作是客体性的存在并非是说它们是以实体性的形式立在那里的具象存在，而是指它们是可普遍化的根据和标准、可共同感受到的伦理环境。伦理环境乃是由人的道德认知和道德实践所形成的过程及其后果，包括主体形态的思与行、客体形态的规范体系。伦理环境原本是后果性的社会事实和精神事实，但它一经形成便又反身嵌入到人们的道德世界中，从而制约着人们的道德认知、情感、意志、选择、行动和评价。规范是人们基于交往的需要而制定出来的、共人人遵守的游戏规则，它要么是用于分配资源和财富的，要么是用于规约人的意志与行动的。在规范的诸种类型中，道德规范是最不能独立自存的那一种，似乎从不存在脱离了其他规范形式的道德规范，相反，道德规范是以家规、族规、村规、风俗、习惯、管理、宗教、巫术、禁忌、法律等形式表达自己"意志"的"命令句"或"祈使句"；就一个具体行动的动机、过程和结果，运用各种规范形式表达善恶、正当判断，被称为道德评价，由若干或一致、或并行或矛盾的道德评价构合而成的观念和意志场域，被称为道德舆论。以道德舆论名义出现的道德评价未必是合理的，而真正决定道德评价是否合理的条件有两个，一个是知识，亦即，并非出于故意，而是因为缺少足够的道德理性知识，或信息存在缺陷；一个是动机，亦即，故意歪曲事实，出于个人偏好，或因人格缺陷，埋怨、抱怨、怨恨、仇恨是评价者的基本的情感结构，或对评价者充满敌意，进行道德污名化，或进行人格侮辱。以此可以说，社会舆论是充满了真理与谬误的公共意志空间。

现代伦理文明体，在规范和场域两个向度上具有与传统社会不同的面相。任何一种被视作是能够表达公共意志的规范，必须是具有坚实的内在根据和充分的外在理由的行为规则，亦即，不但在客观上普遍有效而且主观上认其是必然的行动命令。这意味着，任何一个以表达公共意志为旨归的规范命题,必须是一个经得起实践检验的根据和标准,因而是反思性的,而不是一种习惯或直观。在意识上,它是被普遍意愿的命题陈述,我意愿我自己认其为善并践行它,我同时也意愿他者承认它并践行它。在这个意义上,这个被普遍承认的且被共同遵守的道德命题,就是一个金律式的意志表达,可称之为道德黄金律。

在道德舆论上,每一个有理性存在者,会逐渐形成基本的道德理性知识,并就一个相关于善恶的观念和行动出于善良意志、根据实践法则而做出的正确判断,我们把做出正确判断的行为视作是具有正当性基础的行为。

当我们从主体性和客体性两个维度深度开显出现代伦理文明体的基本面相时,一个更为复杂而困难的问题便紧随而来,这就是,我们如何拥有并充分运用这个伦理文明体。这便是发生现象学问题。

五、发生现象学

在可描述的意义上,我们给出了新型伦理文明体的内部构成及其在实现终极之善的过程中所能起到的积极作用,然而我们尚不具备这个完整的伦理文明体,在人们的无意识、潜意识中还有诸多严重滞阻着人们形成这个文明体的要素和环节。

1. 一个原初的形成新型伦理文明体的道德人格如何可能?

我们已经在始点的意义上先行标画出了形成新型伦理文明体从而实现终极之善的始点,就其目的论始点而言,是指新型伦理文明体更有利于实现效率与公平、正义与平等、自由与幸福;就实践论始点而言,要成为一个真正的现代人,就必须形成现代道德人格。

就一个完整的道德人格而言,乃是一个由信、知、情、意四个要素构成的整体性的能力和品质,即令一个人处在整体性的好状态并使之出色地完成他的活动所需要的能力和品质。人类构造怎样的社会结构及其运行逻辑，同时也就构造着与这个运行逻辑相一致的伦理文明体，亦即构造着怎样的道德人格；人们如果想构造一个现代社会社会结构及其运行逻辑，就必须成为现代人，特别是掌握社会核心资源从而能够引领伦理风尚的人群，则具有更重要的初心和使命。在此我们只是深入分析和论证作为一个有理性存在者所应普遍具有的道德人格。就"信"而言，可有信仰和信念两种，而就现代信仰和信念而言，则是对终极之善的确证和确信，以及为此一目的而孜孜以求的过程。为此一目的能够实现，就必须确信一种手段之善，并殚精竭虑地构建它，这就是体现效率与公平、正义与平等价值原则的国家治理和社会管理模式。将人民视作实践论和目的论意义上的主体，就必须促使每一个人成为真正的主体，即成为正确的言说者、公正的旁观者和正当的行动者。作为拥有且行使政治权力和公共职权的人群就要始终将特殊意志置于一般意志之上，用公共理性约束实用理性，用利他动机规定和限制利己动机。如果丧失了信仰和信念，人们也就是失去了实现终极之善的动力和方向。如果说信仰和信念是主观有充分根据而客观根据不充分的那种视其为真，那么如要实现初心和使命就必须遵天人之道而动、照人伦之道而行、据心性之道而思，这便是知识、理论和思想。不同于传统社会，在现代性场域下，流动性、易变性、风险性是人类必须面对的本质特征，为此就必须构建适合于现代化要求的知识系统、理论体系和思想逻辑；尤其是在危机管理中，依靠意见、情绪和常识，常常招致致命性失败。没有哪个时代能像今天这样，强烈需要一种整体性的对类意识、类实践和类本质的哲学沉思，类哲学将成为当今哲学的主流形态。知识和真理是主客观都有充分根据的那种视其为真；在世界化和全球化的过程中，谁把真理澄明给人类，并指明一种依照真理的指引而行动的现实道路，那就是伟大民族和伟大人物。在情的意义上，现代伦理文明体要求一种立体的或重叠的情感结构，这就是自然情感、社会情感和人类情感的有机统一。这种统一为构建人类生命共同体、社会共同体、精神共同体和命运共同体创造了道德情感基础。就意而言，除了已经规定出的动机和意志力之外，还指一个重要环节而言，即，意是把信、知、情连接到行动中去的关键环节，如若信、知、情不能产生出一个创制手段之善以实现终极之善的行动来，一切就只具有形式意义而无质料作用，而这正是长期以来，在形成伦理文明新形态过程中形式主义乃是始终不能根除的顽疾、痼疾。

2. 制定、矫正和完善制度何以如此重要？

一个组织、民族和国家实现总体善的坚实基础乃是制度，而不是意见、情绪和常识，在充满流动、易变和风险的现代社会尤其如此；制度的合理性程度标志着这个民族和国家的伦理文明程度，亦即制度文明程度。在一个反复交往的人群 P 中，出于交往的需要，人们或由权威者供给或通过民主讨论给出，需人人遵守的游戏规则 R；若 P′ 不遵守 R 反比遵守 R 有收益，那么人人都不遵守，反之人人遵守。无论是由权威者供给还是民主讨论给出，这只是产生制度的路径问题，都要体现普遍性和特殊性有机统一原则，普遍性原则体现的是所有人的利益和意志，特殊性原则体现的是弱势或边缘人群的利益和意志；如果制定者将个人和少数人的私人利益作为首要动机决定制度的制定、矫正和变迁，那么由制度性缺陷造成的不公平、不公正则是普遍的。由于缺少溯及以往的追责制度，就会因为违约成本过低而广泛持续地产生权力滥用和不作为。若是出于公共意志而实现政策设计和制度安排，却也未必实现总体意义上的公平，因为在同一种制度安排之下，出于弱势和边缘地位的人群不能同等程度地获得来自制度安排的益处，继而在反复进行的制度矫正和修正中始终处在不利地位，相反既得利益集团会利用各种资源和机会影响制度矫正和修正，从而使自己始终处在优势地位，以致产生不劳而获的后果。如何在效率意义上的公平和人道意义上的公平之间寻找平衡，无疑是现代政治文明所着力寻求的国家治理和社会管理艺术。

3. 从场域到舆论

市场经济被视作是到目前为止人类能够找到的相对有效率的经济组

织方式，它不仅具有经济意义、政治意义，更具有哲学人类意义；它真正打开了一个普遍追寻自由、民主和平等的世界。以权力、习性和游戏规则为核心要素的"场域"被打破了，一切都要被置于理性的反思与批判中，接受正确性和正当性审查，在此种情形下，一切专权专制都将无法遁身，官僚政治更是没有了存续的土壤。"（一）官僚政治得从技术、社会的两方面去说明，而我们当作社会体制来研究的官僚政治，宁是重视它的社会的那一面，虽然我们同时没有理由不注意它的技术的那一面。（二）大约官僚政治在社会方面有了存在依据，它在技术上的官僚作风，是会更加厉害的，反之，如官僚不可能把政府权力全掌握在自己手中，由自己按照自己的利益而摆布，则属于事务的、技术的官场流弊，自然是可能逐渐设法纠正。（三）技术性的官僚作风，不但可能在一切设官而治的社会存在，在政府机关存在，且可能在一切大规模机构，如教会、公司，乃至学校中存在，可是，真正的官僚政治，当作一个社会体制看的典型的官僚政治，却只允许在任何社会的某一历史阶段存在，而就欧洲说，却只允许在18世纪末乃至19世纪初那一个历史阶段存在。"①无论是社会方面的还是技术方面的官僚政治，都是与现代社会的效率与公平、正义与平等、自由与幸福的价值原则相抵牾的；如果我们只是将现代社会的价值原则仅仅作为信仰或信念加以立意，而无政治制度方面的保证，那么我们决不会有真正的现代化，也难以形成现代社会。

市场经济不但需要着同时也构造着现代政治制度，同时还生成着一个表达公意的社会空间：社会舆论。"个人所享有的形式的主观自由在于，对普遍事务具有他特有的判断、意见和建议，并予以表达。这种自由，集合地表现为我们所称的公共舆论。"黑格尔在谈到公共舆论的价值时说道："公共舆论是人民表达他们意志和意见的无机方式。在国家中现实地肯定自己的东西当然须用有机的方式表现出来，国家制度中的各个部分就是这样的。但是，无论那个时代，公共舆论总是一支巨大的力量，尤其

---

① 王亚南：《中国官僚政治研究》，商务印书馆2010年版，第8页。

我们时代是如此,因为主观自由这一原则获得了这种重要性和意义。现时应使有效的东西,不再是通过权力,也很少是通过习惯和风尚,而是通过判断和理由,才成为有效的。"①快速发展的现代传媒又为公共舆论的表达创造了技术支持,各种传播方式的发展,为每一个有理性存在者表达他的个人意志更为呈现公共意志创造了物质基础。尽管在公共舆论中,真理与谬误都在活跃着,但代表历史的声音和民众的心声的终极之善终究会借着真理的形式而表达其自身、实现其身。

①　[德]黑格尔:《法哲学原理》,范扬、张企泰译,商务印书馆 1979 年版,第 331—332 页。

第2章 生成论意义上的
中华伦理文明新形态

从生成论或发生学意义上说,任何一种形态的伦理文明都是生成中的,不会有终极的完型结构,因而都是历史性的、不完善的,虽然说,人类从不缺少对完美形态的伦理范型的预设和追求,但在实践哲学的意义上,任何一种所谓完美的伦理范型都被实践证明是相对的。基于语言哲学中的所指、被指和能指,借助现象学方法,我们预先给出了沉思和表达伦理文明形态的"一般原理";当我们把这个"一般原理"作为知性逻辑,充分运用于对正在进行着的中国式现代化以及在其中生成着的伦理文明的沉思时,如何将经验的自然观点生发为理论的或思想的自然观点,就成为沉思和表达中华伦理文明新形态的理论前提。由前提进到中华伦理文明新形态本身,正是指明这个新形态之具体类型及其现实发生的过程。

一、从一般到个别:语言哲学视阈中的
中华伦理文明新形态

在已述及的伦理文明的语言哲学规定中,我们只是一般性地给出了它的所指、被指和能指,规定了伦理文明的主体形态和客体形态,在确定性和明晰性两个方面给出了重建伦理文明新形态的必要性与可能性。从历时性的维度梳理了中华伦理文明诸种形态的演变过程,并从结构现象学、功能现象学和历史现象学三个角度,呈现出了伦理文明新形态形成的

内在逻辑。这为从问题深度和学科高度分析和论证中华伦理文明新形态的具体内容和发生机制，提供了不可或缺的理论基础。

那么，什么才是伦理文明？"伦理文明是人类通过自身的个体性和集体性道德思维、道德认知、道德情感、道德意志、道德信念、道德话语、道德行为、道德记忆等体现出来的道德修养状况。它反映人类的道德人格或道德身份所达到的发展水平，体现人类与非人类存在者之间的根本区别。"①"伦理文明"既是动词哲学又是名词哲学。作为动词哲学，伦理文明乃是个体与类之道德能力的充分运用，是作为这种道德能力之构成要素的道德信念、思维、认知、情感、意志、话语、记忆、反思能力的综合运用，作为文明总体，伦理文明不是那个单独要素的个别发挥，而是综合运用。毫无疑问，这是伦理文明的主体形态，是始点意义上的德性，是一种原初性的力量。康德说，德性就是一种直接的实践力量。作为主体性的德性或伦理文明，之成为一种原初性的实践力量，本质上是一种对象化过程，而对象化的结果便是形成一种对象性的存在，向内而言的成果就是道德主体所能达到的道德修养或文明高度；向外而言的业绩，就是所营造的社会伦理环境，这是社会文明能所达到的程度，健康的道德舆论乃是社会和谐得以形成的伦理基础。于是，必须从动词哲学和名词哲学两个维度上界定和规定伦理文明，前者是发生学的，后者是结构、功能和价值学的。

什么是中华伦理文明新形态？"中华伦理文明新形态是中国共产党团结带领中国人民、中华民族在推进中国式现代化进程中创造的人类文明新形态的重要内容和伦理文明样本，是中华伦理文明演进发展的最新成果，是具有中国特色、反映新时代需要和符合人类伦理文明发展规律的社会主义伦理文明范式，体现中华民族在伦理认知、伦理情感、伦理意志、伦理信念等方面达到的新境界，反映中华民族在伦理理论和道德实践方面达到的新高度。它具有中国式人口伦理文明、中国式经济伦理文明、中国式政治伦理文明、中国式社会伦理文明、中国式生态伦理文明、中国式

---

① 向玉乔：《论中华伦理文明新形态》，载《道德与文明》2023 年第 2 期。

网络伦理文明、中国式国际伦理文明等主要内容,其新颖之处主要表现在:具有中国特色的社会主义伦理文明新范式,具有整体性的伦理文明新范式,是一种世界主义的伦理文明范式。"①中华伦理文明新形态具有鲜明的时空结构,就时间维度说,它是当代中国人在建设中国式现代化过程中所客观要求的、也是必然形成的伦理范式,它没有丢弃和抛弃以往的优秀伦理传统,本质上是返本开新,是优秀的伦理传统在当代的发展;所谓新,是指,它是一种发展伦理学,是一种开放的、包容的、创新的伦理范式,它为通过日益进步的手段之善之能够实现终极之善奠定了坚实的伦理基础。从空间结构立论,中华伦理文明新形态乃是当代中国人应该具备也必然会形成的德性结构,以及通过德性结构的整体运行而形成的完善的规范体系和健康的伦理环境,它不仅具有中国价值,也具有世界意义。

至此,我们在对象的确定性和论证的明晰性两个方面,就伦理文明和中华伦理文明新形态给出了语言哲学意义上的界定和规定,这与其说是一种概念,倒不如说是一种观念,是中国式现代化所必然要求也必然会形成的伦理观念。而就这一概念和观念说,依然有如下一些前提性的、基础性的问题需要澄清和解决。

第一,相对于"物质文明""精神文明""社会文明""生态文明"和"制度文明"而言,"伦理文明"何以是一种相对独立的文明形式?"伦理文明"绝不是一种经验的自然观点,是一种日常意识和日常语言中的说法和看法,相反,它是一种新的观念。"伦理文明"作为一种特殊的文明形式,与"物质文明""精神文明""制度文明"等,本质上不是并列关系,而是源流关系;它是其他文明形式的共同根源,是形成其他文明形式的原初性力量,是始点意义上的文明。缺少了始点意义上的道德能力及其充分发挥,任何一种非本原式的文明都不可能。"伦理文明"是对"物质文明""社会文明""精神文明""生态文明"之伦理基础和伦理性质的抽象表达,是对具体的文明形态之共同的伦理含义的澄明;"伦理文明"不是一个独立的

---

①　向玉乔:《论中华伦理文明新形态》,载《道德与文明》2023 年第 2 期。

文明类型，它必须通过具体的文明形式现出其自身，具体的文明形式或者是伦理性质的主体形态，如精神文明，或者是伦理性质的客体形态，如生态文明、物质文明和社会文明。而在长期的学术研究和理论沉思中，人们往往强调了文明的具体类型而忽略了它们的伦理基础和伦理性质，要么是突出了伦理性质而忽视了这种性质的呈现方式。在认识和确证以伦理为基础的诸种具体的文明形式的发生问题上，常常舍本求末，以为离开了个体和类所先行拥有的德性就可以构建一个具体的文明体，这种无根基、无始点的思维，本质上是一种机械的名词哲学思维。尤其是在具有政治意义的观念革命和理论建构中，后果思维和名词哲学占据了主导地位。人们习惯于从后果去规定和描述一种文明形式，且在充满理想的描述和表述中，令人满怀信心，徜徉在自我完成的想象之中。这种把意识中完成的事情等同于只有在行动中才能完成的事情的思维定势，是与构建中华伦理文明形态的真实动机即善良意志和公共意志相违背的。

"伦理文明"这一"名词"，不是一个单一词语，而是一个符合词语。"伦理文明"不是"伦理"和"文明"的并列组合，而是前正后偏结构，更准确地说，"伦理"是对"文明"的限定；作为定语，"伦理"规定了任何一种"文明"都是作为原初性力量的德性的充分发挥及其形成的业绩。任何一种"文明"形式都是伦理性的，它要么是表达个体的发展程度，要么是表述社会的进步程度，要么意味着人类找到了实现终极之善的手段之善，要么是最大限度地实现了终极之善，令每个人出于意愿且有充分的条件和完整的机会过一种整体性的好生活。而这一切均奠基于个体与类之修养、教养、学养、涵养，总之是素养的形成及其充分发挥基础之上；不去着眼于原初性的道德能力的培养和发挥，而徜徉于缺少坚实基础的伦理后果的臆想和描述之上。基于此种论证，如何为除德性之外的任何一种文明形式进行道德根源（德性）和伦理基础（规范）奠基，才是构建人类文明新形态最为根本的道路。

第二，"伦理文明"的根基问题。世间从不存在独立的、空中楼阁式的"伦理文明"，一如文明是以文化为基础那样，"伦理文明"也是建基于"伦理文化"之上的。事实上这是一个人类认识之谜。人类是世界上唯一追问和追寻真理的有理性存在者,那么真理由何而来? 唯其人是有理性的存在者,且是一个依赖对象而依靠自身的存在物,没有对象,人类便既无生存、生活下去的自然条件和环境;没有自然界提供的质料便没有用以创造人类诸种价值物的对象,没有劳动产品,人便不能以人的方式存在。为此,人类就必须追问、追寻那个人类必须予以尊重和遵循的逻各斯、道。然而,这个被称为真理的逻各斯、道,一旦被观念化和概念化,知识化和逻辑化,人类便把它们当成了独立自存的东西,而忽略了甚至遗忘了人类获得真理的艰苦过程,将那些与真理性的认识混合在一起、甚至阻碍获得真理的非理性要素,如任性、情绪、猜想、臆想,一律清除出去,只留下那个单一的、令人类欣喜的真理。同理,理论和观念的建构者和转播者,总是试图将从来都没有离开过文化的所谓的文明,从其自身中剥离掉存续在人类本性中的贪婪、自私、怨恨、仇恨、攻击、残暴、毁灭等等,以使文明显得高贵、高雅、高扬,更为严重的是,那些原本充满着贪婪、自私本性的个体或人群却依仗着手中的权力、资本和武器而以文明人自居。当文明脱离了它赖以存续的文化,那么它就成为无源之水无本之木。伦理文明乃是伦理文化中令社会进步和个体发展的元素、环节和趋向,任何一个用以表达伦理文明的词句、范畴、判断、观念和信念,无不对应着它们的反义词所表达的内容。用以表达"伦理文明"的概念、观念、判断,与其说是一种建构性的话语,倒不如说是一种批判的和反思性的话语。事实上,"伦理文明"既是批判的、反思性的,又是预设的。在分析和论证"伦理文明"时,我们是在充分运用人类所特有的三种智性生活:思索(不再是)、判断(正在是)和意愿(将要是)。与此相对应的则是三种道德事实,即人性道德事实、社会道德事实和理想道德事实。只有在对道德事实进行广泛思考和深度研究之后,构建中华伦理文明新形态才会有坚实的理论基础,因为直面所谓的伦理文明新形态并通过类型学,将这种新形态呈现在表象中、把握在意识中,并不是一件十分困难的事情,困难的是,构建中华伦理文明新形态的根据究竟在哪里? 作为中华伦理文明新形态之原初结构的德性,并不是一个既成的或现成的知识体系、观念系统、情感结构、意志类型，而是不断自我生成着的、自我完成着的能力体系，不断经历着从可能能力到可行能力的转变过程，而这一过程的本质恰是不断由人性道德事实转向社会道德事实和精神道德事实，最后形成伦理精神的过程。如若不对道德事实进行广泛而深入的研究，便无法呈现任何一种伦理文明新形态得以发生和发展的过程。

二、三种道德事实：可能性及其限度

若是发表意见，完全可以从任何一种事实说起，其结论不必有严格的论证，也不必可信。但作为一门学科，伦理学是必有其起点的，无论是理论的逻辑前提还是实践的逻辑起点。广义伦理学是必有其道德哲学部分的，但狭义的伦理学却不必如此。在我们的精力所及的范围内，人们所接触到的伦理学著作多半是狭义伦理学，似乎伦理学不需要前提批判一样。事实上，这既是一个误解也是一种缺陷。一种缺少了道德哲学的伦理学是无根基的，而缺少了伦理学的道德哲学也是不现实的。而使二者具有内在逻辑关系的元素则是道德事实。人性道德事实乃道德哲学的对象，体现的是可能性；现实的道德事实乃伦理学的对象，表达的是现实性。理想的道德事实乃是发展伦理学的对象，呈现的是未来性。无可能性现实性则无根，无现实性可能性则空。人性道德事实是伦理学的逻辑起点，现实道德事实是伦理学的现实起点。那么，中华伦理文明新形态究竟是怎样一种道德事实呢？

（1）人性道德事实：假设还是事实？①

在亚里士多德看来，促使人的德性成为可能的是人的灵魂的特殊结

---

① 一如其他社会科学那样，伦理学也从不缺少假设，亚里士多德、休谟、康德、边沁都曾或明或暗地给出过假设，儒家伦理中的性善性恶论亦是一种假设。人性假设乃是一种可能的事实，这种事实虽不可以被证实，但可以被证明。对伦理学来说，人性假设既是必要的又是可能的，其可能性乃属科学问题，解决的是能不能的问题，其必要性则属价值问题，其回答的是该不该的问题。而能不能与该不该均是一种承诺，而任何一种价值承诺必须奠基于事实承诺之上，即便是最高的善，若无可能性也是虚无，反之，一个事实若无价值便也不值得追求。

构。一如幸福作为最高的善是自足的那样,人的灵魂也是自足的。亚里士多德在《尼各马可伦理学》第一卷第 13 章以"德性引论"为题总括地讨论了德性与灵魂的关系,在第六卷又分章具体讨论了灵魂与德性的关系。在古希腊哲人的讨论中,善的事物已被分成为三类:外在的善,包括财富、高贵出身、友爱和好运;身体的善,包括健康、强壮、健美和敏锐;灵魂的善,包括节制、勇敢、公正和明智。而只有灵魂的善才是最恰当意义上的、最真实的善,所以灵魂的善才是属人的善。唯其如此,政治家就更需要了解和研究灵魂的本性。①在与灵魂和逻各斯的关联中,人的道德德性是如何可能的呢?(1)德性与自然。"德性在我们身上的养成既不是出于自然,也不是反乎于自然的。"②在某种意义上可以说,人只是一种可能的存在物,比如德性就是一种可能性。自然赋予了我们接受德性的能力,但这种能力只是一种潜能,它并不直接地成为德性,它必须通过人的良好的习惯才能养成和完善,故曰"德性不出于自然也不反乎于自然"。人的良好的习惯也就是人的好的行动,它养成和完善了人的德性能力,这种不是先天具有的,而是反复去做它要求做的事情,我们才获得了它。一如我们只有经常做好事我们被称为好人那样,而不是我们先天就是好人。(2)德性、实践与逻各斯的关系。人的灵魂分为没有逻各斯和有逻各斯两个部分,人的德性虽不是逻各斯本身但却分有逻各斯。德性既是一种品质又是一种能力,只是这种品质和能力不是出于自然而是在反复的实践活动中养成和完善的,于是实践便成了德性得以形成的基础。不是为了了解德性,而是为使自己有德性,我们就必须研究实践的性质,研究我们应当怎样实践,因为,我们是怎样的就取决于我们的实现活动的性质。实践的事务总是相对于那些可因我们的行动而改变的事务,是因我们的努力而

----

　　①　出于题材的限制,在此我们不准备详细讨论亚里士多德关于灵魂学说及其具体构成的详细内容,只想指出四个核心观点,借以论证德性的可能性问题。(1)灵魂、逻各斯与德性的关系(第 32—34 页)。(2)道德德性的获得问题(第 35—37 页)。(3)灵魂的三种状态问题(第 42—45 页)。(4)灵魂肯定和否定真的五种方式问题(第 169—171 页)。

　　②　[古希腊]亚里士多德:《尼各马可伦理学》,廖申白译,商务印书馆 2003 年版,第 36 页。

改变了的事物。这样,实践总以某种目的为其动因,这种目的既可以是自身之外的,也可以是自身之内的。但无论以哪种目的作动因,都要按照正确的逻各斯去做。那么怎样才能按照正确的逻各斯去做呢?是明智。"明智是一种同人的善相关的、合乎逻各斯的、求真的实践品质。"①总的来说,在亚里士多德那里,人的德性是自足的,尽管政治学规定了个人在城邦里应当做什么和不应当做什么的根据和标准,但德性的养成和完善还是决定于人自己的实践活动。因此,人的德性如何可能的追问是多余的。这种多余的思虑得益于德性之美与城邦之善之间的和谐。雅典城邦基本上是一个在合法界定的基础上由熟人构成的伦理共同体,基于这种共同体之上的,也必定是人的德性与幸福的内在统一。这种统一也直接决定了亚里士多德对"幸福是合于德性的实现活动"这一命题充满希望与自信。

然而,当德性与幸福发生严重分离,以致德性与幸福已无必然关联的时候,人的德性如何可能呢?这就是康德所面临的伦理困境和伦理学难题,康德要殚精竭虑地解决的就是这个社会历史难题。②在康德看来,一个行为之被称为是道德的,至少有三个要件:善良意志、实践理性、实践法则。一个道德行为,当且仅当是指:一个在善良意志的保障下、借助于实践理性而实现实践法则的行为必然性。康德用三个命题和四个定理来表述"道德形而上学原理"。"道德的第一个命题是:只有出于责任的行为才具有道德价值。第二个命题是:一个出于责任的行为,其道德价值不取决于它所要实现的意图,而取决于它所被规定的准则。从而,它不依赖于行为对象的实现,而依赖于行为所遵循的意愿原则,与任何欲望对象无

———————————

① [古希腊]亚里士多德:《尼各马可伦理学》,廖申白译,商务印书馆 2003 年版,第 173 页。

② 一些批评者严厉谴责康德道德哲学的非人道主义性质,指出在康德的善良意志中,为着保证善良意志的纯粹性,他不得不以牺牲人的快乐与幸福为代价。事实上,并非康德真的出于主观意愿而将幸福从他的道德视野中清除掉,而是康德所生存于其中的那个社会已经使德性与幸福发生严重分离了。思想的逻辑是植根于历史逻辑之上的。

关。"①"第三个命题,作为以上两个命题的结论,我将这样表述:责任就是由于尊重规律而产生的行为必然性。"②比较而言,对规律的尊重或敬重是道德得以发生的关键,对此有人曾质疑康德,说康德是反对道德起源上的情感主义的,那么对规律的敬重不正是一种情感吗?对此,康德明确地解释道:"虽然尊重是一种情感,只不过不是一种因外来作用而感到的情感,而是一种通过理性概念自己产生出来的情感,是一种特殊的、与前一种爱好和恐惧有区别的情感。凡我直接认作对我是规律的东西,我都怀着尊重。这种尊重只是一种使我的意志服从于规律的意识,而不须通过任何其他东西对我的感觉的作用。规律对意志的直接规定以及对这种规定的意识就是尊重。所以,尊重是规律作用于主体的结果,而不能看做是规律的原因。更确切一点说,尊重是使利己之心无地自容的价值觉察。所以既不能被看做是对对象的爱好,也不能看做是对对象的恐惧,而是同时两者兼而有之。所以,尊重的对象只能是规律,是一种加之于自身的东西,并且是必然加之于自身的东西。作为规律,我们毫无个人打算地服从于它;作为自身加之于自身的东西,它又仍然是我们意志的后果。在前一种情况下,它类似于恐惧;在后一种情况下,它又类似于爱好。对于一个人的尊重,就是对诚实规律的尊重,这个人给我们树立了诚实的榜样。增长才干是我们的责任,所以一个才能出众的人被当做规律的典范,通过锻炼以达到和它相似,这就构成了我们的尊重。所有我们称之为道德关切或兴趣的东西,完全在于对规律的尊重。"③康德在《实践理性批判》中把"道德形而上学原理"表述为四个定理。在陈述这四个定理之前,康德对"纯粹实践理性原理"作了一个界定:"实践原理乃是包含着意志的一般规定的命题,这种一般规定之下有种种实践规则。如果主体认为这种制约只对他的意志有效,那么这些原理就是主观的,或者只是准则;如果他认为这种制约是客观的,即对一切有理性的存在者的意志都有效,那么它

---

① ［德］康德:《道德形而上学原理》,苗力田译,上海人民出版社 1986 年版,第 49 页。
② 同上书,第 50 页。
③ 同上书,第 51 页。

们就是客观的，或者就是实践的法则。"①在这个定义之下，实践原理有四个定理。定理一："一切实践原理，凡把欲望官能的对象（实质）假设为意志的动机的，都是依靠经验，而不能提供实践法则的。"②一个依据经验的实践准则为何不能作为实践法则呢？康德论述道，一个原则如果只是依据在人对快乐或痛苦的感受性的这样一种主观条件上（这种感受性永远只能在经验上被认识，并且对于一切有理性的存在者也不能同样有效），那么对于具有这种感受性的主体自己来说，它诚然可以作为他的准则，不过甚至对于这个主体自己来说，它也不能成为法则（因为它缺少了那必须被先天认识到的客观必然性）。既然如此，这样一个原则就永远不能供给实践法则了。起于欲望的、以感受性为直接途径的实践准则，尽管有不同的类型和内容，但它们都可以归置一个名称之下，这就是幸福原则。定理二："一切实质的实践原则，顾名思义，都属于同一种类，并且都归在一般的自爱（Selbsiliebe）原则或个人幸福原则之下。"③所谓幸福原则乃是这样一条原则，"事物存在"表象所给人的快乐，就其成为人对这个事物的欲望的动机的一个原则而言，乃是依据在主体的感受性上面，因为它是依靠于一个对象的现实存在（Dasein）的。因而它乃是属于感觉（Gefühl），而不属于悟性——悟性是表示表象对客体的概念关系，而不表示表象与主体的感觉关系。所以只有在主体从对象的现实存在所期待的那种愉快感觉决定其欲望官能的范围以内，这种快乐才可以促进实践。一个有理性的存在者能意识到终身不断享有的人生乐趣，就是所谓幸福（Glückseligkeit）；把幸福立为选择的最高动机的那个原理，正是自爱原则。一如康德所论证的，幸福原理对于一个其感受性优先于实践法则的个体来说无疑是首要的，正当的，因而也是合理的。"'追求幸福'必然是每一个有理性而却有限的存在物的愿望，因而也是必然会决定他的欲望的一个原理。因为人生来对自己的全部存在就不满意，他必须首先认识

①　[德]康德：《实践理性批判》，关文运译，广西师范大学出版社2002年版，第3页。
②　同上书，第6页。
③　同上书，第7页。

到自己独立不依,无待外求,才能有此洪福,追求这种洪福,乃是我们的有限本性自身加于我们的一个课题,因为我们有所需求,而这种需求乃是有关我们的欲望官能的实质而参照于主观上的快乐感情或痛苦感情的——这种感情才决定了使我们满足自己现状的必要条件。"①然而,幸福原则却不能成为普遍有效的实践法则。定理三:"一个有理性的存在者必须把他的准则思想为不是依靠实质而只是依靠形式决定其意志的原理,才能思想那些准则是实践的普遍法则。"②然而,康德只问其形式而不问其实质内容的实践法则是如何可能的呢? 这个疑问用另一种提问方式可以确定为:由实质的实践准则到形式的实践法则是如何可能的呢? 康德说,如果抽去法则的全部实质,即抽出意志的全部对象(当做动机看的),那么其中就单单留下普遍法则的纯粹形式了。因此,一个有理性的存在者既然完全不能把他的主观的实践原理(即他的准则)同时思想为普遍法则,那么他就必须假设,单单有它们所借以成为普遍立法的那个纯粹形式自身就可以把它们变成实践法则。然而事实上,第一,仅凭一个假设如何保证把具有实质内容的实践准则变成实践法则呢? 第二,借以成为普遍立法的那个纯粹形式自身如何变成实践法则的呢? 于是,康德便提出了定理四:"意志的自律(Autonomie)是一切道德法则所依据的唯一原理,是与这些法则相符合的义务所依据的唯一原理。反之,任意选择一切的他律不但不是义务的基础,反而与原理,与意志的道德性互相反对。"③正是自由意志才使得实践法则成为。在人的理性所及的范围内,出于客观必然性的实践法则乃是一命令。成为实践原理的"命令"通常有两种类型:绝对命令和相对命令。绝对命令是无条件的,而相对命令则是有条件的。在康德看来,一切"命令"的指示,不是有条件的,就是无条件的或绝对的。"一个有条件的'命令'的含义是:如果立意要得到某一东西,或至少要以此目的,那就必须作某一件事。绝对命令的含义是:某一行为,就是

①　[德]康德:《实践理性批判》,关文运译,广西师范大学出版社 2002 年版,第 10 页。
②　同上书,第 12 页。
③　同上书,第 20—21 页。

必须作的,不涉及任何别的目的。"①而在非常细微的层次上,康德又把相对命令作了区分:技术规则和明智规约。至于二者的区别与联系可从康德的如下论述中见出:"凡一个有理性者所能作的事情,都可作为有理性者的意志所可能追求的对象。因此,意志在追求这些可能的对象的时候,所必须采取的行为原则,其数量是无穷的。然而我们可以假定:有一个目的,是为一切有限的有理性者(至少,那些能听从命令的有理性者)实际追求的对象,并且也为每人依照某种天然本性所追求的对象,这个目的就是幸福。凡是肯定某种行为是作为追求幸福的必要手段的有待命令,都是实述的命令。我们决不可把幸福想作只是一种可能的或和可疑问的目的,而乃是出自人的本性并可先验地假定为人人所追求的目的。凡人精于选择达到自己的幸福的手段,我们称为(狭义的)的精明,因此,一个命令,如果只在于指示选择达到个人幸福的手段,那就只是一种精明的准则,它必然是有条件的命令。它命令行为,也不是绝对的,只不过当作是达到其他目的的手段。"②技术规则和明智规约准确说来,尽管也以命令形式出现,但却不可以作为理性命令的基础,它们作为分析的命题形式,不具有必然性和普遍性,因而不能称为道德命令。只有作为先天综合命题形式的道德命令才是绝对命令,而只有绝对的命令才是实践的规律。其他命令都只可称为选择的规则,而不是规律。因为任何事物,既被选择是仅仅作为达到某种任意选定的目标的手段,那它本身只可被看作是偶有的,只要目的已经消失,那么命令就失去效力。反之,无条件的命令,决不允许意志择取相反的途径,只有它才可能用规律所具有的必要性(或必然性)指挥意志。简明地说,只有一个绝对命令,即"你必须遵循那种你能同时也立志要它成为普遍规律的准则而去行为"。

但绝对命令可以有三种变形:(1)按照必然性行事,也就是你必须随

---

① 周辅成编:《西方伦理学名著选辑》(下),商务印书馆 1987 年版,第 363 页。
② 同上书,第 364—365 页。

时遵循一种可由你的意志变成为普遍的自然律的准则而去行动。能够依照普遍的自然律的准则而去做的事情,就尽到你应尽的义务。"义务是指一种行动在实践上的无条件的必要性。"①(2)人是目的,而不是手段。把这一绝对命令转换成实践的命令式,便成为:"你一定要这样作:无论对自己或对别人,你始终都要把人看成是目的,而不要把他作为一种工具或手段。"②(3)在可能的"目的国"中的自律(或自决)意志——自律是人的尊严的基础。

可以说,实践法则、自由意志、实践理性构成康德道德原理的三个要件。这是一种典型的德性论。德性论的伦理学隐含着个体的德性修为在践行实践法则过程中具有优先性,但法律与政体的优良程度在某种意义上会有更大的作用。亚里士多德在《尼各马可伦理学》的最后一章集中讨论了被组织得良好的社会与个体之德性之间的关系。"由于以前的思想家们没有谈到过立法学的问题,我们最好自己把它与政制问题一起来考察,从而尽可能地完成对人的智慧之爱的研究。"③亚里士多德还提出了从立法学和政制对人的智慧之爱的影响方面进行研究的步骤:"首先,我们将对前人的努力作一番回顾。然后,我们将根据所搜集的政制汇编,考察哪些因素保存或毁灭城邦,哪些因素保存或毁灭每种具体的政体;什么原因使有些城邦治理良好,使另一些城邦治理糟糕。因为在研究了这些之后,我们才能较好地理解何种政体是最好的,每种政体在各种政体的优劣排序中的位置,以及它有着何种法律与风俗。"④而关于法律与政制方面的善正是我们目前讨论中的政治共同体之善的问题。因为,在一个总体上正义的社会里,法律的公正和政制的优良乃是优先的或基础的事项,尽管在这个被组织得良好的社会里我们无法保证每个个体都是道德的,但良好的法律和政制对人们获得德性是有帮助的,这是一个

---

① 周辅成编:《西方伦理学名著选辑》(下),商务印书馆 1987 年版,第 369 页。

② 同上书,第 372 页。

③④ [古希腊]亚里士多德:《尼各马可伦理学》,廖申白译,商务印书馆 2003 年版,第 318 页。

道德的社会与不道德的人的组合;在劣质的社会里,我们不排除有德性的个体甚至是一个有德性的人群,当社会失去了一个总体上的善,这是一个道德的人与不道德的社会的组合。比较而言,后一种组合是难以治理的。因此,在讨论德性之美与城邦之善的关系时,我们除了要一般性地研究法律与政制的善之外,对伦理学而言,如何实现从德性之美到城邦之善才是核心问题,也就是如何实现由人性道德事实向社会道德事实的转变的问题。

（2）社会道德事实:认知与体验的起点

社会道德事实是指,已经表现过的和正在表现中的道德现象,是由言说与行动构成的、与善恶有关的现象。道德事实是社会事实中①的核心部分,它不是一般的行事方式、思考方式和感知方式,而是蕴涵着善恶性质的方式。道德事实一定是社会事实,但社会事实不一定是道德事实,我们既不主张一切社会事实都有道德性（伦理性）,也不坚持把道德事实扩大到全部的社会领域。不可否认,人类的所有行事、思考和感知方式基本上是在人与自然、人与人以及人与自己的关系内进行的,道德现象亦是如此,但道德性并不普及到所有的人类现象中。所谓道德性乃指与幸福与应当有关的事情,幸福是相关于行动者的事情,可称为内心的声音,也可

---

① 社会事实概念最早由法国著名社会学家埃米尔·涂尔干提出。与前辈孔德一样,涂尔干也认为我们必须要像科学家研究自然现象一样,客观地研究社会生活。他的著名的社会学第一原则就是"把社会事实当作物来研究"。意思是可以把社会生活严格地当作客体或自然事实来加以分析。根据涂尔干的看法,社会事实是外在于个体的行事方式、思考方式和感知方式,有其自身的实在,外在于作为个体的人的生活和感知。社会事实的另一个特性是它们对个体施加某种强制性力量。然而人们常常并不认为社会事实的制约性质是强制性的。这是因为,人们一般主动地遵从社会事实,相信他们的行事是出于自己的选择。涂尔干认为,事实上,人们只是简单地遵从其所处社会普遍的模式。社会事实能以多种方式制约人们的行动,从直接的惩罚（例如犯罪的情况）,到社会拒绝（行为不被接受的情况）,再到单纯的误解（语言误用的情况）。因此,社会事实难以研究,因为它看不见、摸不着,不能直接观察。唯其如此,涂尔干始终致力于将社会学研究自然科学化。在我看来,一如吉登斯所言,社会学是关于人类生活、群体与社会的研究,但社会学似乎始终是在价值中立原则指导下研究,较少顾及行动者的意愿以及行动的正当性问题,而这恰恰是伦理学的任务。

称为自我责任;正当性是相关于他者的事情,叫做他者的声音,也可称为社会责任。责任乃是出于对法则的尊重而产生的行为必然性,依照此理,道德事实乃是在关系中被定义的,也是在关系中被评价的。只有关乎责任的社会现象才可算是具有道德性的现象,而只有具有道德性的社会现象才可称为道德事实。

从社会道德事实的内部构成上看,可由德性、德行与规范三个部分构成。德性是一个人格健全的人所拥有的能使他生活得好、并出色地完成他的活动所需要的优良品质,在社会道德事实的意义上,这里的德性乃是人们实际具有的品质,而不是一种可能性,至于这种德性是有限理性者长期修为而成,还是通过教化得来并不重要,重要的是人们是否事实上拥有德性。德性是一切德行得以发生的基础,有规范而无德性,规范则空。德性只对个体有效,而对组织无效,因为组织作为非人格化的集合体,是无良心可言的,它没有反思更无忏悔、懊悔、自责。促使组织担负责任实质上是分责或卸责,本质上,应该把组织的责任具体到决策者、管理者和执行者那里。在组织中,只有每个人各就其位、各司其职、各尽其能、各得其益、各负其责,才是公正的,也才是和谐的。柏拉图说,公正的社会必定是和谐的。人的德性作为一种素养、修养和教养,乃是一种潜质,但这种潜质是在反复运用中形成的、实现的。其实现的方式便是德行。德行是与善恶有关的说与做。说就是表达,表达的内容可以是言说者的内心标准,也可以是针对他者的德性和德行的状态的评判,前者为陈述,后者为评价。朝向自我的表达既可以是道德立场,也可以是道德承诺;朝向他者的评价既可以是具有善恶性质的谴责、描述,也可以是道德激励或鼓励。朝向他者的评价原本就是行动,而朝向自己的言说(承诺)则不能仅停留在说上,必须落在现实的基地上,这就是德行。狭义的德行是那些出于意愿,内得于己外得于人的行为,而关广义的德行则指个体、组织、国家或为着自己、或为着他人而发动的具有善恶性质的行为。从质料上说,广义的德行有利己利他行为、利他不利己行为、利己而不利他行为、不利己也不利他行为四种类型;而从形式讲则有康德在自由范畴表中所表达的复杂情形。由此判断，只要是充满利益相关性从而蕴涵着责任的说与做就是社会道德事实。

在道德事实范畴内，除了德性与德行、说与做之外，还有规范。在一个反复交往的人群 P 中，出于交往的需要，人们或由权威者供给、或民主给出，须人人遵守的游戏规则 R；这些游戏规则或用于规约人们的行动，或用于分配稀缺性资源；若某个成员不遵守 R 反比遵守有收益，那人人都不遵守；反之人人都遵守。这便是规范。规范乃是一种集体行动的逻辑，具有空间与时间上的公共性。道德规范是社会规范中的组成部分，尽管一些规范与道德规范是重叠的，具有道德性，但它们并不就是道德规范，如社会组织制定的各种规章、守则、条例，以及具有权威性的法律规范，这些规范所规约的对象以及事项，通常也是道德规范所及的事情，但它们并不就是道德规范。其一，道德规范不是通过法律的形式或理性的方式制定出来的游戏规则，尽管我们也把国家和组织制定的各种规章等称之为职业道德规范，但它们与普遍化、持久化的道德规范有别。其二，道德规范通常表现为社会惯例、习俗等形式，是常识式的范畴和语言，许多还被凝结成名言、警句、箴言、语录，是人终其一生都需学习和践行的事情，因为它们所指称的乃是做人做事的基本道理。若是一个组织、民族或国家失去了做人做事的基本道理，那也一定失去了最基本的社会秩序。故"伦者，辈也"。辈，序也，上下为次序，同向先后为顺序。道德黄金律便是伦的基本命题。①其三，道德规范发挥其效力的方式不是靠着物质的力量、法律的支持，而是内心信念和社会舆论。内心信念植根于人的心灵深处，只要心灵不被荒芜，眼神就充满光泽。而社会舆论则是内心信念的社会表达，它发生于也表现于主体间性之中。社会舆论具有极大的方便性，无须动用各种其他形式便可直接表达；可以发生于任何场合，也可以表现在任何时段。道德规范尽管缺少规章、条理和法律那样的严密性和

---

① 关于道德黄金律约有三种经典的陈述形式：《圣经》："爱邻如己"；康德："你要按照意愿别人对待你的方式对待别人"；孔子："己欲立而立人，己欲达而达人""己所不欲勿施于人"。

逻辑性,也无须诉诸笔端,写成完整的文本,但它却有通俗易懂、易记易行的范畴和语言。道德范畴和道德语言植根于日常生活中也通行于日常生活中,康德称为"大众的道德理性知识"。但这绝非说,道德范畴与道德语言乃是先天具有的,相反,它是圣人、贤者、明君将大众的道德理性知识提炼总结成易记易行的名言警句。唯其关乎人的基本的做人原则,道德范畴和道德语言可以穿越时空,成为后辈们重要的道德资源。一当这些范畴和语言被人们遗忘、或模糊不清、或被替代,社会的基本秩序也就近于崩溃之边缘。

当个体、组织和国家在道德规范的视阈内现实地说并做的时候,一种总体上的道德事实便构成了,我们也可以把这种道德事实称为道德现象。道德事实是具体时空背景下的人们通过自身的言说(行动)和构造(规范)形成的社会事实,是人们已经经历过和正在经历着的可以用道德规范衡量的事情,有道德体验、道德经验、道德记忆和道德情感渗透其中,人们既是剧作者、剧中人又是评论者,具有真情实感。久已逝去的道德事件要么变成了故事、典故,要么变成了仅供人们进行美好回忆的素材。既已逝去便不可再现,再现的是追忆,是道德事件的后置。可惜的是,很多人沉浸在缺少基地的回忆之中,而对改善、完善当下的道德事实无甚作为。久已逝去的道德事实只能通过改变人们的观念的形式影响人们,而人们已经经历和正在经历的道德事实才是现实的,是道德认知和体验的起点。

广义的道德事实乃是在道德上良莠并存、好坏参半的。既有被人们赞誉、钦佩的道德榜样(人和事),也有符合正当性标准的观念和行动,这是被肯定的;更有违背基本道德规范的观点和行动,这是必须谴责和批判的。在已出现的历史可能性中,尚未出现单一的被称誉、被肯定、被谴责的道德现象。但无论哪种情况都可视为道德现象之一种,都是人们必须正视的、正确对待的事情。这种良莠并存的道德现象作为一种客观的伦理环境,对不同的人群具有不同的意义,我们把这种不同的意义称之为道德事实中的公正问题。造成不公正的主要力量乃在于两个优势人群:权威者集团和成人人群。权威者集团既是成人人群又是社会稀缺资源的占有者,因其在社会各个领域居于重要地位,故其因不遵守法律和道德规范而造成的社会损失要比其他人群大得多。这种损失一方面表现为利益上的侵害:或将公共资源据为己有,或不公正地分配给相关者。另一方面是将规范的实践效力锐减,以致造成道德信念、道德信用危机,因为其行为与其允诺给人们的道德承诺相去甚远,这种言行不一、知行不合造成的道德后果极其严重。一旦权威者既是道德信条的言说者、宣传者,又是破坏者,其道德形象必然变得虚假。其道德责任是双重的,既要为其触犯法律和违背道德行为负责,又要为其破坏伦理环境负责。它使人们不再相信他们的道德承诺,甚至不再相信道德的力量,从而使伦理生态失衡。除了权威者集团之外,一般意义上的成人人群是构造道德事实的另一支重要力量。任一社会的人群基本上是由未成年人、成年人和老人组成。而在德性的教化上通常都是向下的方式。在传统社会,老人群体既是智慧的象征,又是道德的榜样。而在市场社会,社会治理基本上不再依靠经验、故事和叙事,而是靠着理性、科学技术。而在三个人群中,未成年人和老年人在掌握且充分运用理性和科学技术方面均弱于中青年人,因此,他们通常也就垄断的教化了权力。他们不但通过理性将他们认为具有普遍有效性的原则和规范诉诸文字,而且以舆论的形式表达他们的好恶。倘若他们是其所倡导的原则与规范的先行者,那他们一定是知行合一者,从而成为道德榜样。然而,大量数据表明,最容易不守原则和规范的恰恰是成人人群。他们向未成年人提出的是最高的道德标准,而自己践行的却是最低标准,甚至没标准。当现代媒体把拥有各种话语权力的成人者群体之各种违法乱纪行为公布于众的时候,未成年人和老年人不再相信他们的倡导和他们的承诺。当政治精英集团的言行不一与成人者人群的知行不一结合在一起的时候,一种类型化、普遍化的负面伦理环境也就构成了。这种外在冲突的伦理环境,终将导致三种更为深刻的道德分离:德性与规范的分离、德性与幸福的分离、行动者与行动的分离。

（3）由人性道德事实转向社会道德事实、精神道德事实，最后成为一种伦理精神

在《中庸》中，一种由人性道德事实朝向社会道德事实的基本理路被描述出来："喜怒哀乐之未发，谓之中，发而皆中节，谓之和，中也者，天下之大本也，和也者，天下之达道也。"然而由中达至和只是多种可能性中的一种，且是人们所希望的那种。苏格拉底断言"无人故意为恶"，其论证是，人作为理性存在者必知道做人的道理，而一旦有了道德理性知识且能将知识变成实践，"美德即知识"的命题也就自然成立了。这种理论承诺似乎是可疑的，希望并不是事实，康德的理论使命就在于讨论道德必然性的人性根据。与上帝和灵魂不朽者相比，人作为有理性存在者，乃是二重性的存在者。其一，人的理性是有限的。唯其人是有理性的，可能会遵从理性而行动，故德性是可能的；唯其人的理性是有限度的，有可能破坏规则而自利，故德性是必要的。这便是绝对命令既是可能的又是必要的基本要领。其二，人既身处感性世界，受感性欲望驱使，遵循的是机械规律，即快乐幸福原则；又徜徉在理性、理智界，遵循道德规律而行动，只有在理智界人才是自由的，才能作为原因性而行动。但人不可能只着其一面而不顾另一面，人经常处于由应当与不应当构成的纠结之中，既有为善的可能又有为恶的机会。性善性恶论的争论实质上是把为善与为恶两种可能性之一种给绝对化了。康德给出了德性与德行所以可能的根据：善良意志、先天法则、实践理性，继而呈现为道德律的四种命题形式。而曾子则给出了品德修为的具体步骤：正心、诚意、格物、致知。但谁都不能保证每个人都将为善的可能性现实化，既在任何领域又在任何时候都能依照法则行事。除去基因和自制力的因素之外，社会的因素乃是导致多样性的人性道德事实朝向社会道德事实进路中的多样性和复杂性。

在由人性道德事实朝向社会道德事实的进路中，扬善抑恶或扬恶抑善的情形是如何发生的呢？一个基本判断是，在任何一种社会历史条件下，单一的扬善抑恶或扬恶抑善都不可能发生，出现的是部分地扬善抑恶或扬恶抑善。在一个相对稳定的社会历史时空内，人们会创造一种作为

整体概念的伦理,可称之为"伦理范型"。在这个"伦理范型"内,德性与德行、德性与规范、德性与幸福、行动者与行动之间保持着密切的关联性。这种关联性取决于人们的生产方式、交往方式和生活方式,以及由此形成的社会结构,包括规范、体制、制度结构。社会结构构成了人们想、说、做的可能性空间。社会结构作为可能性空间规定着人们该与不该的边界,同时也决定着人性道德事实朝向社会道德事实进路中扬善抑恶或扬恶抑善的程度、广度和力度。那么,又是什么要素决定着社会的基本结构呢?这就是人们在主流形态上追求什么、倡导什么。

中国传统社会的家——国同构论,使得私人生活领域和公共生活领域没有了分别。家庭、家族、村社等诸多共同体伦理成功地被放大到了社会乃至国家。以儒家伦理为基本色调的传统社会,本质上是一个由差序格局构成的等级社会。它靠着理论上的自信和制度上的安排,从根本上保证了德性之美与城邦之善之间的内在统一。理论上的自信充分表现在儒家经典《大学》中。"大学之道,在明明德,在亲民,在止于至善。"朱熹说,此三者乃《大学》之纲领。"明明德"为根本途径,"亲民"为直接目标,"止于至善"为终极目的。而"古之欲明明德于天下者",必是解决八个条目的关系:平天下、治国、齐家、修身、正心、诚意、致知、格物。通过格物致知、诚意正心、修身自为,以达到齐家治国平天下的目的。家与国的同构化,使得德性之美与城邦之善之间具有了逻辑上必然性,此所谓:"一家仁,一国兴仁;一家让,一国兴让;一人贪戾,一国作乱;其机如此。此谓一言偾事,一人定国。"朱熹还为德性之美与城邦之善之统一提供了认识论上的证明:"所谓致知在格物者,言欲致吾之知,在即物而穷其理也。盖人心之灵莫不有知,而天下之物莫不有理,唯于理有为穷,故其知有不尽也。是以大学始教,必使学者即凡天下之物,莫不因其已知之理而益穷之,以求至乎其极。至于用力之久,而一旦豁然贯通焉,则众物之表里精粗无不到,而吾心之全体大用无不明矣。此谓格物,此谓知之至也。"①格物之"物"既指自然

---

① [宋]朱熹撰:《四书章句集注》,中华书局1983年版,第6—7页。

之物,也指人伦之事。一旦体认到事物之理便可通行天下。在儒家那里,由个体善推论出城邦善也并非是一个纯粹的、应然的伦理命题,同时也是一个实践命题:以家庭为基本单位的伦理共同体是中国传统社会赖以存续的基石,而家族、村社和社会则是它的扩展形式。只有在公共生活和私人生活没有界分的境域下,德性之美与城邦之善在认识论和实践论上的贯通才有可能。总体上,其所追求的乃是至善的境界,其所倡导的是百善德为先。这种反求诸己的社会运行模式,使得人们的占有欲望和表达欲望被限制极为有限的领域内。在灵魂之善和外在之善发生冲突的时候,灵魂之善具有优先性。

　　而在资本主义社会,社会结构被明确分型为:家庭—社会—国家。依照滕尼斯的观点,我们把血缘、地缘、友爱、宗教和思想这类的结合形式称为共同体,而把其他社会组织成为社会,而共同体与社会是依照不同的伦理范型来组成和运转的。共同体之伦理基础至少由三个基本元素构成:其一,实践理性。①事实上,人们在处理共同体之各种厉害关系时,依然充分且公开运用理性,只是这种运用充满了浓浓之情:爱情、亲情、友情、乡情。中国人在处理私人关系时,情与理的逻辑是处理得很艺术的,尽管也处处遇到德性与德行不相一致的时候和地方,但能够自如地运用仁、义、利、智、信,恭、宽、信、敏、惠,孝、慈、敬、仁等道德范畴,将情融于理中,将理贯于情中。其二,意志。涂尔干声言,人们在处理家庭关系时运用的是共同意志(同质意志),而在处理社会关系时运用的是选择意志(异质意志)。德性是基于差别、矛盾和冲突而达于和谐的优良品质和行动,基于情的运行逻辑之上的意志乃是求同的同质意志,因为有共同的生活基础、文化环境和生活体验,使得私人生活领域中的人们很容易求同存异。其三,道德成本。在一个由反复交往而构成的私人生活空间,人们修得德性并践行德性,不仅仅是维持共同体秩序之所需,更在于通过可预期的他者

---

　　①　亚里士多德把理性分成理论理性、创制理性和实践理性,德性与实践理性相关;康德则分成纯粹理性和实践理性,而实践理性正相关于人的德性。但他们似乎都没有具体讨论实践理性在共同体与社会中不同的运行方式和效力问题。

行为而获得倍增的回报：安全感、认同感和归属感。唯其如此，共同体成员才会或自觉自愿、或不得已而为之，高昂的道德成本使得共同体成员不愿也不敢冒不仁不义之名。与共同体不同，社会是依照另类的伦理范型进行运转的。与传统社会不同，在市场社会里，人们因自身的知识和技能，同时也出于自身的意愿和社会的选择，成年人被分配在不同的社会领域，通过劳动或工作获得收入，借以维持生活。这是由相似甚或相同需求和动机的个体构成的职业领域，其间充满了利益分割。我们把充满了利益创造和利益分割的社会结合体称为社会组织。在由功利主义支配的社会环境里，在由资本的运行逻辑支配的社会结构中，占有和表达的欲望被激发到前所未有的程度。其所追求的是财富、荣誉、声望和快乐，其所倡导的是个体主义的张扬，以及与众不同的"个性"。

除了战时状态，在一个相对稳定的社会里，既不可能完全扬善抑恶也不可能完全扬恶抑善。人们总会找到一种相对为好的道路，最大化地扬善抑恶。最为原始的力量则是深藏于人的心灵深处的善念，一如康德和儒家那样，人们必须相信，有一种德性的力量潜藏于人的心灵深处。这种力量会顽强地矫正、修正生活中的非道德和不道德事实，建构生活中的善念与善行。这就是康德的建构性原则。

道德哲学固然要研究人性道德事实，因为它是社会道德事实的人性基础，但道德哲学必须转向伦理学，研究社会道德事实、精神道德事实和伦理精神是如何被构造出来的。这种研究是通过思索研究不再是的道德事实，通过判断沉思正在是的道德事实来完成的，然而，一如已经指出的那样，任何一种伦理范型都是相对的，都不是绝对完满的伦理类型，因为个体与类的生活自身就是非完满的。而个体和类总是追寻一种完满的生活和完满的伦理范型，于是便不断地去构造那个令人向往的理想类型，这就是应然的、理想的伦理文明新形态。然而，如果这个被想象的、被预设中的理想类型完全脱离了道德事实的已是和所是，而仅仅成为一个无根的应是，那么这个伦理文明新形态就仅仅具有理想主义的意义，而不具有现实价值。因此，基于道德事实的已是和所是之上构建一个有坚实基础的中华伦理文明新形态,就不仅仅是一个充满可能性、更是一个充满现实性的理论任务和实践诉求。

三、由中国式现代化之事实逻辑和价值逻辑的
客观要求而来的中华伦理文明新形态

任何一种道德事实和建基于这一事实之上的伦理文明新形态,都不是无根的,它们来自正在发生着的生产方式、交往方式和生活方式的客观要求,因为没有坚实的道德和伦理基础,任何一种方式都不可能创造出手段之善,并通过手段之善实现终极之善。中华伦理文明新形态就是中国式现代化向人们提出的道德要求和伦理诉求。尽管伦理文明是被要求的和被诉求的,但却不是被动的机械之物,相反它们是一个有机体,是个体与类的信念、观念、知识、理性、情感、意志和行动,而将这些要素统合在一起的总体性概念就是道德人格。当我们以道德人格作为综合体性概念,分析和论证中华伦理文明新形态时,它就即刻展现为信念、观念、知识、理性、情感、意志和行动等诸要素之间相互嵌入、相互促进的有机过程。

1. 德性—道德人格—可行能力:内在逻辑演证

一如上述,道德人格作为一种主体性能力,乃是本源性的、源初性的力量,没有这种能力和力量的养成、生成和充分运用,那么任何一种伦理文明新形态都不可能。在此,预先标画出道德人格的"一般原理",为指明道德人格之诸种构成要素和环节,并充分发挥诸要素的作用奠定理论基础。

德性与德行似有内在的区别,德性是促成德行的主体性力量,德行是德性的实现过程;德性是未发的潜质,德行是已发的过程及其结果。作为总体性概念,德性包含潜质和行动两个方面。亚里士多德似乎把德性与行为作了区别:"我们已经概略性地讨论了德性的一般性质,表明了德性

的种（即它们是适度，是品质），表明了德性使我们倾向于去做，并且按逻各斯的要求去做，产生着德性的那些行为（以及德性是在我们能力以内的和出于意愿的）。但是品质出于意愿的情况与行为不一样。对于行为，只要我们了解具体情况，我们可以自始至终地掌握。而对于品质，尽管我们可以在初始时掌握它，我们却察觉不到它的细微的发展，正如我们察觉不到病的发展一样。但是由于品质是在我们能力之内的，它们仍然是出于我们的意愿的。"①根据这段论证，亚里士多德对品质的理解似乎与我们的规定有所不同，其实，他的品质概念本质上就是一个潜质、功能、效应概念，即一个可行能力概念，据此我们才会如此重视亚里士多德的德性论。但我们的研究绝不能止于此，我们要从更加复杂和完整的意义上呈现德性是如何成为具有现实性的"可行能力"的。为达此目的，我们就必须将德性概念推进到道德人格概念上来，将决定德行的内在诸要素分解成更加复杂和严整的状态，这就是信、知、情、意，而这四个要素的有机统一正是道德人格。只有将这四个要素做缜密的分析和论证，德性作为"可行能力"的内在机理才能被揭示出来、表达出来。至此可以明确地说，德性概念除了由意愿、希望、考虑、选择、明智、努斯等这些要素构成的道德人格之外，还包括一个向行动者自身和向他者而言的适度状态，进言之，德性既包括内在的善即道德、道德人格，还包括外在的善即适度、正义、勇敢、大度等等状态，即伦理。所以，亚里士多德的关于属人之善的理论就既是道德哲学又是伦理学，我们于此所着力论证的正是内在的善即属人的善，道德人格。

为着分析和论证道德人格是一种"可行能力"，必须首先对人格、人格性、道德人格做语言哲学上的规定，它们不是简单的概念游戏，而是对人之成为人的内在规定性的开显、澄明和呈现。毫无疑问，人格、人格性、道德人格作为西方近代以来的道德哲学范畴，在古希腊哲学乃至中国哲

---

① ［古希腊］亚里士多德：《尼各马可伦理学》，廖申白译，商务印书馆 2003 年版，第76 页。

学中是难觅其踪的,它们是由近代以来的现代化运动所产生的观念成果。康德在《道德形而上学原理》中已经充分表达和论述了人格论。①我们试图在清晰性和准确性两个方面,对人格论做一语义上的辨析和确定。"人格(personality)是指个体在对人、对事、对己等方面的社会适应中行为上的内部倾向性和心理特征。表现为能力、气质、性格、需要、动机、兴趣、理想、价值观和体质等方面的整合,是具有动力一致性和连续性的自我,是个体在社会化过程中形成的独特的身心组织。整体性、稳定性、独特性和社会性是人格的基本特征。"这一常识性的定义和理解,具有显明的心理学倾向,或直接地说,就是心理学的定义与规定。在这一定义中,人格首先是指人的内部倾向和心理特征;其次,这种倾向和特征呈现为由多个要素整合而成的整体,并非每个要素单独发生作用,而是相互嵌入、相互影响;表现为行动主体在不同语境下的自我同一性;具有整体性、稳定性、个体性和社会性等特征;是在反复进行的社会化过程中形成的。但这一定义无法呈现出人格概念的哲学特质来,因此,尚需从形而上学高度予以规定和揭示。

"人格是其行为能够归责的主体。因此,道德上的人格性不是别的,就是一个理性存在者在道德法则之下的自由(但是,心理学的人格性只是

---

①　在目前通行的译本中,李秋零和杨云飞分别把苗力田先生的译名《道德形而上学原理》改为《道德形而上学的奠基》(李秋零)和《道德形而上学奠基》(杨云飞);把苗力田先生关于"Personen"的中文翻译"人身"改译成"人格"。如果从准确性角度看,译成"人格"比译成"人身"可能更符合现代词汇要求;从康德人格论的内在逻辑看,"人身"译名或许也值得考虑,德国当代法哲学思想家京特·雅科布斯在《规范·人格体·社会:法哲学前思》一书中,把"Person"规定为"人格体"。"人格体是由其与其他人格体的关系即由其角色来确定的。一个唯一的人格体是一个自我矛盾;只有在一个社会——从现在开始在上面所表示的规范性意义上提出这一概念才是适当的——中,才存在人格体。无疑,当为或者——在自我描述中——义务也是人格体或者主体的某种自己的东西。但是与个体的快不同,个体的快只是自己的快;当为和义务不仅是自己的,而且只有因为与另一人格体相关联的地位才存在着。因此,与快不同,当为(和义务)是一个共同世界的秩序图式……只有在一个规范性秩序中,才存在人格体和主体。谁想成为主体,而又想完全独立,这是自相矛盾的。"参见[德]京特·雅科布斯:《规范·人格体·社会:法哲学前思》,冯军译,法律出版社 2001 年版,第 30 页。

意识到其自身在其存在的不同状态中的统一性的那种能力）。由此得出，一个人格仅仅服从自己（要么单独地、要么至少与其他人格同时）给自己立的法则。"①康德在这里使用了"人格"和"人格性"两个概念，毫无疑问，这绝不是康德本人对概念的误用，更不是译者的随意性所致，相反，两个概念的区别是我们理解和把握作为哲学概念的人格的契机。"人格性"先行于"人格"而存在，是人之成为人而不同于物和上帝的"定位"，与"物格"和"神格"不同，"人格"作为人坐于其上的"位格"澄明的是属于人的内在规定性，这种规定性先于人的行动而存在，即本质先于行动。成为人、实现人就是要把人格性中的内容呈现出来，把个体向自己提出的要求和别一个体、集体、类向个体提出的要求实现出来，实现人格性的过程也就是创设意义、感悟意义、享受意义的过程。"人的存在从来就不是纯粹的存在；它总是牵涉到意义。意义的向度是做人所固有的，正如空间的向度对于恒星和石头来说是固有的一样。正像人占有空间位置一样，他在可以被称作意义的向度中也占据位置。人甚至在尚未认识到意义之前就同意义有牵连。他可能创造意义，也可能破坏意义；但他不能脱离意义而生存。人的存在要么获得意义，要么背叛意义。对意义的关注，即全部创造性活动的目的，不是自我输入的；它是人的存在的必然性。"②存在的性质和存在的过程是不同的，存在的性质是自在的意义总体；存在的过程是实现意义总体的行动的总体；作为意义总体的存在的性质，就是人格性，它是潜在的尚未展开的意义，在人尚未认识到它、尚未实现它之前，它已经潜藏于人的存在的状态之中，意义总体决定了人的存在过程的可能性空间；人是潜在的，做人就是现实地成为人，就是把潜在的意义世界开显出来、实现出来、澄明出来。"存在与存在的意义是两个完全不同的问题。说到人，第一个问题指的是按照他自身的实存，即按照人的存在的本来面目，来看他是什么。第二个问题指的是从比自身更大的范围来看人

---

① 《康德著作全集》第6卷,李秋零译,中国人民大学出版社2007年版,第231页。
② ［美］A.J.赫舍尔：《人是谁》,隗仁莲译,贵州人民出版社1994年版,第46—47页。

意味着什么,是从意义的角度来看存在。"①前者是从应当的角度来看存在的,后者从现实地成为什么来看存在的。康德把"人格"与"人格性"区别开来,目的在于强调,可以把"人格"视作其行为能够归责的主体,是从现实性的角度对之成为人的规定,即人首先成为一个主体,一个能够行动的主体,一个不但在意识上知道自己做什么而且在行动上确实能够做什么的主体;而"人格性"恰恰就是那个被要求行动者去做的事情,成为一个自由的行动者。意志自由或自由意志就是人的人格性,即照人应当成为的样子去做人,它构成了人之成为人的内在规定性,也是人格不同于物格和神格的内在根据。康德的人格性就是人之成为人、每个有理性者必须去实现的内在"形象",说每一个有理性存在者自在地就是目的,就是依据人的人格性而作出的判断,它同时也构成了人的尊严的根据。人格性、尊严与交换价值和审美价值不同,它是内在的、自足的;但自在的人格性、尊严的获得是有条件的,这就是自为性的人格,人格是实现人格性的能力和过程,"所以,道德就是一个有理性东西能够作为自在目的而存在的唯一条件,因为只有通过道德,他才成为目的王国的一个立法者。于是,只有道德以及与道德相适应的人性,才是具有尊严的东西"②。道德的价值就在于为自己立法并根据实践法则而行动;当把法则变成行动的直接目的时,道德就是善良意志,当把善良意志贯彻到整个活动过程时,道德就是实践理性。在康德的绝对命令中,内在地将人格性与人格统一在一起:"实践的命令式将是这样的:你要如此行动,即无论是你的人格中的人性,还是其他任何一个人的人格中的人性,你在任何时候都同时当做目的,绝不仅仅当做手段来使用。"③"人格中的人性"就是"人格性";实现"人格中的人性"的行动就是"道德";道德—人格是成为什么的能力和行动,"人格中的人性"—"人格性"就是行动所要实现的对象;有理性存在者自己为自己设定目的,自己又实现这一目的,人格性是自在的人性,

---

① ［美］A.J.赫舍尔:《人是谁》,隗仁莲译,贵州人民出版社1994年版,第48页。
② ［德］康德:《道德形而上学原理》,苗力田译,上海人民出版社1986年版,第88页。
③ 《康德著作全集》第4卷,李秋零译,中国人民大学出版社2005年版,第437页。

人格是自为的人性。以此来判断,康德的人格概念乃是一个能力整体以及整体能力的充分实现。尽管舍勒对康德的形式伦理学充满了批判,但他也从未想把康德人格论从德性论和规范论中清除出去,相反,舍勒现象学的质料伦理学恰恰就是在批判康德的形式伦理学基础上建立起来的。舍勒对康德的所谓形式人格论不无批评地说道:"形式伦理学首先把人格标识为'理性人格',这并不是一个术语上的偶然。这个术语并不意味着,人格的本质就在于进行那些——独立于所有因果性——遵从一种观念的意义法则性和实事法则性(逻辑学、伦理学等等)的行为;相反,这个术语已经(在一个词语中)凸现对形式主义的物质设定,即人格不是别的,就是一个理性的、即遵从那些观念法则的行为活动的各个逻辑主体。或者简短地说:人格在这里是某个理性活动的 X,因而伦常的人格就是符合伦常法则的意愿活动的 X;即是说,并不是首先表明,人格以及它的特殊统一的本质究竟何在,而后再指明理性活动属于它的本质;相反,人格存在不是被的东西,它仅仅在于:它是出发点,是源自一个和法则的理性意愿或一个作为实践活动的理性活动的出发点的 X。"舍勒接着评价说:"因此,其本身是一个被称作人格的本质、例如一个特定的人(或上帝的人格)的东西,同时又是一个超出了它、超出了'合乎法则的理性行为的出发点'的东西——这个东西在这里是不能论证其人格存在的,毋宁说他只能限制这个格存在,甚至只能相对地取消这个人格存在。"①舍勒对康德人格论的批评主要集中在,康德把人格定义为"其行为能够归责的主体",具有形式主义的"物质设定"的倾向,将人格实体化,违背了康德人格论上的形式主义主张,这就是遵从观念的意义法则而朝向敬重的意向、意愿。但舍勒对于康德遵从观念法则和伦常法则以实现人格性这一潜在的含义,是完全肯定的:"在这些规定上——正如结论将会表明的那样——有一点是完全正确的,即:人格永远不能被想象为一个事物或一个

① 〔德〕马克斯·舍勒:《伦理学中的形式主义与质料的价值伦理学》,倪梁康译,商务印书馆 2011 年版,第 541—542 页。

实体,它具有某种能力或力量,其中包括理性的'能力'和'力量'等等。毋宁说,人格是那个直接地一同被体验到的生活——亲历(Er-leben)的统一——不是一个仅仅被想象为在直接被体验物之后和之外的事物。"①事实上,舍勒虽然表面上对康德的形式伦理学以及在形式主义之下表现出的"物质设定"倾向表示不满,但从他对人格的整个论证中完全可以体会出,他根本没有超出康德的人格论的问题域而走出多远,相反,倒是把在康德人格论那里隐藏着的创见开显出来了,尤其是,人格性、人格并不是脱离人的存在、行动之外的客体性存在,更不是"亲历"和"体验"之后和之外的事物。人格性、人格不是别的,就是人应当成为什么和现实地成为什么的本质规定和行动过程。有理性存在者意识到自己应当成为什么,并有意向和意愿将这种意识作为动机置于行动之前,使之成起于心意以内的由己性,然后通过实践理性将这种意愿贯彻到行动的各个环节之中;有理性存在者不当如此这般地行动着,而且体验着、经历着这一行动的人格性意义,即实现人格性的程度和广度,以及这种实现所带给我的意义,于是便把意识着、行动着、体验着三个元素内在地整合到我的全部存在中。

如此看来,人格性作为等待实现的使人成为人的"原型",乃是潜在的目的和理想类型,它潜存于每个人的心灵结构中,虽然以应当这一命令式出现,但却不是外加于他的强制命令。"伦理学的根本难题被表述为'我应当做什么?'这个问题。这个陈述的缺点是把行动与'我'的纯粹存在分割开来,似乎伦理学的难题是附加在人的实存之上的特殊的内容。但是,道德问题与我的关系比同行动的联系更深刻,更密切。提出'我应当做什么?'这个问题,本身就是一个道德行为。它并不是附加于自我的难题;它是作为难题的自我。道德上的难题只能被当做与个人有关的难题,即我应该如何度过我的一生? 我生命就是任务,就是难题,就是挑战。

---

① ［德］马克斯·舍勒:《伦理学中的形式主义与质料的价值伦理学》,倪梁康译,商务印书馆 2011 年版,第 542 页。

道德行为之所以重要，并不仅仅因为社会需要它。它之所以重要，是因为没有它就不能理解'我之为人'中的'人'是什么。"①人格就是完成人、实现人的本质力量。如果说人格性是先赋观念，那么人格就是自致过程。

人格作为一种整体性的能力体系，其运行向度可有两种，一种是与快与不快有关的、仅向行动者而言的行动，此时的人格便是此前论述到的心理学意义上的人格，亦即康德所说的，"心理学的人格性只是意识到其自身在其存在的不同状态中的统一性的那种能力"。"表现为能力、气质、性格、需要、动机、兴趣、理想、价值观和体质等方面的整合，是具有动力一致性和连续性的自我"。一种是与正当与否有关的、既向行动者又向他者而言的人格，它相关于义务与责任，可有形式与质料两个规定性。形式的规定性是指，其行为是否符合以实现适度为目标的规范；质料的规定性是指，此行动是否令行动者和他者生活变好并使其感到快乐与幸福。这种人格就是道德人格。"道德上的人格性不是别的，就是一个理性存在者在道德法则之下的自由（但是，心理学的人格性只是意识到其自身在其存在的不同状态中的统一性的那种能力）。由此得出，一个人格仅仅服从自己（要么单独地、要么至少与其他人格同时）给自己立的法则。"②道德人格与心理学上的人格乃是同一种能力体系，区别在于其所处理的关系和实现的目的不同，道德人格必须建基于心理人格之上。至此，我们对道德人格的论证已经清楚明了：人格性—人格体—人格—成人。如果说，从语言哲学上完成对道德人格的确定和论证是极其重要的，那么，如何拥有和正确运用道德人格就更加重要了。人格、道德人格作为一种潜能、潜质先天地存在于个体生命的总体结构中，但必须在后天的各种社会环境中、在反复进行的诸种行动中，于感觉、知觉、觉知、自悟、自觉中，将作为潜能、潜质的、作为可能能力的道德人格逐渐养成并充分发挥出来，从而发展成为一种可行能力，亦即，在各种朝向善的活动中可以反复运用的那种能力。

---

① ［美］A.J.赫舍尔：《人是谁》，隗仁莲译，贵州人民出版社 1994 年版，第 33 页。
② 《康德著作全集》第 6 卷，李秋零译，中国人民大学出版社 2007 年版，第 231 页。

在分析的意义上,道德人格是以"拆分"或"细分"的形式通过道德信念、道德认知、道德理性、道德情感和道德意志而实现其作用的。把道德人格视作是一个结构、一个有机体,必须在对实体思维、关系思维和价值思维的正确理解中获得规定性。道德人格是一个有机体,是由诸种要素和环节构成的结构,但它不是实体,离开了个体生命这个实体,任何一种形态的道德人格都不会存在,道德人格是生命个体的具身性存在,是作为生命个体的内在规定和外部特征和实存的,其内在规定性便是德性,其外部特征便是德行。一如道德人格从未独立实存那样,任何一种伦理文明形态也同样不会独立实存,它是作为有理性存在者的个体生命的潜能、潜能、可能能力和可行能力,以及这些能力的充分发挥。离开充满生命力的个体和类,抽象地讨论人格、谈论伦理文明新形态,就如同讨论没有源头的水、没有根基的木一样;而在时下关于人类文明新形态的诸种讨论中,无主体、无人称的讨论似乎已经成为一种无意识;当我们不再追问谁的文明、谁能够创造人类文明新形态,而是迷恋于一种抽象地描述一种自足的、完满的文明形式,且对这种形式主义甚至是官僚主义的做法浑然不觉,那么,就会乐此不疲于这种"自娱自乐"式的讨论。

当我们在实体思维、关系思维和价值思维的相互关联中,深入分析和论证道德人格时,其内在的丰富性和复杂性便"招致前来"。

"结构不是范畴,而是很多范畴的安置。当结构的构造状态的范畴安置被阐明的时候,结构的构造状态也就被阐明了。其中的一些范畴始终在存在论中占有一席之地,如'关系'或'意义',有些是较新的,如'异化'和'动态',有些则是在最近才作为术语被接受,如'创造性'和'信息'。"①"结构"将"实体"和"体系"含括在自身之内,并把二者发展成动态的秩序构造过程,而将诸要素连结起来构成"结构"的关键则是"环节";世间诸物可能从不缺少实体和体系,但却缺少环节,正是诸环节才让

---

① ［德］海因里希·罗姆巴赫:《结构存在论:一门自由的现象学》,王俊译,浙江大学出版社 2015 年版,第 vi 页。

整个世界关联起来、运动起来，充满生机，持存秩序。关系思维和价值思维并非取代实体思维，而是把实体思维提升到了关系和价值的高度；将实体思维反思性地安置在关系思维和价值思维的基地上；实体思维是关系和价值思维的存在论前提，因为没有诸多实体，没有"这一个"和"那一个"实体，关系和价值也就没有了存在的意义，事实上，关系和价值正是若干个"这一个"和"那一个"实体相互嵌入、相互影响的过程及其成果；关系和价值思维则是实体思维得以存在的条件，是判断实体思维和行动是否合理的内在根据和外在理由。道德人格作为一个先天结构必须通过后天的结构构造来体现和实现。

2. 道德人格之诸种构成要素和环节及其作用

道德人格由道德信念、道德认知、道德理性、道德情感和道德意志五个元素构成，其间还有将五个元素关联起来的四个环节，当五个元素和四个环节被有机地组合在一起的时候，一个完整的道德人格就形成了。

道德信念是道德人格中最为高级的部分，它决定着一个有理性存在者所试图达到的道德境界，以及在道德信念指导下，所追求的社会公共善的积累程度以及人们分享和共享公共善的状态。前者是个体道德修养状态，可称之为自我道德信念。在任何一种社会状态下，每个人都应该也必然有向自己提出道德要求的潜能，在个体无需他者启蒙而能够自觉自愿地感悟蕴含在个体生命中的自我道德要求时，那么，这便是"良能"和"良知"，如果一个个体不能在个体生命的存续过程感悟到来自生命意识深处的道德命令，而只能依靠他者的教化和指导而生活，那一定不是一个道德的觉知者和实现者。道德信念是生命个体的一种预设能力，它将一种可能的自我道德修养境界和一种可能的社会伦理状态，前置到自我意识中来，在可实现的意义上，使未来的道德状态和伦理形态当前化；意识上的先行显现为后来的现实显现预备了坚实的主体性力量，它推动着主体的认知、理性、情感和意志朝向那个被预设出来的道德境界和伦理状态。预设在某种意义上就是反思和批判，是对过往和当下之道德状况和伦理状态的不满，是不满之后的奋进。成为道德主体与成为伦理主体有本质上的区别，后者只是按照他者的意志、在习惯性的行动中，完成着无需经由他的思考即可完成的行为；而前者则在道德信念中贯彻了自己的反思、批判和预设，他不但如此这般地行动着，而且时时处处在追问着，这种行动何以是正当的，何以是主客观都有充分根据的那种"视其为真"。

　　然而，这个充满生命力和魅力的道德信念，并不仅仅固守在个体生命的"内部视阈"中，它必须外化出去，对象化到他者那里，显现在集体行动中，显现在道德自我的不断修为中。外化、对象化是道德信念获得现实性的根本道路。一个不断地说自己是有坚定的道德信念却从不将这种信念外化出去的人，是不会有真正的道德信念的人。一个原本没有反倒装作拥有道德信念的人，比一个实在不知道是否该拥有道德信念的人，所产生的恶的后果更严重。

　　当生命个体将觉知到的源自生命中的道德命令对象化到对象上去，创造出一个不断积累的公共善并为他者和社会带来福祉时，个体的道德信念就变成了类的信念，而类的道德信念则构成集体行动的道德基础，它促使每一个个体在集体行动创造出公共上，并令每个人都有意愿且有充分的条件和机会过一种整体性的好生活。类形态的道德信念本质上不是一个组织、一个民族或一个国家对道德境界和伦理状态的确信、坚信和坚守，而是构成组织、民族和国家的思考者和行动者所拥有的主体性力量；由于自主、民族和国家是非人格化的、个体的集合，它没有思考、没有反思，从而也就没有任何责任，它们不是康德笔下的可以归责的主体，当我们说一个民族、一个国家的道德信仰和道德信念时，事实上是一种无根基、无主体的规定，让一个组织、民族或国家担负道德责任，实际上是不承担任何责任。相反，只有将各种道德责任归属到集体中的个体和群体时，道德责任才是现实的。

　　如果说，道德信念是个体和类对一种可能的道德境界和伦理状态以及以此为基础构建起来的美好生活的确信和坚信，是主观上有充分根据而客观根据不充分的那种视其为真，是朝向终极之善的意向和意向性，那么,如要使理想的道德境界和美好的伦理状态,以及美好生活成为现实,就必须拥有正确的道德认知。道德认知由认知正确和正确认知两个方面构成。所谓认知正确乃是指主体性和客体性的"视其为真"。康德坚信,在人性中,既有向善的自然禀赋,也有向恶的自然禀赋,与此相对应,在人性中既有基于功利和快乐的欲望而来的向恶的自然禀赋,权力欲、金钱欲、生殖欲就是人的天生的欲求能力,满足这种欲求的手段是技术理性和工具理性;然而,与欲求能力相对应的则是人的实践理性,由于人既是自然性的感性存在,又是道德的理性的存在。当理论理性和实践理性大于技术理性和工具理性时,或者说,当人的向善禀赋大于向恶禀赋时,人的特殊意志大于一般意志时,就会产生理性剩余,意志剩余,最终产生人性剩余。正是这些剩余促使人过一种有德性、有尊严的生活。亚里士多德从灵魂对逻各斯的复杂关系来表达人性剩余,这个人性剩余就是亚里士多德的理智德性和道德德性。进一步地,亚里士多德说道,在人的灵魂中,存有拥有逻各斯的部分,即沉思的理智,它是用来获得关于不变事物的逻各斯的能力;虽然不拥有但可以分有逻各斯的部分,这就是实践的理智,在以某个结果为活动目的的理智中,分有逻各斯就是技艺,在动机和过程甚至在结果中获得适度的能力,就是实践,亦即,令自己处在整体性的好状态并使自己的能力得以充分发挥的那种能力,他称之为品质。亚里士多德的品质包含着能力这一概念。除此之外,人的灵魂中还有反对着、抗拒着逻各斯的部分,这就是欲望。德性的根本任务就是要把欲望摆放在合适位置,合适就是"适度",是比例、状态、情态、体验。每个生命个体,虽然在向善和向恶的自然禀赋上,具有不同的广度、程度和力度,但作为一个拥有最基本理性能力、判断能力、选择能力和反思能力的有理性存在者,都能够自觉到、觉知到自身的灵魂以及灵魂与逻各斯的诸种关系。这是道德认知之对象的本真状态,对这种状态的认知构成了道德认知中的自我认知。儒家伦理学本质上就是一种进行自我道德认知的伦理学,是关于人的灵魂中的先天的真善美的自我觉知;儒家伦理学和标识性概念或观念就是觉醒和觉知,觉醒是那种能够向内求索的状态,而求索的过程就是觉知,觉知自身的向善的自然禀赋,体悟自身的义务,即初心。初心,不是最初的承诺,而是原始的向善的自然禀赋。对自身之向善自然禀赋的觉知,乃是那种非客体化、无空间距离的具身性之天赋的自我感受。当有理性存在者觉知到了这个初心,并把它呈现在表象中、把握在意识,我们就会说,他是道德意义上的认知正确和正确认知的人。这是一个朝向自身之善性的本质直观。用以表达这种本质直观的范畴可有善性、善心、节制、自制、问心无愧、愧疚、悔恨、自责、忏悔,等等。

如果说先天地内存于心中的真善美,乃是那种作为潜能和潜质存在的"良知"和"良能",那么作为无意识、潜意识和意识而存在的真善美,一定有它们外在的对象物,这就是潜存于、现存于和应存于生活世界中的真善美,它们共同构成了道德认知的外在的认知对象。切不可把这些外在的认知对象当做实体性的、既成的或现成的物来看待和对待,毋宁说,它们是相关于人的思考与行动、由人的思考与行动造成的人事关系。外在的、客体性的真善美都是相关于人的信念、认知、情感、意志(属人的),以及权力、权利、地位、身份、角色、荣誉、机会、运气(属物的)所属和归属状态。在客体性的真的概念中,既有事实之真又有价值之真,进一步地,既有事实逻辑又有价值逻辑。而善的概念的内涵说,又有功利之善和道德之善,对于生命个体而言,功利之善优先于道德之善,而对于社会结构和社会秩序而言,则是道德之善优先于功利之善。个体获得道德之善固然令人称羡,而共同体获得道德之善则更令人向往。就美的概念而言,除去指称美学意义上的、超功利的审美情趣、审美心胸和审美体验而言,尚有德性之魅和和谐社会之大美。康德用认知能力、欲求能力和判断力来指称真善美这三种价值,作为对象化之结果的对象性存在的生活世界中的真善美,乃是这三种能力得以充分发挥的过程以及由此形成的业绩。

如果说,道德信念是对道德境界和伦理世界的确信、确证和坚守,道德认知是对真善美的正确认知,那么道德理性则是兑现道德信念和实现道德认知的科学基础。它由理论理性、创制理性和实践理性构成。道德形而上学、道德哲学和伦理学就是理论形态的道德理性,道德哲学家将个体与类之伦理生活中的元问题概念化、观念化和逻辑化，从而形成各种形态的道德哲学体系，它们或以当个哲学家或以伦理学派的名义出现在各个历史时代，他们把他们生活于其中的那个时代的内心的东西、历史理性变成了具有反思性、批判性和建构性的理论和思想。而伦理学家则把道德形而上学和道德哲学改造成可以实践的道德命令和道德规范系统。儒家伦理学既是美德伦理学又是规范伦理学，更是实践论的伦理学。一个生命个体可以没有道德形而上学、道德哲学和伦理学，但一个组织、民族和国家，乃至整个人类，却必须拥有它们。所有道德哲学和伦理学乃是类哲学中的规范哲学。创制理性乃是那种制定程序、环节、过程的能力，当它们被当成必须执行的观念时，它们就成了一种符号，它们以命令的形式出现，总括性地称之为规范。借用康德语言说，这就是命令式，包括技术命令、规劝命令和绝对命令三种。任何一种规范都是向行动者提出的有效性要求，而有效性要求的正当性基础乃是那种人们所孜孜以求的真善美。制定用于技艺或制作的规范的理性是科学理性，制定用于约束人的思考与行动、用于分配主体性资源和客体性资源（可进行配置的资源和垄断、独占资源）的规范的理性是价值理性。法律规范和伦理规范本质上都是基于主体性和客体性资源的分配而朝向人的思考与行动的。在诸种规范中，习惯、惯例、风俗、习俗、禁忌、仪轨，都是非权力化的规范形式，它们是千百年来，在人们反复进行的交换、交往和生活中逐渐积累和确定下来的有效性要求；它们通常无需借助思想上层建筑和政治上层建筑、而在人们的日常意识和日常语言中，自发地、自然地发挥作用，因而具有空间上的普遍性和时间上的持续性。而制度化的规范体系则是由权威部门借助诸种权力形式制定的约束体系，这些规范体系常常是朝向制定者之外的其他个体或人群的，唯其如此，制度化的规范体系能否实现真善美，较之非制度化的规范体系，所造成的社会效果为重。也由于此，制度伦理业已成为伦理文明中的核心内容。制定规范的个体或人群通常也是制度的变革者，当制度的制定者、执行者和评判者成为同一个主体时，就存有被视作"看似有理性结构"的制度对制定者无效或失效的风险。当规则的制定者向规则的被约束者提出最高的道德要求,而对制定者却没有要求甚至违反制度、违背公序良俗而又不受惩罚时,制度的普遍失效或无效现象就会出现,虚假的伦理文明新形态的建设就会成为仅仅具有宣传意义的事情。制定朝向技艺的科学规范体现的固然是人类的智力,但制定真正能够实现真善美的价值规范的能力,则不仅仅是一种智力,更是一种智慧。理智是朝向具体事务的,而智慧是朝向国家之政治事务的。实践理性是把规范与具体事务实行有效结合的能力,如果说将科学规范运用到技艺之上乃是一种技术,那么将价值规范运用于人的思考与行动中、继而应用于各种资源的有效分配中,则是一种艺术,可称之为伦理性的技艺。在处理政治事务时,固然需要人格结构中的信、知、情、意,但也需要实践理性知识,在科学技术(AI 技术和生成式人工智能)飞速发展的现代社会,实践理性知识日显重要。如果说理论理性是朝向逻各斯或道的哲学沉思,创制理性是朝向产品和艺术品的制作,以及为着完成这种制作而创制技术规则的制定,朝向人的思考与行动的道德原则与道德规范的规制,那么实践理性则是将科学与价值、利己与利他、意向与行动、欲求与自制、他律与自律有机结合起来的艺术,是一种基于明智和智慧之上的"努斯"。

　　然而,无论是道德信念、道德认知还是道德理性,其充分运用都不是无机地、机械地进行的,相反,始终伴随着各种意愿、意向、意向性、感受、感知,总而言之是伴随着各种情绪和情感的。一个能思的行动者,在任何状态下都有因欲求能否得到满足以及满足的程度而来的愉快、平衡、沮丧、痛苦的体验和经验;人们常常把情绪和情感从思考和行动中排出出去,借以实现诸种目的。而事实上,只有情绪和情感才是朝向目的的,或者是因目的能否实现而得到的体验和经验。人们不是为着所谓的理性才会有情绪和情感,而是为着某个或某些目的才产生了快与不快的体验;理性不是终极性,相反它总是一种方法,一种判断和推理,是诸种可能性之间的计算和选择,理性是在情绪和情感的推动之下、于各种可能性之间作出的最能够实现目的的角色,是对情绪和情感的合理安置。"道德情感即道德感，是人的道德需要是否得到满足而引起的一种内在体验。它伴随着道德观念，并渗透到道德行为中，如移情、自我作用、惩罚、内疚等。道德情感是品德心理结构的动力机制，可以激发和引导人的道德认识，使人乐于接受某种道德观念，同时调节和控制人的道德行为。"这是伦理学中关于道德情感的常识性定义，但仍然揭示出了道德情感的本质，即体验。需要进一步分析和论证的是，道德情感并不仅仅是一种体验，也是一种态度、立场和判断。道德情感是一种集体验和态度于一身的具身性的身体性的心理性的和精神性的现象，充满了整体性、复杂性、流动性和冲突性，在一个充满差别、矛盾和冲突的历史场域中，道德情感的流动性、变动性和冲突性就更加明显。一个道德事实进入了具有道德判断力的思考者和行动者的生活世界，从而引发了他的基于好恶、善恶判断之上的身体感觉、心理感受、精神变化，且他已经清晰地感受到这种感觉、感受和变化，这种体验就是道德情感。道德情感并不是纯粹生物性的，毋宁说，是社会性的和精神性的，它是朝向人格和行动的。当一个遵循了先天实践法则、造成了向善的关系和后果的思考与行动进到了个体或群体的视阈和场域时，引发了个体或群体的浓郁的、深刻的内心体验时，抑或是产生了道德情感时，体验者就产生了由他者的思考与行动充分实现了道德价值（人格）和伦理价值（关系）而来的愉悦感；体验者就会在这种愉悦感的支配下敬重他者的人格、敬佩他者的人品、赞美他者的行为。敬佩的是德性，赞美的是德行。如果说，道德上的愉悦感乃是由外到内的发生过程，是评价论意义上的体验，那么，一个能思者会时时处处地将他的道德认知、道德判断贯彻到他的思考与行动之中，借以表达和实现他的道德态度和道德立场；因其自身的道德认知、判断、选择而来的道德行动，就不但成了自我道德评价的对象，也成了他者之道德评价的对象。拥有最基本理性知识和理性能力的人，在道德情绪乃指道德情感上，会产生相似生活相同的体验，这就是道德哲学的道德共通感和共通感，是基于善恶意识之上而朝向道德事实的共情。道德共情极为重要，只有产生人同此心、心同此理、心共一情，产生共同的道德意向，形成通过移情将意向变成客体化的意向性行为,道德性的内心世界、伦理性的生活世界才有可能。它们共同构成了促使个体与类过一种有尊严的、道德性的整体性的好生活的心理和精神基础。在细分的意义上,道德情感,无论是感受性的体验还是意向性的态度和立场,总是相关于人的品性和品行的。表达品性的道德情感是同情、慈善,是通过移情而完成的对他者之不利和不幸状态的感受,是对不幸之人的同情;表达品行的道德情感,是对社会不公正现象的谴责和批判,是对造成社会不公正之行为的反感、厌恶、痛恨、愤怒。

道德信念、道德认知、道德理性和道德情感,作为道德人格中的信、知、情,作为相互嵌入、相互促进、相互转化的要素和环节,都不直接指向道德行动,进言之,无论是单个要素还是相互嵌入在一起,都不是直接生成一个道德行动,它们必须植根于或落实在一个距离道德行动最为切近的要素上,这就是道德意志。道德意志的重要性,已由康德在《道德形而上学奠基》中全面而深刻地阐释出来。在世界之中甚至在世界之外,除了善良意志没有哪个存在物可以是自足的,具有内在价值。

对意志的哲学规定可有能力与品质两种范式。作为一种能力,意志是在动机推动下,克制内心冲动、抵御外部诱惑、克服各种困难以把预先设定好的意愿贯彻下去所需要的心理能量,这种心理能量的释放过程就是一个由三个关键环节组成的目的性的行动,行动的质性特征就是品质,可用顽强、坚韧、执着、勇敢、自律等赞美性的词句加以称颂。品质是行动的外部特征,且是令行动得以成功的特征,行动为体,特征为用,体用结合方为型,这个型就是意志。作为一种能力和品质,意志贯穿于人的行动的各个环节之中,无论这种行动是观念的还是实践的。观念的活动类似于康德的思辨理性活动,这种活动虽不使世界发生任何变化,只使观念发生变化,但它同样需要意志。意志在思辨理性活动中的作用主要表现为集中所有的精力完成理性向知性提出的要求,这个要求表现为范畴的建制和理论的建构,这便是建构性原则。意志在纯粹理性批判的作用表现为向外与向内两个方面,前者表现为划界,后者表现为建构,所谓划界,纯粹思辨理性只指向与人的动机、正当性无关的自然界,为着为"自然立法",

必须先行划定界限，其一，由于思辨理性只是欲求自然规律，而不是欲求自由规律，只适用因果律而不适用道德律，因此，在思辨理性那里，自由只是一种绝对意义的自由，"有了这种能力，先验的自由现在也就被确立了，而且这里所谓的自由是指绝对意义下的自由"①。在思辨理性范围内，与意志密切相关的自由乃是一种在认识上认其可能而在实践中并不必然的一种信念，因为思辨理性所处理的主题乃是因果性关系起支配作用的"物自体"，而追问物自体之无制约者的意愿乃是超出理性限度的"僭越"，人们只能研究物自体呈现给人们的表象，至于物自体本身我们却知之甚少，甚至一无所知。在有限理性的范围内，意志的作用就被严格限制在，通过知性创设范畴，用范畴对通过先天直观形式即空间与时间得来的感性、表象，进行特征抽提，起于个别，中经特殊而达于普遍，从而形成逻辑学和自然哲学。在思辨理性中，在理论哲学中，有关意志的一般哲学原理带有先验逻辑的明显特征，由于意志并不指向人的实践，所以这里的意志几乎不涉及正当性、道德性问题。依照康德给我们指出的致思路向，必须到人的实践中，到人的行动中寻找真正的有关意志的一般哲学原理。

在某种意义上可以说，康德的《道德形而上学原理》（或译《道德形而上学奠基》）就是一部关于意志的哲学教科书。在此我们无意去阐述、评述康德的意志哲学理论，而只想运用这些理论构建起一个有关意志的道德哲学原理。

依照先前的分析与论证，可把意志分成目的论和能力论两个部分，而从整体性上把握意志，目的论和能力论原本就是一体的，是同一种能力的不同运行方式，确立目的本身就是一种能力，实现目的更是一种能力，是目的论能力的扩展形式。我们试图在实践或行动概念下系统地研究意志现象。

首先，关于"一般意志"与"特殊意志"问题。康德在《道德形而上学原理》的前言中，以"著名的沃尔夫"为批评对象，将普遍实践哲学和道德哲学相混同起来以及由此造成的混乱，指出："正因为这是普遍实践哲学，

————————

① ［德］康德：《实践理性批判》，关文运译，广西师范大学出版社 2002 年版，第 1 页。

所以它所考察的不是一种特殊的意志,不是一种不须一切经验的动因、一种完全由先天原则来决定,被称为纯粹意志的意志。它所考察的是一般意愿,以及在这种一般意愿下属于它的全部行为和条件。这样看来,它和道德形而上学的区别,正如普通逻辑和先验哲学的区别一样。在这里,前者所阐明的是一般思想的活动和规则,后者阐明的则是纯粹思想的特殊活动和规则。所以道德形而上学所研究的,应该是可能纯粹的意志的观念和原则,不是人的一般意愿的行为和条件,这些东西大都来自心理学。"①康德极为认真地区分特殊意志或纯粹意志和一般意志的关系,目的在于寻找一种无制约者,初始性的、终极性的力量,借助这种力量每一个有理性存在者都能够尽职尽责,做他应该做的事情。康德从未否认过一般意志的存在,甚至极其重视这个一般意志,因为若没有一般意志的强大作用,又如何彰显纯粹意志的重要和高贵呢!如果不对一般意志进行哲学分析和论证,便无法推论出特殊意志的必要性与可能性,不能为着道德哲学的理论需要而否认一般意志的合理性和必要性。

区分一般意志和特殊意志的理据在于一个行动者的行动的性质,即合法性和合理性问题,而我们首先必须在事实的意义上研究意志的复杂结构及其运行方式,而不是对意志的正当性进行规定。如果把意志视为一个最高的概念,而不仅限于指称行动者的意愿、动机、意志力、支配能力,那么就必须以行动概念为核心词讨论意志的复杂结构及其运行方式。一如马克思所说,人怎样行动人就怎样,行动成了人是什么和不是什么的根据与判据。行动由三个环节构成,即前提、过程和结果,而意志恰恰贯穿于这三个环节中。在前提中,意志表现为对动机和意愿的确定。意愿和目的相对应,意愿是起于心意以内的由己性,这种由己性表现为生活状况和内心体验。令自己的生活状态变好,令自己感到快乐和幸福。这种由内到外的倾向性就是动机或意愿,而动机和意愿的强度与广度随他的需求程度和外部环境的可能性而定。然而,人并不像机械论者所坚持的

---

① ［德］康德:《道德形而上学原理》,苗力田译,上海人民出版社 1986 年版,第 39 页。

那样,只是一部高度精密的机器,而是具有基本理性判断力和反思能力的有理性存在者。于是在动机和意愿的确定和确证上,行动者会凭借想象力将行动的后果先行标画出来,借以确证动机和意愿的正当性和可能性。如果整个行动及其结果原则上不涉及他者,即不存在主体间的正当性问题,那么这样的动机、意愿、行动就是一个分析命题,其所遵守的乃是技术规则。在规则的指引和约束下,行动过程和行动结果仅对行动者有效,于是在仅向行动者有效的行动中,意志就以下列程序展开其自身。首先,在动机与意愿的确定上,行动者会根据对自己的重要性和紧迫性而对动机进行价值排序。意志的作用就在于确定动机和意愿的现实性,而不去幻想那些毫无可能性的意愿。其次,在行动过程中,意志的作用在于克制内心的冲动、抵御外部的诱惑、排除各种困难,以把初始性的意愿贯彻下去。最后,在行动结果上,意志的作用在于自我评价,总结经验、吸取教训,以利再战。

其次,然而,每个行动者仅向自己而言且不涉及他者利益的意志行动总是少量的,事实上,每个人行动者的利己行动都常常涉及他者的利益,即存在利益相关性。在一个行动存在利益相关性时,通常存在三种情形:"在这里,我且不谈那些被认为是和责任相抵触的行为,这些行为从某一角度看来可能是有用的,但由于它们和责任相对立,所以也就不发生它们是否出于责任的问题。我也把那真正合乎责任的行为排除在外,人们对这些行为并无直接的爱好,而是被另外的爱好所驱使来做这些事情。因为很容易分辨出来人们做这些合乎责任的事情是出于责任,还是出于其他利己意图。最困难的事情是分辨那些合乎责任,而人们又有直接爱好去实行的行为。"①在此,我们无意沿着康德的思考逻辑讨论一个行动反乎、合乎、出于责任的复杂情形,只想呈现在存在利益相关性时,行动者如何在一般意志与特殊意志、实用理性与实践理性、利己与利他之间做出抉择。当我们直面这种选择本身时,其内在复杂性重复了一般意志在展开其自身时出现的情形。尽管就行动的结果来看,可能会存在着单一和重

---

① [德]康德:《道德形而上学原理》,苗力田译,上海人民出版社1986年版,第46页。

叠利益后果,单一利益后果是不可得兼的那种情形,要么是损人利己,要么是利他而少有利己;重叠利益后果是合乎责任那种情形,但揭示出行动者在冲突的语境下如何做出正确选择时具有怎样的复杂情形和内心体验,似乎更加重要。

首先,在前提中,即在选择什么样的动机作为行动的动力时,意志的作用表现在确定何种意图或意愿作为行动的初始性元素。无论是出于、反乎还是合乎责任,多种动机共存于同一个行动者的选择集中,是共同的情形。假定行动者是一个拥有基本理性能力,能作善恶判断的行动者,那么他对行动赖以出发的动因和行动可能产生的后果是有先行判断力的。康德严格区分了定言命令和假言命令两种情形,而无论哪种情形,都会在行动者之内发生善良意志、实践理性、实践法则和自我反思四个要素的相互作用的过程。在学理的意义上,一个行动者在面对正当与否、应当与否的语境下,如何做出正确选择,确实需要用一个范畴群加以描述和解释,对此,康德给出了一个极具启发性的论述:"在自然界中每一物件都是按照规律起作用。唯独有理性的东西有能力按照对规律的观念,也就是按照原则而行动,或者说,具有意志。既然使规律见之于行动必然需要理性,所以意志也就是实践理性。如果理性完全无遗地规定了意志,那么,有理性东西那些被认作是客观必然的行为,同时也就是主观必然的。也就是说,意志是这样的一种能力,它只选择那种,理性在不受爱好影响的条件下,认为实践上是必然的东西,也就是认为善良的东西。如若理性不能完全无遗地决定意志;如若意志还为主观条件,为与客观不相一致的某些动机所左右;总而言之,如若意志还不能自在地与理性完全符合,像在人身上所表现的那样,那么这些被认为是客观必然的行动,就是主观偶然的了。对客观规律来说,这样的意志的规定就是必要性。这也就是说,客观规律对一个尚不是彻底善良的意志的关系,被看作是一个有理性的东西的意志被一些理性的根据所决定,而这意志按其本性,并不必然地接受它们。"①在存在利

---

① 〔德〕康德:《道德形而上学原理》,苗力田译,上海人民出版社 1986 年版,第 63 页。

益相关性的语境下，行动者的正当行动乃是一个多种要素相互嵌入、相互作用的结果。先天实践法则构成了评判行为正当与否的根据与标准；将他者的利益（质料）和实践法则（形式）作为行动的初始性意愿，构成善良意志；克制内心冲动、抵御外部诱惑、克服各种苦难，以把善良意志贯彻下去的能力，是实践理性；对行动后果进行评价构成了反思性能力。

其次，在过程中，意志与理性以相互嵌入的方式支撑着行动。过程是联结动机与结果的桥梁，无论这个桥梁是长还是短，一切想象中的困难和复杂性都是现实化了。为着克服这些想象到的、不曾想象到的困难，必须实现意志的坚守和理性的坚持。在行动前曾确立下来的善良意志或善良动机，无论是出于形式的还是出于质料的善意、意愿、意向，在行动过程中，都必须汇集成坚定的信念，一种非坚持下去不可的心理能量。如果说始自善良意志的坚定信念乃是一种非分析、非反思的情感性力量，那么基于分析和论证之上的实践理性，则是一种理智，它把类似于信念论的先天实践法则落实到遵循技术规范和道德规范的行动中。善良意志必须通过正确的道路实现；一如类似于信念论的先天法则通过理性得以实现那样。而无论是信念论还是理智论，无论是善良动机的后续呈现，还是未来结果的预先表象，在康德看来，都是意志自由的充分体现。人何以能够做到始终依照实践法则而行动？康德用他的"两个世界"理论予以充分论证。康德在《道德形而上学原理》的第三章的"定言命令"部分和《实践理性批判》的"纯粹实践理性基本原理演证"部分做了极为精彩的论述，①然而，

---

① 康德道德哲学中的"自由意志"理论或许是他整个伦理学的理论基石，也是整个理论体系的轴心。"自由概念的实在性既然被实践理性的一个必然法则所证明，所以它就成了纯粹的甚至思辨的理论体系的整个建筑的拱心石，而且其他一切概念（神的概念和不朽的概念）当做理念原来在思辨理性中没有依据的，到了现在也都附着在这个概念上，而借它稳定起来，并得到客观实在性。"（[德]康德：《实践理性批判》，关文运译，广西师范大学出版社 2002 年版，第 1—2 页）那么，人的自由意志如何成为可实践的能力呢？"现在我们知道，在我们把自己想成自由的时候，就是把自身置于知性世界中，作为一个成员，并且认识到了意志的自律性，连同它的结论——道德；在我们把自己想成是受约束的时候，就把自身置于感性世界中，同时又是知性世界的一个成员。"（[德]康德：《道德形而上学原理》，苗力田译，上海人民出版社 1986 年版，第 108 页）那么，借着知性世界和感性世界，（转下页）

根据康德的两个世界理论,似乎会得出独断论的结论,即每一个有理性者,凭借其善良意志和实践理性完全可以做其应为之事。然而,事实上,不但人的动机并不总是善良的,人的实践理性也并不总是周全的,一个可接受的结论是,人是有限理性存在者,人是有限度的正确者和正当者。唯其如此,人才有了反思的能力和愧疚、自责的体验。

其三,在行动的结果上,有理性存在者会有反思的行为和愧疚、自责的体验。在不存在利益相关者的情形之下,行动者的反思与遗憾仅对行

<hr />

(接上页)人的自由意志是如何可能的呢?"有理性的东西认为自己,作为知智,是知性世界的成员,而只有他属于这一世界的作用因的时候,他才把自己的因果性称为意志。在另一方面,他也意识到自己是感性世界的一部分,他的行动在这里只不过是感性世界的因果性的现象。但我们并不清楚,这些以我们所不知道的原因为根据的行为是如何可能的;或者可以认为这些行动是由另一些现象所规定的,例如,欲望和爱好等属于感觉世界的东西。作为知性世界的一个成员,我的行动和纯粹意志的自律原则完全一致,而作为感觉世界的一个部分,我又必须认为自己的行动是和欲望、爱好等自然规律完全符合的,是和自然的他律性相符合的。我作为知性世界成员的活动,以道德的最高原则为依据,我作为感觉世界成员的活动以幸福原则为依据。既然知性世界是感觉世界的依据,从而也是它的规律的根据,所以,知性世界必须被认为是对完全属于知性世界的我的意志具有直接立法作用。所以,我认为自己作为知智,是知性世界的规律的主体、是意志自律性的主体。总而言之,在必须承认自己是一个属于感觉世界的东西时,我认为自己是理性的主体,在理性在自由观念中包含着知性世界的规律。所以,我必须把知性世界的规律看做是对我的命令,把按照这种原则而行动,看做是自己的责任。"(同上书,第 108—109 页)康德在《实践理性批判》中再一次论述到了"两个世界"理论,借以再次论证自由意志的客观性和现实性:"一般有理性的存在者在感性世界的存在乃是指他们在受经验制约着的法则下的存在而言,这种存在在理性看来就是他律。反之,同样存在者在超感性世界的存在乃是指他们合乎不依任何经验条件的那个法则的存在而言,因而属于纯粹理性的自律。而且那些单靠认识就可使事物存在的法则既有实践力量,所以超感性的存在就不外乎是受纯粹实践理性的自律所控制的一种存在。但是这个自律法则就是道德法则,因而道德法则就是一个超感性存在和一个纯粹悟性世界的基本法则;这个世界的副本必然存在于感性世界之中,但是并不因此损害了这个世界的法则。我们可以称前一个世界为原型世界,这个世界,我们只能在理性中加以认识,至于后一个世界,我们可以称它为模型世界,因为它包含着可以作为意志动机的第一个世界的观念之可能结果。因为事实上道德法则就把我们置于一个理想领域中(在那里,纯粹理性如果赋有充足的自然力量,就会产生最高的善),并且决定我们的意志给予感性世界以一种形式,使它仿佛成了理性存在者所组成的一个全体。"([德]康德:《实践理性批判》,关文运译,广西师范大学出版社 2002 年版,第 31—32 页)我们将康德有关意志自由的精彩论述抄录于此,目的在于,康德为特殊意志和公共意志的生成和践行提供了道德哲学基础论证,这对我们研究作为公共意志的政治意志同样有效。

动者有效,反思的目的在于总结经验、吸取教训以利再战;遗憾的意义在于未能产生令自己生活得以改善和令自己快乐的体验。而在存在利益相关者的情形下,反思的意义在于就自身行动的正当性问题进行技术路线的后思与反观;愧疚与自责的作用在于两点,一是技术主义的,即有善良动机,但却因为手段和环境的"欠缺"而未能产生所意愿的好结果;一是意志上的矫正,即未能抵制外部的诱惑和抵御内心的冲动。后思或反思的实质是,后思技术的欠缺乃是实践理性的张力;愧疚自己的"不当"乃是意志力的彰显。

当我们把一个有理性者的思与行在前提、过程与结果的意义上分解开来,以便呈现其内在的运行逻辑,其旨趣在于检验和证明"有关意志的道德哲学原理"的正确性与有效性,以便为形成公共意志和政治意志提供理论基础,那么接续的工作则是在科学的意义上呈现有关意志的类型,并在类型学意义上实现由一般意志到特殊意志、再到政治意志的过渡。

至此,我们在"道德人格"这个总体性概念之下,给出了一个现实的道德行动如何可能的构成要素和环节,并给出了一个简明的道德行动得以发生的内在机理的"心灵地图"。毫无疑问,这个"心灵地图"只是在意识中完成的事情,我们无法从这个意识中的"心灵地图"中看出一个现实的伦理文明是如何可能的;进一步地,我们也不能从德性论的意义上,从"心灵地图"上看出一个行动者在道德修养和道德境界上的进化程度,更无法从社会文明的意义上,看出伦理文明的社会进步程度。总而言之,在抽象的意义上,我们既无法从德性上也无法从伦理上见出一个现实的人类伦理文明"图像"来。以此可以说,我们不能从理论上、从我们所意愿的伦理范型上看出并判断出人类伦理文明的诸种形态,更无法现实地给出中华伦理文明新形态的整个相貌。个体和类是在把可能的道德人格变成现实的道德人格、变成可以反复运用的可行能力并在这种能力的对象化活动中、在对象化活动的对象性存在中,见出我们所意愿的伦理文明新形态的。个体与类是在诸种社会场域中,在生产、交往和生活中,是在家庭、社会和国家这些现实的共同体中创造伦理文明的,伦理文明是流动的善,而不是既成的物,因此,我们必须在中国式现代化过程中构建中华伦理文明新形态,并将这种新形态逻辑化、系统化。

3. 作为对象性存在的中华伦理文明新形态

中华伦理文明新形态乃是推进中国式现代化的人们在主体性的道德人格和客体性的社会价值上所达到的高度和程度;道德人格是原初性的力量,社会价值是过程和后果性的财富;人们只有从社会财富的积累程度和分配状态反观人们在道德境界上所达到的高度。

我们试图按照天人之道、人伦之道和心性之道呈现中华伦理文明新形态的内在逻辑,其实这也是中国式现代化的内在逻辑。天人关系具有先在性,如何处理好天人关系,构成了中国式现代化的首要任务,人类只能在自然给定的资源、环境和空间的基础上从事生产、交往和生活,因此,生态文明乃是中华伦理文明新形态中的基础性方面。人们在自然给定的可能性空间中,创造价值、分配价值和享用价值,是在家庭、社会和国家这些共同体中创造令人感受快乐的前提并感受这种快乐的,因此,社会文明是中华伦理文明新形态中的根本性面向。当原初的道德人格在遵天人之道而行、循人伦之道而动,从而在对象化过程以及对象性存在中反观和证明自己的时候,也做到了照心性之道而思,于是便把作为可能能力的道德人格发展成了作为可能能力的道德人格,也把人的精神世界推进到了更高的境界,因此,精神文明乃是中华伦理文明新形态中的本源性、终极性部分。简约地说,当历史逻辑和理论逻辑能够相互共属、相互共出、相互共在时,中华伦理文明新形态就以生态文明、社会文明和精神文明这三种基本形态呈现出来。

第3章 类型学视阈的中华伦理文明新形态

对中华伦理文明新形态进行类型学考察,是名词哲学思维,亦即属性思维和结果思维在确定和确证中华伦理文明新形态过程中的应用。我们何以要有类型思维和类型学呢?这是由事物的相对静止和绝对运动之于认识的重要性决定的。或许事物本身原本就充满着相对静止和绝对运动之辩证统一之关系的,这从人们的经验的自然观点中便可识别出来。如果静止是绝对的,那么任何事物就应该永远保持同一种状态(结构和样式),然而,通过我们的诸种感觉得来的印象却是千变万化、变幻莫测、天翻地覆、变化无常、白驹过隙……如果没有运动,就不会有时间概念。如果只有绝对运动而没有相对静止,一切都是瞬息万变,那我们又如何认识事物,把相同的事物聚集起来、把不同的事物区别开来呢?而所有的变与不变都只对人的认识有价值,对人的生命有意义。类型思维和类型学就是人类在认识和把握事物的相对静止和绝对运用过程中给予事物的知性概括。由于人类伦理文明作为一种文明体也同样充满了相对静止与绝对运动的辩证关系,所以将类型思维和类型学用于确定和确证中华伦理文明新形态的内部结构和外部特征,乃是由事物本身所决定的事情。

一、理论依据与现实根据

1. 理论依据

(1)作为一种方法论的类型学

类型学(Typology)是一种研究方法论,它侧重于对事物进行分类和归纳，以揭示各类别之间的共性与差异。这种方法通过识别和分析不同对象或现象的共同特征和属性，将它们归入不同的类别或类型中，从而更深入地理解这些对象或现象的内在规律和本质特征。类型学广泛应用于多个学科领域，包括社会学、人类学、文化学、语言学以及自然科学等。类型、类型思维和类型学具有内在的逻辑关系。类型，既是一个主观概念又是一个客观概念。作为客观概念的类型就是事物自身的性质和属性，人类经常用种或属这两个词语去表达性质相同或相近的事物，并将其归属到同一类或同一种事物之中；同时还用种或属这两个词语去描述性质相异、属性相别的事物，从而把不同性质的事物归属到不同的类型之中。无论人类是否用种或属总之用类型去表述事物的相同性和相异性，事物自身都自在地如此这般地存在着、显现着。

类型是事物自身自在而自为拥有的、基于个别、特殊的性质和属性而来的、为相似甚或相同事物所共有的性质和属性；它基于个别和特殊，没有个别和特殊事物的性质和属性就不可能总结出不同个别之间的公共性质来。人们可以直观地、经验性地将不同事物或区别开来，或聚集起来，但却无法直观到它们的共性。共性是人的思维借助知性范畴将共性从特殊性中抽象出来的过程及其结果。将不同的事物个别化、将相同的事物同类化，既是认识的需要，也是实践的目的。将事物个别化和同类化的思维过程，就是形成类型思维的过程；人们可以充分运用类型思维，形成知识、理论和思想，而不问其实践目的，沉思就是目的，这是人类区别于他物的重要标志。亚里士多德说，沉思是最令人着迷的活动，因为它是自足的，不受外部条件的制约，因为沉思就是目的。这对于哲学家而言，可能是有效的，但对整个人类生活而言，人绝不仅限于借助类型思维形成知识、理论和思想，而是将理论理性知识转变成实践理性知识，并用于指导人的思考与行动，最终创造价值、分配价值和享用价值。类型学是将感觉、直觉、体验和经验性的类型概念化、观念化从而形成类型学这一学科的过程。

而就类型的原始发生而言，可有自在的类型和自为的类型两种。自

在的类型是就自然界自发形成的类型而言,它不因人的认识和改造活动
而成,而因其自身的自在性而成。当人类不再顾及自在的自然界的类型,
而是任意、任性地去改变自然界的结构,将技术和活动误用、错用和滥用
到对自然界的改造过程中,那么,自然界就会以无声语言的形式惩罚人
类。自为的类型是就个体和类在充分运用认识能力、欲求能力和判断能
力的基础上,将理论理性、创制理性和实践理性对象化到自身自然和身外
自然的过程及其后果而言的;人们依据自身的意愿和意向生成类型的过
程,也就是创造文化和生成文明的过程,因而也是一个充满伦理性质、为
其创造和生成行为担负道德责任的过程。对人类创造文化、生成文明的
各种类型的分析和论证,就是对文化和文明的类型学考察。对于构建中
华伦理文明新形态而言,对伦理文明的类型学考察,绝不是可有可无的事
情,这与其说是方法论问题,倒不如说是实践智慧问题。伦理文明究竟具
有哪些类型? 为什么是这些类型而不是更多的类型? 除了伦理文明就其
自身而言自在地拥有这些类型,为何还有新的与旧的形态? 这些都是需
要进行深入分析和充分论证的问题。

(2) 源自文明自身的类型学

文明的类型可以从多个角度进行分类。西方较为流行亨廷顿对文明
的划分方式,但他的划分显然是根据主体或地域、民族和国别进行分类
的,在这种分类背后可能蕴藏着某种政治意图。此外,文明的分类还可以
从历史发展的角度进行,包括古代文明、中世纪文明、近代文明、现代文明
和当代文明。显然这是根据社会历史形态所进行的分类。除了主体的立
场、历史的维度,是否还有空间思维的视角? 另外,伦理文明与其他文明
具有何种关系? 是不是所有的文明都是伦理文明或具有伦理性质的文
明? 何以有伦理文明的新旧形态之分? 这些都是值得探究的问题。

关于伦理文明与其他文明的关系,以及新旧伦理文明形态的划分根
据和标准问题,于深入分析和论证中华伦理文明新形态而言,无疑是一个
重要的认识论和知识论问题。虽然不是典型的类型学问题,但对于深化
伦理文明新形态研究却是极其重要的。任何以文明的名义出现的事物都

必须符合文明的定义：作为文化中的优秀部分，文明是令社会进步和个体发展的主体性结构和对象性存在。所谓主体性结构是就个体和类所能拥有的科学技术知识、能力、思想道德素质而言的，这是使个体和类在创造、分配和享用价值过程中所达到的进化和进步程度，是人类创造文明的原初性力量。所谓对象性存在是由个体和类创造出的诸种（物质、社会和精神）财富形式，它们是个体和类进一步地创造文明、提升文明的基础和条件。主体性结构和对象性存在作为文明的两种实存和持存方式，乃是源和流的关系；主体性结构为体，对象性存在为用，体用结合方为"型"，而这个"型"就是文明体。如果只是着眼于外在的对象性存在，而不强化主体性结构的转型与创新，那么，这样的文明建设就是无主体和无根基的；若是只强调正其心、诚其意、格物、格物致知这些所谓的心性修为，而无德行和规范共出，进一步地没有物质、社会和精神文明现出，那么这便是有花而无果的行动。文明的主体性结构是在意识中完成的事情，而文明的对象性存在则是在实践中完成的事情。比附性地说，主体性结构乃是喜怒哀乐之未发而谓之中的状态；对象性存在乃是发而皆中节而为之和的情形；中也者，天下之大本也，和也者，天下之达道也。未发者谓之体，已发者谓之用。所以，当一种观念和行动及其对象性存在被称为文明的时候，那分明意味着，它们要么使个体和类的科学素养和道德素质得以进化和提升，要么令城邦之善得以充分实现。文明作为一个总体性概念，在流行的分类中，通常是外部结构分类法，亦即根据文明的呈现方式或存在领域进行划分，继而划分为物质文明、政治文明、精神文明、社会文明和生态文明。这种分类方式本质上是属性思维和后果思维，只问文明的呈现方式和存在领域，而不问它们的根源和来源。那么如何才能体现出文明的主体性或原初性、本源性呢？能否共出一个具有建构性和范导性的概念，将文明的主体性、原初性和本源性揭示出来？这就是伦理文明概念。

伦理文明概念并不是一个与物质文明、政治文明、精神文明、社会文明和生态文明并列的概念，毋宁说它是一个隐概念，而物质文明、政治文明、精神文明、社会文明和生态文明是显概念。显概念是可以通过感觉和经验直观到的客体,是可以表象化或对象化的实存;物质文明、政治文明、精神文明、社会文明和生态文明似乎就是这样的表象和对象。当人们每每使用这些概念时,这些概念所指称的对象就会感性地、形象地展现在人们的表象里、意识之中。如政治文明,它总是将一个充分运用政治权力、公共职权或追求公共价值或谋取个人利益的画面带入人们的想象世界里,政治领袖或权力谋士的感性形象就会即刻被带入人们的脑海之中。再如物质文明,一经用这个概念去表达它所指的对象时,一个"商品的庞大堆积""堆积如山的财富"或数不清的钱柜的形象就会跃入纸上、当下现前。而隐概念所指称的对象却不是感性形象,而是某种可能能力(潜能、潜质)和可行能力,以及这些能力的充分发挥所产生的现实过程、结果及其性质。隐概念所指称的对象是生成性的、反思性的事物。伦理文明就是一个典型的隐概念。首先,伦理文明是一个生成性的概念,它所意指的是,一个被称为文明的感性存在是如何发生的? 一如物质文明、政治文明、精神文明、社会文明和生态文明那样,它们是源出于何种可能能力和可行能力而发生的? 这就是理智德性和道德德性。理智德性决定了文明得以发生的能力基础,道德德性为文明得以发生奠基了正当性基础。没有这些可能能力和可行能力,任何一种可以感性化或表象化的文明如何发生呢? 然而,又有谁能够将潜能、潜质感性地、形象地现前到人们的表象里和意识中呢? 生成性、建构性是伦理文明概念的第一个本质规定。反思性和范导性则是伦理文明概念的第二个本质规定。所谓反思性指的是,伦理文明概念一经被建构出来并被反复使用时,一切后续的包括在概念的内容就一并被想到了,如,当我们说一个人是有德性的人时,说一个正当是为民众谋福利时,其思考和行动的道德性质就被抽象地共出了;道德性质是不能感性化地、实体性地呈现在人们面前的,它只能通过"本质直观"或知性范畴去陈述它,而不能描述它。所谓范导性指的是,伦理文明具有法则性质和规约功能。伦理文明类似于康德笔下的先天实践法则,这是潜藏于人的心灵深处的先天观念,诸如自由、平等、正义这些观念,并非从经验事实中得来,不是归纳性的,而是演绎性的、推导性的。人们灌输给受教育者的不是观念,而是将诸种具有自由、平等、正义性质的表象置于他们面前,将先天潜存于受教育者心灵之中的观念启发出来、澄明出来。伦理文明是一个不证自明的法则,它是自明的,具有先天的自明性;人们或通过自觉、觉知、觉醒,或通过教化、启蒙,将自明性的法则澄明到人们的意识中,使之获得明见性。源出于自明性而来的明见性,法则不再是一般性的尺度、根据,而是尺度和根据的现实的运用,这就是伦理文明的范导功能。在诸种相同或不同的语境之下,人们自觉不自觉地将明见性的法则作为尺度和根据去规定、判断和衡量文明的、非文明的、反文明的思考与行动及其对象性存在的出于理性、合乎理性和反乎理性的性质和程度。如果创造文明依靠的理智德性,那么规定、判断和衡量文明的性质和程度所依据的则是道德德性,即伦理文明。例如,我们会把人类在科学和技术领域取得的成果称为科技文明,毫无疑问,这些被称为科技文明的成果是人的心智力量得以充分发挥的业绩,但人们无法保证,这些业绩一定为人类带来福祉,相反,倒可以毁灭整个人类自身。这是伦理文明之矫正、修正即范导性功能之于物质文明、政治文明、精神文明、社会文明和生态文明的规约作用。总之,作为隐概念,伦理文明乃是生成论的(建构性的)和评价性的(范导性的)范畴,是对初始力量的阐发,对平衡能力的确定;既是目的论概念又是功能论范畴。"在人类文明新形态"这个总体性概念中,内在地包含着伦理文明概念。这与其说伦理文明是一个隐概念,倒不如说,它是一个正确的观念、公正的立场和正当的行动。

至于中华伦理文明新形态中的"新",可以作如下几个方面的规定。首先,它不是真善美和假恶丑意义上的判断,而是一个表示广度、深度、力度的概念。中国式现代化场域之下的伦理文明,无论在广度、深度还是在力度上,超过过往伦理文明的任何一种形态。资本的世界运行逻辑使得地域性的现代化具有了世界化或全球化的性质,地域性的文明—伦理文明也在文明冲突和文明互鉴中,成了全人类的财富。同时,一个全面而深刻的风险社会的来临,又使得世界化或全球化意义上的现代化陷入自反性现代化的泥潭之中,亦即,现代化运动产生的诸种力量在或明或暗中、在有意无意间毁灭着人类业已创造出来的文明成果。依靠前现代的伦理文明无法应对在现代化运动中产生的诸种危险和风险,而现有的现代化,在其自身中又难以生成批判、反思、矫正、修正其自身缺陷的伦理元素,而这些新型的伦理元素只能从超越现代化、新型现代化或后现代化那里获得。那么这个超越性的现代化又如何发生呢? 中国式现代化是否就是这种现代化呢? 这正是中华伦理文明新形态这个总体性概念所要预设、准备和实现的具有哲学人类学意义的问题。其次,中华伦理文明新形态之中的"新",作为一种意指,不仅仅是指明一种作为被指的、被预设出来的伦理范型,更是一种观念、情感、意志和行动。中华伦理文明新形态不是固定的模式,而是流动的善,是个体和类的生命体,在正确的观念、真挚的情感、坚定的意志、正当的行动的指导和支配下,朝向人类所孜孜以求的终极之善的整体性的运动过程。它既是发生学的又是生成论的,是使具身性的理智德性和道德德性跃进到更高阶段和更高层次的自我发展和自我完善过程。

这不仅仅是一个认识论和方法论的问题,更是一个本体论和实践论的问题。正是在分析和论证这些问题时,类型思维和类型学才显示出了它的重要作用。在此,出于"中华伦理文明新形态:何所向与何所为"这一题材的自身需要,我们只对空间思维背景下的伦理文明新形态做类型学考察。

2. 将伦理文明规定为生态伦理文明、社会形态伦理文明和精神形态伦理文明的现实根据

所谓现实根据,乃是指,在类型学中所标画出诸种类型,绝非主观想象的结果,而是人类在长期的生产、交往和生活中,进化出来的文明类型。从文化和文明的原始发生的内在逻辑角度考察伦理文明形态,毫无疑问,人与自然的关系是先于人的社会关系和精神(意识)关系而发生的。不论人类创造出了怎样的先进的甚至是神奇的技术,也不论人类发展出了怎样的生产方式和意识形态,都不可能使人类摆脱对自然的绝对依赖关系。人类无论拥有怎样的想象力和创造力，都不可能创造出超出自然界限制的事物来；他们不可能创造出自然界所没有的事物，只能在自然界给定的范围内，将已有的物质进行分解和组合。AI技术、DeepSeek、ChatGPT、kimi并非神话，而是将在自然界中早已存在的事物，被人类用创制理性从遮蔽、潜藏状态澄明到解蔽和无蔽状态之中。亚当·斯密用那只看不见的手，描述了一个自发秩序"原理"。亚当·斯密的"看不见的手"是一个隐喻，用来描述这样一种原理：个人的非故意行为往往能带来意想不到的社会秩序和善果。这个概念最早由斯密在《道德情操论》中提出，后来在《国富论》中得到了进一步阐述。"看不见的手"原理指的是在自由市场经济中，个人追求自身利益的行为在竞争机制的作用下，仿佛被一只"看不见的手"引导，最终促进了社会整体福利的提高。斯密认为，当个人在市场经济中自由地追求个人利益时，他们的行动会被市场价格机制所协调，从而无意中促进了社会资源的有效分配和社会福利的最大化。而康德则用"宇宙之手"，牵引着人类去充分发挥他的先天能力，通过为表象立法、为自身立法、将判断力用于联结认识能力和欲求能力，最终获得以德性为基础的幸福。人与自然的关系永远是时间上在先的事情，尽管物质生活的生产是逻辑上在先的事情。

这就从根本上决定了，生态文明—生态伦理文明是空间思维背景下伦理文明结构中的第一结构。"这里立即可以看出，这种自然宗教或对自然界的这种特定关系，是由社会形式决定的，反过来也是一样。这里和任何其他地方一样，自然界和人的同一性也表现在：人们对自然界的狭隘的关系决定着他们之间的狭隘的关系，而他们之间的狭隘的关系又决定着他们对自然界的狭隘的关系，这正是因为自然界几乎还没有被历史的进程所改变。"①这种狭隘的关系，在人们能够通过劳动创造生活资料之前，乃是纯然的自然关系；随着劳动能力的提高、生产资料的发展，人类开始了自然的人化和人化的自然的过程，以至于形成一种幻象，好像人类可以

---

① 《马克思恩格斯文集》第1卷，人民出版社2009年版，第534页注①。

超出自然预定给人类的可能性空间而任意创造自然似的。人定胜天只在自然预定给人类的可能性空间内才有限。

　　将生态文明—生态伦理文明确证—确立为人类文明体的第一结构，只是确立了自然给予人类生产、交往和生活的物理基础和自然条件，但真正能够证明人所以为人的基础，则是人类的自觉的、能动的活动，以及由此构成的对象性存在和对象性关系，这便是社会。"可以根据意识、宗教或随便别的什么来区别人和动物。一当人开始生产自己的生活资料，即迈出由他们的肉体组织所决定的这一步的时候，人本身就开始把自己和动物区别开来。人们生产自己的生活资料，同时间接地生产着自己的物质生活本身。人们用以生产自己的生活资料的方式，首先取决于他们已有的和需要再生产的生活资料本身的特性。这种生产方式不应当只从它是个人肉体存在的再生产这方面加以考察。更确切地说，它是这些个人的一定的活动方式，是他们表现自己生命的一定方式、他们的一定的生活方式。个人怎样表现自己的生命，他们自己就是怎样。因此，他们是什么样的，这同他们的生产是一致的——既和他们生产什么一致，又和他们怎样生产一致。"①通过劳动，通过创造生产资料和生活资料，人类创造出了四个关系，这就是：(1)"我们首先应当确定一切人类生存的第一个前提，也就是一切历史的第一个前提，这个前提是：人们为了能够'创造历史'，必须能够生活。但是为了生活，首先就需要吃喝住穿以及其他一些东西。因此第一个历史活动就是生产满足这些需要的资料，即生产物质生活本身，而且，这是人们从几千年前直到今天单是为了维持生活就必须每日每时从事的历史活动，是一切历史的基本条件。"②个体与类都是需要着的因而是价值性的存在物，而能够满足人的需要的生活资料，人类从自然界所能直接获得的价值物，始终是少量的，为着满足多样化的需要，人类就必须通过自己的活动去创造，这是研究和确证人类历史的第一个事实。

---

①　《马克思恩格斯文集》第 1 卷，人民出版社 2009 年版，第 519—520 页。
②　同上书，第 531 页。

（2）"第二个事实是，已经得到满足的第一个需要本身、满足需要的活动和已经获得的为满足需要而用的工具又引起新的需要，而这种新的需要的产生是第一个历史活动。"①人类不但生产着需要的对象，而且生产着需要本身；为着满足被生产出来的新的需要，如社会需要和精神需要，人类又必须创造出新的生产类型。（3）"一开始就进入历史发展过程的第三种关系是：每日都在重新生产自己生命的人们开始生产另外一些人，即繁殖。这就是夫妻之间的关系，父母和子女之间的关系，也就是家庭。这种家庭起初是唯一的社会关系，后来，当需要的增长产生了新的社会关系而人口的增多又产生了新的需要的时候，这种家庭便成为从属的关系了"，②除了进行生活资料的生产之外，人类还生产着他人，生产着他人所需的生活资料，从而生产着他人的生命；继而也就生产出了双重关系：自然关系和社会关系。（4）"生命的生产，无论是通过劳动而生产自己的生命，还是通过生育而生产他人的生命，就立即表现为双重关系：一方面是自然关系，另一方面是社会关系；社会关系的含义在这里是指许多个人的共同活动，不管这种共同活动是在什么条件下、用什么方式和为了什么目的而进行的。由此可见，一定的生产方式或一定的工业阶段始终是与一定的共同活动方式或一定的社会阶段联系着的，而这种共同活动方式本身就是'生产力'；由此可见，人们所达到的生产力的总和决定着社会状况，因而，始终必须把'人类的历史'同工业和交换的历史联系起来研究和探讨。"③同发展生产力和运用生产力，人类创造出了除人同自然界的关系之外，还生产出了社会关系。以此可以说，作为生产力和生产关系的有机统一的生产方式，才是人类借以同纯然的自然区别开来的坚实基础。这是一个生产人类社会的过程，而所有价值的生产、分配和享用，都要在社会这个广阔空间内实现。这就是社会文明。作为一个总体性概念，社会文明内在地包含着物质文明、科技文明和行为文明三个有机部分，从而

① 《马克思恩格斯文集》第1卷，人民出版社2009年版，第531—532页。
② 同上书，第532页。
③ 同上书，第532—533页。

与生态文明和精神文明相对地区别开来。

关于社会的重要性,马克思在《1844 年经济学哲学手稿》中作了精辟的论述。"我们已经看到,在被积极扬弃的私有财产的前提下,人如何生产人——他自己和别人;直接体现他的个性的对象如何是他自己为别人的存在,同时是这个别人的存在,而且也是这个别人为他的存在。但是,同样,无论是劳动的材料还是作为主体的人,都既是运动的结果,又是运动的出发点(并且二者必须是这个出发点,私有财产的历史必然性就在于此)。因此,社会性质是整个运动的普遍性质;正像社会本身生产作为人的人一样,社会也是由人生产的。活动和享受,无论就其内容或就其存在方式来说,都是社会的活动和社会的享受。自然界的人的本质只有对社会的人来说才是存在的;因为只有在社会中,自然界对人来说才是人与人联系的纽带,才是他为别人的存在和别人为他的存在,只有在社会中,自然界才是人自己的合乎人性的存在的基础,才是人的现实的生活要素。只有在社会中,人的自然的存在对他来说才是人的合乎人性的存在,并且自然界对他来说才成为人。因此,社会是人同自然界的完成了的本质的统一,是自然界的真正复活,是人的实现了的自然主义和自然界的实现了的人道主义。社会的活动和社会的享受绝不仅仅存在于直接共同的活动和直接共同的享受这种形式中,虽然共同的活动和共同的享受,即直接通过同别人的实际交往表现出来和得到确证的那种活动和享受,在社会性的上述直接表现以这种活动的内容的本质为根据并且符合这种享受的本性的地方都会出现。甚至当我从事科学之类的活动,即从事一种我只在很少情况下才能同别人进行直接联系的活动的时候,我也是社会的,因为我是作为人活动的。不仅我的活动所需的材料——甚至思想家用来进行活动的语言——是作为社会的产品给予我的,而且我本身的存在就是社会的活动;因此,我从自身所做出的东西,是我从自身为社会做出的,并且意识到我自己是社会存在物。我的普遍意识不过是以现实共同体、社会存在物为生动形态的那个东西的理论形态,而在今天,普遍意识是现实生活的抽象,并且作为这样的抽象是与现实生活相敌对的。因此,我的普遍意识的活动——作为一种活动——也是我作为社会存在物的理论存在。首先应当避免重新把'社会'当做抽象的东西同个体对立起来。个体是社会存在物。因此，他的生命表现，即使不采取共同的、同他人一起完成的生命表现这种直接形式，也是社会生活的表现和确证。人的个体生活和类生活不是各不相同的，尽管个体生活的存在方式是——必然是——类生活的较为特殊的或者较为普遍的方式，而类生活是较为特殊的或者较为普遍的个体生活。"①在某种意义上可以说，这是关于社会文明之本质的最集中、最准确的论述。在现有的有关社会文明的论述中，由于常常囿于表面结构和属性的描述而不能揭示出社会的本质及其原始发生过程。个体与类的自然方面亦即自然主义在社会中被改造成了充满人文性的属己性、属人性，而人道主义则是被人类化了的人的自然性。这就是马克思所说的，作为人与自然完成了的统一——社会，乃"是人的实现了的自然主义和自然界的实现了的人道主义"。人的精神性也在社会中形成了，在人的共同生活中表现出来了。

人类的精神生产以及由此生成的精神文化和精神文明，永远都是在生产、交往和生活中完成的。"思想、观念、意识的生产最初是直接与人们的物质活动，与人们的物质交往，与现实生活的语言交织在一起的。人们的想象、思维、精神交往在这里还是人们物质行动的直接产物。表现在某一民族的政治、法律、道德、宗教、形而上学等的语言中的精神生产也是这样。人们是自己的观念、思想等等的生产者，但这里所说的人们是现实的、从事活动的人们，他们受自己的生产力和与之相适应的交往的一定发展——直到交往的最遥远的形态——所制约。意识［das Bewußtsein］在任何时候都只能是被意识到了的存在［das bewußte Sein］，而人们的存在就是他们的现实生活过程。"②精神生产与物质生产有着不同的目的和方式，物质生产尽管是在人的意识、情感和意志的支配下进行的，但它以创

---

① 《马克思恩格斯文集》第1卷，人民出版社2009年版，第187—188页。
② 同上书，第524—525页。

造物质生活资料为主要目的,而精神生产的目的则既在于生产的过程,又在于生产的结果。而在目的论意义上,精神生产除了通过其精神产品满足人的诸种精神需要(信、知、情、意)之外,还生产意识形态;而意识形态的主要作用在于支配人们的思维、意识、意志。这就是马克思所说的,统治阶级不但要支配物质生产,而且还要控制精神生产。

"统治阶级的思想在每一时代都是占统治地位的思想。这就是说,一个阶级是社会上占统治地位的物质力量,同时也是社会上占统治地位的精神力量。支配着物质生产资料的阶级,同时也支配着精神生产资料,因此,那些没有精神生产资料的人的思想,一般是隶属于这个阶级的。占统治地位的思想不过是占统治地位的物质关系在观念上的表现,不过是以思想的形式表现出来的占统治地位的物质关系;因而,这就是那些使某一个阶级成为统治阶级的关系在观念上的表现,因而这也就是这个阶级的统治的思想。此外,构成统治阶级的各个个人也都具有意识,因而他们也会思维;既然他们作为一个阶级进行统治,并且决定着某一历史时代的整个面貌,那么,不言而喻,他们在这个历史时代的一切领域中也会这样做,就是说,他们还作为思维着的人,作为思想的生产者进行统治,他们调节着自己时代的思想的生产和分配,而这就意味着他们的思想是一个时代的占统治地位的思想。"①占统治地位的思想的生产,目的在于通过政治上层建筑和思想上层建筑实施权力支配,以贯彻其意志。这就是政治文化和政治文明。精神文明所表达的是个体在科学文化和思想道德方面所达到的修养程度,是一个民族和国家在政治观念、政治制度和政治行动上所达到的进化程度。

在生态文明、社会文明和精神文明之间,存有一个内在的双向互逆结构。第一条路线是生态文明—社会文明—精神文明;第二条路线是精神文明—社会文明—生态文明。随着社会的进步和个体的发展,社会文明和精神文明将越来越起着根本性的甚至是决定性的作用。

---

① 《马克思恩格斯文集》第 1 卷,人民出版社 2009 年版,第 550—551 页。

二、生态—生态文明—生态伦理文明

生态是指生物在一定的自然环境下生存和发展的状态,也指生物的生理特性和生活习性。生态具有以下几个显著特征:多样性:生态系统中包含着无数种生物物种,从微生物到大型生态系统,从陆地到海洋,从极地到热带,它们相互依存、相互作用,共同构成了丰富多彩的生态画卷。多样性使得生态系统具有更强的稳定性和适应性,能够更好地应对外界环境的变化。平衡性:在一个健康的生态系统中,各种生物之间以及生物与环境之间保持着一种动态的平衡。例如,食草动物的数量受到食肉动物的控制,而植物的生长又为食草动物提供了食物来源,这种相互制约和相互促进的关系维持着生态系统的稳定新。自我修复和调节能力:当生态系统受到一定程度的干扰或破坏时,它能够通过自身的机制逐渐恢复到原来的状态。例如,森林在遭受火灾后,会逐渐重新生长出植被,恢复其生态功能。整体性:生态系统包含的内容丰富多彩且相互嵌入、相互关联,在一定空间范围之内,都会有相应的主体和客体,而且生物保持着多样性,这样才不会破坏整体性。自我调控功能:生态系统具有自我调控的功能,如种群的密度调控和生物种群之间的数量调控。例如,植物与动物之间数量的调控。动态性:生态系统是一个动态系统,不断地与外界进行物资与能量的交换,具有随时间推移而发展变化的特征。这些特征共同构成了生态系统的基本属性和功能,使得生态系统能够在不断变化的环境中保持稳定和持续发展。

显然,这是一种常识性的或知识论的理解和规定,本质上是描述性的,而生态文化和生态文明则是哲学意义上的界定和规定,它基于描述性的常识和知识而达于反思性的、批判性的和建构性的理论高度。

1. 作为手段问题的生态伦理文明

在生态文化和生态文明的观念中,生态问题可以如下方式获得规定。

生态本质上是朝向人的认识和实践的事情。首先,生态概念只对生命存在物有效,因为只有有生命的存在物才会需要一个能够保证其个体和类之能够生存和持存的外部环境和条件,生命存在物只有与周围环境不断进行物质、能量和信息的交换过程才能使自己生存和生活下去。其次,生态只对人有责任要求,作为一个伦理性的范畴,生态本身就蕴含着正当性要求。人之外的其他生命存在物都是既成的存在物,而人是生成的存在物。动植物只能通过改变自身以适应环境的形式才能使个体和类得以生存和持存,因而,动植物不能改变环境,而只能适应环境,优胜劣汰、适者生存。而人是通过改变环境、通过创造价值物而使自己生存和生活的。动植物虽然感觉到了环境的外在性和异己性,但它们不会把这种感觉变成意识,更不会提升到观念的高度,从而形成自然观念和生态观念,更不会通过自身的身体和身体器官的充分运用改变外部环境,而人恰恰能够实现这些,所以,动植物是等待的存在者,而人是期待的存在者,他通过劳动、借助工具将自然界提供的质料进行分解和组合,借以创造出只有经过劳动才能制作出的产品,继而实现人的期待。人的自主能动性既是人类改造自然界的主体性力量,也是为他的改造活动担负道德责任的主体性根据。人是认识自然和改造自然的主体,同时也是感悟和领悟天人之道的主体,作为改造自然之活动的发动者、承担者和受益者,也必然是责任者。而人对自然的责任概念和观念的生成和运用,是经过了一个漫长的历史过程的。

从经济类型说,生态概念和生态观念的形成和运用,经过了原始—自然经济、工业—技术经济、知识—生态经济三种历史形态。在原始—自然经济状态下,原始经济(狩猎和采集)、农业经济(农业和畜牧业)是在自然给定的可能性空间内进行的,只有适应自然的季节变化,只有掌握植物的栽培技艺、动物的养殖规律,才能获得用以生存和生活的资料。因此,严格说来,原始经济和自然经济当属生态经济,它不是以破坏自然状态的方式获得生活资料,而是依照自然规律而模仿自然现象。农业经济就是人类将自然生长的植物移植到更适合于且更易于集中种植的"园地"中,农田就是农作物赖以生长的"园地"。而畜牧业就是将野生动物进行驯化和圈养的直接结果，一旦草原植被被彻底破坏，那么以草为生的动植物也就失去了赖以存活的条件。

在强大的自然力面前，人类显得极为渺小，由于无法抗拒自然的巨大力量，也无法理解这种力量，于是便出于对自然力的恐惧而生发出各种自然崇拜，产生自然具有无穷力量的观念。"自然界起初是作为一种完全异己的、有无限威力的和不可制服的力量与人们对立的，这种自然宗教人们同自然界的关系完全像动物同自然界的关系一样，人们就像牲畜一样慑服于自然界，因而，这是对自然界的一种纯粹动物式的意识（自然宗教）。"①自然宗教是人类慑服于自然界的无限威力而产生的对自然界既恐惧又折服的矛盾心理和意识结构。"这里立即可以看出，这种自然宗教或对自然界的这种特定关系，是由社会形式决定的，反过来也是一样。这里和任何其他地方一样，自然界和人的同一性也表现在：人们对自然界的狭隘的关系决定着他们之间的狭隘的关系，而他们之间的狭隘的关系又决定着他们对自然界的狭隘的关系，这正是因为自然界几乎还没有被历史的进程所改变。"②

那么，人类在原始经济和自然经济状态中所从事的各种活动，以及在这些活动中所产生的自然观念是否可以称之为生态文明和文明观呢？如果以关于生态的常识性理解加以判断，如果从最有利于维系生态之整体性、多样性、平衡性、动态性、自我调控、自我修复功能的角度加以立论，那么这样的行动和观念就不止是一种文化，更是一种文明，尽管在古人的自然观念中并不具备现代人所认为的那种自然观和生态观。以此可以说，现代人将古代埃及、古代巴比伦、古代印度和中国称为文明古国，是有根据的。

真正改变人与自然关系的经济组织方式是工业—技术经济，这正是开启于15世纪下半叶的西方现代化运动。对自然的全面开发与利用开

---

① 马克思、恩格斯：《德意志意识形态》，人民出版社2018年版，第26页。
② 同上书，第26页注②。

始于工业化过程,尽管自旧石器时代开始,人类就已经试着用模仿的工具、自造的工具改变自然原有的状态,开始把人的意志贯彻到自然中去,但根本性的改变则是从工业化过程开始的。一如先前所说的,人的实践活动决定着人们对待自然的态度与方式,而这种态度与方式一经形成又进一步强化着这种实践。这便是资本主义的对待自然的方式。① 在工业

_____

①　我们把工业革命视为人类近代以来根本改变人与自然关系状态的根源是就工业革命作为物质过程及其后果来看的,实际上,资本主义才是最为根本的原因,工业革命不过是资本主义采取的诸多方式中的一种而已。对此,马克斯·韦伯作了精当的分析。资本主义作为一种社会制度,其存在与发展需一定的条件。"凡是利用企业方法以满足人类团体所需要的产业之处,即有资本主义,无论其需要的内容是什么。说得更具体些,一个合理的资本主义经营就是利用资本计算制度的经营,换言之,即根据近代簿记与收支的平衡结算的方式——这是荷兰理论家斯蒂文在 1698 年首先提出的——以确定其收益能力的一种经营。"一些个体、部分经济供应也可能采用资本主义式的组织和经营,但社会的整个领域并未采用资本计算的形式,就不是资本主义社会。"只有需求的供应方式已经资本主义化到如此程度,以致我们会设想一旦这种形式的组织消失,则整个经济制度就会崩溃,这整个时代才可称为是典型的资本主义时代。"19 世纪后半叶出现的典型的资本主义需有这样一些先决条件。"近代资本主义产生的最起码的前提就是:合理的资本计算制度得以成为一切供应日常所需的大营利经营的规范。这样的计算制度又需要:(一)占有一切物质的生产手段(土地、设备、机器、工具等),这些都成为可由独立经营的私人企业所自由处置的财产。(二)市场之自由,换言之,在市场上没有任何对贸易的不合理限制。(三)合理的技术,归结而言就是最大可能程度的计算,此即意味机械化,这是资本主义式会计制度的前提。这不独适用于生产及商业,所有为了准备及运送货物的开支,无不适用。(四)有可计算的法律。要想合理地经营资本主义形式的工业组织,就必须有可以预先算定的判断及管理。(五)自由劳动力之存在。他们不但在法律上可以自由地——而且在经济上亦须被迫——在市场上不受限制地出卖自己的劳动力。缺少此种出卖自己劳力的无产群众(一个被迫出卖劳力以维生的阶级),而只有不自由的劳动者,则与资本主义的本质相矛盾,其发展亦不可能。合理的资本主义计算,只有在自由劳动基础上,才有可能。换言之,即须有形式上自由,而实际上则是为饥寒所迫不得不出卖劳力的工人存在,生产成本才有可能事先确定。(六)也是最后一个条件是,经济生活的商业化。亦即企业之股份权与财产权都以商业化的工具(证券)来代表。简言之,对于各种需要的满足,必须有可能完全以市场机会与纯利的计算为基础。商业化固然是资本主义的特征,然而此一特色的出现,势必强化了另一前所未及的因素,亦即投机的重要性。不过,只有在财产采取了可流通的有价证券形式后,投机才具有充分的重要性。"([德]韦伯:《经济与历史:支配的类型》,康乐等译,广西师范大学出版社 2004 年版,第 152—154 页)在以资本计算为根本特征的资本主义条件下,机器的采用减少了购买劳动力的数量,可变资本的降低提高了剩余价值;自然只是作为条件和要素参与到生产过程中,由于未有劳动耗费其中,因而是没有价值的,可以不归为资本的范畴之内。

经济中,资本主义作为一种经济组织方式、作为一种政治制度,更是作为一种意识形态,在资本和权力的支配之下,在机器和技术的控制之中,开启了朝向人自身的自然和身外自然的全面改造活动。于是,"环境"问题便快速地产生出来,因为工业经济改变了原有的人与自然的关系,同时又产生了新的人与自然的关系,只是那种充满风险和危机的关系。

在资本主义的经济史的书写模式中疏于环境史的研究,本质上并不由于研究者置环境问题而不顾,而是由于在他们生活于其中的那个年代,环境问题还只是隐藏着的,尚未全面爆发出来。现在,环境已不再是一个不证自明的、无任何价值规定的"自在之物",而是一个问题性的"自在之物",亦即"问题环境"。"问题环境"中的问题已经到了极为严重的地步。它表现为人外自然的危机和人自身自然的侵蚀。

2. 西方现代化进程中的生态问题

在西方现代化运动中,人们面对的是一个日益被资本和技术围困的大自然。人类与自然环境的紧张状态首先表现为人口增长与自然资源稀缺之间的矛盾。"正是在这些被大工业以其强有力的生气所鼓舞着的地区中,十分强烈地表示出人口显著增加,这已成为大多数工业国家中的正常现象。曼彻斯特在 1773 年是一个仅有三万人口的城市,可是一百五十年后,它几乎有一百万人口;大不列颠和爱尔兰的总人口,在 1801 年是一千四百五十万,到 1928 年则达到四千八百万。"① 人口增长在 19 世纪更是成为令人瞩目的问题,托马斯·马尔萨斯预言,人口将呈几何级数快速增长,大大超过以算术级数增长的食物供应。1798 年马尔萨斯的人口理论一经公布便遭到了很多人的讥讽和批评,尽管马尔萨斯的初衷是只关注人口、人类,而不是自然环境,但二百多年之后的今天,虽然不能证明马尔萨斯的人口理论是真理,但人口的快速增长以及由此所带来的环境压

---

① [法]保尔·芒图:《十八世纪产业革命》,陈希秦等译,商务印书馆 1997 年版,第 12 页。

力却是不争的事实。关于人口驱动力问题，有学者认为，近几个世纪人口增加的主要原因，一个是"医学，特别是公共卫生方面取得的进步"，但令人"遗憾的是，从人口角度看，死亡率下降未能直接影响到生育率"。"人口变化的另一个主要的现实驱动力是城市化，这还是社会和经济方面的原因。"①根据联合国人口组织报告预测，到 2050 年中国人口为 13.95 亿，而印度人口将会超过中国达到 15.31 亿。日益增加的人口对环境的压力，除了表现在食物、衣妆、饮水、空气方面的需求之外，重要的方式就是人口增长与爆炸性的城市化的互动问题。②那么是何种人口危害地球呢？"人口爆炸多数出现于发展中国家，可是多数的环境破坏，尤其是那些具有全球后果的环境破坏，却由人口已相对稳定的工业国一手造成。"③例如，我们发现，破坏臭氧层的含氯氟烃是从工业国的空调器、聚苯乙烯泡沫塑料生产和各种喷雾剂中释放出来的。不幸的是，发达国家造成的环境影响多由第三世界的穷国来消受。有毒垃圾装船驶离工业国港口，为寻找一个填埋地点而周游世界，最后落户在某个急等现钱的第三世界国

---

①　［美］罗伯特·艾尔斯：《转折点——增长范式的终结》，戴星翼、黄文芳译，上海译文出版社 2001 年版，第 20 页。

②　现代化进程在某种意义上就是工业化和城市化的过程。城市化道路意味着大量农田变为工厂、宅基地、单位用地，为追求城市经济的发展势头，大量农田被划拨为经济技术开发区或工业园区。但事实上，以工业园区名义获得土地使用权的个人或组织，并未将土地用于所谓的城市经济建设，即便是经济开发区或工业园区，其经济效益和社会效益多半差强人意。但却造成大量的包括土地在内的自然资源闲置或浪费。"我们正在用'掠夺式工业生产方式'破坏我们的家园。当代文明社对自然资源的掠夺式开发和破坏的主要动力正是来源于现代城市——拥挤的交通、对化石燃料需求巨大，并由水泥和沥青构成的巨大网络。这个由汽车—城市蔓延—高速公路—石油燃料组成的复合体又焕发出一种新的活力——一种特别的经济'生命力'，它吞噬大量的农田、土地和自然生境，造成全世界每年交通事故死亡人数为 50 万人，受伤者 1000 多万人，彻底破坏了地球经过 1.5 亿年才形成和储存下来的化石燃料。同时，城市还消耗着巨大的钢材和能源。福特汽车公司在 1999 年的一则电视广告中，声称每年该公司消耗的钢铁就足够建造 700 座埃尔铁塔。这些够 700 座埃菲尔铁塔用的钢材通过巨大能源的驱动，像一条火龙横扫乡野，在城市化的光辉业绩中吞噬着土地，污染大气。"（［美］理查德·瑞吉斯特：《生态城市——建设与自然平衡的人居环境》，王如松、胡聃译，社会科学文献出版社 2002 年版，第 7 页）

③　［美］丹尼尔·A.科尔曼：《消失的边界：建设一个绿色社会》，梅俊杰译，上海译文出版社 2002 年版，第 8 页。

家。工业国中已禁止使用的有毒杀虫剂依然畅销于某些发展中国家。近至1991年，世界银行的首席经济学家还坚持认为，第三世界国家尚"污染不够"，现应接纳自工业国运来的有毒废料。确实由第三世界自己造成的多数环境破坏也往往导源于第一世界，因为后者的经济发展项目输出了危害环境的政策。印度尼西亚政府所作的一项研究"得出结论，银行向环境破坏活动发放的贷款额……比向据称环境无害活动发放的贷款额高出10倍"。第三世界国家承受着压力，被迫参与国际经济竞争并摆脱其众所周知的国际债务负担。这改变了原以自立为特点的小规模家庭农业，取而代之的是用工日少的大规模农业。庞大的农业企业耕作着以前由森林覆盖或者由自立的农民综合利用的大片土地，那些从传统生活方式中被连根拔起并且流离失所的人们被迫移向贫瘠荒野之地，以勉强糊口度日。由此而造成了森林砍伐、物种消失、沙漠扩大、大气中二氧化碳增加，以及随之而来的全球变暖。

隐性资源的迅速耗费。隐性资源又称隐性成本，主要指用既定的环境标准无法计量的损失，如造纸厂、水泥厂、制药厂、铁铜矿厂等，除了可计算的原料、辅助材料的消耗之外，还有污染、水位下降、气候变化，这些是无法计算的，还有一些是由于经济政策导致的地区性的环境问题。"二战"以后，史无前例的经济繁荣和扩张带来了物质商品消费量的激增。从1950年到现在，全球木材消费量增加了1倍多，纸的使用量增加了5倍，鱼的消费量增加了4倍，水和谷物的消费量增加了2倍，而钢的使用量和化石燃料的消耗量攀升到4倍。人口由1950年的25亿增至1999年的60多亿。所有这些趋势结合在一起，已引起全球经济和地球生态极限之间的矛盾。1998年，作为导致全球变暖的主要源头之一的碳的排放量达到了最高峰，已接近70亿吨，大气中的二氧化碳含量再次达到了历史最高纪录。生物学家已发出警告：我们已经进入了一个生物种群大量灭绝的时期——这一时期灭绝的生物种群的数量是6500万年以来最多的。根据世界环境保护组织的调查，世界上约有1/4哺乳动物种群面临灭绝的危险，13%的植物种群也濒临灭绝。同时，世界上主要的鱼类都处在灭绝的边缘。而水资源的稀缺和土地肥力的退化更是对人类食物来源的威胁。经济和生态系统的全球化导致了国与国之间的"环境空间"的互换。一个专业小组对全球 52 个国家进行了一项被称为"生态足迹"的研究，研究的核心是这些国家和其居民所占用的从生物学意义上来说具有生产能力的土地面积。结果证明：当今世界已经超越了它的生态承载能力。在超越生态极限的过程中，相对于另一部分国家，一些国家由于其稀缺的自然资本或极其浪费的消费方式，或是因为以上两个原因的共同作用，对生态系统进行了更为残酷的掠夺。一些生态资源不足的国家开始从那些资源相对富足的国家输入自然资本，这是一个隐形的掠夺过程。荷兰实际获得的生态承载力是 1.2，而它的生态空间占有却是 5.9，生态赤字 4.7；美国为 6.7 比 10.9，生态赤字 4.2；中国为 0.6 比 1.5，生态赤字为 0.8。[1]人类对地球的开掘也从未像今天这样全面、深入而迅速。采矿业和石油业的发展也对地球上的森林、山脉、水资源和其他敏感的生态系统造成了影响。矿山开采至少包含着三度污染：原料开采开掘、原料加工、产品消费。总之，采矿业耗费了巨大的环境资本。它不仅毁坏了大面积的土地，同时还产生了数量很大的污染物和废弃物。在美国，每生产 1 公斤黄金，就会留下 300 万公斤的废矿石。重要的矿产采掘地通常是在先前未被破坏的森林和野地。据世界资源研究所报道，采矿和开发能源以及相关的活动是继伐木之后对边缘森林造成危害的第二大因素，它所影响到的森林面积约占受破坏的森林总面积的 40%。[2]采矿业不仅破坏了宝贵的生态系统，而且还对当地居民的生活造成了损害。据估计，未来 20 年里，50%的黄金将产自当地有人居住的地方。采矿业所产生的有毒副产品毒化了赖以生存的水资源，同时采矿业本身也对田地和森林造成了破坏，而恰恰是森林和土地为人类生存提供了给养。生物多样性的破坏使得自然循环系统受到破坏。森林、草原、湿地因干旱而日益沙化，沙漠面积的扩大使大

---

[1]　参见［美］希拉里·弗伦奇：《消失的边界》，李丹译，上海译文出版社 2002 年版，第 8—12 页。

[2]　同上书，第 32 页。

批田地变成荒野。可供人类居住的环境逐渐缩小其范围,继政治难民和经济难民之后,环境难民产生了。政府间气候变化专门小组 1990 年的研究报告称:"气候变化最严重的后果,也许是造成人类迁移的那些后果,因为海岸线侵蚀,沿海地区洪水泛滥,以及农业遭受破坏,使得几百万人背井离乡。"①由于干旱、土壤侵蚀、沙化或其他环境问题,许多人在自己的家乡无法获得生活保障。在绝望中觉得别无选择,只得到他乡寻求避难所,不管这样做有多危险。据最新统计,"这类穷人今天至少有 1000 万,或者说,是其他各类难民(政治难民、宗教难民、种族难民)人数的总和"②。

西方国家先于后发国家而无度地开发了自然资源,而且通常是以军事打击和资源掠夺的形式大规模地攫取其他国家的资源,更为严重的是把因无度开发自然造成的严重后果转嫁给落后和发展中国家。空间正义所描述的不仅仅是创价在全球范围内的不公平分配,更是代价在全球范围内的侵略性转移。全球气候正义问题、工业废料和生活垃圾的安置问题,业已成了全人类的共同难题和困境。能否在全球范围内生成一种卓有成效的观念、制度和行动,已经成为一个刻不容缓的全人类的价值共识。中国式现代化能否提供一种中国观念和中国智慧。

3. 中国式现代化过程中的生态伦理文明

起始于 20 世纪 70 年代末 80 年代初的改革开放过程中,虽然也曾一度出现一些生态环境方面的问题,但我们始终是在明晰的生态观念的指导之下、生态制度的保证之下,将开发和利用自然与尊重和保护自然有机地、高度地统一起来。

当然,当代中国人的生态观念和生态制度的产生,并不是自然而然出现的,相反它们是人们对现代化运动中的生态难题和生态困境的深刻认

① [美]诺曼·迈尔斯:《最终的安全:政治稳定的环境基础》,王正平、金辉译,上海译文出版社 2001 年版,第 187 页。

② 同上书,第 188 页。

识和全面反思而自觉产生的,具有反思、批判和建构的性质。

（1）必须高度正视和重视中国式现代化过程中的生态问题

中国式现代化过程中的生态问题,是一个必须高度重视且需要正确对待的问题。有些生态问题是前现代化状态中的,而有些则是在开启现代化进程中出现的。

第一,人均生态占用空间偏低。生态占用空间是一种度量人类对自然资源消耗程度和实际生态承载力的方法,是目前测度可持续发展程度的重要工具。它是一组基于具有生物生产力的陆地或水域面积而量化的指标。生态占用空间的实质意义就是衡量"一只负载着人类与人类所创造的城市、工厂……的巨足在地球上留下的足印"的大小。一旦这只巨足超越了实际生态空间的面积(生态承载力),人类社会持续发展的物质基础将会崩溃。我国专门化的研究机构根据目前流行的生态占用空间计算方法,对我国 1980 年、1985 年、1990 年、1995 年和 2000 年的人均生态占用空间进行了计算。计算的结果反映了我国资源耗费的增加与生态承载力相关的变化态势:①人均生态占用空间持续增加。与全球人均生态占用空间呈平稳态势不同,我国的人均生态占用空间过去 20 年从 0.885 hm^2 增加到了 1.258 hm^2,呈持续增长态势。从 1980—2000 年这 20 年间,中国人均生态占用空间增加了 73%。②资源消耗结构发生变化。能源消耗占据的生态空间最大。不同类型生态空间占用比例发生了变化:由最初以农产品消耗为主的耕地资源占用开始转向以工业产品为主的能源消耗占用,同时畜产品和水产品消耗的生态占用空间亦迅速增大。1980 年农产品消耗的人均耕地生态占用空间为 48%,到 2000 年已经减少到 24%,减少了一半。与此相反的是,人们的畜产品和水产品消耗量逐渐增大,牧草地和水域的生态占用逐渐增大,2000 年畜产品消耗的草地生态空间占用量比 1980 年增加了 73%,水产品消耗的水域生态占用空间则增大近500%。但从根本上看,中国人均消耗的生态占用空间增大主要原因在于能源消耗占用生态空间的比例迅速增大。1980 年化石能源生态占用空间占总生态占用空间的 40% 左右,到 2000 年,化石能源生态占用空间已经达到 57%。它反映的是工业在国民经济中的地位增强使得化石能源占用地成了中国生态赤字增大的主要根源。③生态赤字增加较快。与实际生态承载能力相比,1980 年我国就已经出现了生态赤字,随后生态赤字逐渐增大。1980 年,在生活水平和消费水平、社会生活资料供应相对落后和贫乏的条件下,就已经出现了人均 0.275 hm^2 的生态赤字,足以说明我国生态空间严重不足。到 2000 年人均生态赤字达到了 0.548 hm^2,相当于 1980 年的 2 倍。我国人均生态承载力只有全球平均水平的 1/3。④与全球平均水平相比,我国人均消耗的生态占用空间总体偏低。出水产品消耗自 90 年代以后高于全球平均消耗的生态占用空间外,其余均低于全球平均水平。其中,农产品消耗的生态占用空间为全球平均水平的 55.6%—72.3%,畜产品消耗生态占用空间为全球的 0.2%—0.77%,林产品消耗生态占用空间为全球的 13.6%—22.8%,能源消耗生态占用空间为全球的 31.5%—63.9%,建筑用地的生态占用空间为全球的 15%—18.3%,水产品消耗的生态占用空间为全球平均水平的 12.9%—145%。比较而言,我国能源消耗的生态占用空间 20 世纪 90 年代以来增长过快。1980 年能源占用空间为总占用空间的 40.67%,到 1995 年时高达 59.68%,而全球平均生态占用空间在 1980 年时为总占用空间的 45.16%,到 1999 年时最高增长为 49.23%。我国生物性生态土地的承载力只有全球平均承载力的 24%—38%;在过去的 20 年中,我国生态赤字平均高于全球生态赤字的 1.5 倍。

第二,水资源日益短缺,水污染进一步加剧。其一,水资源消耗的数量与结构。①水资源总量趋于减少,人均占有水资源量绝对下降。从年降水量看,2000 年全国平均年降水量 612 毫米,折合降水总量 58122 亿立方米,比常年(多年平均)少 4.1%。在北方五个流域片中,与 1980 年年降水量相比,松花江辽河流域少 21.6%,海河流域少 25.5%,黄河流域少 13.2%,淮河少 25.3%,内陆河流域增加 0.8%;南方四个流域片中,长江流域少 6.6%,珠江流域增加 15.4%,东南诸河流域少 3.4%,西南诸河流域增加 3.3%。从地表水资源看,2000 年全国地表水资源量 25933 亿立方米,比 1980 年少 4.4%。与 1980 年地表水资源量相比,在北方五个流域片中,松花江辽河流域少 29.5%,海河流域少 68.8%,黄河少 38.4%,淮河流域少 49.4%,内陆河流域少增加 31.4%;在南方四个流域片中,长江流域少 7.7%,珠江增加 23.6%,东南诸河流域少 18.2%,西南诸河流域少 2.6%。从地下水资源看,2000 年全国地下水资源量 8390 亿立方米,而大部分与地表水资源量重复,不重复的只有 935 亿立方米。将地表水资源量与地下水资源量中的不重复量相加,全国水资源总量为 26868 亿立方米,比 1980 年少 4.5%,比常年少 2.2%。这一比较显示出,中国水资源严峻的形势将长期存在。②农业用水保持稳定,生活和工业用水大幅度增加。中国水资源总量已少于 28000 亿立方米,而且地区分布不均逐渐增大,有 80% 分布在南方,而南方耕地却只占全国耕地面积的 1/3 左右。因此,总的水资源可利用量非常有限。从总用水量上说,从 1980—2000 年,我国社会经济总用水量增加了约 23.9%,从 4437 亿立方米增加到 5498 亿立方米,不同的行业用水增长趋势明显不同。农业用水由占总用水量的 83% 下降到 69%,而同期工业用水比例由 10% 上升到 21%,生活用水比例由 6.3% 上升到 11%。其二,水质消耗:水体污染日趋严重。①工业废水排放量呈现出下降趋势。1980 年,每日排放工业废水 0.72 亿吨,这些工业废水 90% 以上未经任何处理直接排入了水体。1990 年工业废水每日排放量将到 0.65 亿吨,工业废水处理率达到 32%。②城市生活污水排放量大幅度增加。1980 年,每日排放城市生活污水约 0.15 亿吨,这些城市生活污水 90% 以上未经任何处理直接排入了水体。1990 年,城市生活污水每日排放量高达 1.1 亿吨,而处理率却只有 3.86%。90 年代以来,城市人口增加、城市生活水平提高,城市生活污水排放量呈上升趋势。1998 年比 1990 年增加 85.5%,占整个污水排放量的 49.3%,一些大中城市已超过 50%。中国城镇人口 1998 年比 1990 年增加了 25.7%,而人均生活污水排放量则增加了 47.6。③化肥和农药施用量直线上升,农业面源污染加剧。化肥污染:从统计数据看,从 1980 到 2000 年我国的化肥使用量包括各种单项化肥几乎呈直线上升趋势,1995 年是 1980 年的 2.8

倍,并且氮肥的一直占化肥使用量的一半以上。化肥可以通过地表径流和水土淋失两种途径进入水体。据统计,全国各大江河的干流中有12.7%受到污染,支流有55%受到污染。农药污染:中国目前农药的年产量约为50万吨,品种100多个。化学农药的污染问题已成为近年来各种污染中的重要方面,不仅污染水、土壤、大气,而且直接关系到农业生产和人畜的安全。

第三,中国土地消耗态势。①土地的数量消耗。20年来,中国经济增长可以说是一种典型的外延型增长模式。由于一切经济活动都发生在土地上,经济活动的结果最后也积淀在土地之中,于是经济发展的后果都表现在土地的变化上。外延型经济增长模式意味着大量的自然土地面积(森林、草地、农田、水面)转变成厂矿、村镇和农村居民点、道路交通。总的说来,森林、草地、农田面积在总数上基本保持平衡,相比较而言,土地利用格局中变化最为关键的是建成区面积扩大了30.8%,20年间增加了857万公顷,这部分增加面积主要是通过一些未利用土地转化为林地、草地、耕地,然后耕地转化为建成区土地来实现的。然而人均土地和耕地面积却明显下降。中国人均土地面积在20年间减少23%,人均林地减少11.7%,人均草地减少23.6%,人均耕地减少22.9%,人均水面减少54%,人均未利用土地减少31.2%。人均增加的土地利用类型只有园地和建成面积。国家投资兴建的工业开发区、工业园区、城镇、道路、水利设施,农村居民点、工矿,建成区面积总量由1980年的27.8亿公顷增加到了36.4亿公顷,净增加8.6亿公顷。②土地质量的消耗。土地质量的消耗主要体现在人类利用不当或自然影响而造成的土地资源质量下降或土地资源退化,表现为土地生物生产能力逐渐减退和产品质量降低的过程。土地退化的成因有:土地侵蚀、土地盐碱化、土地肥力下降、工业废弃物污染、农用化学物质污染。土地资源衰退与破坏的后果将引起严重的生态环境问题。①

---

① 中国21世纪议程管理中心可持续发展战略研究组:《发展的基础——中国可持续发展的资源、生态基础评价》,社会科学文献出版社2004年版,第68—103页。

如果说,这些数字化、数据化的生态现状,描述的是起始于 20 世纪 70 年代末 80 年代初至十八大之前 30 余年的人与自然关系,那么十八大以来,如何保护环境,重建人与自然之间的和谐关系,业已成为一种国家理念和公共政策。

在习近平生态文明思想指导下,一个治理环境、恢复生态的全面的社会环保活动广泛而深刻地扩展开来。党的十八大以来,以习近平同志为核心的党中央将生态文明建设推向新高度,美丽中国新图景徐徐展开。

从保护到修复,着力补齐生态短板。2015 年,西起大兴安岭、东到长白山脉、北至小兴安岭,绵延数千公里的原始大森林里,千百年来绵延不绝的伐木声戛然而止。数以十万计的伐木工人封存了斧锯,重点国有林区停伐,宣告多年来向森林过度索取的历史结束。这一历史性变革的背后,彰显了生态文明建设新境界。党的十八大将生态文明建设纳入中国特色社会主义事业"五位一体"总体布局,"美丽中国"成为中华民族追求的新目标。党的十八大以来,以习近平同志为核心的党中央牢固树立保护生态环境就是保护生产力、改善生态环境就是发展生产力的理念,着力补齐一块块生态短板。——修复陆生生态,还人间以更多绿色。党的十八大以来,我国年均新增造林超过 9000 万亩。森林质量提升,良种使用率从 51% 提高到 61%,造林苗木合格率稳定在 90% 以上,累计建设国家储备林 4895 万亩。恢复退化湿地 30 万亩,退耕还湿 20 万亩。118 个城市成为"国家森林城市"。三北工程启动两个百万亩防护林基地建设。——防治水土流失,还大地以根基。党的十八大以来,我国治理沙化土地 1.26 亿亩,荒漠化沙化呈整体遏制、重点治理区明显改善的态势,沙化土地面积年均缩减 1980 平方公里,实现了由"沙进人退"到"人进沙退"的历史性转变。——修复水生生态,还生命以家园。全国地表水国控断面Ⅰ—Ⅲ类水体比例增加到 67.8%,劣Ⅴ类水体比例下降到 8.6%,大江大河干流水质稳步改善。"我们用 30 多年的时间走过了西方发达国家 300 年的发展历程,环境的破坏在所难免,但我们在高速发展阶段就能意识到生态在人类文明发展中的重要性,避免再走'先污染再治理'的弯路,提高了可持续发展能力。"中央党校教授辛明如是说。

从制度到实践,绿色发展提速增效。求木之长者,必固其根本。党的十八大以来,生态文明建设顶层设计性质的"四梁八柱"日益完善。2015年4月,中共中央、国务院印发《关于加快推进生态文明建设的意见》,明确了生态文明建设的总体要求、目标愿景、重点任务、制度体系。同年9月,《生态文明体制改革总体方案》出台,提出健全自然资源资产产权制度、建立国土空间开发保护制度、完善生态文明绩效评价考核和责任追究制度等制度。此后,生态环保法制建设不断健全。《大气污染防治行动计划》《水污染防治行动计划》《土壤污染防治行动计划》陆续出台,被称为"史上最严"的新环保法从2015年开始实施,在打击环境违法犯罪方面力度空前。生态环保执法监管力度空前。压减燃煤、淘汰黄标车、整治排放不达标企业,启动大气污染防治强化督查……一系列的环保重拳出击,带来更多蓝天碧水。与2013年相比,2016年京津冀地区PM$_{2.5}$平均浓度下降了33%、长三角区域下降31.3%、珠三角区域下降31.9%。此外,中国还积极参与国际治理做出绿色贡献。2015年12月,在气候变化巴黎大会上,《联合国气候变化框架公约》196个缔约方通过《巴黎协定》这一历史性文件,为2020年后全球应对气候变化作出安排。中国不仅是达成协定的重要推动力量,也是坚定的履约国。

从理念到成效,经济社会发展,迈向更高端。G20峰会期间,繁华和古韵交织的杭州让世人惊艳。一边享受着迈入"万亿俱乐部"的快速发展,一边徜徉于湖城合璧的古韵美景,杭州破解了保护与发展的难题,实现了生态与经济的良性互动,成为"美丽中国先行区"。2016年,北京环境交易所,塞罕坝林场18.3万吨造林碳汇挂牌出售。全部475吨碳汇实现交易,可获益1亿元以上。"荒原变成森林,森林换来绿水青山,绿水青山在无声无息中变成金山银山,塞罕坝形成了良性循环发展链条。"塞罕坝林场副场长陈智卿说。从"大地披绿"到"身边增绿"和"心中播绿",不断增加的生态产品供给极大增加了百姓获得感。党的十八大以来,我国森林面积和蓄积分别增加到了31.2亿亩和151亿立方米,这些森林资源的年生态服务价值 12.68 万亿元。绿色发展理念深入人心。环保部开通"12369"环保微信举报平台,拓宽群众参与渠道和范围,累计受理群众举报近 7.3 万余件。在绿色发展理念指引下,2016 年,单位 GDP 能耗、用水量分别比 2012 年下降 17.9% 和 25.4%,主要污染物减排效果显著。党的十八大以来,我国生态文明建设呈现加速发展新局面,我国经济发展动能正在发生根本性转变,且后发优势和潜力无限。金沙江下游,在建世界最大水电站白鹤滩水电站近日主体工程全面建设,建成后多年平均发电量将达 624.43 亿千瓦时,平均每年可减少标煤消耗量约 1968 万吨,减少二氧化碳排放量约 5160 万吨。中国绿色发展为世界贡献了中国方案。2016 年,联合国环境规划署发布《绿水青山就是金山银山:中国生态文明战略与行动》报告。中国的生态文明建设理念和经验,正在为全世界可持续发展提供重要借鉴。一个充满希望、信心满怀的美丽中国新画卷,正在全面铺设。

(2)如何实现传统生态观与当代生态观的有机结合?

总括地说,在中国式现代化不断深化的过程中,在全球化过程不断复杂化、多样化,不断充满矛盾和冲突的历史语境中,一个极具中国特色的生态文明系统逐渐建立起来,它们日益成了中华伦理文明新形态中的最为基础的方面。这个新型的生态文明系统以观念、制度和行动三种方式充分地展现出来。

第一,内化于心的生态观念。而就生态观念的主体而言,便有理论家和思想家的自然观念和生态观念、政治家以及国家形态的生态观、作为日常意识和日常语言的生态观念。观与观念虽然都"不外是移入人的头脑并在人的头脑中改造过的物质的东西而已"[1],但深度和高度上的差别。观是诸种观念中的基础性、根本性和全局性方面,是一组命题、一组判断,是一个原则以及原则指导下的命令。对于人的思考与行动而言,难以改变的不是情绪和情感,也不是意愿和意志,而是观念。一种观念一旦生成

---

[1] [德]马克思:《资本论》第一卷,人民出版社 2018 年版,第 22 页。

便自行成为人的潜意识和无意识，它们通常以让行动者不知晓的方式发挥作用，因而是后续观念你的前概念和前判断，继而成为先见、成见和偏见；观念的革命本质上是灵魂的革命。现代生态观念就是从持续进行的生态革命中发展而来的。

在当代中国人的生态观念中，既有传统的生态思想，也有当代的理论和思想形态的生态观念。"道法自然"中的自然，并不仅仅指那个实体性的自然界，也不仅仅是自然界的运行规律，毋宁说是集二者于一身的"概念"。作为客观概念的"自然"，乃是一种实体，是自因性的实体，它因其自身而能够运行，又因其自身之故而值得运行。它由质料因、动力因、形式因和目的因四个要素，由主体客体化和客体主体化两个环节组成。当它处在"喜怒哀乐之未发""谓之中"的状态时，就是"潜龙勿用"，就是"无"，既没有显现又未获得规定。在"未发"或"谓之中"的状态中，四个因素和两个环节乃是一种潜能和潜质，这是它的原始动能；在这种动能的推动下，"自然"定会外化自身于外，转化成他物，但转化是有道路的，这便是"发而皆中节""之谓和"。在他物中显现自身、反观自身，但他物毕竟是外在性和异在性的他者，如果始终滞留自身于他物中，那便永远不能完成其自身、完善其自身。于是，自然便必然要从他物那里返回自己，并最终实现自己和丰富自己。如果说，自然在外化自己于他物的过程中，否弃的是自身的孤立性、自在性，那么在返回自身的过程和结果中，则是扬弃他者于自身中。在外化和返回的过程中，使自己完成了由自在体到自为体的转变。这个外化和返回的道路就是辩证法，是事物自身的辩证法。那么，这个自在的、自为的自然的客观辩证法何以是现出之物呢？如果自然的客观辩证法未有获得来自知其辩证法的一个能思者的被给予性，那怎能证明这个客观的辩证法乃是自然之生命力的显现证明呢？获得被给予性的过程，就是由无到有、从没有规定性到获得规定性的过程。于是便有两个视阈共出：作为显现者的视阈，可称之为"视阈"；作为被显现之物的视阈，可称之为"视阈"。两个视阈相互共属、相互共出和相互共在的时候，作为主观概念的"自然"便产生了。一个或多个能思者，在一个共同的生活世界,将各自的关于自然之辩证法的感知、觉知、直观、经验概念化、观念化,继而逻辑化和理论化,最后成为思想形态的自然观。作为客观概念的自然和作为主观概念的自然的有机统一,就是客观逻辑和理论逻辑的统一。这就是道家自然观的要义。显然,这不是纯粹客体主义或客观主义的自然观,而是主体主义或主观主义的视阈下的自然观,唯其如此,这种自然观从来就不是单一的关于自然的本质直观,而是主体性维度下的朝向自然的文化观和文明观。能思的主体不但把自然视作是与自身须臾不可分离的有机界,而且还把自身也当作是这个有机界的不可分离的部分。甚至可以说,在自然界诸物中,唯有人能既知天文地理又晓仁义道德,进一步地,只有能思的人才能把天文与人文并措而思、并行而悟。

“贲,亨。柔来而文刚,故亨。分刚上而文柔,故小利有攸往。刚柔交错,天文也;文明以止,人文也。观乎天文,以察时变;观乎人文,以化成天下。”文饰,亨通,阴柔前来文饰阳刚,阴阳交饰于是亨通。又分出阳刚居上文饰阴柔,所以柔者利于有所前往。阳刚美与阴柔美交相错杂,这是天的文采(天文);文章明理而止于礼仪,形成人类的文采(人文);仰观天的文采,可晓四时运转规律;观察人类的文采,可推行教化促成天下的昌明。天文与人文,虽事不同但理相通,且唯有作为能思者的人才能将天文与人文并论,将天理与人伦共思。作为中国传统文化的儒释道,其理论旨趣和实践诉求虽有形式上的分别,但实质上都是对天人之道、人伦之道与心性之道的探索和求索,天性、人性、心性是贯通的。唯其如此才可以说,道家是自然形态的文明观、儒家是社会形态的文明观、佛教是心性形态的文明观。

在中国传统的生态文明观中,贯彻的是一种关系思维和价值思维,天地人都不是孤立存在的,是相互共属、相互共在的。与此相反,在西方所谓的生态文明中,贯彻始终的则是实体思维,原子主义、实体主义思维将自然视作是与主体对立的客体,将人视作是改造者,将自然视作是可以任意改造的对象。起点是矛盾,道路是改造,目的是为我。而中国传统的生态观的起点是共在,道路是使自然人化、使人自然化,目的是天人合一。

《老子》第一章"道论"，出神入化般地论证了天人关系的奥秘："道可道，非常道；名可名，非常名。无名天地之始；有名万物之母。故常无欲，以观其妙；常有欲，以观其徼。此两者，同出而异名，同谓之玄。玄之又玄，众妙之门。"道，既可言说有不可言说，不可言说者为恒道，隐而不显、显而不露，只有处在无私欲的无欲无求的状态方能实现对道的本质直观；但道总要外显其身，现出其象和边界，对道之象的统握总要相关于实践目的，这便是道在行动中用。道在实践中的用就是将道原则化、规范化，以正义与平等为原则，探索、求索从政之道；以效率与公平为原则，探索和求索经商之道；以正心和诚意为原则，探索和求索教学之道；以真诚和友爱为原则，探索和求索交友之道。在老子那里，人化自然和自然的人化、天道和人道达到了浑然一体的高度。在子思那里，天道与人道的原始统一构成了他的德性论的逻辑起点。"天命之谓性，率性之谓道，修道之谓教。道也者，不可须臾离也，可离非道也。是故君子戒慎乎其所不睹，恐惧乎其所不闻。莫见乎隐，莫显乎微，故君子慎其独也。喜怒哀乐之未发，谓之中；发而皆中节，谓之和；中也者，天下之大本也；和也者，天下之达道也。致中和，天地位焉，万物育焉。"心性之道乃是天人之道和人伦之道的内化，"之中"和"之和"则是心性之道的外显。必须指出的是，中国传统的生态观，从来就不是离开人伦之道和心性之道而单一地论述和表述天人之道，无心性、无人伦的自然是不存在的，无自然的心性和人伦也同样是不可能的。传统生态观的发生逻辑昭示给后人的思想启迪在于，它给我们当代人在构建生态观时所必须遵循的原则，这就是：相较于人伦之道和心性之道，天人之道虽然是时间上在先的，但在发生学的意义上，则是人伦之道和心性之道逻辑上在先；生态文明不是原发性的，而社会文明和精神文明才是原发性的，生态文明是社会文明和精神文明的过程和后果形态，生态文明的程度和高度是社会文明和精神文明之发展程度的呈现方式。如果离开了人的思考与行动，离开了制度文明而孤立地讨论生态文明，则不会找到解决生态危机的原初力量和根本道路。

在中国现代化的发生发展过程中，中国传统的生态观以一种"返本开新"的形式被理性化地体现在了理论家和政治家乃至国家的生态观之中。起始于 20 世纪 70 年代末的改革开放进一步推动了基于现代技术之上的对自然的改造活动,随着改革开放的不断推进,学术界和理论界也逐渐认识到生态环境问题的重要性,深刻体会和研究中国形态的环境危机,试图将感觉经验数字化、数据化,并开始自觉地构建中国形态的生态伦理学和生态哲学,虽然重建中国式生态哲学自主知识体系还只是一个诉求和追求,但实质性的生态哲学已在生成之中。没有一个自足的、完善的中国式生态哲学,作为中华伦理文明新形态之基础性形态的生态文明,就不可能有坚实的理论基础和思想来源。

第二,作为政治家乃至国家层面的生态观。如果说理论和思想形态的生态文明,为构建生态伦理文明新形态提供了理论论证和思想指导,那么政治家乃至国家层面的生态观则提供了政治观念,这是直接面向生活世界的可实践生态文明。这一点,我们将在后文详述。

（3）制度形态的生态伦理文明新形态

生态文明既是一个理论、思想和观念问题,又是一个典型的制度和行动问题。当理论的和思想的生态观念转化为政治家的乃至国家的生态观时,生态文明建设就不会停留于学术讨论和理论的建构上,而是必须和必然要将生态观制度化、现实化。在中国式现代化进程中,政治家不但自觉地、理性地提出了明确的生态观,更是不失时机地将观念制度化,制定、修正和完善各种环保制度。

新中国成立后相当一个时期里,我们没有意识到环境问题的重要性,但是环境问题不以人的意志为转移。忽视环境保护,人类社会必将为自身的发展而付出代价。随着环境问题的凸现,国务院于 1973 年成立了环保领导小组及其办公室,在全国开始"三废"治理和环保教育,这是我国环境保护工作的开始。经过 20 多年的发展,我国的环境保护政策已经形成了一个完整的体系,它具体包括三大政策八项制度,即"预防为主,防治结合""谁污染,谁治理""强化环境管理"这三项政策和"环境影响评价""三同时""排污收费""环境保护目标责任""城市环境综合整治定量考核""排污申请登记与许可证""限期治理""集中控制"等八项制度。

（1）环境影响评价制度。环境影响评价制度,是贯彻预防为主的原则,防止新污染,保护生态环境的一项重要的法律制度。环境影响评价又称环境质量预断评价,是指对可能影响环境的重大工程建设、规划或其他开发建设活动,事先进行调查,预测和评估,为防止和养活环境损害而制定的最佳方案。

（2）"三同时"制度。"三同时"制度,是新建、改建、扩建项目技术改造项目以及区域性开发建设项目的污染防治设施必须与主体工程同时设计、同时施工、同时投产的制度。

（3）排污收费制度。排污收费制度,是指一切向环境排放污染物的单位和个体生产经营者,按照国家的规定和标准,缴纳一定费用的制度。我国从1982年开始全面推行排污收费制度到现在,全国（除台湾省外）各地普遍开展了征收排污费工作。目前,我国征收排污的项目有污水、废气、固废、噪声、放射性废物等五大类113项。

（4）环境保护目标责任制。环境保护目标责任制,是通过签订责任书的形式,具体落实地方各级人民政府和有污染的单位对环境质量负责的行政管理制度。这一制度明确了一个区域、一个部门乃至一个单位环境保护的主要责任者和责任范围,理顺了各级政府和各个部门在环境保护方面的关系,从而使改善环境质量的任务能够得到层层落实。这是我国环境环保体制的一项重大改革。

（5）城市环境综合整治定量考核。城市环境综合定量考核,是我国在总结近年来开展城市环境综合整治实践经验的基础上形成的一项重要制度,它是通过定量考核对城市政府在推行城市环境综合整治中的活动予以管理和调整的一项环境监督管理制度。

（6）排污申报登记与排污许可证制度。排污申报登记制度,是指凡是向环境排放污染物的单位,必须按规定程序向环境保护行政主管部门申报登记所拥有的排污设施、污染物处理设施及正常作业情况下排污的种类、数量和浓度的一项特殊的行政管理制度。排污申报登记是实行排污许可证制度的基础。排污许可证制度,是以改善环境质量为目标,以污染总量控制为基础,规定排污单位许可排放污染物的种类,数量、浓度、方式等的一项新的环境管理制度。我国目前推行的是水污染物排放许可证制度。

(7)限期治理制度。限制治理制度,是指对污染危害严重,群众反映强烈的污染区域采取的限定治理时间、治理内容及治理效果的强制性行政措施。

(8)污染集中控制。污染集中控制是在一个特定的范围内,为保护环境所建立的集中治理设施和所采用的管理措施,是强化环境管理的一项重要手段。污染集中控制,应以改善区域环境质量为目的,依据污染防治规划,按照污染物的性质、种类和所处的地理位置,以集中治理为主,用最小的代价取得最佳效果。

从理论和观念上的应然转变为以制度为保障的行动上的必然,是生态伦理文明新形态建设的关键环节。制度是将观念和理论上的道德命令转化为实践命令的根本保障,是把保护生态环境上的法律责任、社会责任和道德责任落实到具体的行动者那里的过程,而贯彻和实施环保政策和环保制度的过程,就是采取环保行动的过程。制度就是可以反复使用的游戏规则,而就环保制度的产生方式和表现类型而言,可有强制性的、权威性的法律体系,这是由拥有制定法律条文之权力的部门制定并颁发的规范性文件,具有空间上的普遍性和实践上的持续性。但法律形态的环保制度并不针对特定行动者,所以,制度必须转成与环保有直接和间接责任关系的组织和个体的行为规范,如企业经营权限、企业的社会责任等等。而就能够直接影响自然环境和社会环境的行动者而言,实体性的、生产性的企业乃是最直接的行动者,因而企业的社会责任是与企业有着直接和间接利益关系的他者向企业提出的利益要求和伦理诉求。在此一方面,必须坚持创价与代价、权利与责任相对等原则。在企业社会责任的内部构成上,包含着代内伦理和代际伦理两个层面;代内伦理是在场者的道德命令和伦理诉求,道德命令是朝向企业家的规定,属于德性论范畴,伦理诉求是朝向企业行为和企业规范的，属于规范论概念。只有将德性和规范统一到企业的行动中来，生态伦理文明建设才会落到实处。如果说代内伦理是若干个在场者就因环保的创价和代价的对等关系而来的博弈，那么代际伦理的实践则完全取决于所有在场者对不在场者的道德自觉，此一代人必须将下一代人的生存、生活环境和条件预先统摄到自己的思考与行动中，以使下一代人的道德命令和伦理诉求当前化。不断产生和完善的生态经济学就是这种命令和诉求的经济学表达。在不断拓展和深化的现代化过程中，生态伦理文明建设业已成为超越个体、组织和国家的范围而成为整个人类的事情，生态共同体已经成为人类命运共同中的最为基础的部分。

总括地说，中华伦理文明新形态中的生态文明，已经不仅仅是一个被设想的、期望的天人合一状态，更是一种正在生成中的相互确证的、共同实现的自然的人化、人化的自然的有机过程，它既继承了中国传统的有机论的生态观，又借鉴和超越了西方的机械论的生态观；它不是把某个人、某些人的利益考虑到生态观念、生态制度和环保行动中，而是在代内伦理和代际伦理的时空之内，将全体人的利益作为构建生态文明的始点和终点。

那么，构建中华生态伦理文明新形态的社会基础究竟来自何处呢？来自日益发展和完善的社会文明和精神文明。社会文明不仅仅是人们在社会这个广阔的空间内就人与人之间如何创造、分配与享用各种资源时所达到的道德境界和进步程度，更是如何分配和享用自然资源时所实现的和谐程度。没有高度发达的社会文明和精神文明就不会有和谐的天人关系。

三、社会—社会文明—社会伦理文明

我们已经不止一次地指出，所有的文明都是相关于人的理智德性和道德德性的事情，都是人的素养和素质的进化和积累程度，以及被积累起来的德性在对象化过程中造成的对象性结果,因此文明的主体一定是个体和类。基于此种规定和理解,生态文明、社会文明、精神文明都不是本体性的或本源性的确定和确证方式,而是个体与类在充分运用其德性的对象化活动中创造出的关系、状态和价值,它们或者是领域性的或者是类型学意义上的划分。生态文明就是人和自然关系的状态与性质,社会文明则是人们在反复进行生产、交往和生活的社会这个可能性空间中创造出的对象性存在,亦即物质(经济)的、政治的和社会(狭义)的结构、功能和关系,它们的性质标示着财富的积累程度、政治的进步程度和社会的自治程度。它们之被称为文明完全是为着证明、再现和反观人的德性的进步程度而立论的。与此不同,精神文明倒是用来表示个体与类在理智德性和道德德性两个向度上之进化程度的范畴;所有的文明都是出于人而为着人的,而完成这一切的基础恰是人的精神状态,精神文明才是本体性或本源性的力量,生态文明和社会文明是人的精神文明的对象化过程及其业绩。精神文明是本源性的、原初性的力量,是一种可能能力,人们无法觉知到、直观到人的精神状态,因而是内隐的微观的能力体系,是一种潜能和潜质。但人的精神作为一种潜能和潜质是一定要外化出去的,而外化的过程及其结果便是各种共同体的建构,以及基于共同体之上的公共生活,而公共生活的结构样态和规范化形式就是社会,家庭、公共空间、国家是社会的主要共同体形式,社会是外显的精神,是实体化、关系性的精神,是中观形态的文化体和文明体。而任何一个共同体形式都是在自然给定的可能性空间内生成和发展的,在不断进行的人化自然和自然的人化过程中,建构和维系人与自然的和谐关系。人与自然的关系是宏观形态的文化体和文明体。社会是联结个体和类同自然界建立密切关系的中介和基地,微观的精神世界和宏观的自然世界都要在社会这个空间内显现和实现。中观的和宏观的文化体和文明体原本是被构造出来的,但作为人类精神的对象化过程和结果,一经被构造出来便即刻反身嵌入到人的精神世界中,改变着甚至重塑着人的精神世界。那么,社会是如何被构造的又是如何作用于人的精神世界和自然界呢?

1. 财富—物质文明—物质伦理文明

物质文明是人类创造的物质财富的总和,包括生产资料、生活资料和生活条件。可借助马克思关于劳动的概念,准确界定和理解物质文明概念。"劳动首先是人和自然之间的过程,是人以自身的活动来中介调整和控制人和自然之间的物质变换过程。""劳动过程的简单要素是:有目的的活动或劳动本身,劳动对象和劳动资料。"①劳动是一个总体性概念,作为过程,它是人和自然之间的物质、能量和信息的变换过程;作为性质,劳动是人的自主的、能动的、有目的的活动;作为目的,任何劳动都是为了通过人和自然之间的物质变换过程创造使用价值;作为结构,它由劳动本身、劳动对象和劳动资料。于是,如果用劳动概念来界定物质文明就是,有目的的劳动者在劳动过程中的感受和体验,如果劳动者在劳动过程中以及在劳动产品的分配和享用中,获得的不是愉快的体验,而是痛苦的感受,那么这样的劳动过程就不是人性化的,而是异化的、物化的。而这一点,在研究物质文明过程中是常常被严重忽略的方面,因为只是着眼于物质财富的积累过程和积累后果,而不去研究劳动产品是如何被分配的,物质财富是如何被安排的。我们不能简单地看待产品和后果的支配和分配状态,而必须深入到何种支配和分配才是适当的、正当的,应该从产品和财富的归属、所属和享用性质确定物质文明的广度和程度。如果说,产品和财富的所属、归属和享用性质和状态是从人的角度确定物质文明的性质,那么,劳动资料的发展水平和使用方式则是从生产方式的角度来确定物质文明的性质和水平,在这一点上,可有生产力性质和水平、技术的创制和运用两个方面;前者表达的是生产力的先进与落后的状况,后者表达的是技术在创制和运用上的合理性程度。当我们以劳动力(生产力)、劳动过程和劳动结果来深入分析中华伦理文明新形态之物质文明形态时,讨论的题材就转换成了这样几个方面:新质生产力何以是物质文明的新形态? AI技术和生成式人工智能何以是人性化的工具系统? 生产资料

---

① [德]马克思:《资本论》第一卷,人民出版社2018年版,第207—208页。

社会主义公有制何以是物质文明的先进形式？

（1）从生产资料出发分析和论证新质生产力

"劳动力的使用就是劳动过程。"①人是在劳动过程中显现和证明自己的劳动能力的，劳动生成史和劳动发展史就是劳动能力发展史。"人自身作为一种自然力与自然物质相对立。为了在对自身生活有用的形式上占有自然物质，人就使他身上的自然力——臂和腿、头和手运动起来。当他通过这种运动作用于他身外的自然并改变自然时，也就同时改变他自身的自然。他使自身的自然中蕴藏着的潜力发挥出来，并且使这种力的活动受他自己控制。"②然而，人在用自然力作用于自然从而创造出生活资料的过程中，将各种器官直接作用于自然即可获得生活资料的可能性是极小的，相反，人必须发现和发明延长、扩展和强化人的基于各种器官之上的自然力的工具系统，这就是劳动资料。马克思在非常全面而深入地分析和论证了劳动资料的性质和发展史，这为我们研究新质生产力何以是人类文明新形态的重要标志提供了理论基础和方法论指导。

"劳动资料是劳动者置于自己和劳动对象之间、用来把自己的活动传导到劳动对象上去的物的或物的综合体。劳动者利用物的机械的、物理的和化学的属性，以便把这些物当做发挥力量的手段，依照自己的目的作用于他物。劳动者直接掌握的东西，不是劳动对象，而是劳动资料。"③人作为制造工具和使用工具的动物，既在制造和使用中体现着技艺和工艺，也体现着科学的作用。把不同的经济组织方式区别开来的是生产资料的制造技艺和使用程度。"各种经济时代的区别，不在于生产什么，而在于怎样生产，用什么劳动资料生产。"所以，马克思认为："劳动资料不仅是劳动力发展的测量器，而且是劳动借以进行的社会关系的指示器。在劳动资料本身中，机械性的劳动资料（其总和可称为生产的骨骼系统和肌肉系统）远比只是充当劳动对象的容器的劳动资料（如管、桶、篮、罐等，其

---

① ［德］马克思：《资本论》第一卷，人民出版社 2018 年版，第 207 页。
② 同上书，第 208 页。
③ 同上书，第 209 页。

总和一般可称为生产的脉管系统）更能显示一个社会生产时代的具有决定意义的特征。"①在生产资料的生产和生活资料的生产中，虽然前者是工具性的，后者是目的性的，但后者的实现程度则取决于前者。生产性的进步状态和文明程度业已成为决定和衡量人类文明新形态的重要标志。

在中国式现代化的进程中，随着科学技术的飞速发展，随着人们对美好生活的追求，如何提出一个更能体现文明程度的生产力观念，继而把新型生产力运用到生产过程中，融入到对天人关系、社会关系和自我关系的和谐追求中，已经成为构建人类文明新形态的必然要求。而新质生产力理论及其广泛运用，正是实现这种必然要求的一种努力。

当我们将所指、被指和能指有机地运用于对新质生产力概念的分析和论证时，一种可以被证实也可以被证明的所指、被指和能指就被一同共出了。作为所指，新质生产力已被所指者指称如下：新质生产力是创新起主导作用，摆脱传统经济增长方式、生产力发展路径，具有高科技、高效能、高质量特征，符合新发展理念的先进生产力质态。它由技术革命性突破、生产要素创新性配置、产业深度转型升级而催生。以劳动者、劳动资料、劳动对象及其优化组合的跃升为基本内涵，以全要素生产率大幅提升为核心标志，特点是创新，关键在质优，本质是先进生产力。新质生产力是生产力现代化的具体体现，即新的高水平现代化生产力（新类型、新结构、高技术水平、高质量、高效率、可持续的生产力），是以前没有的新的生产力种类和结构，相比于传统生产力，其技术水平更高、质量更好、效率更高、更可持续。科技创新能够催生新产业、新模式、新动能，是发展新质生产力的核心要素。必须加强科技创新，特别是原创性、颠覆性科技创新，加快实现高水平科技自立自强，打好关键核心技术攻坚战，使原创性、颠覆性科技创新成果竞相涌现，培育发展新质生产力的新动能。

在新质生产力这个概念的所指中，从字词、句型、句法和表述等多个角度加以分析和论证，乃是一个典型的客观因果性陈述和意义妥当性陈

---

① ［德］马克思：《资本论》第一卷，人民出版社 2018 年版，第 210 页。

述。然而,这两种陈述本质上既是单元表述又是含点、线、面于一体的立体陈述。把生产力作为一个相对独立的单元从复杂的系统中抽离出来,从广大的客体中剥离出来,作为独立的表象加以建构,从而形成一个范畴。进一步地,对作为单元出现的生产力进行要素、结构、功能等多个层面的规定,呈现出一个自足的、完满的总体性概念的特征。

一如已经指出的那样,如果说劳动能力和生产能力乃是指,劳动者借助于生产资料改变自然结构(或拆解或合成)以创造使用价值从而实现特定目的的过程,那么,新质生产力所表达的正是劳动者创造劳动资料并合理使用劳动资料的过程,除去那些传统的工具体系之外,在现代生产过程中,在劳动资料的范畴中,越来越拥有了新型的劳动资料形式,即 AI 技术和生成式人工智能系统,既是工具系统又是技术体系。无论人们如何界定现代工具和技术的智能化,也无论人们怎样地希望在工具和技术的广泛应用中,实现从智能到智慧的转换。然而,如何实现从客观因果性陈述到意义妥当性陈述的转换,既取决于工具和技术本身的完善过程,也取决于工具和技术的创制者、支配者和使用者所欲实现的目的和使用的方式。将现代工具和技术系统真正变成创造福祉的劳动资料,绝不是一个良好意愿问题;如若使之成为科技伦理文明新形态,必须形成一个能够担负责任的现代科技的创制者、制作者、支配者和使用者"队伍"。

(2)基于新质生产力的创造、分配、支配和使用而来的道德责任

源出于技艺及其制品的创造者的对象化意愿,构成了技艺迅猛发展的动力,因为在技艺的制品、在制作的过程中、在他者享用制品的过程中、在实现类本质的过程中,创造者反观和享受到了自己的本质力量;由外部嵌入的功利与支配,诱使创造者产生了有别于对象化意愿的动机,这进一步地激发了创造者进行技艺制作的积极性和创造性。但创造者往往不是技艺及其制品的支配者和运营者,由此决定了创造者不构成技艺被错用和滥用的第一责任者。在创造者的动机丛中,如若其对象化意愿完全被功利所支配,间接或直接地参与到技艺的支配行为中,那么他们将成为共同的第一责任人。如何将技艺及其制品作为手段应用于实现目的之善的

活动中,则直接决定于拥有权力和资本之行动者是否拥有理智德性和道德德性,即道德人格。从后果出发实现道德归责,是一种属性和后果思维,它无法从根本上解决科技伦理的必然性问题,只有从始点亦即善良意志出发才能实现真正的道德归责,这是一种将普遍实践法则立为自己的动机并将之贯彻到运用技艺的各个环节中去。因其对象化自身被追求,还是因为另外的目的而被追求,是将特殊意志还是将一般意志作为充分运用技艺的动机,便是为技艺进行伦理基础奠基的两种方式,也是致思科技伦理的两种范式。如果将科技伦理卓有成效地落实到行动者那里,就必须促使现代智能制品的创造者、支配者和使用者各尽其能、各负其责。将新质生产力真正成为科技伦理文明新形态,除了不断积累、完善和运用理智德性之外,更重要的是生成和运用道德德性,最为核心的要素是,特殊意志的生成,这就是按照实践法则而实施出于责任和合乎责任的行为。

事实上,就物质文明的内部构成说,除去在创制生产资料和生活资料过程中必须遵循伦理原则之外(这是手段之善和过程文明),在目的论意义上,还包括 AI 技术和生成式人工智能的支配、分配和享用(这是目的之善)。如果新质生产力作为手段之善不能最大限度地实现目的之善,那么即使劳动资料再先进,也不能带来一个朝向每一个人的整体性的好生活。

一如市场经济作为一种经济组织方式,其自适应或自治乃是一种有限度的能力体系那样,劳动资料的生产、AI 技术和生成式人工智能的创造,也不能依靠其自身来降低因其自身被错用和滥用所造成的危险和风险,因为工具和技术并不具有自主能动性,更没有为其自身的广泛使用而担负道德责任的能力,如果将原本属于人自身的道德自主性附加到工具和技术上去,那便是摆脱和推卸责任的行为。因此,必须制定朝向人自身的思考与行动的实践法则、法律和道德规范,同时构建起体现公共意志的社会舆论体系。而这一切都直接地、间接地相关于政治观念、政治制度和政治行动。

2. 政治文明

如果不是把政治仅仅视作权力的争夺、支配和使用,而是界定为基于公共理性之上朝向公共善的观念、制度和行动,那么,在中国式现代化中,政治活动越来越具有了普遍价值。一些社会现象虽然不是政治事实,并不直接相关于政治权力和公共职权,但却具有政治属性,直接相关于政治权力和公共职权的运用。以此可以说,政治文明乃是现代社会之文明体系中的核心。政治伦理文明新形态所期许和表达的乃是充分实现政治"是其所是"的社会状态,是超越权力社会而走向政治社会的过程。这种状态和过程要通过重构主体和客体形态的政治行动来实现。

（1）政治行动的主体形态

只有先行对"政治"概念作界定和规定,才能对"政治行动"作出规定。我们可以从技术主义和本质主义两个角度来定义政治。

① 技术主义的定义:政治是获取权力的技艺。技术是一种用科学的手段去调查和统计民众的政治意愿,在相互竞争的权力角逐中影响民众的政治倾向;艺术是竞争者向民众进行的各种证宣传、营造影响民众政治倾向的社会氛围,通过演讲彰显权力竞争者的政治抱负、理想和实施策略,借以树立自己的政治形象、塑造政治人格魅力。在这一定义中,强调的是如何获取权力,而运用权力达到何种目的,似乎不在这一概念中。如此一来,获取权力的目的,就会有如下几种可能:其一,完全服务型,即全心全意为民众谋利益,人民对幸福生活的渴望和追求,是获取权力者所努力的方向;其二,完全利己型,将各种政治动员和宣传作为达到自己占有和支配目的的手段;其三,以服务为手段达到利己的目的,这是一种更加高级的支配模式;其四,以利己的方式实现利他的目的。在这四种类型中,在历史中、现实中都不同程度地出现过、存在过。但从总的趋势看,完全服务型和完全利己型是最困难的两种。如果站在可理解、可接受的立场上看,获取权力本是就是一种偏好,如果没有通过对权力的占有而满足支配的欲望,那么对权力就不会有过多的兴趣,但我们却不能由此得出结论说,获取权力的欲望本身就是恶的,因为占有和表达的欲望原本就是从

人的非自足、非完满的状态中生发出来的，倘若人们对包括权力在内的任何一种价值物都失去了兴趣，那么不但个体即便是人类也就不可能存在下去了。另一方面，如若每个人对权力都有同等程度的欲望，那么人们也会因为获取权力而进行殊死的斗争，最后因为无法达成和解而两败俱伤，无法生存下去。于是，我们在弱的伦理的立场上看，无论用权力达到什么目的，获取权力本身就具有先在性和合理性。那这是否意味着，政治上的善人，也必须以善的方式获取权力呢？人类历史上的禅让制似乎并不是一个普遍的权力法则，而普遍的现象倒是激烈的权力斗争。权力的拥有者通常不会自动放弃权力，即便他是一个昏君或恶贯满盈的皇帝，也不会因对自己恶的行为的反思和悔过而自动地将权力移交给那些能够为民服务的智者、贤人。以此可以说，如果过分执着于政治的技术主义定义而不顾及终极目的，那么在获取权力问题上的善恶论争，并没有实质意义。

② 本质主义的定义方式：政治是相关于每个人之根本利益的所有方面。在现当代政治体系中，每个人的根本利益是指被合法界定了的生存权、财产权和自由权，它们分别对应着人的身体之善、外在之善和灵魂之善，是对个体的生物性、社会性和精神性的国家或宪法认可形式。这就是黑格尔在《法哲学原理》中所说的："国家是伦理理念的现实——是作为显示出来的、自知的实体性意志的伦理精神，这种伦理精神思考自身和知道自身，并完成一切它所知道的，而且只完成它所知道的。"①如果我们把黑格尔的拟人化的国家伦理精神还原为有人称、有人格的人群，那么知道国家伦理理念、实现伦理精神的主体，就是具有道德人格的政治领袖和政治精英集团。所谓相关于每个人之根本利益的"所有方面"，指的是政治体系中的政治观念、政治制度和政治行动三个主要方面。国家作为伦理理念的现实，它要通过观念、制度和行动来实现它的伦理精神。

---

① ［德］黑格尔：《法哲学原理》，范扬、张企泰译，商务印使馆1979年版，第253页。

当我们把技术主义和本质主义的定义方式整合在一起,来整体性地考察政治的"是其所是"时,技术主义的定义其实就是对政治的客观因果性陈述,而本质主义的定义就是意义妥当性陈述,是规范性命题,它要回到权力为什么服务的问题上来。在获取权力的过程中,没有哪一个权力竞争者会公然申明,获取权力就是为了自身的占有和支配的目的,他的真实动机和终极目的就是让自己的利益得以增加,让自己的支配欲望得以满足。相反,竞争者都会或多或少地向民众承诺,要把民众的利益置于优先位置;如果他想继续握有权力,且有继续实现利己动机的欲望,也必须部分地实现民众的愿望。

如果不限于对政治进行定义,而是把对政治的本质主义的定义方式提升为一种价值观,那么就必须给出一个好的政党和好的政治的得以确证的基础,这就是目的之善的先行规定。如若有一种政治体系,在实现如下三个终极之善过程中,能够最大限度地提供政策支持、制度保障和行动基础,那么它就是一种好的政治。第一,找到一个能够创造财富并合理分配财富的经济组织方式;第二,能够将民众的政治意志视作国家意志的本质,拥有政治体系的政治领袖和政治精英集团自知民众意志,并完成民众意志;第三,每个人都有意愿也有可行能力努力过一种整体性的好生活。或许这三个终极之善永远都存在于人类的原始意识中,人类能够做的事情就是构造能够实现这些善的社会方式,在一定意义上说,人类历史就是不断将这些终极之善从原始意识中"解放"出来,将其呈现在表象里、把握在意识中;当一个政党或一个政治精英集团把这些终极之善标画为一种鲜明的政治观念时,它分明是在建构着能够实现这些善的政治体系;将其变成了坚定的信仰、正确的理论体系,明确的行动方式。信仰、认知、情感、意志和行动,构成了政治行动的主体形态,它们是"主观意志的法",要把它们变成现实的善,就必须实现从道德到伦理的过渡,这就是政治行动的客体形态。

（2）政治行动的客体形态

一个政党或一个政治精英集团,如若想要实现作为坚定信念的终极之善，必须借助国家这个庞大的工具体系，作为一个复杂的社会设置，它由政治上层建筑和思想上层建筑组成；作为一个有机体，二者是国家的物质体系和观念体系，它们要分别地解决两大任务，一个是政党或国家自身的建设，要用目标、宗旨、制度和集体四个环节将国家这个庞大的有机体构建起来；另一个是充分发挥有机体的各个组成部分的创制和管理功能，创造并分配公共善。就前者而言，政党或政治精英集团必须构建起一个自我约束系统，这是由于政治权力和公共职权有被滥用和不用的可能。在迈克尔·曼给出的政治、军事、经济和社会四种权力形式中，政治权力具有强制性、合法性、广泛性、持续性和不可逆性等多种属性，它可以排除各种抗拒以贯彻其意志，而不问其正当性基础为何，但也可以必问其正当性基础为何。在人类的国家治理和社会管理中，几乎每一次重大的政治革命都是由政治权力和公共职权被滥用，集团性腐败而引起的。一个政党无论给民众以怎样美好的承诺，如若它已经完全违背了民众的意志，致使民众只有推翻背叛承诺、背离人心的反动政府才能获得新生的时候，广泛的社会革命就爆发了。以此看来，向政党或国家自身而言的约束体系的建设，是它能够创造公共善并合理分配公共善的前提，也是实现终极之善的根本保证。

而就最大限度地实现公共善而言，政党或政治精英集团实现终极之善的根本道路是政策设计、制度安排和行动保障。政策是针对某个活动领域里的资源如何进行配置或分配而进行的各种规定，政策"就是政策国家政权机关、政党组织和其他社会政治集团为了实现自己所代表的阶级、阶层的利益与意志，以权威形式标准化地规定在一定的历史时期内，应该达到的奋斗目标、遵循的行动原则、完成的明确任务、实行的工作方式、采取的一般步骤和具体措施。"在这一常识性的理解中，虽然有强调阶层、阶级和利益集团的论证倾向，却也反映出政策的鲜明特点。如若是在充满阶级冲突的历史场域之下，决策者通常都是占统治地位的阶级，他们都会自觉不自觉地将政策的制定朝向有利于自己的方面进行；若是一个在已经基本消灭了压迫和剥削的社会状态下，执政党则会最大限度地朝向民众的利益。然而,一如在对政策的常识性理解中所呈现的那样,政策具有空间上的领域性和时间上的阶段性;如果除去人类理性的有限性这一点,即人类无法制定出让所有的人在同一时空结构中获得平等的或接近平等的财富、机会和对待,一个必须正视的客观原因就是,不同地区和不同人群在主体性力量和客体性资源上存在差异,以此便有自然公正和社会公正之间的矛盾问题;在一个充满阶级对立的社会状态下,个人之间、地区之间、阶层和阶级之间的差别以及基于这种差别而产生的不平等,甚至是压迫和剥削,是私有制无法从根本上解决的;在从根本上消灭了压迫和剥削的社会状态下,如何使得充满差别的不同个体、不同地区和不同阶层的人们共享到因政策而来的福利和机会,依旧是一个政党和政治精英所必须面对的政治难题。政策作为针对某一领域里的某一事项,或就财富、资源和机会的分配所做的原则性指示和程序设计,或就人们的观念和行动所做的指令性规定,都具有明显的地域性、领域性和时间性;人们可以给出一个类似于罗尔斯的相容的自由体系,但却无法给出一个让所有人在同一个政策下获益的财富、资源和机会正义分配体系。如何让不同个体、不同地区和不同阶层在反复进行的国家治理和社会管理中先后获益,从而接近平衡状态,始终是政策设计的一个重点和难点。如果一个政党和政治精英集团严重缺乏理智德性和道德德性,就既不可能在可行能力上也不会在主观意愿上,使处在弱势和边缘地位上的广大民众获得接近平衡的财富、资源和机会。是坚持最小差别、最大多数原则,还是推行最大差别、最少数原则,进行政策设计,所反映出的是一个政党和一个政治精英集团的最高价值理念。

　　在一个反复交往的人群 P 中,人们出于交往的需要,或由权威者供给,或由民主讨论给出,须人人遵守的游戏规则 R;若 P′不遵守 R 反比遵守 R 有收益,那人人都会不遵守;反之,若 P′不遵守 R 所失去的远比遵守 R 所得到的为多,那么,人人都会遵守 R。这个 R 就是制度。与政策不同,制度的制定是充分且公开运用理论理性、创制理性和实践理性的结果;制度一经制定和践行,就成了一个看似有理性结构,就具有权威性和执行力，它要保持相对的稳定性和持续性，朝令夕改会使自然公正和好社会公正处在无所适从状态。因制度变迁过度频繁，使得一些地区和一些阶层可能始终处于弱势或不利地位。在平等的系列中，因制度安排而实现的财富、资源和机会分配，通常是可预期的，因而是稳定的；因运气而导致的财富、资源和机会分配或造成无法预期的偶然性，出现劳动与配得严重分离的状态。

在中国式现代化中，主体和客体形态的政治行动并不仅仅是一种理论的、思想的和观念，更是一个伟大的社会实践。百年党史实践，就是一个先进的政治观念和合理的政治行动的双重逻辑变奏过程。以实现人民的共同意愿为初心，以实现人民的整体性的好生活为使命，既是中华政治伦理文明新形态的意志，也是践行这种意志的实践。

（3）当代中国的政治观念、制度与行动，何以是政治伦理文明新形态？

在社会主义革命、建设和发展实践中，中国共产党人生成和发展出了一个令世人瞩目的伦理文明新形态，它不仅具有中国价值，更具有世界意义。这种伦理文明新形态充分体现在信念论、观念论、制度论和实践论之中。在政治结构中，政治观念、政治制度和政治行动是三个相互嵌入在一起的要素，其中政治制度是联结观念和行动的桥梁，具有范导性作用和评价性功能。在这个意义上，制度文明是社会主义政治文明中最为核心的部分。

信念论是决定优势制度的意向与意志。目的先于行动而存在，为着实现目的就必须遵道而行、照章行事，这就需要秩序；将秩序观念化，再将观念条理化，这就是规范得以生成的内在逻辑。规范的生成逻辑也就是制定规范者充分且公开运用理论理性和实践理性的过程，理论理性决定了规范制定者能否识道、体道和悟道，即体认天人之道、体悟人伦之道和感悟心性之道，这是认识问题；实践理性决定了规范制定者的意向与意志，即为着什么和有利于谁而制定规范，这是道德哲学和伦理学问题。认识问题是观念，道德问题是信念和行动。

康德在《纯粹理性批判》中相对清晰地规定了信念、知识和意见之间的关系。知识(真理)是指主客观都有充分根据的那种"视其为真";信念是指主观有其充分根据而客观根据不充分的那种"视其为真";意见是主客观都缺乏充分根据的那种"视其为真"。制定制度以及实现制度之终极目的的信念论基础就在于,把最大限度地实现个体与社会的终极之善视作制定、修正、完善制度体系的初始动机和终极目标,将这种动机和目标化作内心的坚定信念就是"初心"和"使命"。信念作为一种起自心意以内的由己性,就是一种意向和意志,当把这种意向和意志变成具有具体对象的行动时,它们就变成了直接指向行动的意向性和对象性。中国共产党人始终将最大限度实现终极之善作为制定各种制度的动机、意向、初心和使命,作为意向性和对象性的目标加以追求。中国共产党第一次全国代表大会于 1921 年 7 月 23 日晚上开幕,这既是中国人民近现代史上的一个伟大的集体记忆,也是开启中国特色社会主义运动的文化符号,其意义就在于,一个以实现全人类解放为目标的政党将出现在中国近现代史的舞台上,也出现在人类政党史的舞台上,并由此左右中国人的历史命运。从这一时刻起,一个坚定的信念被深深地植入到这个政党的灵魂之中:"党的一大通过的中国共产党纲领,确定党的名称为'中国共产党',确定党的纲领是:革命军队必须与无产阶级一起推翻资本家阶级的政权;承认无产阶级专政,直到阶级斗争结束,即直到消灭社会的阶级区分;消灭资本家私有制。纲领明确提出要把工人、农民和士兵组织起来,并确定党的根本政治目的是实行社会革命。"①党的一大通过的纲领,表明中国共产党从建党开始就旗帜鲜明地把实现社会主义、共产主义作为自己的奋斗目标。在社会主义革命阶段,消灭经济剥削、消灭政治压迫就是革命的直接目的,使劳苦大众翻身求解放、当家作主人就是信念的直接目标。此一阶段的信念是改造性的,它要使一个不合理的非人的世界变成一个属人的世界。无论是在民族解放中,还是在国内战争中;无论是在革命低

---

① 中共中央党史研究室:《中国共产党历史》第 1 卷(上册),中共党史出版社 2002 年版,第 68 页。

潮时,还是在革命胜利时,实现政治解放和经济独立的坚定信念始终都没有丢失过。在社会主义革命时期,坚定的信念表现为实践论意义上的从实质性的手段之善到部分实质性的目的之善的价值逻辑转变,是解构性与建构性相统一的双重实践逻辑。任何一种终极目的的实现,必须具备三个必要基础:第一,主体。必须拥有一个将终极之善立为初心、视作使命的政治家和政治精英集团,他们是进步观念的倡导者、先进生产力的代表者、进步生产关系的建构者、社会进步的实现者。第二,环境。环境就是场域、境遇、机遇,一种相对合理的国家治理和社会管理模式的出现是在特定的历史场域下发生和实现的。第三,手段。如要实现三种终极之善就必须拥有实现它们的手段,这就是拥有政治、军事和经济权力。从中国共产党成立之日起,中国共产党人就把"以人民为主体"(实践主体和价值主体)、"为人民服务"作为坚定的信念确立下来,这就是终极目的的先行标画,然而这只是主观上有充分根据而客观根据不充分的那种"视其为真",只是一种善良动机和美好愿望,要实现这个动机和愿望就必须具备主体、场域和条件,进言之,必须优先创制手段之善。那么什么才是社会主义革命时期的手段之善呢? 这就是拥有政治、军事、经济权力。中国共产党作为被压迫被剥削者的代表,如若使广大民众翻身求解放、当家作主人,就必须预先拥有使之成为主人的条件,而中国共产党人在社会主义革命的初始阶段,处在弱势、被动状态,如何获得军事权力、政治权力就成了必须先行解决的问题,拥有手段之善的坚定信心构成了中国共产党人信念体系中的首要部分。而实现这一信念的现实道路就一定是解构性和建构性的有机统一。打破一个旧世界,建立一个新中国。历经28年之艰苦卓绝的斗争,社会主义发展史、中国共产党史上的第二个集体记忆和文化符号诞生了,这就是中华人民共和国的成立,它是中国历史上的最大的建构性实践,它开启了人民当家作主的新篇章。

社会的结构性变迁,社会主义国家这一实体性结构的建立,使得中国共产党人的信念发生了革命性的变革,这就是从如何获得政权到如何使用政权以实现终极之善的转变,这是由社会主义建设的根本任务决定的。

革命与建设的本质区别就在于，革命是从无到有，建设是从有到优。解构一个旧世界需要信念、观念和行动，而建立一个新世界更需要理论、创制和实践理性。如果把获得政权作为行动的终极目的，用权力去遮蔽甚至替代个体与人类所孜孜以求的目的之善，那就必然要重复阶级社会的历史循环。中国共产党及中国共产党人的革命性就在于它颠覆了用新的私有制替代旧有的私有制的历史循环，破解了历史循环的魔咒。"一切所有制关系都经历了经常的历史更替、经常的历史变更。例如，法国革命废除了封建的所有制，代之以资产阶级的所有制。共产主义的特征不是要废除一般的所有制，而是要废除资产阶级的所有制。但是，现代的资产阶级私有制是建立在对立上面、建立在一些人对另一些人的剥削上面的产品生产和占有的最后而又最完备的表现。从这个意义上说，共产党人可以把自己的理论概括为一句话：消灭私有制。"①建立社会主义公有制，建构社会主义国家体系，是中国共产党人获得政治、经济和文化权力并初步运用这些权力的一个伟大"业绩"，但却不是终极目的，终极目的就是在社会主义革命时期事先被中国共产党人先行标画出的坚定信念：创造财富并公平的分配财富；激励、激发每个公民积极参与政治事务并合理表达公共意志；促使每个人有意愿和能力过一种整体性的好生活。中华人民共和国的历史正是实现这个终极之善的历史，是建构和完善社会主义政治、经济和文化制度的历史，也是最大限度实现富强、民主、自由、正义、法治的历史。在这一历史过程中，我们从未丢失早已确定的坚定的信念，虽然在实践过程中也遇到了一些问题，但绝不能由此得出结论说，社会主义制度不可能有比别一种制度体系更加优越的内在动力和可能性空间。恰恰相反，在充满矛盾、冲突和风险的现代性场域下，社会主义制度展现出了超强的矫正性、完善性和适应性能力，而这种能力则是来源于中国共产党人的道德人格，除了坚定的信念，还有科学的观念、德性和行动。

---

① 《马克思恩格斯文集》第 2 卷，人民出版社 2009 年版，第 45 页。

观念论是制度优势的历史逻辑和理论基础。实现目的之善必须遵循自然规律和社会规律，认识规律是这两种规律的理论形态；将自然与社会规律通过认识呈现为理论，通过观念化将理论转变成可遵循的规范，借以生成公共善并分享和共享公共善。自然规律是与人的努力无关而完全依照自然的力量运行的必然性；社会规律是与人的行动有关但却依照社会各种主客观力量共同起作用的客观必然性，恩格斯在写给布洛赫的信中用"平行四边形"理论形象地论证了社会规律的复杂性。人类可依照自然的逻各斯而行动，这是自然科学的使命，是思辨理性所把握的对象；虽不拥有但可以分有逻各斯而行动，这是技艺所创制的对象，是创制理性的对象；因人的行动而成的事情，是相关于人的行动的规律，是实践理性的对象。于是，对规律的表象和把握就被分成两种类型，一种是关于不变事物的规律，一种是关于可变事物的规律，关于前者可称之为科学观念，关于后者可称之为价值观念。信念论本质上就是关于价值可能性的判断和预设，它是可能但不必然的事情，如若要使其成为现实就必须遵循规律，以科学观念为指导。基于此种分析和论证，信念论必须以观念论为基础，这就是"观念论是制度优势的历史逻辑和理论基础"的真实含义。无论是在社会主义革命、建设还是在发展时期，始终存在着信念论，也必然存在着观念论。在波澜壮阔、跌宕起伏的社会主义运动中，有过成功更有过失败，究其原因，凡是成功之事都是遵循了自然规律、社会规律和思维规律；凡是失败之处，多半因为违背天人之道、悖逆人伦之道、背离人心之道。

一种制度是否具有优势，是否持续地保持优势，根本之点在于此种制度是否建立在科学理论之上，而科学理论就是对客观的矛盾关系的认识与把握。中国共产党人在社会主义革命时期，既有成功的经验，又有惨痛的教训。大革命失败、第五次反"围剿"失败，关键之点在于没有正确认识复杂的社会关系，没有把握到社会的基本矛盾和矛盾的普遍性、特殊性，主要矛盾和次要矛盾，矛盾的主要方面和次要方面。在革命道路问题上，究竟是走农村包围城市还是走从城市扩展到农村的道路，有过理论上的激烈争论,更有过实践上的惨痛教训,铁的历史事实证明,只有把马克思主义的普遍真理与中国革命的具体实践有机地结合起来,才能找到中国特色的实现目的之善的道路。在这个意义上可以说,中国共产党的理论与实践是一个有机的相互嵌入、相互促进的关系:没有先进的理论就不会有先进的实践;没有伟大的实践就不会产生的伟大的理论。正确的理论就是充满生命力的理论,而充满生命力的理论来源于充满活力的社会实践;一个理论被一个民族和国家的接受程度以这个理论解决这个国家的实际问题的程度为基础。毛泽东在 1938 年 9 月至 11 月召开的党的六届六中全会上,在政治报告《论新阶段》中首次提出"马克思主义中国化"问题。①使马克思列宁主义在中国具体化,就是要深入研究中国的国情,研究中国社会的状况、阶级构成、主要矛盾,做到这一点也就算是做到"实事求是"了。"共产党员应是实事求是的模范,又是具有远见卓识的模范。因为只有实事求是,才能完成确定的任务;只有远见卓识,才能不失前进的方向。"②这是毛泽东第一次提出"实事求是"概念。1940 年 1 月,毛泽东在《新民主主义论》中指出:"科学的态度是'实事求是','自以为是'和'好为人师'那样狂妄的态度是决不能解决问题的。"③1941 年 5 月 19 日,毛泽东在延安干部会议上作《改造我们的学习》的报告时,第一次

---

①　"马克思、恩格斯、列宁、斯大林的理论,是'放之四海而皆准'的理论。不应当把他们的理论当作教条看待,而应当看作行动的指南。不应当只是学习马克思列宁主义的词句,而应当把它当成革命的科学来学习。不但应当了解马克思、恩格斯、列宁、斯大林他们研究广泛的真实生活和革命经验所得出的关于一般规律的结论,而且应当学习他们观察问题和解决问题的立场和方法。……共产党员是国际主义的马克思主义者,但是马克思主义必须和我国的具体特点相结合并通过一定的民族形式才能实现。马克思列宁主义的伟大力量,就在于它是和各个国家具体的革命实践相联系的。对于中国共产党来说,就是要学会把马克思列宁主义的理论应用于中国的具体环境。成为伟大中华民族的一部分而和这个民族血肉相联的共产党员,离开中国特点来谈马克思主义,只是抽象的空洞的马克思主义。因此,使马克思主义在中国具体化,使之在其每一表现中带着必须有的中国的特性,即是说,按照中国的特点去应用它,成为全党亟待了解并亟待解决的问题。"(《毛泽东选集》第二卷,人民出版社 1991 年版,第 533—534 页)

②　同上书,第 522—523 页。

③　同上书,第 662—663 页。

解答了什么是"实事求是"。①那么，什么才是社会主义革命时期的"实事"呢？如何用马克思列宁主义的理论与方法达到"实事"中的"是"呢？在社会主义革命时期，中国共产党人所面对的国内外形势是复发的、特殊的，但半封建、半殖民地则是基本情形，中国革命的对象、任务、动力、原则都必须基于对这些客观情形的深刻认识，中国共产党人的政治制度、经济制度、文化制度和军队制度建设，必须建立在对社会基本结构和基本运行规律的正确认识之上。在第一次国内革命战争时期，毛泽东的《中国社会各阶级的分析》（1925 年 12 月 1 日）、《湖南农民运动考察报告》（1927 年 3 月）两部著作，对中国社会各阶级的构成、政治、经济、文化和精神状况做了深入考察、分析和论证；在第二次国内革命战争时期，《中国的红色政权为什么能够存在》《井冈山的斗争》《星星之火可以燎原》《我们的经济政策》《中国革命战争的战略问题》，每一篇宏文都是对当时社会状况以及战争时局的深刻认识和正确把握。在《实践论》和《矛盾论》中，毛泽东把对社会结构、各个阶级的经济、政治和文化状况的认识，提升到了哲学的高度，它远远超出了日常的、大众的观念，上升到了普遍的、思辨的高度，实现了抽象与具体、特殊与普遍、个性于共性的高度统一。在抗日战争时期，以毛泽东为代表的中国共产党人更是审时度势，在革命实践中生成理论，在理论中寻找指导原则。《论持久战》就是中国共产党指导抗日

---

① 毛泽东说，无论在认识上还是在行动中，我们都要反对错误的观点，坚持正确的观点；错误的观点就是主观主义的态度，正确的观点就是马克思列宁主义的态度。"在这种态度下，就是引用马克思列宁主义的理论和方法，对周围环境作系统的周密的调查和研究。在这种态度下，就是不要隔断历史。在这种态度下，就是要有目的地去研究马克思列宁主义的理论，要使马克思列宁主义的理论和中国革命的实际运动结合起来，为着解决中国革命的理论问题和策略问题而从它找立场，找观点，找方法的。这种态度就是有的放矢的态度。'的'就是中国革命，'矢'就是马克思列宁主义。我们中国共产党人所以要找这根'矢'，就是要射中国革命和东方革命这个'的'的。这种态度就是实事求是的态度。'实事'就是客观存在着的一切事物，'是'就是客观事物的内部联系，即规律性，'求'就是我们去研究。我们要从国内外、省内外、县内外、区内外的实际情况出发，从其中引出其固有的而不是臆造的规律性，即找出周围事变的内部联系，作为我行动的向导。"（《毛泽东选集》第三卷，人民出版社 1991 年版，第 800—801 页）

运动的理论体系。在写于 1939 年 12 月的《中国革命和中国共产党》一书第一章"中国社会"中,在"中华民族""古代的封建社会"和"现代的殖民地、半殖民地和半封建社会"三个小节中,对整个中国的基本情形做了分析和总结;在第二章"中国革命"中,毛泽东在梳理百年来革命运动的基本情形和规律之后,就中国革命的对象、任务、动力、性质、前途,中国革命的两重任务以及中国共产党与这两重任务的关系,作了精辟的分析和论述,特别是新民主主义革命思想的提出,为中国共产党人在夺取政权之后如何治理国家和管理社会,提出了高瞻远瞩式的原则和道路。"整个中国革命是包含着两重任务的。这就是,中国革命是包括资产阶级民主主义性质的革命(新民主主义的革命)和无产阶级社会主义性质的革命、现阶段的革命和将来阶段的革命这样两重任务的。而这两重革命任务的领导,都是担负在中国无产阶级的政党——中国共产党的双肩之上,离开了中国共产党的领导,任何革命都不能成功。"①关于思想体系与社会制度的关系,毛泽东在《新民主主义论》中指出:"共产主义是无产阶级的整个思想体系,同时又是一种新的社会制度。这种思想体系和社会制度,是区别于任何别的思想体系和任何别的社会制度的,是自有人类历史以来,最完全最进步最革命最合理的。"②

社会主义革命实践证明,正确的观念为制定和贯彻正确的制度提供了理论基础和方法论指导,波澜壮阔的革命实践又检验了、完善了社会主义理论。没有坚定的信念、没有正确的观念便不可能有社会革命实践中的正确制度,更没有这些制度的优势。社会主义革命的胜利以及新中国的成立,本身就是社会主义制度优势的最好证明。

中华人民共和国的成立开辟了建立社会主义制度的新纪元。如果说社会主义革命的根本任务是夺取政权,以国家形态出现的社会主义制度体系尚未成型,社会主义制度优势主要体现为为夺取政权而建立的政治、

---

① 《毛泽东选集》第二卷,人民出版社 1991 年版,第 651 页。
② 同上书,第 687 页。

经济、文化和军事制度，那么，当中国共产党人建立了一个社会主义国家之后，当压在中国人民头上的三座大山被彻底消灭之后，社会基本矛盾发生了性质的变化，这就是必须从革命时期的政治、经济、文化革命转向建设；从先前的以解构为主向以建构为主的社会运行方式上转变。所谓建构，就是如何通过一个实体性的社会主义国家，借助思想上层建筑和政治上层建筑，通过合法化的方式，制定合理化的经济、政治和文化制度体系，以最大限度地实现在社会主义革命时期所孜孜以求的目的之善：经济上摆脱贫穷，过一种相对富足的生活；政治上人民当家作主，积极参政议政。然而，这是一个全新的历史任务，它要求中国共产党人必须继续秉持实事求是的思想原则和工作作风；深刻认识和把握社会主义建设的根本任务，这个任务必须是基于对社会主要矛盾的正确认识而确立起来的。这个主要矛盾就是人们不断增长的物质文化需要与落后生产力之间的矛盾。由此，解放生产力和发展生产力乃第一要务。解决这一矛盾的根本道路，表现在制度体系上，就是要在经济、政治和文化之间寻找内在的逻辑，实践证明，寻找创造财富和分配财富的合理制度具有逻辑上的优先性。在认识上，在对唯物史观的理解上，常常因为未能正确区分经济决定论和经济基础论的辩证关系走向两个极端：一个是将经济置于政治和文化之上，用经济指标衡量一切、决定一切，最终陷入严重的贫富差距之中，产生由阶层差别演变成阶级对立的风险；另一种是担心经济决定政治和文化会导致矛盾和冲突，而用政治的方式解决经济和文化问题。事实证明，如果不能正确认识社会的主要矛盾，正确处理政治、经济和文化之间的逻辑关系，就很难实现目的之善。这充分证明了，主观有充分根据和客观根据不充分的信念论必须以主客观都有充分根据的真理论、观念论为基础。"实事求是"不仅仅是一种理论原则和思维方式，更是一种实践理性和行动智慧。

起始于 20 世纪 70 年代末的改革开放，它标志着社会主义信念论、观念论和制度创新将以新的形态展开它的生成，并沿着政治、经济和文化既相分离又相嵌入的道路展开它的演进历程。这是一个全新的社会结构变迁过程,经济和文化从先前的政治统合中相对独立出来,发挥各自的功能,国家制度体系作为一种观念、原则、道路将三种目的之善彰显出来、实现出来:社会主义市场经济的建立与发展,提供了快速创造财富和公平财富的制度安排,体现了效率与公平原则;不断自觉进行的政治体制改革,构建了现代化的国家治理和治理能力体系,体现了正义与平等原则;持续进行的精神文明建设,为人们求真向善趋美提供了文化制度安排,使得人们有意愿和能力过一种整体性的好生活,体现了自由与幸福原则。党的十八大以来,我们面对充满矛盾、冲突和风险的国际环境和国内局势,进行深度改革、完善规范,创造多种形态的手段之善,以实现目的之善,更加彰显了社会主义制度的优越性。如果说信念论和观念论为社会主义制度提供了信念与科学支持,那么共产党人的道德人格则为不忘初心、担当使命奠定了坚实的伦理基础。

德性论是决定制度优势的道德人格基础。依照一般的理论推论,被组织得良好的政治共同体一定是由善人组成的,但仅有善的个人却不一定导致良序的政治共同体。个体的德性之美只构成良序政治共同体的必要条件:无之必不然,有之不必然。这是一个无需证明的命题。然而由善的个人组成的社会一定是优良的社会,却是一个需要证明的命题。[1]亚里士多德不无自信地认为,只要每个公民不但具有一般的善德且具有公民的善德,统治者除了具有一般人的善德,更具有统治者的善德,优良的城邦就是必然的了。在古希腊的伦理概念中,善人的品德与公民的品德是有细分的,成为公民的品德不必是善人的品德;在日常生活中,每个人不必是善人,但在城邦里司职,成为一个合格的公民,就必须具有公民的品

---

[1]　依照道德的标准,就可能性而言,在道德的个人与道德的社会之间有四种组合方式:(1)道德的个人与道德的社会;(2)道德的个人与不道德的社会;(3)道德的社会与不道德的个人;(4)道德的个人与不道德的社会。在实际的情况中,第一种和第四种组合较少出现,但并非不可能。亚里士多德对第一种情况充满了期待和信心。他在历数了斯巴达政体、克里特式政体、迦太基政体之优缺点之后评论道:"在前代立法家中,为雅典创制的梭伦可称贤达,他怀有民主抱负,完成一代新政,能保全旧德,不弃良规。"参见[古希腊]亚里士多德:《政治学》,吴寿彭译,商务印书馆1996年版,第440页。

德。亚里士多德以水手之于船舶的关系比附公民的品德与城邦之善的关系。作为一个团体中的一员，公民[之于城邦]恰恰好像水手[之于船舶]。水手们各有职司，一为划桨，另一为舵工，另一为瞭望，又一为船上其他职事的名称；[船上既按照各人的才能分配各人的职司，]每一个水手所应有的品德就应当符合他所司的职分而各不相同。但除了最精确地符合于那些专职品德的个别定义外，显然还须有适合于全船水手共同品德的普遍定义：各司其事的全船水手实际上齐心合力于一个共同的目的，即航行的安全。在一个合法界定的雅典城邦共同体中，公民们一如水手那样，公民既各为他所属的政治体系中的一员，他的品德应该符合这个政治体系。好公民不必统归于一种至善的品德，作为一个好公民，不必人人具备一个善人所应有的品德。[①]"所有的公民都应该有好公民的品德，只有这样，城邦才能成为最优良的城邦。"[②]然而由于每个公民在政治体系所司职位各不相同，甚至有很大分别，如支配者和被支配者，他们的品德是否相同呢？"全体公民不必都是善人，其中的统治者和政治家是否应为善人？我们当说到一个优良的执政就称他为善人，称他为明哲端谨的人，又说作为一个政治家他应该明哲端谨。"[③]"明哲（端谨）是善德中唯一为专属于统治者的德行，其他德行[节制、正义和勇毅]主从两方就应该同样具备[虽然两方具备的程度，可以有所不同]。'明哲'是统治者所应专备的品德，被统治者所应专备的品德则为'信从'（'视真'）。被统治者可比作制笛者；统治者为笛师，他用制笛者所制的笛演奏。"[④]为何统治者和政治家必须具备"明智"这种品德呢？这是由他们所从事的活动以及由这种活动所要求的品德所决定的。"明智是一种同善恶相关的、合乎逻各斯的、求真的实践品质。所以，我们把像伯利克里那样的人看作是明智的

---

① 参见[古希腊]亚里士多德：《政治学》，吴寿彭译，商务印书馆 1996 年版，第 120—121 页。
② 同上书，第 121 页。
③ 同上书，第 122 页。
④ 同上书，第 125 页。

人,因为他们能分辨出那些自身就是善、就对于人类是善的事物。我们把有这种能力的人看作是管理家室和国家的专家。"①在政治学中,政治家在两个方面表现出明智的品德:一种主导性的明智是立法学,另一种明智是处理具体的政治事务,处理具体事务同实践和考虑相关,因为法规最终要付诸实践。

从亚里士多德的论述中完全可以说,政治家或政治精英集团的德性(道德人格)是形成好的法律、依照好的法律治理国家、管理社会的主体性基础,是源初性的力量。在信念论和观念论的支配下,政治家充分运用理论理性和创制理性创制出追求和实现目的之善的规范体系,并在实践理性的支配下将规范用于财富、机会、地位、身份和运气的分配,同时用于规约他人和自己的观念与行动。道德人格是一个用以标识德性的完整概念,从性质上看,道德人格、德性是令一个生活得好并使他出色地完成他的活动所需要的可行能力体系以及在这种能力实现过程中所表现出的优良品质;从构成上看,道德人格由信、知、情、意四个要素组成,缺少任何一个要素都难以使行动者广泛而持续地完成他的求真向善趋美的活动。除去上已述及的信念论和观念论之外,情感论和意志论则虽是非理性但却是影响巨大的心理和精神力量。道德情感和道德意志是从信念经由观念再到行动的关键环节,如果政治家和政治精英集团,作为决策者、管理者和执行者,没有足够的理智感、正义感和同情心,是决不会治理好国家、管理好社会的。

如果说道德情感是指向终极之善的强烈的心理倾向,那么道德意志则是直接导致行动的心理要素。作为动机,它就是善良意志,作为可行能力它就是实践理性。作为动机,善良意志通过想象力将作为形式的实践法则、作为质料的终极之善先行置于自己的表象里、意识中,使之作为一种决定行动方向的内在信念,信念与善念始终指引着他的思考与行动;作

---

① ［古希腊］亚里士多德:《尼各马可伦理学》,廖申白译,商务印书馆 2003 年版,第173 页。

为可行能力，道德意志能够在行动过程中，抵御内心利己的冲动、抗拒外部各种诱惑，以使自己的信念和善念向着终极之善前行；作为结果，善良意志表现自我反思的心理过程，此乃"吾日三省吾身"，以求尽忠、尽义、尽孝、尽信。

从理论上说，德性构成了制度优势的道德人格基础，但在复杂多变的社会行动中，德性却总是表现出可能但不必然、拥有却不持续的样式。好制度、好社会、好生活是一个相对概念，而不是一个绝对范畴，一如正义概念那样，它是一个反思性概念，是理念上自足的观念，是完满、美好的状态，人们用它指称一个理想的正义政治共同体，但却从未出现一个完全正义的社会，于是，人们用一个完满、自足的正义观念去指涉各种各样的不正义事实，唯其如此，人类才孜孜以于求心目中那个完满的、正义的社会。追本溯源，在决定制度优势的诸种要素中，信念论、观念论、德性论都是稀缺性的、非完满的主体性要素。在拥有且行使政治权力和公共权力的人群中，虽不排除绝大多数人具有亚里士多德意义上的政治伦理，但也绝不排除个别的权力拥有者通过制造道德假象而窃取公共权力以实现个人目的的可能性。于是，作为制度优势之心理和精神基础的德性就表现出两种"反思性"的情形，一是起初就缺少足够的德性，但却通过各种"涂层"，制造道德假象，窃取权力；二是曾经拥有且表现出相对完整的德性，但在拥有和行使公共权力过程中，无法抗拒反复出现的以权谋私这一场域，合理而合法的游戏规则被群体性的潜在规则所支配，于是便陷于道德悖论之中，主观上无法放弃往日的信念、观念与德性，而在行动上又被迫放弃初心、丢失使命。无论从理论上还是从实践上，都可以有根据地说，德性作为非自足、非完满性的主体性力量，乃是一种有限的自治力量。完全依靠自觉的、相对完满的道德力量治理国家、管理社会的政治家一定是有的，但决不是每一个拥有权力的人都能够依德治理、以德管理。当自律的力量表现为不充分、不完满的时候，一种外在的约束力量就必须参与进来，这就是无处不在、无时不有的道德舆论，以及具有权威性和强制性的法律体系。以此可以说，制度优势不仅仅表现在通过激励和约束体系以创造财富、分配财富,营造求真向善趋美的伦理环境,提升社会质量,更表现在创制扬善抑恶、惩治腐败的惩戒性制度体系。一个好的制度体系可以安邦兴业,一个坏的制度体系可以使城邦分崩离析、价值崩溃。说到底,决定制度优势的核心力量一定是个人、集体乃至整个人类的哲学思维和实践智慧。

实践论是朝向目的之善的行动。信念论、观念论和德性论均构成了行动的主体性基础,而基于行动之上充分且公开运用理论理性和实践理性所创造的诸种规范,并不直接为着体现和实现人的主体性力量,而是依靠这些主体性力量创造各种善。"每种技艺与研究,同样地,人的每种实践与选择,都以某种善为目的。所以有人就说,所有事物都以善为目的。"①创制各种规范也是为着某种善,一种是基于不变事物的把握而创制的技术规范,一种是基于对可变事物而且可制作的事物的把握而创制的规范。视规范为善的事物,是因为技术规范可以造成可供分享和共享的价值物,而道德的或政治性的规范则是用于分配何种善以实现正义和平等。于是,奠基于信念论、观念论和德性论之上的行动表现为制定规范和执行规范,借以创造价值和分享、共享价值。亚里士多德在《尼各马可伦理学》第一卷和第十卷中都强调了政治学、政治、立法在城邦治理中的重要地位。在各种善型中一定存在着某种最高的善:"看起来,它是最权威的科学或最大的技艺的对象。而政治学似乎就是这门最权威的科学。因为正是这门科学规定了在城邦中应当研究哪门科学,哪部分公民应当学习哪部分知识,以及学到何种程度。我们也看到,那些最受尊敬的能力,如战术、理财术和修辞术,都隶属于政治学。既然政治学使其他科学为自己服务,既然政治学制定着人们该做什么和不该做什么的法律,它的目的就包含着其他学科的目的。所以这种目的必定是属人的善。尽管这种善于个人和城邦是同样的,城邦的善却是所要获得和保持的最重要、最

①　[古希腊]亚里士多德:《尼各马可伦理学》,廖申白译,商务印书馆 2003 年版,第 3—4 页。

完满的善。因为一个人获得这种善诚然可喜，为一个城邦获得这种善则更高尚［高贵］，更神圣。"①在《尼各马可伦理学》第十卷结尾处，亚里士多德又说："我们将对前人的努力作一番回顾。然后，我们将根据所搜集的政制汇编，考察那些因素保存或毁灭城邦，那些因素保存或毁灭每种具体的政体；什么原因使有些城邦治理良好，使另一些城邦治理糟糕。因为在研究了这些之后，我们才能较好地理解何种政体是最好的，每种政体在各种政体的优劣排序中的位置，以及它有着何种法律与风俗。"②以此来看，政治家、国体、政体、制度、法律、政治伦理是相互嵌入在一起的、相关于好的城邦、好的治理的要素。当把这些要素整合在一起，朝向目的之善时，一种基于现代性场域下的有关制度优势的复杂倾向便被刻画出来。

（1）当代中国制度优势的内部构成及其复杂性

前已述之，并非所有的规范都可以被称为制度，也并非所有制度都具有强制性，只有相关于每个公民之根本利益的规范、制度才具有强制性，这就是经济、政治和文化制度。制度作为可以反复使用的游戏规则必须具有广泛性和连续性，其复杂性不仅表现在社会活动领域的多元化和制度体系的多样性，更在于各个活动领域的特殊性以及各个活动领域、各种制度体系之间的相关性。首先，社会领域的多元化与制度体系的多样性。在国家对社会的管理较为严格的历史场域下，国家制度与家规、族规和村规具有某种通约性，现代价值体系如效率与公平、正义与平等、自由与个人幸福尚未成为主流形态的价值和价值观；与这种历史场域相匹配，国家治理模式乃是自上而下的、政治权力统合经济和文化的制度。虽然是一个超稳定结构却是一个效率和自主性较低的社会状态。建立和完善社会主义市场经济以来，经济和文化开始从先前的政治统合中分离出来，相对独立地发挥各自的功能，分别为社会提供独特的价值。我们把由计划经济向市场经济转变、从领域合一到领域分离的转变称为社会转型，伴随着

---

① ［古希腊］亚里士多德：《尼各马可伦理学》，廖申白译，商务印书馆 2003 年版，第5—6 页。

② 同上书，第318 页。

这种转型,社会领域分化和全面的制度变迁也迅即实现。党的十一届三中全会以来,随着社会领域的分化、制度的创新,社会主义核心价值和价值观开始全面得到体现和实现,社会主义制度自身的优势在自我更新和完善中得到提升。其次,当经济和文化从先前的政治统合中分离出来,开始相对独立地发挥作用,借以实现效率与公平、自由与幸福,但如若没有保证这些价值得以实现的制度体系,就会出现经济活动中的两极分化、文化领域中的各种错误观念,于是,如何随着经济体制改革和文化观念的转变而及时创制体现各自核心价值的制度体系,就显得十分迫切。正是在持续不断的制度变迁和规范建制中,中国共产党人的信念论、观念论和德性论以新的内涵、新的原则、新的方式融会贯通到国家治理和社会管理的伟大实践中。社会主义制度优势以正常状态和非常状态两种形式全面地体现和实现出来。

（2）正常状态下的社会主义制度优势

所谓社会的正常状态,描述的是虽有各种自然风险、各种社会矛盾,但整个社会是在可控制的范围和程度上运转。在相对稳定的社会状态下,判别一个制度体系是否具有优势或优越性,要视其实现终极之善的程度而定,而且不是在一个段落上、某个层面上,而是在普遍性和连续性意义上实现终极之善。这就决定了制度优势是在流动性和变动性中实现的,因为社会领域的分化、各个领域之间的相互嵌入是在流动和变动中完成的。其中,创造财富和公平地分配财富具有时间和价值逻辑上的优先性。市场经济作为一种经济组织方式,乃是一个以市场为导向进行资源配置的制度体系、生产方式和分配方式。事实证明,市场经济要比单一的计划经济更能激发经济主体的积极性和创造性,多劳多得和优劳优酬分配原则的确立,为快速创造财富、公平分配财富提供了制度政策设计和制度安排。这种制度安排相较于从前的干多干少一个样、干和不干一个样的绝对平均主义分配原则,无疑是有明显优势的,然而,建立社会主义市场经济的历史前提是,各个地区、各个人群在自然资源、科技水平和可行能力等诸多方面是不均衡的,于是,让所有地区和所有人同步富裕是不可能的，允许一部分地区、一部分人先行富裕起来，然后带动大家共同富裕，乃是一种现实的、相对为好的选择。然而，在初始性制度安排中，那些没有享受到来自制度安排的益处的人群和地区，就极有可能在后续的改革中始终处于边缘状态和弱势地位。随着矫正性制度安排的持续进行，先行富裕起来的地区和人群就极有可能成为既得利益者继而影响甚至决定着后续的制度矫正与完善。于是，资源、地位、身份、机会、运气、尊严等稀缺性资源就极有可能流向预先富裕起来的人群，而代价、污染、垃圾等流向边缘和弱势人群。当市场经济的这只"看不见的手"被少数既得利益者加以控制并与权力这只"看得见的手"结合起来，新的不平等、贫富差距就会出现，而这是与社会主义制度的终极目的相违背的。如果任由资本和权力掌控社会的稀缺资源，导致广大民众无法享受到社会主义制度的优越性，那么社会主义的本质规定也就被颠覆的。事实证明，中国共产党人表现出了超强的自我纠偏、自我反思、自我矫正的能力，当经济活动的自治能力已无力调节利益关系、调控财富分配时，一个指向民众终极之善的政治安排就应运而生了。通过实现国家治理体系和治理能力现代化，中国共产党人找到了在经济、政治和文化之间平衡发展的道路。这是中国共产党人基于信念论、观念论和德性论之上的朝向目的之善的行动。

（3）非常状态下的社会主义制度优势

非常状态是指来自自然和人为的公共危机事件而导致的社会结构的解构、价值体系解体、观念系统崩溃的情形。与过往的公共危机相比，现代性场域下的危机事件更具有全球的性质和持存的特点。在危机状态下，除了正常状态下的社会矛盾、国家治理、全球治理困境等依旧存在之外，新的关乎人的生命的全球性难题也瞬间爆发出来，这就是在资本逻辑、权力逻辑和生命逻辑中何者优先的问题。世界上科技最发达、经济实力最强、自称国家治理最科学的美国，在资本逻辑的推动下，在商人思维的支配下，将资本和权力置于生命之上，长期隐藏在光鲜之下的黑暗全面地曝光出来。相比之下，由中国共产党领导的抗击新冠肺炎疫情，却取得了令世人瞩目的成就。何以如此？一种制度是否具有优势,不但在正常状态下,能够通过经济制度实现效率与公平,通过政治制度实现正义与平等,通过文化制度实现自由与幸福,更在于在非常状态,通过增强制度体系的灵活性和应变性,在资本、权力和生命之间,选取生命高于一切的治理原则和管理战略。这充分证明了,社会主义制度的优势就在于,不但将人民至上原则贯彻到任何一个领域、任何一个层面,将目的之善视作信念论、观念论、德性论的终极目标,还借助这些可行能力和优良品质,创制直接指向目的之善的手段之善。只有把手段之善和目的之善有机结合起来并保持制度的灵活性、变动性和适应性的制度才是真正具有优势的制度。社会主义制度正是这样的制度体系。

3. 社会—社会文明—社会伦理文明

广义的社会指的是人类的思考和行动所及的空间,而狭义的社会则指介于家庭和国家之间的生产、交往和生活空间。社会文明除了在总体性上指称人类的思考与行动所到的道德境界和社会进步的程度,还用来描述人们在家庭和国家以外的广阔空间内,其生产、交往和生活所达到的文明程度。政治领域中的权力分割和使用、家庭之诸种功能的实现,都要在社会这个现实基地上、广阔空间中,得到实现和体现;经济平等、政治平等和人格平等,更要通过社会平等来实现和体现。而在人类文明新形态的认识和研究中,狭义的社会文明,常常被忽略掉。从类型上说,社会文明包括实体、行为和观念三种形态。

（1）实体形态的社会文明

如果说,创造生产资料和生活资料体现的是人类的劳动能力以及制作、使用工具和技术水平,体现的是人类的理智德性的积累和进步程度,属于手段之善的范畴;那么,如何支配、分配和享用由劳动者创造出来的社会财富,所体现出的则是生产关系和社会关系的进步程度,表达的是道德德性的积累和进步程度,属于目的之善概念。社会财富的生产和积累程度,体的是人类的进取性道德,社会财富的分配原则、安排状态和享用程度,体现的是人类的协调性道德。贫穷和落后一定不是一个好社会,贫富悬殊、两极分化也同样不是一个好社会。社会主义制度的优越性就在于它通过解放生产力、发展生产力、构建新质生产力,在推行和深化社会主义市场经济过程,快速地创造和积累出了丰富多样的社会财富;更在于将社会财富作为公共资源安排在公共生活空间的各个领域。日益发达的交通工具体系、普遍而快捷的信息服务系统、多种媒体相互融合的社会媒介系统、流动共享的医疗服务体系,等等,是实体形态的社会文明的集中体现。日益完善和发达的社会结构体系,为知识的学习、积累和应用提供了广阔空间,日益发达的媒介体系,为人们合理地表达表达个人意志创造了可能。所有这一切既扩大了人们的生活空间,也提高了人们之物质生活、精神生活的质量。

（2）行为形态的社会文明

德性为体、德性为用,体用结合方为型。在社会这个广阔的空间之内,在享用公共资源以追求个人感受快乐时,是通过其行为而表现其品德修为的。社会公德所表达的是由遵循公共道德规范而来的社会秩序,公序良俗是通过日常意识用日常语言表达出的公共道德规范,而人们是否拥有高尚的公民道德素质是通过其行为来表现的,因此,人们的公民道德意识和公共道德行为,是社会文明的重要标志。在社会公共交往空间中,每个人都是以追求自身的利益和快乐为目的的,因此,都保留着每个人的个性,但都必须以遵守不伤害或相互有利原则为基础。

党的十八大提出,倡导富强、民主、文明、和谐,倡导自由、平等、公正、法治,倡导爱国、敬业、诚信、友善,积极培育和践行社会主义核心价值观。富强、民主、文明、和谐是国家层面的价值目标,自由、平等、公正、法治是社会层面的价值取向,爱国、敬业、诚信、友善是公民个人层面的价值准则,这 24 个字是社会主义核心价值观的基本内容。

"富强、民主、文明、和谐"是我国社会主义现代化国家的建设目标,也是从价值目标层面对社会主义核心价值观基本理念的凝练,在社会主义核心价值观中居于最高层次,对其他层次的价值理念具有统领作用。

富强即国富民强,是社会主义现代化国家经济建设的应然状态,是中华民族梦寐以求的美好夙愿,也是国家繁荣昌盛、人民幸福安康的物质基础。民主是人类社会的美好诉求。我们追求的民主是人民民主,其实质和核心是人民当家作主。它是社会主义的生命,也是创造人民美好幸福生活的政治保障。文明是社会进步的重要标志,也是社会主义现代化国家的重要特征。它是社会主义现代化国家文化建设的应有状态,是对面向现代化、面向世界、面向未来的,民族的科学的大众的社会主义文化的概括,是实现中华民族伟大复兴的重要支撑。和谐是中国传统文化的基本理念,集中体现了学有所教、劳有所得、病有所医、老有所养、住有所居的生动局面。它是社会主义现代化国家在社会建设领域的价值诉求,是经济社会和谐稳定、持续健康发展的重要保证。

"自由、平等、公正、法治"是对美好社会的生动表述,也是从社会层面对社会主义核心价值观基本理念的凝练。它反映了中国特色社会主义的基本属性,是我们党矢志不渝、长期实践的核心价值理念。自由是指人的意志自由、存在和发展的自由,是人类社会的美好向往,也是马克思主义追求的社会价值目标。平等指的是公民在法律面前的一律平等,其价值取向是不断实现实质平等。它要求尊重和保障人权,人人依法享有平等参与、平等发展的权利。公正即社会公平和正义,它以人的解放、人的自由平等权利的获得为前提,是国家、社会应然的根本价值理念。法治是治国理政的基本方式,依法治国是社会主义民主政治的基本要求。它通过法制建设来维护和保障公民的根本利益,是实现自由平等、公平正义的制度保证。

"爱国、敬业、诚信、友善"是公民基本道德规范,是从个人行为层面对社会主义核心价值观基本理念的凝练。它覆盖社会道德生活的各个领域,是公民必须恪守的基本道德准则,也是评价公民道德行为选择的基本价值标准。爱国是基于个人对自己祖国依赖关系的深厚情感,也是调节个人与祖国关系的行为准则。它同社会主义紧密结合在一起,要求人们以振兴中华为己任,促进民族团结、维护祖国统一、自觉报效祖国。敬业是对公民职业行为准则的价值评价，要求公民忠于职守，克己奉公，服务人民，服务社会，充分体现了社会主义职业精神。诚信即诚实守信，是人类社会千百年传承下来的道德传统，也是社会主义道德建设的重点内容，它强调诚实劳动、信守承诺、诚恳待人。友善强调公民之间应互相尊重、互相关心、互相帮助，和睦友好，努力形成社会主义的新型人际关系。

一如从没有孤立的家庭、社会和国家那样，也从不存在仅适合于某个领域的道德规范，国家、社会和公民层面的道德规范，它们之间或以公开的形式或以隐蔽的方式相互嵌入、相互关联、相互促进。

社会主义社会伦理文明新形态具有如下特点。其一，从规范论的角度看，千百年来形成的公序良俗以习惯、惯例、风俗、仪式、仪轨、禁忌、规约、乡约、村规、家规以一种日常意识和日常语言形式存续着、作用着；强制性、权威性的法律规范也在日常生活化的过程，通过日常语言被理解、被言说，传统的仁、义、礼、智、信、恭、宽、敏、惠，也以一种虽不可言说但可理解的方式，持存着、作用着。道德规范制度化、法律规范日常化，业已成为各种规范体系相互嵌入、相互转化的重要途径。其二，从情理结构说，机械、简单的二分法已经不能含括实际生活中的情理相融、情理互动事实。在家庭之中，虽有情为主，但理性也将情置于合理的状态中；在社会中，虽以理为主，却也在熟人的、陌生人的交往中，充满着同情、热情、激情的情感，社会情感与自然情感水乳交融、相互渗透。在国家中，情理相融、情理促进更是显而易见，家国情怀，情感共同体、意志共同体、观念共同体、利益共同体相互共属、相互共出、相互共在。这是中国式现代化中最具中国元素和中国特色的社会伦理文明新形态。

（3）观念形态的社会文明

诸种个体化、个性化的观念、意志都要在社会这个空间得以生成和表达，日益发展起来的普遍（空间）而快捷（时间）的现代传播媒介，为自主、自愿、自由地表达个人意志创造了工具性的和技术性的基础。日益广泛而深化的市场经济，又为发现自我、展现自我和实现自我奠定了社会基础,于是,能否形成一个既基于个人意志又指向公共意志的社会舆论,就成了构建中华社会伦理文明新形态的关键。于是,构建体现正确性和正当性的社会舆论、形成求真向善趋美的伦理环境,就成了重大的理论任务和实践诉求。

第一,追求和实现公共意志和公共善的公共舆论如何可能? 现代化运动最为直接的后果主要体现在以下五个方面。

首先,在社会结构上,作为社会基本活动领域的经济、政治和文化开始由先前的政治统合经济和文化的"领域合一"向三者相对独立地运转从而各自独立发挥功能的"领域分离"转变,这是一种"革命性"的社会转型和结构变迁。只有当经济相对独立地发挥作用,一个以追求效率和公平的市场体系才能建立起来,因为每个人只有在经济上有了足够的独立性,才有可能拥有表达其意志的话语权,对一般性的和公共性的事件表达判断、意见和建议。文化领域从先前的意识形态禁锢中解放出来,出现了"百花齐放百家争鸣"的局面,在反复进行的交换和交往中,培养其独立进行表达的意识和能力来。

其次,市场的发现和广泛运用,使得每个人的自我意识被逐渐建立起来,一种立体性的"我"在三个层面上被构造出来:在存在论层面,我切实地感受到的我的需要结构,我的欲望类型,我时时处处感受着、体验着我的各种是否得到满足而产生的内心状态,或满足、快乐和幸福,或失望、沮丧、愤懑;我和我自己合二为一,我是我自己的知情人、倾诉者。在认识论层面,我认识到自己的个性,我的优点,我有依仗自己的优点、个性而"从心所欲"的理由;我有夸大自己、抬高自己而贬低、蔑视他者的强烈倾向。在价值论上,我是最值得存在的存在者,只有满足了我的身体之善、外在之善和灵魂之善,世界才有意义,我的生命是我最大的政治,满足我的一切需要是我永远都不可剥夺的权力。整体性之"我"的生成,把原本潜存在人性中的向我性、利我性和为我性发展成了现实的实用主义、功利主义、享乐主义和利己主义。自我意识的觉醒、自我判断力的提高,为各种社会舆论的形成创造了主体性条件,然而,觉醒了之后的"我"既可以公正地表达,成为一个"公正的旁观者",从而形成一个具有正确性和正当性的社会舆论;也可能在利己主义推动下,出于恶的动机,制造假象、编制谎言、混淆视听,以满足自己的利己目的。

其三,在权力意识和权力概念基础上,针对政治权力和公共职权在分割和运行过程中的各种"瑕疵"现象,政治意识和政治概念逐渐被确立起来,这就为形成政治舆论奠定了基础。在日益拓展和深化的公共领域中,无论是政治事实还是私人生活都被置于公共领域之中,接受人们的反思和批判,人们既可以理性地也可以情绪化地议论、讨论和争论,一种只求表达而不问正确和正当的舆论倾向就可能产生。

其四,民众、理论家、政治家等各种主体交织在一起,在各自动机支配下,在各自能力所及的范围内,以各种方式表达着、议论着、争论着;或辩护、吹捧,或挖苦、讽刺、谴责;或摆事实、将道理;或监控、压制、制裁,等等。一个良莠并存、真假难辨、善恶混杂的"舆论场"在生成着、演变着,如同恩格斯所说,一切都要拿到理性法庭面前,接受理性的审判。

其五,人类总能在繁茂芜杂的舆论假象中识别出、甄别出真理来,并以可言说的方式展示给众人。公共领域造就着自由的甚至是任性的个体,但公共领域也会生成普遍有效的实践法则,用以约束个体的自由、惩罚个体的任性。正如黑格尔所说:"具体的人作为特殊的人本身就是目的;作为各种需要的整体以及自然必然性与任性的混合体来说,他是市民社会的一个原则。但是特殊的人在本质上是同另一些这种特殊性相关的,所以每一个特殊的人都是通过他人的中介,同时也无条件地通过普遍性形式的中介,而肯定自己并得到满足。这一普遍性的形式是市民社会的另一个原则。"①马克思就市场经济造成的普遍依赖性深问题刻地说道:"一切产品和活动转化为交换价值,既要以生产中的人(历史中的)一切固定的依赖关系的解体为前提,又要以生产者互相间的全面的依赖为

①　[德]黑格尔:《法哲学原理》,范扬、张企泰译,商务印使馆1979年版,第197页。

前提。每个人的生产,依赖于其他一切人的生产;同样,他的产品转化为他本人的生活资料,也要依赖于其他一切人的消费。"①以交换经济、市场经济为基本结构的现代社会的生成,为每个人自由地表达其意志创造了条件,也为他的自由表达确定了边界、建制了原则。"在市民社会中,每个人都以自身为目的,其他一切在他看来都是虚无。但是如果不同别人发生关系,他就不能达到它全部的目的,因此,其他人便成为特殊的人达到目的的手段。但是特殊目的通过同他人的关系就取得了普遍性的形式,并且在满足他人福利的同时,满足自己。由于特殊性必然以普遍性为其条件,所以整个市民社会是中介的基地;在这一基地上,一切癖性、一切禀赋、一切有关出生和幸运的偶然性都自由地活跃着;又在这一基地上一切激情的巨浪,汹涌澎湃,它们仅仅受到向它们放射光芒的理性的节制。"②

现代化运动就像一块银币的两面,创价与代价相随,机会与危险并存,自由与原则共生。不断拓展和深化的公共生活领域为人们出于意愿依靠能力来表达自己的意志,从而博弈出一个公共舆论来创造了社会基础,为出于公共善之目的而进行议论、讨论、争论、判断、建议提供了机会,也为一些人出于利己的恶劣目的而制造假象、歪曲事实、造谣中伤、混淆视听、蛊惑民众提供了条件。真相与假象共存、真理与谬误相伴,在当代场域下,舆论乱象更加严重。

当代中国场域下的社会舆论,一如中国形态的现代性那样,呈现出一个问题丛生的状态。首先,在经济组织方式上,通过建构和完善社会主义市场经济,已具备了进入世界经济体系并日益起主导作用的实力,在生产技术和交换规则上,已经是世界经济一体化了,尽管严重地受到逆全球化浪潮的严重影响。但在一定程度和一定层次上,我们社会中的一些领域和极少数人依旧有官僚主义、形式主义的观念行为。其次,就如同中国的

①　《马克思恩格斯全集》第 46 卷(上),人民出版社 1979 年版,第 102 页。
②　[德]黑格尔:《法哲学原理》,范扬、张企泰译,商务印使馆 1979 年版,第 197—198 页。

现代性乃是重叠形态的现代性那样，当代中国语境下的社会舆论也同样呈现出重叠式结构，呈现出内有压力、外有冲突的态势，有从差别到矛盾再到冲突的风险。

首先，在内部结构上，呈现出量多质低的态势。在某种意义上可以说，社会舆论的多样性乃是社会开放性、自治性程度的重要标志，但却不能由此得出结论说，社会舆论之量的增加就一定意味着社会在文化上的进步，相反量多质高才是它的标志。在纵横两个向度上，社会舆论都呈现出多样性的趋势。从横向来看，人们对非政治性的公共事件都表现出了浓厚的兴趣，表达其立场、观点、判断、意见和建议的方式也多种多样，既可以是自媒体，也可以说公共媒介。就形成社会舆论的"素材"而言，既可以是娱乐人物的日常行为，也可以是政府官员的违纪违法事件。这些时尚性的社会舆论几乎占到了媒体"新闻"的绝对量，一种猎奇、好事、幸灾乐祸的心理支配者人们，每传送一条娱乐信息就如同发现了一个秘密。由此形成的社会舆论如同漂浮在河流表面的漂浮物，空中的柳絮，随波逐流、随风而去。这是消费社会、娱乐时代的必然产物。无聊的争论、随意的评论，这种不求正确只求娱乐的社会舆论既不反映时代精神也不代表目的之善。从纵向角度看，以政治事实为判断、议论和评价对象而形成的公共舆论，无论从原始发生还是从演变逻辑来看，都存在着亟待改进的方面。

第一，一种指向目的之善的公共舆论为何难以形成？其原因有两点，（1）意识形态的开放与宽容程度问题。如果说在传统社会的边陲管理中，国家的政治意志和政治行动无法直接贯彻到日常社会领域，普通民众因无法知晓国家意志和行动，也感受不到它们的支配性作用，而无法形成一种以追求正义、平等为价值原则的公共舆论，那么在公共领域日益拓展和深化的场域下，国家意志和政治行动业已成为最大的公共事件而呈现在公共议论、讨论和判断之中，如若彻底阻止出于善良意志而进行的公共性反思与批判，也就堵塞了培养公共理性并以此为基础追问和追求公共善的道路。如若在充满开放、反思和批判的当代场域下，依旧实施福柯意义上的君主权力、规训权力,而不顾生命权力,①那势必造成民众、理论与思想工作者在认知、评价和对政治事实上的两种极端行为,即冷漠与激情。拥有理智感和正义感的民众和理论、思想工作者对政治事实保持沉默;少数试图积累政治资本的功利主义者则是无尺度、无限度、无原则地谄媚、辩护。一种被普遍期望的舆论生态就不可能产生,没有声音或只有一种声音都是舆论生态被解构的表现。多样性是舆论生态的本质与特征。(2)除了少数理论和思想工作者,绝大多数民众尚不具备自然、社会科学知识和道德理性知识,如果缺少严肃的政治态度和政治追求,即便是面对严肃的政治事实,也会将政治舆论娱乐化为社会舆论,或将日常舆论政治化。"泛化"和"窄化"是人们难以形成体现正确性和正当性原则的社会舆论和政治舆论的两个障碍。如果没有纵向的通畅的个人意志与国家意志之间的相互反思与批判,一种基于公共理性之上的价值共识就难以共出。

第二,在外部结构上,充满差别、矛盾,甚至冲突的国际舆论,既潜藏着危险又蕴含着生机。西方的现代化运动肇始于 15 世纪下半叶、发展于 16、17 世纪而成熟于 18 世纪下半叶;至 19 世纪末 20 世纪初,美国异军突起,成为全球资本主义最重要的国家。如若把现代化运动比作一条河流,英美等资本主义国家是现代化的上游国家,发展中国家是中游国家,而欠发达和不发达国家则是下游国家。人类近现代史本质上是在西方国家的主导下书写的,其叙事方式也是依照西方思维和主流价值观进行的。这是一种极不对等的现代化过程,西方国家不但垄断了世界资源的配置和财富分配,还垄断了制造国际舆论、主导世界舆论和运用国际舆论的话语权。20 世纪 90 年代初,随着冷战思维的结束,一种相对宽容的全球

---

①　相较于军事、经济、文化权力,政治权力具有合法性、强制性、广泛性、持续性、不可溯及以往等特征。对政治权力的界定可有两种类型:Ⅰ.政治权力是能够排除各种抗拒以贯彻其意志,而不问其正当性基础为何的可能性;Ⅱ.政治权力是能够排除各种抗拒以贯彻其意志,而必问其正当性基础为何的可能性。两种界定方式的唯一区别就在于"不问"和"必问"。只有必问其正当性基础为何的国家治理和社会管理,才是好的政治,由此形成的社会才是好社会。

化、世界化快速发展起来。经过中国40多年的改革开放,随着中国在国际舞台上于经济、政治、文化、科技、外交等各项数据所占比例的增加,打破了原有的由西方国家主导的现代化运动,全球化的书写方式和叙事方式都将加入中国元素。于是,由商人思维推动的逆全球化浪潮首先在英美国家爆发,一种全面的有关国际舆论话语权的"争夺战"开始了。长期以来,西方国家在资本国家"黑金中心"这一特殊"资本集团"的操控下,不断制造不利于中国国际形象的世界舆论,制造假象、混淆视听;新冠肺炎疫情暴发后,西方国家加紧了国际舆论话语权的垄断,各种阴谋论纷纷出场,甚至通过制造中国是新冠病毒的发源地和策源地这一假象,提出骇人听闻的"病毒赔偿法案",实施"国际舆论定罪",于是,由西方国家主导的国际舆论已完全超出对中国进行的诋毁、谩骂、攻击的性质,升级为严重的"国际政治阴谋";在新冠肺炎疫情结束后,西方国家继续实施它们一贯操控的舆论污蔑、舆论定罪、舆论讨伐路数。中国如何站在国家政治安全、经济安全、科技安全和文化安全的高度,争取更多有利于自己的国际舆论话语权,将是一个必须高度重视的新课题。

随着市场化、科技化、全球化、世界化的发展,也出现了一些问题,例如全球性的公共卫生危机,可能把这种风险和灾难变成世界性的危机;人类再次面临无路可走的局面,只有放弃狭隘的甚至是致命的个人利己主义、集团利己主义和国家利己主义,充分运用全人类的哲学思维和实践智慧,才能使整个人类走向正确的道路。而形成追求正确和正当的社会舆论、公共舆论和国际舆论正是寻找正确道路的一种努力。舆论已经不再是简单的表达,不再是一个判断、意见和建议,而分明是一种正确的观念,一个正当的行动。而实现这种努力的根本方式,就是培养个体和类的"判断力",将康德笔下的思辨理性和实践理性有机地结合起来,广泛运用到思考与行动之中,这便是社会舆论伦理学的任务。

如果说现象学为把握社会舆论的原始发生、结构类型和本质规定提供了理论基础,场域学为社会舆论的原始发生和演进逻辑提供了事实根据,那么,伦理学则要为制造舆论、控制舆论和运用舆论的行为奠定道德基础。

伦理学并不为任何一个与个体和类的利益相关的事情进行伦理基础的奠基,它只为因人的观念和行动的而成的事情进行归责。判断一个现象能否成为伦理学的研究对象,基于如下三个事实,其一,这个现象具有利益相关者,如由新冠病毒肺炎所引发的全球性的公共卫生危机,但到目前为止尚没有足够的根据证明,新冠病毒肆虐整个世界是人为所致;其二,与个体与类的利益相关的事情被证明是因人的观念和行动所致;其三,是可以为其进行伦理基础奠基的行为。

社会舆论的产生、传播、反思、批判就是一个典型的伦理现象。首先,能够构成和形成舆论的初始性的判断、意见和建议,无论是谬误还是真理,都是判断和表达者的故意行为,无论这种故意行为是意向还是意向性的;只要是故意所为且产生利益相关者的观念和行动,就是具有伦理性质的事情;且有能力为他的行动后果负责。其次,无论判断和表达者对评价对象是否做到信息周全,也无论是因他的判断、建议和表达而引发的公共性评价产生预期和非预期的效果,他都该为他的行动担负责任。再次,与社会舆论相关的责任者可有两种,一个是造成引发公共性评价之事实的发动者,如新冠肺炎疫情爆发以来,个别公共卫生危机管理者因官僚主义、形式主义或为逃脱责任而缓报、瞒报、不报,从而错失最佳防控时机,由此而引发公共性评价的批评,形成社会舆论,那么这个造成后果的人就是源初性的责任人,因为评价者无论是对正义行为进行不正义评价、还是对不正义行为进行正义评价,至多会影响人们的判断,或混淆视听、或左右舆论,但都不至于影响或改变因玩忽职守而错失防控良机这一事实。但故意制造虚假信息,或故意歪曲事实,或处心积虑地通过掩盖事实而逃脱罪责,也必须担负道德责任。前者是行动者的责任,后者是评价者的责任。有关社会舆论之伦理性质的确证和伦理基础的奠基,以如下逻辑而展开其自身。

第二,有关一般社会舆论的道德哲学批判与伦理基础奠基。严格说来,社会舆论、公共舆论和政治舆论(意识形态)均属于"舆论",都是某种判断、建议,都是基于特定意志之上的表达,只是因其评价的对象和评价的主体不同才相对区别开来。所谓一般社会舆论是指，针对非政治性的公共事件的真假、美丑、善恶而由一般民众作出的判断、意见和建议。这些公共事件可能与人们的切身利益有关，但并不相关于人们的根本利益，对这些公共事件的判断也不会影响到国家及其职能部门的政策设计、制度安排和体制设计。但决不能由此得出结论说，既然是非政治性、娱乐性、时尚性的社会舆论，便可以随意表达、任意评价，相反，任何一个具有利益相关者的观念和行动都存在伦理性质和道德责任问题。一个充分的理由是，一个行动者的德性结构和行为方式通常是稳定的，在看待和对待各种事情上会表现出相对稳定的特点，较少出现针对较小和较大事件而表现出的差别较大甚至是完全相反的道德判断和道德选择，这就是不以善小而不为、不以恶小而为之的道德根据。因此，对各种形态之舆论的道德哲学批判和伦理基础奠基将会遵循同样的原则和标准。

第三，善良意志作为道德动机对于作出正确判断具有原初作用。意志的主体是具有人格结构的现实的人，而人格是由信、知、情、意四个要素组成的有机体，其中意是联结信、知、情与行动的关键要素。对人之意志的研究，心理学的规定与解释是最基础的，或是最基本的，《当代西方心理学新词典》认为，意志是人自觉地确定目的，并支配行动去克服困难以实现预定目的的心理过程。意志是人类特有的心理现象，也是人的意识能动性的表现。其主要特征为（1）明确的目的性，即意志行动总是自觉确定和执行目的行动。（2）与克服困难直接相联系，即只有克服各种困难才能实现预定的目的。（3）直接支配人的行动，即意志主要是为完成一定的目的任务而组织起来的行动。它对行动的调节既可表现为发动和进行某些动作或行为，也可表现为制止和消除某些动作或行为，前者是作为的意志，后者是不作为的意志。当代神经心理学、神经生理学乃至脑科学为人类研究意志现象提供了科学依据。关于意志的一般哲学原理无疑要充分了解、理解和充分运用这些科学理论，但意志本质上并不仅仅是一个科学的、可数据化、可模型化的过程或品质，毋宁说，意志乃是一个动机、意愿、意向、意向性的过程，且是一个可以对其正当性进行哲学分析的过程和品质。

　　将有关意志的一般哲学原理应用于人的观念、行动和评价(社会舆论)时,似有不同的向度和程度。当把意志用于支配观念和行动时,欲求的是一个所意愿的过程和行动,意志作为动机的善与恶直接决定着观念和行动的性质,以及由观念和行动所造成的过程与结果的伦理性质。当一个个体、集团和国家成为一个具体行动的发动者、承担者和受益者时,他(它)就一定是该行动的责任者,无论他(它)是否是该行动的受益者。从社会舆论的原始发生看,没有舆论所判断和评价所议论的公共事件产生,便不会有社会舆论形成,公共事件相较于社会舆论而言,乃是时间上在先的事情,人们用以形成社会舆论的认知方式、知识体系和德性结构则是逻辑上在先的事情。为着详尽地论证社会舆论的正确性和正当性,我们不妨把成为社会舆论之议论对象的公共事件的发动者、承担者和受益者称之为第一责任人。任何一个具有伦理性质、行动者必为其担负道德责任的行动一经生成,就在客观上成了利益相关者和非利益相关者进行评价的对象,如若这种评价逐渐演变成了众人共同参与的事情,就形成了社会舆论。社会舆论虽不像一个具体的观念和行动那样具有明确的伦理性质和明晰的道德责任,以及由行动造成的或善或恶的后果,但社会舆论同样存在是否正确和正当的问题,也同样具有归责问题,于是我们就把制造舆论、支配舆论和运用舆论的人称为第二责任人。

　　判断一个具有公共性质的舆论是否是正确和正当的,必须充分考虑动机、能力和后果三个要素,而将动机、能力和后果有机地关联起来恰好构成一个完整的舆论行动。就一个舆论的原始发生看,最为原始的要素就是动机,它是评价者的意向和意向性;意向是某种试图评价某个公共事件的心理倾向,是虽然尚未表达出来但却已经在意识中发生了的事情,只是尚无足够的动力或勇气将其传达给他者,这是任何一个对鲜活的生命、生活和社会充满感受性、充满移情、同情、激情的人所必须具有的内心活动,对这一内心活动的感受就叫作"内感知体验"。意向性是把意向变成具有特定评价对象的过程,如果说"意向"是喜怒哀乐之未发谓之中,那么"意向性"则是发而皆中节谓之和。中也者,天下之大本也;和也者,天下之达道也。中与和、大本与达道正是动机问题,是遵道而行。如若出于追求正确和正当动机、正义、公平地去认知、判断和推理公共事件,那么其所求的乃是一个既有充分的事实根据又有坚实的道德依据的立场和观点;自知其是同情的流露、正义的表达。如若出于掩盖事实、混淆视听、摆脱罪责之目的,那必作出不合事实或违背事实的评论和自知其所表达是失当的立场和观点。毫无疑问,一个健康"舆论场"的形成一定是以善良意志为前提的,道德哲学所欲求的正是这个善良意志的培养、养成和正确运用。简约地说,就是《大学》所说的"正其心""诚其意","正其心"者在求善之意,是起于心意以内求真、向善、趋美的由己性;"诚其意"是不欺的"诚之者"。于是,在制造舆论的动机上就有三种情形发生,只是揭露某种社会事实,表达自己对事实的态度和立场,并无将自己的"揭露"成为公共讨论的对象,从而形成社会舆论的动机;既有揭露社会事实的动机,又想使自己的"揭露"成为公共讨论的对象,以扩展的形式实现自己对社会现象的批判;借助对社会事实或社会现象的极端评价引起公愤以实现攻击、报复之目的,至于是何种原因造成了这种极具攻击和报复的动机结构,则不是我们讨论的题材。简约地说,制造或导致社会舆论的动机及其目的主要有三种情形:①善良意志,通过揭露社会的诸种瑕疵,达到警示世人、治病救人的目的;混合意志,揭露瑕疵,虽无解构社会之目的,但以释放谴责、批判之情绪以报复社会为根本动机;解构意志,置基本事实于不顾,偏执一隅,以致病制人为目的。由三种动机所推动的立场和观点,都有可能成为公共性议论、讨论的对象。无论是否能够为自己的动机进行伦理辩护,但一种揭露、披露;一个立场、观点已经从个体的实施和言

① 在当代场域下,一种建构性的、辩护性的立场和观点很难成为公共讨论的对象,相反,解构性的、批判性的甚至是破坏性的立场和观点则极易成为社会舆论的焦点,因此这里所讨论的"善良意志"不是指前者,而是指后一种情形。过度关注社会的"非常现象"且乐此不疲地沉浸其中,企盼产生放大或轰动效应,乃是一种病理学意义上的舆论动机。当社会舆论被消极的甚至是攻击的动机所支配时,一种解构性的情绪和力量就会聚集起来,对社会秩序的安全阈限会构成威胁。

说变成公共性"题材",就必然会产生"溢出效应",即原本是某个或某些行动者自自知的情形下,自愿、自动发动的,而一旦离开主体而成为公共性"题材"时,它就会按照公共舆论的产生和运行逻辑而展开其自身,一种无法收回的"道德承诺"就会变成毫无效果的虚假承诺。社会舆论的"溢出效应"约有三种情形:①放大效应,即一种揭露、披露,一个立场、观点会在持续扩展的传播中逐渐远离真相,甚至遮蔽了真相;工具效应,被域内或域外的别有用心者加以改造、涂层、置换,以达到舆论制造者不曾预想或预想却难以达到讽刺、谴责、批判、攻击、报复等目的;政治效应,其揭露和披露的社会事实乃是一般性的或非政治性的现象、事件,其立场与观点也并无明显的政治性质,但却可以被域内、域内的他者改造成政治事实,以达到惩罚甚至颠覆本国之国家安全的目的。地方事实世界化、地方舆论国际化乃是一个必须高度重视的社会舆论现象,这是充满差别、矛盾甚至冲突的全球化运动的一个直接后果。一旦产生"溢出效应",舆论的主体已无力承担和兑现任何道德责任,因为一种揭露、披露,一个立场、观点一旦经历了披露、观点—舆论—社会舆论的运行逻辑,就变成了远远超出舆论制造者之实际能力的"公共事件",这种不可控的"代价转移"乃是一个典型的舆论伦理现象。

第四,实践理性与意志表达。 一如康德所说,在人性中既有"向善"的取向又有"趋恶"的倾向,完全的善和完全的恶似乎难以找到。一个好的政治治理和好的社会管理就是为"扬善抑恶"创造制度环境和舆论环境。在熟人社会,真心为善者多,故意为恶者少;在社会舆论中,故意歪曲事实、制造假象、支配舆论,以实现自己恶劣之目的,可谓鲜矣,因为交往

---

① "溢出效应"也称为"溢出原理":自溢,揭露、披露事实,表达立场、提出观点,动机在于产生广泛而持续的舆论效应,借以获得社会成员的广泛承认和赞许,以满足对存在感、认同感和成就感的强烈渴望;外溢,有强烈获得这些揭露、披露、立场与观点的外部需求者,未必是预先商定的结果;互溢,事实的揭露、披露者与需求者之间有合谋事实,互惠互利、各得其益。如若特定事实的揭露、披露者对这一行动所能产生的"溢出效应"有足够的认知、判断和推理,对"溢出效应"可能产生的严重后果有足够清醒的预判,仍依旧坚定地如此而为,那么他一定是绝对责任的担负者。

人数有限,交往范围狭小,故意为恶代价过高;虽有人言可畏之忌惮,但恶语中伤者少。在此种场域下,实践理性与意志表达之关系就不会作为问题而出现。而在反复交换、广泛交往的现代场域下,流动性、变动性、突发性作为现代社会的突出特征,使得社会舆论的发生和演变都具有了新的构成方式。

实践理性之于动机的意义在于实践理性的特殊作用。实践理性先后出现在亚里士多德和康德哲学中,在亚里士多德的哲学体系中,理论理性、创制理性和实践理性是理性的三种形态,其中理论理性是拥有逻各斯而把握不变事物的能力,创制理性和实践理性是虽不拥有但可以分有逻各斯而把握可变事物的能力。创制理性是创造某种制品的技艺,是因人的技术理性而成的事情;实践理性也是因人的努力而成的事情,但其所求的不是因人的行动而成的过程和结果,而是正义、平等的性质以及造成这种性质所需要的优良品质,这就是属人的善。正义感、怜悯、同情、勇敢、友爱等等,就是这种优良品质的诸种表现。而在康德那里,实践理性则是道德哲学中的核心词,它与实践法则和善良意志共同构成个体的德性结构。在理解和借鉴已有思想的基础上,我们试图对实践理性与社会舆论的关系作深入分析和论证。

在熟人社会,人们对自身以及他者之观念与行动进行判断和评价从而形成社会舆论时,常常是直观的、自然的,几乎不对舆论得以发生的动机之善恶性质、过程与后果之伦理性质进行预先考察、过程坚守和结果反思,也不追问舆论的正确与正当。原因有二,其一,被判断和评价的对象通常都是日常生活意义上的事实,而不是非常状态下的公共危机;其二,判断和评价者尚不具备运用实践理性知识进行道德推理的意识和能力。改革开放虽然已有 40 多年的历程,但在对公共事件进行意志表达时仍有浓重的直观、自然的特征,少有反思和批判的功夫,从众、避责心理依旧根深蒂固。对公共事件的判断、意见和建议常常出现两种极端,一个是漠不关心、冷若冰霜,似乎置身于生活世界之外;一个是随意、任意表达,只求表达的快乐,不问表达的后果。这是一种在社会舆论上的严重错置:用前现代的思维构造现代性,用直观的、自然的方式制造舆论。社会舆论的制造、传播和评价缺少的不是意愿和机会,而是实践理性。

实践理性在形成公正而有效的社会舆论中具有如下三个方面的重要作用:其一,在动机的原始发生和实施过程中,能够将善良意志置于其他动机之上,将由恶劣动机所导致的质料和形式意义上的损害和伤害前置到想象中,提前产生愧疚感、负罪感和罪恶感;其二,在舆论的产生和传播过程中,能够把善良意志贯彻到各个环节、各个层次,以顽强的意志力抗拒内心利己的冲动、抵御外部利益的诱惑,不做善良意志的背叛者;其三,在社会舆论产生的诸种后果上,能对好的结果予以肯定和坚持,对不良后果予以反思和矫正。

总之,现代性场域下正确且公正的社会舆论所要求于人们的是善良的动机、完善的知识、公正的判断。善良动机的形成既来自行动者的自治力又来自外部的规训与惩罚;完善的知识来自学习和践行,没有相关的自然科学、社会科学和人文科学知识,针对公共事件所表达出的判断、意见和建议就缺少足够的事实根据,也无法作出有科学依据的判断,没有一定的道德理性知识,就无法给出合乎平等和正义原则的道德判断,只有既有客观根据又有主观根据的规范才能成为法则,法则是道德规律的理性表达;在信息相对充分的条件下,根据普遍有效的实践法则,对公共事件进行符合正确和正当标准的判断、推理的能力就是一种判断力,一个完善的判断力只有在反复进行的交换和交往中才能形成,它并不为人所先天具有,而是在不断实践中养成和运用的,好的判断是在好的环境下形成的,却可以在坏的环境下丢失。总括地说,动机、知识和判断力构成了形成正确、正当社会舆论、构建和谐"舆论场"的道德基础。

第五,有关公共舆论的道德哲学批判与伦理基础奠基。如果把社会舆论界定和规定为针对一般性的公共事件作出的非政治性的判断、推理,表达出的立场和观点,那么公共舆论就是针对政治事实而作出的判断和推理以及由此形成的公共性议论和评价。在传统社会的边陲管理中,由普通民众的判断、意见和建议所形成的社会舆论通常是非政治性的,由智者、先哲针对国家治理和社会管理所建构的建设性的政治谋划,作为一种公共性判断、立场和观点,很难为广大民众所知晓,尽管是相关于政治事实的判断和谋划,却也难以成为公共舆论。在由市场经济所推动的中轴管理模式下,政治权力和公共职权的支配性作用已经扩展到社会领域的几乎所有方面,这就会产生两种完全不同的效应,其一,如果使政治权力和公共职权变成了没有约束的支配性力量,就会出现将权力置于生命权力之上的局面,因为一如上述,政治权力和公共职权具有排除各种抗拒以贯彻其意志而不问其正当性基础为何的支配性力量,而这正是阶级社会的状况。其二,将政治置于政治权力和公共职权之上,再把政治界定和规定为最大限度地满足公民之根本利益的治理和管理模式,将"以人民为主体"的观念变成政策、制度、体制和行动的价值观基础,这就把阶级社会的将权力置于政治之上的倒置逻辑颠倒为置目的之善于手段之善之上的正义逻辑,因为一个充满正义的社会一定是将生命政治置于权力政治之上的社会。马克思、恩格斯所主张和努力的终极目标就是彻底消灭导致目的之善与手段之善倒置的私有制,"共产党人到处都支持一切反对现存的社会制度和政治制度的革命运动。在所有这些运动中,他们都强调所有制问题是运动的基本问题,不管这个问题的发展程度怎样"①。这里所说的"现存的社会制度和政治制度"正是资产阶级的私有制,"现代的资产阶级私有制是建立在阶级对立上面、建立在一些人对另一些人的剥削上面的产品生产和占有的最后而又最完备的表现"②。

中国特色社会主义制度从其诞生之日起就呈现出不可比拟的制度优势,它从根本上建构了以人民为行动主体和价值主体的制度体系;构造出了以人民过上整体性的好生活为目的之善的核心价值体系,把政治权力和公共职权视作手段之善的观念体系。在近百年的社会主义发展史上,尽管我们从未放弃建设社会主义实现好生活的信念,从未泯灭以人民为

①　《马克思恩格斯文集》第2卷,人民出版社2009年版,第66页。
②　同上书,第45页。

主体的观念,但由于如下两个原因,我们并未很好地实现这一目的,这就是"能够"和"应当"问题。人的理性能力是有限的,迄今为止的任何一种国家制度和社会管理模式都是人类能够找到的相对为好的,不可能做到绝对为好,社会主义制度就是人类能够找到的相对更好的制度,因此,只有不断深化和拓展社会改革才能做得更好。在能力所限定的范围内,并不能保证每一个拥有政治权力和公共职权的人都能够一心一意地、殚精竭虑地通过权力这个手段之善最大限度地实现目的之善,相反,少数当权者将人民赋予的权力变成了谋得私利的手段;或玩忽职守、少作为不作为,现一心为公之虚,行官僚主义、形式主义之实。在交换和交往日益深化和拓展的现代场域下,现代媒介的飞速发展,使这些未能体现目的之善的政治和行政现象被置于公共性议论、讨论、反思和批判的场域之中,于是,以政治性的公共事件、现象为反思和批判对象的公共舆论逐渐产生出来。无需论证,公共舆论的发生、发展和完善乃是社会进步和完善的重要标志。另一方面,我们也必须看到,当代场域下的公共舆论尚存在着诸多不足和缺陷,这就为对公共舆论进行道德哲学批判和伦理基础奠基创造了必要性和可能性。

首先,政治德性的重建具有本体地位。无论对于造成公共舆论对象的当权者而言,还是对政治性的公共事件进行判断、反思和批判者而言,重建政治德性都具有本体论的意义。在通过政治权力和公共职权实现目的之善的过程中,政治德性具有逻辑上在先的性质,它决定着执政能力向何处运行、如何运行。如若没有道德德性的约束和指导,理智德性可以向任何一个方面发展,而道德德性规定了理智德性必须朝向平等和正义。一个完整的政治德性就是由理智德性和道德德性两个部分构成的统一体。理智德性作为一种能力体系,就是对逻各斯、对规律、道德认知的把握能力,以及用观念指导行动的能力,它通过反复的训练而得来,需要时间。道德德性是在两极之间或多极之间寻找"中道"或"中庸"并意愿遵道而行的能力以及能力的充分运用而形成的优良品质。政治德性并非是不同于人的基本德性的另类形态,相反,人的德性只有一种基本的范型,只是在看待和对待不同的事物和关系时表现为不同的形态,如在看待一般性的、非政治的公共事件时,其所表现出的判断、意见和建议就是一般性的社会舆论;针对政治事实而表达出的立场和观点以及由此形成的公共性议论、争论和辩论,就是公共舆论(政治舆论)。与公共舆论相关的政治德性并不单独为评价者而拥有,更为拥有且行使政治权力和公共职权的个人及其集团所拥有。事实上,后者在形成公共舆论上更加根本,因为一种好的国家治理和社会管理只是依靠强大的公共舆论的反思、批判这种外在的力量来表现和实现,那么一种持续的国家治理体系和治理能力现代化就根本不可能。于是,相关于公共舆论的政治德性就在两种主体和三个方面展开其自身,第一,从公共舆论得以生成的初始根据来看,拥有且行使政治权力和公共职权的个体及其集团的观念和行动构成了公共舆论的"素材",没有政治事实给出便没有公共舆论现出,而且只有在普遍的交换和广泛的交往已经形成的语境下才能现出;第二,如若个人和集团在拥有政治权力和公共职权的同时,也同时垄断了被称为第四种权力形式的传播媒介,且使公共议论、反思与批判处在高风险状态,那么民众表达其判断、意见和建议的手段和场域就无法形成。第三,当普遍的交换和广泛的交往已经形成,民众、理论和思想工作者、政治家均可以依照自己的观念和意志表达其对政治事实的态度、立场和观点时,能否公正客观地表达具有正当性基础的判断和观点呢? 可能但不必然,其根本原因就在于能力的有限性和德性的非完整性。就造成公共舆论得以存续的对象看,任何一种国家治理和社会管理都不是完满的,总是存在着诸多方面的缺陷,要么因执政能力不足所致,要么因以权谋私所成,因此,公共舆论的持存也就有了根据。从公共舆论的发生及其实现效力的机制看,并非所有的公共性议论、辩论都是正确的、正当的,都有黑格尔所说的值得重视的成分又有不值一顾的方面,即便有经得起正确性和正当性检验的公共意志给出,却也未必为权力的拥有和行使者所接受。权力者集团的感受性、接受性和承受性构成了公共舆论产生普遍效力的充分必要条件。那么为政治事实的创造者和评价者所共同具有的政治德性到底是什么呢?

第一,观念论。政治观和权力观构成了政治事实和公共舆论的观念基础。政治观就是如何对待政治的根本观点,可有技术主义和本质主义两种定义模式:政治是人们获得权力的技艺,舆情调研、分析和运用就是技术,演讲、沟通、运势、造势就是艺术,没有行之有效的技艺,便无法获得权力,即便是受人拥戴爱戴的政治领袖也必须预先拥有权力,否则其为民造福的鸿鹄之志就无从实现。但如果把政治仅仅理解为一种获得权力的技艺,那势必陷入权术的偏执之中,充满政治压迫和经济剥削的阶级社会无不如此。如若实现政治的目的之善就必须追问什么才是政治的"是其所是",这种追问的方式就是从本质主义对政治进行界定和规定:政治是相关于每个人之根本利益的所有方面,即生命权、财产权和自由权。为着实现这些权利,政治的直接目标就是快速积累并合理分配财富、提升社会自治能力、每个人都有意愿也有能力过一种整体性的好生活。政治是相关于权力的观念、制度、体制和行动,如若把政治仅仅界定为获取权力的技艺,而不问权力的用处和用法,那定是把权力置于政治之上,用手段代替目的,如果用政治去分割和约束权力,就必须把权力定义为:权力是可以排除各种抗拒以贯彻其意志而必问其正当性基础为何的可能性。当把目的之善和正当性意识贯彻到治理、管理与公共议论中,一种真正朝向正确和正当的公共舆论才能生成。

第二,知识论。在现代性场域下,全球治理、国家治理和社会管理呈现出整体性、复杂性和冲突性等特点,如若实现一个有效的管理和治理、追求一个正当的公共舆论,就必须具备足够的知识,包括事实知识和道德知识两个方面。事实知识是对公共政治事件发生的起因、过程、性质、效应等方面内容的准确把握;道德知识是对公共政治事件的伦理性质进行判断和推理时所必须具备的知识,如正当、正义、责任、归责;相对命令、绝对命令;伦理冲突、无法归责的道德承诺等等。没有相对完善的道德知识就难以作出有充分根据的道德判断和推理。

第三,实践论。观念和知识是行动的两个必要前提,但由观念内化于行、由知识进到判断则是一个极为复杂的过程。将观念和知识导之以行的关键因素,就是公共理性,它既是一个价值目标又是实现目标的能力。作为公共精神的"社会有机体"或好社会乃是人们在信念、认知、情感和意志上的共同感和共通感。康德称之为"普通的道德理性知识",把拥有且能够充分运用普通的道德理性知识的人称为"有理性而无偏见的观察者":"一个有理性而无偏见的观察者,看到一个纯粹善良意志丝毫没有的人却总是气运亨通,并不会感到快慰。"①在"逐渐形成普遍的社会物质变换、全面的关系、多方面的需要以及全面的能力的体系"的场域下,价值共识和公共理性到底具有怎样的规定呢?"政治社会,以及事实上每个合理和理性的行为体,不管是个人、家庭,或者社团,甚至某种政治社会的结盟,都有明确表达其计划,将其目标置于优先秩序之中,以及相应地作出决策的方式。政治社会这样做的方式就是它的理性。它做这些事情的能力也是它的理性,虽然是在不同的意义上:它是一种知识和道德权力,扎根于人类成员的能力之中。"②罗尔斯在指出了公共理性作为一种实践能力之后便明确规定了公共理性所指向的对象:"公共理性在三个方面是公共的:作为公民的理性,它是公众的理性;它的目标是共同的善和基本正义问题;它的性质和内容是公共的,因为它是由社会的政治正义概念所赋予的力量和原则,并且对于那种以此为基础的观点持开放态度。"③但也必须充分地看到,在中国改革开放的过程中,受传统思维的影响,社会上的一些部门和极少数人也出现了一些错误的认识,错把任性当自由,错把随意当民主。矫正、改造过往社会的陈旧观念和直觉思维,而成为充分且公开运用理性进行行动和评价的人,需要一个艰苦的自我更新、自我改造的过程。

  其次,伦理生态建设的重要意义。生态概念是否包含和谐含义? 在

---

  ① [德]康德:《道德形而上学原理》,苗力田译,上海人民出版社1986年版,第42页。

  ② [美]罗尔斯:《公共理性的观念》,载《协商民主:论理性与政治》,詹姆斯·博曼、威廉·雷吉主编,陈家刚等译,中央编译出版社2006年版,第68页。

  ③ 同上书,第68—69页。

扩展的意义上,或在现代生态学的意义上,生态乃指生物的存在状态及其展开方式,以及不同生物之间的相互嵌入、相互支持、互为条件、共在共生的内在关联。伦理生态是指个体、组织、民族、国家之间相互嵌入、互为条件、共在共生的内在关联。这种关联不是自在的而是自为的,是个体、组织和国家在积极的行动中构建出来的,因此,任何一个生存和生活于其中的个人和组织都有责任来维护这个关联。若以个体为原点界定和规定这个关联,那么伦理生态就表现为个体与社会、个体与个体、个体与自身三种联系,由此决定,他也就担负着三重道德责任。在代内伦理的范围内,伦理生态对每一个在世的人都有着直接和间接的意义;在代际伦理的框架下,当下的伦理环境为下一辈人准备着伦理基础。在伦理生态中,"舆论场"是一个极为重要方面,它是不同主体就某个具体公共事件所表达出的判断、意见、建议、立场和观点,由于被议论的公共事件具有多面性,更由于人们对公共事件的发生、扩展、演变不能做到信息周全,判断、议论者可以找到多个角度、站在不同立场进行争论,这就构成了一个或相合、或矛盾、或冲突的舆论空间。正是在持续的、激烈的争论和辩论中,真理与谬误才能逐渐被确证出来。一个健康的充满正义的"舆论场"不是只有一种声音、一种立场,每个表达者都必须有对正义的追求,每个人也必须确信,别人也如我一样,在尊重事实的基础上,获得正义本身,或接近正义的"真相"。而要做到这一点,无论是个体还是群体,都要在正义与道德宽容之间找到一个平衡点,力争成为一个充分且公开运用理性的旁观者、言说者和行动者。

至此,我们相对完整地论述了现代性场域下公共舆论生成和表达的认识基础和社会根源,指明了广阔的社会活动空间,蕴藏着人们都是目的而不仅仅是手段的先天实践法则,它有可能将这种法则发展成为以自由、平等为核心价值的公共精神;这种精神有将其自身扩展到政治生活和私人生活的可能性。但由于公共生活中的自愿平等原则、自由负责精神是非强制性的,并非依靠外在的强制性力量而推行的,同时,以追求利益最大化为目的的资本,以支配和监督为职能的权力,都有可能将其自身嵌入到公共交往和公共生活中来，从而解构公共舆论。

生态文明和社会文明，都是源出于个体和类对好生活的追问和追寻，是通过人的理智德性和道德德性而实现的充满价值和意义的和谐状态；人的诸种精神元素以及由各种元素有机构成的精神世界，既是生态文明和社会文明得以发生的初始性力量，同时又是二者共同发展所要实现的终极目的。因此，个体和类在精神文明向度上所积累的资源、所达到的高度，才是人类文明新形态的坚实基础和最高体现。那么，中华伦理文明之精神文明新形态究竟具有何种形态、何种程度呢？新形态的精神文明该如何生成和运用呢？

四、精神—精神文明—精神伦理文明

由社会转型所引起的伦理基础变迁及伦理基础重建，本质上属于人的精神世界或精神生活范畴；表面看来，社会转型是引起伦理基础变迁的直接原因，但人的精神世界或精神生活的预先改变又是引起社会转型的原因。实际情形则是，人的精神世界、精神生活与社会结构的构造、转型是相互嵌入、相互推动的。然而，在这种相互嵌入中，人的精神世界、精神生活却总是主动的因素，缺少了推动社会转型的意识、理性、情感、意志和行动，那么任何一种社会转型都不可能发生；反之，精神世界和精神生活中也有诸多保守的甚至是惰性的元素，它们阻止着人类的任何一种创新活动。人的精神世界具有创新与保守两个方面的元素，哲学起于惊异，而追求新生事物又往往起于好奇，面对不知、少知甚至是未知事物，人类总是充满了好奇，人类总是试图创造新事物来满足求新、求变的要求。求新、求变既是人的认识论和知识论需要，更是人的生存论需要；而推动社会转型正是实现这些需要的最为根本的道路。人的精神世界、精神生活是如何引发社会转型的，而社会转型的原始发生及其历史演变又如何引起了人的精神世界、精神生活的变化，构成了"社会转型与伦理变迁之精神哲学原理"的核心内容。

1. 精神世界、精神生活的原初结构及其运行逻辑

不同的个体之间在精神世界中存在差异,不同民族之间也同样如此;然而,不同个体和不同民族之间又是可交流、可交往的,这是最基本的社会事实,如若没有这一点,那么人类在产品、情感和精神上的交流史就决不可能发生。那么可交流、可交往的精神基础在哪里呢? 这个基础就在他们共同的精神世界里,在他们精神世界的公共性里。事实表明,不同个体和民族之间在精神世界里的共同性、公共性和特殊性、差异性,是导致他们之间能够交流而又经常发生矛盾和冲突的原因;尽管他们的精神世界的原初结构是相似甚或相同的,但运用精神要素进行思考、选择和行动的方式却又各不相同。基于构建"社会转型与伦理变迁之精神哲学原理"的需要,预先标画出人的精神世界、精神生活的原初结构,是必要的,也是可能的,如若没有这样一个原初结构的预先构造,便不可能了解社会转型与伦理变迁的精神面向。

(1) 作为公共性存在的精神与精神的公共性

由人的本质所决定,在人的实际生活中,并不存在公共性的有无问题,存在的只是公共性的多少和实现方式问题。考察公共性的原始发生有两个基本的路径:系统论的奠基;生成论的奠基。前者讨论的是公共性何以可能的问题,亦即根据问题;后者研究的是公共性如何可能的问题,亦即环境与条件问题。在系统论奠基的视野内,公共性的需要奠基于人的片面性和非自足性之上;在生成论奠基的框架内,公共性表现为通过交换、交往,简言之通过合作所产生的"合作剩余"。"合作剩余"是公共性的重要标志,同时也是人的丰富性、全面性和多样性的重要表现。人类发展史就是一部不断创造公共性和实现公共性的过程,实质上,公共性的生成论奠基乃是系统论奠基的历史展开形式,这种历史展开主要有机械和有机两种方式;而就公共性的表现形态看,有经济形态、政治形态和文化精神形态三种形式,经济形态的公共性是基本的,政治形态的公共性是核

心的,精神形态的公共性乃是终极的。无论何种形态,公共性的内容便是公共价值,而生成公共价值必须公开且充分运用公共理性。在市场社会,三种形态的公共性具有逻辑上的一致性。在世界历史交往不断普遍化和深化的背景下,尽管经济的和政治的公共性存在着诸多问题,但精神形态之公共性的危机却是根本性的、全局性的。

我们试图用"原始发生"这样一种方法描述精神形态的公共性问题,这是一种为着把握精神形态的公共性而进行的奠基工作。就精神形态之公共性的原始发生看,有两种不同但相互关联的发生道路:一是,在人的精神结构中存在着精神共同性,这是一种系统的奠基工作,其理论旨趣在于言说人的精神公共性是何以可能的;二是,人类拥有依照这种精神共同性创造精神公共产品从而创造精神公共价值的愿望和能力,这是生成论的奠基工作,其理论旨趣在于陈述人的精神公共性是如何可能的。

在生活的意义上,在过一种好生活的视野下,每一个体都是价值性的存在物,即需要着因而必须满足着的存在物。而在诸种能够满足需要的价值中尤以三种善为最基本:身体之善(健康、强壮、健美、敏锐)、外在之善(财富、高贵出身、友爱、好运)和灵魂之善(节制、勇敢、正义、明智)。作为自致地位,外在之善是非得经过主体的努力才能获得的,但却不必然获得,它们取决于他者的意愿和意志。唯有灵魂[1]之善才是自主和自足的,也才是属人的善。借助灵魂之善,人们构筑了一个出于自我但却包容他者于其中的精神世界,这是一个最大化的"合作剩余",它既为人们的精神需求提供精神产品,更为人们的生产、交往和生活提供意义支撑。在

----

[1] 关于灵魂及其与精神的关系问题是哲学也是伦理学中的最为艰深也是十分重要的问题,尽管已有若干讨论,但依然感觉扑朔迷离,莫有定论。亚里士多德总结了其前人关于灵魂的讨论,并在《论灵魂》和《尼各马可伦理学》中充分论证了灵魂的特征、内涵与构成;笛卡尔在《谈谈方法》和《形而上学沉思》中集中讨论了心灵与身体的关系,构成心灵的诸多元素;黑格尔在《精神现象学》《精神哲学》中;赖尔在《心的概念》、罗素在《心的分析》中、依本·西那在《论灵魂》、米德在《心灵、自我与社会》中,分别探讨了灵魂问题。关于灵魂、心灵与德性的讨论,我们将在"走向心灵和历史深处的道德哲学"中的"心灵与德性"部分深入而细致地讨论。

人类生活的意义上可以说,精神世界是必然要存在的,不同的只是人们构成精神世界的途径与方式,以及不同类型的精神世界于人们生活的意义。

精神世界以物为其基础,因为构造精神世界的单个的人都是具有一定重量、体积以及生命力的实体,笛卡尔说,尽管"我思""我怀疑""我想象"是区别于我与他物的根本,但仍以"我存在"为前提。但精神却并不直接是实体,而是某种不可视见但可言说的事实,这种事实既是实体某些功能的充分运用,又是这种运用所产生的效用。感觉、知觉、表象、判断、直觉、意识、意向、喜怒、哀乐、爱恨,等等,均属精神现象。这些精神现象分别存在于每一个体之中,它们不可能像一般的物那样以视觉对象的形式摆放在那里,成为公共性的存在,一如产品那样。但它们却又可交流、可言说,好像人们都可以看见所交流的内容似的。不可识见但却可交流,完全得益于每一个体的认识和悟性。正是每一个体在认识和悟性上的相似形甚或相同性,才使得交流能够顺利进行。共同感、共通感,想象力、推理,是人们能够相互理解、沟通、合作的情感基础和理性基础。

（2）心灵、灵魂与精神

在日常的意义上,人们会不加区分地使用"灵魂"与"精神"两个范畴,似乎它们是通假关系。依照黑格尔的思想,灵魂被包涵在精神中,是精神的关键元素:"灵魂不仅就自身说是非物质的,而且是自然界的普遍的非物质性,是自然界的简单、观念的生命。灵魂是实体,是精神的一切特殊化和个别化的绝对基础,所以精神在灵魂里拥有其规定的全部质料,而灵魂则始终是精神的规定中遍及一切的、同一的观念性。但是,灵魂在这种还是抽象的规定中仅仅是生命的睡眠;——亚里士多德的那个按可能性是一切东西的被动的理性（"奴斯"）。"①若这种睡眠的、被动的理性尚处在潜在的状态或未展开的状态时,它就一定不具有现实性,因而就不成为精神。精神是灵魂的现实的展开方式及其业绩。关于灵魂的研究构成人类学,对精神的探索成为精神现象学或精神哲学。每个平常的人时

---

① ［德］黑格尔:《精神哲学》,杨祖陶译,人民出版社 2006 年版,第 39 页。

时刻刻都在运用着灵魂,也构成着精神,但他们不会去研究什么是灵魂,更无须知道什么是精神,于他们而言,只要能够正常地使用灵魂,只要有精神,从而过上相对为好的生活,便就是一切了。哲学家、思想家则不同,他们不能停留于日常意识的水平上,他们要殚精竭虑地知晓那个让人着迷的灵魂,要明白那个纷繁复杂的精神。这不是个体的需要而是人类的使命,哲学家和思想家总是以人类的名义追寻着各个领域的普遍性,追寻普遍性①成了各种"家"的命运。

精神现象学或精神哲学要追寻那个精神中的普遍性。"如果我们稍微更仔细地考察精神,那我们就发现精神的最初的和最简单的规定就是:精神是自我。自我是一个完全简单的东西、普遍的东西。当我们说自我时,我们想到的大致是一个个别的东西;但因为每个人都是自我,从而我们只是说出了某种完全普遍的东西。"②然而这个普遍性还是一个抽象的普遍性,只是把人人都有的相似形或共同性特征抽取出来加以规定而已,而就每一个自我而言,还是简单的,仅仅是自我内部的丰富性:"A.自在的或直接的;这样它就是灵魂或自然精神,——人类学的对象。B.自为的或间接的,还作为在自己内和在他物内的同一的映现;在关系或特殊化的精神;即意识,——精神现象学的对象。C.在自己内规定着自己的精神,作为自为的主体,——心理学的对象。意识在灵魂中觉醒;意识设定自己为理性,直接对自己进行着知的理性觉醒了,他通过自己的活动向着客观性、向着对自己的概念的意识解放自己。"③自我起于自己,起于心意以内的由己性,向着他者外化自己,然后再涵着他者回到自身,于是,自我实现了自己,丰富了自己,使自己不单为自己活着,也向他者存在。这就是每个以自我称谓的个人所尊重、遵循的使命。在精神哲学的意义上,自我经

---

① 普遍性就是"一":有形而上的"一",也有形而下的"一"。"道"就是"一",但又不止于那个具体的"一"。"故恒无欲也,以观其妙;故恒有欲也,以观其徼"。"其",乃"道"也。形上之"道"乃不可言说,但能观其妙;形下之"道"便是可言说、可交流之"道":治理之道、经商之道、教学之道、交友之道。

② [德]黑格尔:《精神哲学》,杨祖陶译,人民出版社2006年版,第14页。

③ 同上书,第33页。

历了主观精神—客观精神—绝对精神的过程:"Ⅰ.在与自己本身相联系的形式中,在它的这个形式的范围内,对于它来说,理念的观念的总体,即那个是它的概念的东西,成为它的,而且在它看来,它的存在就是在自己内存在,即自由地存在,——这就是主观精神。Ⅱ.在实在性的形式中,即在作为一个必须由它来产生和已被它产生出来的世界中,在这个世界里自由是作为现存的必然性出现的,——这就是客观精神。Ⅲ.在精神的客观性与它的观念性或它的概念的自在自为存在着的和永恒地产生着自己的统一中,即精神在其绝对的真理中,——这就是绝对精神。"①

　　每一个体作为现实的自我在展开其精神时,首先是在自我构造的主观(或主体)世界内进行的。关于于个体而言的世界来说,西方主流形态的哲学似乎都坚持心与物的二分法,②由身体及其与身体有关的各种欲

---

　　①　[德]黑格尔:《精神哲学》,杨祖陶译,人民出版社 2006 年版,第 27 页。

　　②　笛卡尔在"我思,故我在"的命题中,尽管强调我思的重要性,但也没有否认我的先在性。"等我一旦注意到,当我愿意像这样想着一切都是假的时候,这个在想这件事的'我'必然应当是某种东西,并且觉察到'我思想,所以我存在'这条真理是这样确实,这样可靠,连怀疑派的任何一种最狂妄的假定都不能使它发生动摇,于是我就立刻断定,我可以毫无疑虑地接受这条真理,把它当作我所研求的第一条原理。"在我在与我思之间,我思更是决定性的方面。"然后,我就小心地考察我究竟是什么,发现我可以设想我没有身体,可以设想没有我所在的世界,也没有我所在的地点,但是我不能就此设想我不存在,相反地,正是从我想怀疑一切其他事物的真实性这一点,可以非常明白、非常确切地推出:我是存在的;而另一方面,如果我一旦停止思想,则纵然我所想象的其余事物都真实地存在,我也没有任何理由相信我存在,由此我就认识到,我是一个实体,这个实体的全部本质或本性只是思想,它并不需要任何地点以便存在,也不依赖任何物质性的东西;因此这个'我',亦即我赖以成为我的那个心灵,是与身体完全不同的,甚至比身体更容易认识,纵然身体并不存在,心灵也仍然不失其为心灵。"但"我发觉在'我思想,所以我存在'这个命题里,并没有任何别的东西使我确信我说的是真理,而只是我非常清楚地见到:必须存在,才能思想;于是我就断定:凡是我们十分明白、十分清楚地设想到的东西,都是真的。"我存在是我思的必要条件:无之不能思想,没有我在这个实体,我思便没有了根基;但若没有我思,我在也就不是属于我的存在。我思建基于心灵之上,而心灵又依托于身体之上。[参见《西方哲学原著选读》(上),商务印书馆 1981 年版,第 368—370 页]笛卡尔的身心二元论,被后人所误解,甚至始终被后人诟病、遭受严厉批判。而事实上,在身心结构问题上,在心灵、灵魂的诸多功能及其发挥问题上,后人并没有提供比笛卡尔更多的东西,相反,倒是因为后人于沉思深度和高度上远不及笛卡尔,而未能将他的心灵哲学的深意开显出来。我们在这里只想初步指出,如要正确理解笛卡尔的心灵哲学,必须运用现象学还原和本体论还原这两种方法。康德也把人的世界分成二重世界:本体界和现象(经验)界:"道德法则虽然也并(转下页)

望构成的世界可称为物质的世界，由心灵及其与心灵有关的情感、理性、知性、判断、推理、思索构成的世界可称为精神的世界。在事实的意义上，前者也可称为物理事实，后者可称为心理事实。作为物理事实，人的身体以及身体的各种运动存在于时空之中，是自己和他者可以识见的，因而是公开的，它服从物理世界的机械法则。"心灵却不存在于空间之中，它们的活动也不服从于机械法则。一个心灵的活动无法为其他的观察者目睹，它的一生是私密的。只有我自己才能对我自己的心灵的状态和过程有直接的权威性的认知。因此，一个人的一生有两部并行的历史，一部历史由他的躯体内部发生的事件和他的躯体遇到的事件所构成，另一部历史由他的心灵内部事件和他的心灵遇到的事件所构成。前一部历史是公开的，后一部历史是私密的。前一部历史中的事件是物理世界中的事件，后一部历史中的事件是心理世界中的事件。"[1]尽管由笛卡尔和康德所倡导的两个世界理论受到赖尔的强烈批判，[2]但对于研究人的心灵以及由

_____

（接上页）不能给我们提供任何展望，却拿出一个绝对不能用感性世界中任何与件、绝对不能用我们理性的全部理论的应用范围来解释的事实——这个事实就指出一个纯粹悟性世界，甚至还把这个世界肯定地规定出来，而使我们认识到有关它的某些事情，即法则。这个法则就给予作为感性自然的感性世界（就有理性的存在者而言）以悟性世界形式，即超感性存在形式，而同时并不致破坏前世界的机械作用。但是最广义下的自然就是受法则所控制的事物的存在。一般有理性的存在者在感性世界的存在乃是指他们在受经验制约着的法则之下的存在而言，这种存在在理性看来就是他律。反之，同样存在者在超感性界的存在乃是指他们合乎不依任何经验条件的那个法则的存在而言，因而属于纯粹理性的自律。而且那些单靠认识就可以使事物存在的法则既然有实践力量，所超感性的存在（就我们能设想它而言）就外乎是受纯粹实践理性的自律所控制的一种存在。但是这个自律法则就是道德法则，因而道德法则就是一个超感性存在和一个纯粹悟性世界的基本法则；这个世界的副本必然存在于感性世界之中，但是并因此损害了这个世界的法则。我们可以称前一个世界为原型世界，这个世界，我们只能在理性中加以认识，至于后一个世界，我们可以称它为模型世界，因为它包含着可以作为意志动机的第一个世界的观念之可能结果。因为事实上道德法则就把我们置于一个理想领域之中（在那里，纯粹理性如果赋有充足的自然力量，就产生最高的善），并且决定我们的意志给予感性世界以一种形式，使它仿佛成了理性的存在者所组成的一个全体。"参见《实践理性批判》，关文运译，广西师范大学出版社 2002 年版，第 31—32 页。

　　① ［英］吉尔伯特·赖尔：《心的概念》，徐大建译，商务印书馆 1992 年版，第 5 页。

　　② 赖尔在《心的概念》一书中，把以笛卡尔为代表的身心理论称为"官方"学说，并用了一章的篇幅质疑"笛卡尔的神话"，说这种"官方"学说是"荒谬"的，是"范畴错误"。而在我看来，即便这种"官方"学说有着某种错误，也仍不失为一种可资借鉴的理论。参见该书，第 4—20 页。

心灵所构成的精神世界具有不可多得的价值。在日常观念中,甚至在一些哲学工作者那里,心灵与灵魂是无区别的,亚里士多德则做了细分,心灵是灵魂中最高级的部分,类似于理性或理智。①他在《论灵魂》和《尼各马可伦理学》中都论述了灵魂问题。在总结前人关于灵魂研究的成果的基础上,②把灵魂视为躯体的实体:"灵魂是在原理意义上的实体,它是这样的躯体是其所是的本质。"③"灵魂在最首要的意义上,乃是我们赖以生存、赖以感觉和思想的东西,所以灵魂是定义或形式,而非质料或载体。我们已经说过,实体有三种意义,形式、质料以及这两者的结合。其中质料是潜能,形式是现实。由于两者的结合物是有生命的东西,所以躯体并不是灵魂的现实,相反,灵魂是某种躯体的现实。"④灵魂虽不是某个具体的能力,但却是现实的能力,是诸多能力的综合运用。有些生物的灵魂只表现为一种,或几种,而人的灵魂则表现为营养、欲望、感觉、位移以及思维能力。而思维或思想能力是人在灵魂意义上把自己和其他动植物分别开来的根本。亚里士多德在《尼各马可伦理学》第二卷第 5 章又更加明确地论述了灵魂,不过是在论德性的意义上进行的:"既然灵魂的状态有三种:感情、能力与品质,德性必是其中之一。感情,我指的是欲望、怒气、恐惧、信心、嫉妒、愉悦、爱、恨、愿望、怜悯,总之,伴随着快乐与痛苦的那些情感。能力,我指的是使我们能获得这些感情,例如使我们感受到愤怒、痛苦或怜悯的东西。品质,我指的是我们同这些感情的好的或坏的关系。"⑤那我们是如何具有灵魂,又是如何让灵魂充分实现其各种能力的

---

①　亚里士多德在《论灵魂》第三卷第 4、5、6 章专门讨论了心灵以及心灵与灵魂的关系,因与本书无直接关系,故不拟详述。参见《亚里士多德全集》第三卷,苗力田主编,中国人民大学出版社 1992 年版,第 75—80 页。

②　《论灵魂》共分三卷,第一卷集中总结了前人的研究,第二卷和第三卷集中阐述了自己关于灵魂的思想。

③　《亚里士多德全集》第三卷,苗力田主编,中国人民大学出版社 1992 年版,第 31 页。

④　同上书,第 35 页。

⑤　[古希腊]亚里士多德:《尼各马可伦理学》,廖申白译,商务印书馆 2003 年版,第 43—44 页。

呢? 亚里士多德和康德都以自然目的论的假设给以回答,有些能力是不学而能的,而大部分则是学而时习之的,"德性在我们身上的养成既不出于自然,也不是反乎自然的。首先,自然赋予我们接受德性的能力,而这种能力通过习惯而完善。其次,自然馈赠我们的所有能力都是先以潜能形式为我们所获得,然后才表现在我们的活动中"①。"在一个有机物、一个与生活目的相适应的东西的自然结构中,我们发现这样一个基本原则,就是在这里面没有一个用于一定目的的器官,不是与这一目的最相适合的、最为便利的。"②亚里士多德和康德的这种自然目的论思想既为我们研究人的各种潜能、品质和能力提供了哲学假设,也为我们分析人的精神世界提供了理论基础。

当然,我们的目的不仅仅是梳理中外有关构成人的精神及精神世界之诸多元素的各种哲学的、心理学的、宗教学的乃至文化人类学的思想,更重要的是如何运用这些思想,以现象学的方式直观人的精神及人的精神世界,进一步地呈现人是如何生成精神公共性的,在现代性语境下,三种形态的公共性又是如何相互嵌入,如何构造,又是如何解构的,这种构造与结构于人们的好生活意味着什么。

在康德看来,人的心灵有两个先天原则:认识官能和欲望官能。③事实上,除了认识与欲望之外尚有其他的潜质,如感觉、情感等等,但以认识和欲望为最主要。欲望是被把握在表象中的需要,而需要则是有生命者的不足、匮乏、饱和、过量状态,以及为着解除这些状态而产生的占有和释放(表达)两种指向。只有感觉到且意识到了的需要才是欲望,欲望是现实的需要,而需要则是潜在的欲望。若是没有了欲望,人的一切行动便失去了动力,欲望推动着人去做他想做也愿意做的事情。对欲望以及与欲望有关的事项的表象,构成了人的内部视阈,而表象自身的意识也就成了

---

① [古希腊]亚里士多德:《尼各马可伦理学》,廖申白译,商务印书馆 2003 年版,第36 页。

② [德]康德:《道德形而上学原理》,苗力田译,上海人民出版社 1986 年版,第44 页。

③ 参见康德:《实践理性批判》,关文运译,广西师范大学出版社 2002 年版,第9 页。

自我意识;直观自身的"心意"的直观也就成了内部直观。而无论是自我意识还是内部直观均无须使用先天感性直观形式,即时间和空间。但人不可能自我供给和自我满足,他必须依赖外界,需要人的认识官能为人提供着事实性知识和价值性知识。而无论何种知识都是以表象的形式存贮下来的,通过被给予性,人把人之外的世界统摄到自己的表象中。而这种统摄乃是因了人的两种"天赋":一是先天感性直观形式,即时间与空间;二是先天综合形式。知性无感性则空,感性无知性则罔,而理性则用范畴处理杂多的感性,以便给出合乎逻辑的知识体系。通过图像化的过程,世界被表象在观念中,意识无非是被把握在观念中的物质的东西而已,而把握的过程便是构造的过程,不是人构造了"物自体",而是构造了关于物自体的知识,这就是规律、逻辑的被给予性。理性、智慧、思想乃是人的精神世界中的最高级部分,可谓精神世界中的精神。亚里士多德、康德和黑格尔对理性、理智、精神、思维、思想的重要地位都给以高度重视。情感世界构成人的精神世界中的非理性部分。人的情绪、感情、意愿、动机、目的、愉悦、怨恨等等,均发源于此。基于诸种情感形式之上的体验构成了人之精神生活中的基本内容,而诸种体验又进一步地决定着行动者的态度、情感取向。

　　简约地说,人的精神世界就其层次和内容构成看,乃由欲望、情感和理性构成,而这三个方面恰与康德的三个理性问题相对应:"我们理性的一切兴趣(思辨的以及实践的)集中于下面三个问题:1.我能够知道什么?2.我应当做什么? 3.我可以希望什么?"①第一个问题是知识论的,第二个问题是道德论的,第三个问题是生存论的。这些问题要么以内直观的形式被行动者感觉到或意识到,要么以理论的方式被理性模型化或模式化。当然,在日常生活的意义上,每个人都不会将自己的内部世界或主观世界或精神世界明晰化为三个问题,而是以浑然一体的形态呈现在内直观中。这个精神世界向其拥有者本身敞开着,而对他者则是关闭着的,除非拥有者通过言行传达他的心灵信息,否则,其心灵地图于他者而言就像一部天

---

① ［德］康德:《纯粹理性批判》,邓晓芒译,人民出版社 2004 年版,第 611—612 页。

书。除了行动者有不愿、不便向他者"敞开心扉"之外，更重要的是，人与人之间、心灵与心灵之间的交流或沟通才是最困难的事情。虽说每个人都有自己相似的灵魂、心灵或精神世界，但其间的差距却是不容否认的。除去遗传的因素，根本的原因在于后天的实践。人通常是怎样想、如何行才使他如此这般。人的心灵就如同一个拾荒者，随着生活这条河流不断地宽阔和厚重而不断地丰富和饱满，以至于内部视阈与外部视阈不断交织在一起，直至形成愈来愈丰富的内心世界。

人的心灵若始终处在孤寂的状态，那么人的精神世界也必定是孤独的。然而人注定是要过集体生活的，因为，为着解决需要的多样性与其能力的有限性的矛盾，每个人必须敞开自己的主观世界与同类的他者进行交换（物品）和交流（情感与精神）。这种交换与交流不仅仅是生活意义上的，更是交往意义上的。在生活的意义上，通过精神交流所能提供的价值物表现为三个方面，一是以物为载体的精神价值物，如音乐、绘画、知识、理论。这种以物为载体的精神价值物，是通过精神生产活动完成的，较之物质生产活动，精神生产要复杂得多，也困难得多，它需要生产者要有强烈的社会责任感和强大的心智力量。精神生产者必须起于心灵的个别性而达于精神的普遍性，只有将有差异的心灵在精神的普遍性中联结起来，精神产品才会有价值和意义。精神产品作为物的形态的精神公共性，一经生产出来便具有了超越时空的特性，可以为多人多次消费，具有明显的开放性，只要精神需求者愿意且有足够的心智力量享用精神产品，它们就会对你有价值和意义。精神价值物的第二种形态是规则系统。就其职能或使命而言，任意一种规则，要么是用于分配资源的，要么是用来规约人的观念和行为的。无论是经济形态的公共性，还是政治形态的公共性，其根源固然在于经济活动和政治活动本身，但用于统摄经济活动和政治活动的规则，却一定来源于人的心智力量亦即理论理性和实践理性。根源不同于来源，任意一种规则都得经过人的心智力量的构造或创设，这便是世界的被给予性。被给予性不等于被生成性，把先天存在于本体之中的"先天法则"呈现出来，此乃理论理性和实践理性的使命。"约束性的根据既不能在人类本性中寻找,也不能在他所处的世界环境中寻找,而是完全要先天地在纯粹理性的概念中去寻找。"①即便先天法则是必然的,也得经过纯粹理性的发掘和呈现,经过实践理性的实践,而这些都得依赖于基于心灵之上的共通感或共同感,这种共同感才是精神形态之公共性的人性基础,它决定了法则的普遍有效性。即便像经济公共性和政治公共性,其来源并非在其自身,而是心灵的共同性。经济与政治本身并没有"一",它们所具有的只是"多",是人们的心灵把"一"赋予到"多"中。只因有了这个"一",一切个别才可以公度,可以比较,可以互换。精神价值物之第三种形态乃是仪式、过程,宗教仪轨、巫术仪式、诸种礼仪,包括日常交流。这些仪式和过程所传达的乃是精神世界的某些信仰、信念、禁忌、敬仰,是对某些美好事物的向往。而这些不能识见但却可以想象的内容,依然得益于心灵的诸种功能。这些精神内容为人们的生产、交往和生活提供着坚实的意义支撑。人类不但专心致志地创造着属人的物质世界,更是殚精竭虑地创造着精神世界,一种合理的社会和一种好的生活,应该是两个世界之间的和谐,进言之,就是心灵之序与世界之序之间的和谐。然而,公共性问题于人类而言始终是一个问题,有些是普遍的,任何一种社会形态都会遇到;有些是特殊的,是几个社会形态遇到的;有些是个别的,是某个社会形态遇到的。在资本之世界运行逻辑的推动下,一种世界性的市场社会被建构起来,于是,公共性问题尤其是精神公共性危机就变成了世界性的事情。

（3）作为问题的精神公共性:现代性的视野

我们直觉到的一个历史事实是,人类始终致力于构造物质世界和精神世界相和谐的社会,但似乎从未出现这样一个理想的、完满的社会,出现的总是有问题的社会。三种形态的精神公共性及其论证乃是我们分析社会的一个理论框架和学科视野,亦即价值哲学的立场。然而如果我们舍弃了历史学(时间维度)和社会学(空间维度)的视角,那么价值哲学的

---

① ［德］康德:《道德形而上学原理》,苗力田译,上海人民出版社1986年版,第37页。

分析就必然是空洞无物的。

我们既不能沉浸在对过往生活的怀旧中，更不能徜徉于对未来社会的幻想里。只有坚实地立足于现实的大地才能说清楚自己，只有明白自己才有可能明白他者。我们处在现代社会，这是毋庸置疑的事实，作为社会事实，它是我们研究现代公共性的出发点。现代社会有三根支柱：欲望的神圣激发，它构成了动力因素；市场经济的发现和运用，它构成了环境；科学技术的广泛使用，它构成了手段。当动力、环境和手段被并置在一切的时候，一个由资本的运行逻辑所推动的全面的现代化运动就开始了。这就是现代社会的基本图景。近代的市场社会乃是一个包含着巨大冲击力的社会设置，首先它创造了一个庞大的经济公共性——财富；其次，创造了一个追求自由与民主、平等的政治世界。也许，经济形态和政治形态的公共性过分强大，才造成了社会结构的畸轻畸重：经济与政治的全面覆盖，造成了生活世界的压缩现象；全面的祛魅使宗教、信仰、巫术、禁忌全无藏身之处，一个全面的裸化世界向人们走来；高雅与神圣、圣洁与敬拜，只有还原为或被压缩为物质的、生理的，简言之是低级的需要才会被过问。这倒不是因为人类不再需要一个精神世界和精神公共性，而是强大的经济公共性和政治公共性将原有的精神公共性解构掉了，出现了信仰危机、信用降低。而从微观处着眼，精神公共性的解构则表现为他者解构和自我解构两种类型。

第一，共同体的解构与现代社会的生成。由欲望、情感和理性构成了相对完满的灵魂，这对每个人大抵是相同或相似的；对不同时代的人们也大致是一样的。那么由不同时代的人们所建构的精神世界或精神公共性怎会如此不同？根本原因在于人们不同的生产方式、交往方式和生活方式，总之在于这些方式的规范化形式——社会结构。中国传统社会的结构是家国同构，其间并无现代意义上的社会。在传统中国社会，家与国之间具有双向互逆结构，而家又具有逻辑优先性：虽说无国可能无家，但无家一定无国。家，包括家庭和家族，以及家的扩展形式，即村社。即使在今天，村社里的人们依然按照血缘式的关系相互称呼。由家庭、家族和村社构成的领域就是共同体，它既是一个社会空间又是一个生活空间。只有当社会和生活没有界限甚至完全重叠的时候,真正的共同体才会产生。借助于通行有效的儒家伦理,人们把适用于共同体的规则成功地扩展到了国的领域:君臣如父子。而维系不同地位和不同角色的人们的规则,乃是那些基于同质意志之上的规则系统。这就为人们构造一个共同的精神世界奠定了一个坚实的基础,且这个精神世界是立体的:精神产品、过程仪式、规则系统。这个由产品、仪式和规则构成的精神世界又为人们的生产、交往和生活提供着支撑和解释,因为精神世界乃是一个自足的系统,具有足够的自我解释能力,又具有足够的自治能力,它使得生活在这个精神共同体中的人们具有高度的认同感和归属感。这种认同感和归属感弥补了因财富短缺所导致的物质世界十分简单的不足。这似乎是一个不容否认的历史事实,一个饱满的精神世界可以和一个简单的物质世界有机地组合在一起,却又不使生活世界显得苍白、无力。但这种畸轻畸重的组合方式也使得这个精神共同体具有自身的脆弱性:精神上的公共性是以个体的无个性、无创造性为代价的,因为只有失去个性或没有个性才能被各种共同体所接纳。

市场社会的建立与发展,在社会结构上的一个直接后果,就是生成了一个广阔的现代意义上的社会。黑格尔认为:"市民社会是处在家庭和国家之间的差别的阶段,虽然它的形成比国家晚。其实,作为差别的阶段,它必须以国家为前提,而为了巩固地存在,它也必须有一个国家作为独立的东西在它面前。此外,市民社会是在现代世界中形成的,现代世界第一次使理念的一切规定各得其所。"①现代社会不仅仅是一个物理空间,更是一个社会空间,它含有三个环节:"第一、通过个人的劳动以及通过其他一切人的劳动与需要的满足,使需要得到中介,个人得到满足——即需要的体系。第二、包含在上列体系中的自由这一普遍物的现实性——即通过司法对所有权的保护。第三、通过警察和同业公会,来预防遗留在上列两体系中的偶然性,并把特殊利益作为共同利益予以关怀。"②现代社会

---

①　[德]黑格尔:《法哲学原理》,范扬、张企泰译,商务印书馆 1979 年版,第 197 页。
②　同上书,第 203 页。

把人们从先前的共同体中解放出来，将其置于全面需求和全面依赖的体系之中，它以个人为出发点，中介于普遍性，又达于个人的特殊性："每个人都以自身为目的，其他一切在他看来都是虚无。但是如果他不同别人发生关系，他就不能达到他的全部目的，因此，其他人便成为特殊的人达到目的的手段，但是特殊目的通过他人的关系就取得了普遍性的形式，并且在满足他人福利的同时，满足自己。由于特殊性必然以普遍性为其条件，所以整个市民社会就是中介的基地；在这一基地上，一切癖性、一切禀赋、一切有关出生和幸运的偶然性都自由地活跃着；又在这一基地上一切激情的巨浪，汹涌澎湃，它们仅仅受到向它们放射光芒的理性的节制。受到普遍性的限制的特殊性是衡量一切特殊性是否促进它的福利的唯一尺度。"①

在现代社会这个广阔的社会空间中，人的占有欲望和表达欲望被合法地放大了，它们非但没有受到批判，反而受到鼓舞，刺激消费乃是维持市场的关键。然而被放大了的欲望不是德性的、精神的，而是与金钱、权力、性有关的方面。是因为人们有相似或相同的需要人们才连接在一起，在一起并非出于友爱、孝慈、忠恕，而是为了自我的福利、自我的快乐；它不大容易产生认同感和归属感，过度的自由感和自我成就感使与之有关的他者都变成了工具。如果说共同体之中的人们是靠"情"的运行逻辑维系的，那么现代社会中的人们则是靠"理"的运行逻辑来维系的，它是一个充分且公开运用理性的领域。而这种运用理性的结果便是建构起了康德意义上的"先天实践法则"。②这个"先天实践法则"的形式命题就

---

① ［德］黑格尔：《法哲学原理》，范扬、张企泰译，商务印书馆 1979 年版，第 197—198 页。

② 康德对其"先天实践法则"的陈述包括相互包含的三个命题形式："1.一种表现为普遍性的形式、道德命令的公式，在这方面，就成为这样的：所选择的准则，应该是具有普遍自然规律那样效力的准则；2.一种作为目的的质料，并且是自在目的，它对任何准则所起的作用，就是对单纯相对的、随意目的的限制条件；3.通过以上的公式，对全部规则作完整的规定，这就是：全部准则，通过立法而和可能的目的王国相一致，如像对一个自然王国那样。这一进程也正像意志诸范畴的进程一样，形式的单一性，意志的普遍性，质料的众多性，客体，也就是目的的众多性，及其体系的整体或全体性，在作道德评价时，最好是以严格的步骤循序渐进，先以定言命令的形式作为基础，你行为所依从的准则，其自身同时就能够成为普遍规律。"［德］康德：《道德形而上学原理》，苗力田译，上海人民出版社 1986 年版，第 89—90 页。

是,你要按照使你的行为具有普遍规律的方式去行事;它的实质命题就是,把任何人都视为目的,而不仅仅当作手段。然而,康德所殚精竭虑地建构起来的"先天实践法则"也仅仅具有调节功能,是用来调节人们的观念和行为的,以便保证"人人都是目的而不仅仅是手段"这个命题的普遍有效性,它只可以说一种"操作伦理",而不是"关怀伦理"。工具伦理永远不同于终极伦理:工具伦理只为一个功利目的服务,而终极伦理则为人们的生活提供意义支撑。毫无疑问,在现代社会中,除了技术规则之外,不可能产生用于终极解释的价值体系。那么,在现代生活中,那个具有终极解释力的精神公共性到何处去寻觅呢?

　　第二,精神公共性的危机:外在嵌入与自我解构。一如上述,精神世界是极为复杂而深邃的,决非任何一种实验所能完全说清楚的。在理智界的意义上,亦即在灵魂之善的意义上,每个人都是相对独立的"宇宙",每个"宇宙"只能保持相对的独立性,若想使自己的生活相对为好,就必须同他者进行交换和交流,市场社会为这种交流和交换创造了广阔的社会空间。扩展了的交换领域和交换对象与被激发了的需要一同被建构起来,每个人的需要都是个别,都是主观,只有"消灭"这种个别和主观,只有被他者认可和满足,才能成为普遍的、客观的。然而被发展起来和被满足的主要限于财富的获得、权力的拥有和名声的竞争,而这些通常都和衣、食、住、行、用等物质需要相关,而用于满足信、知、情、意等精神需要的产品、仪式和交流则明显不足。依照马斯洛需要层次理论和戈森的边际效用理论,随着同类物品的供给,该物品对享用者的效用会降低,以致趋于零。于是,戈森非常自信地认为,随着异类物品的供给,需求者会发生需要迁移,比如由物质需要向精神需要迁移。事实证明,人的享受的迁移是可能的。需要或享受的迁移可以有两个方向:同质迁移和异质迁移。同质迁移是指享受的类型未变,而满足享受的物品发生了变化,如食物、衣装、住所等等。异质迁移是指享受由低级向高一级享受的升迁,不仅享受类型发生了变化,满足享受的物品也发生了质的变化。在实际的生活中,享受的两种迁移都有可能发生。相对而言,同质迁移更容易发生,因为，保持一种类型的享受是容易的，无需投入成本即可以延续下去，如衣、食、住、行、用等，而且如黑格尔所说，社会可以把同类享受细致化、多样化，市场经济恰是这样一种经济类型，它可以不断地变换满足同一类型享受的物品，但却没有把人的享受提升到更高的层次。正是同类享受的细致化才使奢侈、浪费成为可能。然而，就人作为人来说，是不能仅停留于物质需要的满足的，它们是必要的需要，而非充足的需要。充足的需要是指社会需要（归属：爱/友爱/被你接受、自我尊重和他人尊重）和精神需要（爱、真理、正义、完美、充实），它们表现为非物质化的过程：满足享受的对象是非物质化的存在，满足的方式是非物质化的过程，不像物质需要的满足那样，是一定物质的占有和消耗。

由物质享受向社会需要和精神享受的升迁是享受的最为典型的异质迁移。这种迁移并非没有发生的必要，相反，依照戈森定理，它是非发生不可的。然而，相对于同质迁移，异质迁移要困难得多。其一，用于满足社会需要和精神需要的产品的生产与供给往往不像商品那样有明显的收益；其二，用于提升人的心志力量的精神活动和精神产品需以一定的理解能力和体悟能力作基础。而近代以来，这两个方面都面临着危机。由享受的同质迁移转变为异质迁移遇到了困境，其结果是鲍曼意义上的碎片化和舍勒意义上的精神丧失。更为重要的还在于，用于交换的功利主义原则在持续地嵌入到人们的交往中，人们愈来愈少因为友爱而进行情感和精神上的深度交流，而是因为利益相关性才把人们连接在一起。依照福柯的理念，现代社会的价值轴心是金钱、权力和性，由此激发起来的便是权力欲、金钱欲和生殖欲，它们被深深地嵌入到人们的心灵世界之中。这些轴心元素要么使植根于心灵深处的善良、正义、友爱等优良品质处于拔根状态，要么使原本清晰的实践法则变得模糊不清，总之使人们的精神公共性处在自我解构之中。首先，道德原则与道德规范要么变得模糊不清，要么被工具化。一如康德所言，类似于先天实践法则这样的道德原则，尽管是植根于人们的生活中的，但它必须借助于人们的理性才能澄明出来。本来这个法则是每个有理性者共同制定的，因而每个人必然同时又必须是法则的执行者，但每个人都把自己看成是终极的主体，不是把自己视为法则的践行者，而看作是受益者。人们并不再像康德所指给人们的那样，将自己的主观性、特殊性消融于法则之中，受法则的检验，通过每个人的自律证明法则的普遍性，再现法则的普遍性；相反，每个人都想把自己的行动规则普遍化。道德共识危机的另一个表现是道德核心词的隐匿甚至消失。任何一套道德范畴和话语一定与人们的生产、交往和生活方式相关，人们选择了何种类型的社会结构同时也就选择了何种类型的道德话语体系。虽然这些范畴和话语是以人们日常的道德理性知识为基础，但它们却不能直接澄明于人们的表象中，必须由智者或权威者宣布出来。然而宣布者若仅仅是制定者或宣布者而不是坚定的实践者，那么，即便是道德真理也不会为人们认同和践行。当权威者和成年人只是向民众和未成年人宣讲道德法则，而自己却不是先觉、先行者，反而是破坏者，那么，任意一种道德法则都不会行之有效。因此，任意一种核心价值观的嵌入都必须是科学的、真诚的。科学的嵌入是指被供给的核心价值观乃是历史的命运、民众的心声，若核心价值只是供给者的主观意志，那么它可以被宣布但不被实践；真诚的嵌入指的是，嵌入者不仅是宣布者，更是践行者，甚至是道德榜样，否则必定流于形式。

　　道德工具化或道德资本化也是道德共识危机的集中表现。一如前现代、现代与后现代那样，人们的道德生活史也经历了由前现代的道德本体论向现代的道德工具论转向，再向后现代道德本原论转向。古代的道德本体论是以善的存在论尤其是属人之善的存在论为基础的，由于雅典城邦和中国的传统社会尚无出现共同体与社会的明显分离，因之，德性与规范、德性与幸福、行动者与行动是有机统一的，因而无须对道德基础作广泛而深入的阐明与辩护。相反，市场社会以来，随着德性与规范、德性与幸福、行动者与行动的分离，德性开始从生活中的本体地位转向现象界，似乎德性完全是一种主观事实，为此，康德必须要殚精竭虑地为道德进行形而上学奠基，为任何一种能够出现的道德进行阐明和辩护。康德走着与大众相反的道路：康德要把德性本体化，而民众则在实际生活中进行着现象化或主观化，而把外在之善和快乐体验本体化。毫无疑问，人们不可能长期处在德性与规范、德性与幸福、行动者与行动的分离中，总会找到一种有机结合的方式，这种方式乃是包含杂多于其中的普遍；而普遍也不再是生硬的外在强制。这便是道德本原论的状态。

除了手段或工具意义上之精神公共性的危机之外，一种终极意义上的精神危机更为令人担忧。对生活之终极意义的阐明与辩护变得愈来愈主观化和苍白无力。一种将诸多自我统合起来的精神磁场愈来愈成为问题。只有当人以类的方式不再将全部的心智力量仅仅向外，而是将向外与向内有机统一起来之时，一种将经济公共性、政治公共性和精神公共性有机统一起来的时代才会到来。

（4）重建精神公共性：可能性及其限度

任意一个社会的人们都有精神，也都有精神生活，都期盼过一种对幸福有助益的精神生活。然而现代性语境下的人们，其精神和精神生活都面临着诸多问题。建构一种相对和谐的精神生活，只有在历史所给定的限度内进行，重建工作才是可能的。

第一，在心灵之序与世界之序之间。一个健全的心灵应该具备足够的自组织能力和自我修复功能。它有一个相对完整的模型或框架。从三要素说就理智（理法）、情感（体验）与欲望（能力）；它们构成一个正立的三角形，理智为顶角，情感和欲望为两个底角。在三要素的模型中还有另一种解释，即康德式的："所有的心灵能力或机能可以归结为三种不能再从一个共同根据推导出来的机能：认识能力、愉快和不愉快的情感和欲求能力。"①其中愉快与不愉快的情感作为一种判断力，也同样具有立法能力，它使人的知性向理性过渡得以可能。只有将三种能力充分地发挥出来并保持其间的协调，才能使心灵足够完整和强大。而在健全和健康的意义上，心灵之序乃是四个要素的有机统一：信、知、情、意。缺失任何一个要素都会使心灵的其他要素无法运转。健全而有机的心灵会具备康德

---

① 康德：《判断力批判》，邓晓芒译，人民出版社 2002 年版，第 11 页。

意义上的两种功能:建构性或规定性的,意在将特殊性规定在普遍性之下,其所欲求的是自然寻以产生的规律;反思性或协调性的,意在将个别行动约束在普遍性之下,其所欲求的是万物应当寻以产生的规律。前者是自然必然性,表现为自然规律;后者是自由必然性,表现为道德规律。而作为愉快与不愉快的情感的判断力则把自然规律和道德规律连结起来。当健全而健康的心灵被建构起来以后,心灵就会建构一种内外相互协调的秩序,这便是心灵之序。没有任何人能够拯救人自己的心灵,也没有任何神秘的力量可以救赎人的自我放逐。构建心灵之序当以修身为最根本,其次为可实践的四个具体环节,即正其心、诚其意、格物、格物在致知(智)。致知在格物,格物乃指向外与向内两个向度。向外者乃推究事物之理,以求事物道理;向内者乃格心中之私欲,以求尽性。只有到达当止之处,方有得(德)。"知止而后有定,定而后能静,静而后能安,安而后能虑,虑而后能得。"(《大学》)心灵的这种自行调节的力量乃是知性、理性和判断力充分运用的后果。通过而立、不惑、耳顺、知命,进达从心所欲不逾矩。进言之便是,喜怒哀乐之未发,谓之中;发而皆中节,谓之和。中也者,天下之大本也;和也者,天下之达道也。个体心灵之序对于个体的合理行动、健康生活具有原初性作用。健全而健康的心灵之序也为个体间的交往、交流提供了原初性的前提,因为只有相似乃至相同的心灵结构,才会在主体间产生共同感、共通感。个体的心灵之序以及主体间的共同感并不仅仅在个体内心活跃着,它们必须、也必然超出个体的界限而外化为公共的精神世界。为诸多个体共有的精神世界不是预先准备好的,它是由诸多个体基于公共感而共同构造的。这个公共的精神世界具有被构造性、被规定性,因而具有被给予性。然而,这个公共的精神世界并不是悬在半空中的,而是立于由物质欲望、物质世界构成的基地上,于是那个在个体那里曾经单纯的心灵会受到各种物质力量的侵蚀,甚或被污染。只要单纯的心灵不被完全泯灭,它就会顽强地以其自身的力量净化着那个曾是自己外化但却不听命于自己的世界,以使这个按照它自己的逻辑运行的世界有一个相对完整的秩序。事实就是这样,心灵之序与世界之序既相和谐又相冲突，从而构成了我们生活于其中的社会。

第二，从精神共同体到公共精神生活。尽可以说，个体的心灵有着先天的自我构造、自行调节、自我修复的能力，对于构造共同的精神世界具有原初性，但必须在共同体中展现和实现这种原初力量。①在以差序格局为背景的传统社会，社会是极不发达的，人们的生存与生活空间主要集中于家庭、家族和村社，它们既是人们物质交往和物质生活的领域，也是精神交往和精神生活的共同体。而在共同体中，其成员是朝夕相处的，是典型的熟人社会。构成社会的精神基础乃是人们的同质意志，有共同的生活经历和体验。类似于信、知、情、意，理智、情感和欲望等这些心灵元素，基本上是在共同体中养成和展现的。尽管家庭、家族和村社提供着较少的物质资源，却供给着相对丰富的精神财富。匮乏的物质资源和丰富的精神财富的有机结合使得人们的精神世界饱满，精神生活丰富，类似于信、知、情、意的危机似乎难以出现。

随着市场经济不断发展，现代社会被逐渐建构起来，而现代社会是根本不同于传统的共同体的，它不是靠同质意志而是靠异质意志维系的，本质上是利益联合体。现代社会最为神奇的地方在于，它通过建立立体的需求体系和全面的依赖关系，使得社会依赖于每一个人，又使每个人依赖所有的人。然而依靠经济依赖性建立起来的组织很难提供丰富的类似于信、知、情、意这样的精神元素，因为它不能提供认同感和归属感，人们不是"有机团结"而是"机械团结"。相反，类似于血缘共同体、地缘共同体、宗教共同体、友爱共同体和思想共同体这样的组织，才能为人们提供认同感和归属感。然而，在物质主义和个人主义价值观和行为方式占主导地位的现代社会，这些能够提供认同感和归属感的共同体，要么在缩小它的边界，要么被替代。与快速积累起来的物的世界相对的，则是碎片化的精神世界，与日益稀缺的认同感和归属感相伴的则是个人的无意义感。只

---

① 涂尔干和滕尼斯相对区别了共同体与社会的关系，这种区别对于我们研究精神共同体和精神生活具有方法论意义。

有当人们全面体验了因过分物质化而造成的精神荒芜之后,才会警醒、自觉,才会重视那些曾支撑了人们的生活的精神共同体的重建问题。因为只有在精神共同体中,基于心灵之上的精神交流才可能的。

第三,仪式与精神产品。精神公共性除了相似甚或相同的心灵之序和精神共同体之外,一种外在的方式便是仪式和精神产品。所谓仪式是指在人和人之间以语言和体态语形式完成的某种敬畏、尊敬、感恩、认同和归属。就仪式的类型说,有集体形式和个体形式两种。作为集体行动的逻辑,仪式是指向自然的,是人类向自然表达敬拜,借以求得心灵的安宁和身体的无纷扰。以个体形式表达的仪式,乃是指个体通过有声语言或体态于表达对长辈或贤者的尊敬、尊重,借以得到来自他们那里的认同感和归属感。仪式也许出于物,但绝不止于物;它超越了物的限制,而使人达于心灵的深度和精神的高度。浓重的和重复进行的仪式,使得仪式的实施者和接受者共同抵御物的脆弱和现世的风险。

精神产品是由个体或集体创造出来的与人的信、知、情、意需要有关的作品,音乐、绘画、诗歌、小说、论著等等,均属此类。精神产品是人的心智力量的对象化,是可以多人多次享用的价值物,它可以超越时空,而为后来者享用,精神产品代表着、也表达着人类的心灵地图。在物质生产活动和物质需要不甚发达的农业社会,人们的向外的力量受到极大的限制,然而人类却向内发掘出了巨大的潜力,创造了光辉灿烂的精神文明。工业化社会以来,人们创造了丰富多彩的物的世界,却没有创造与之匹配的精神世界。有人以为财富是获得快乐与幸福的唯一源泉,许多思想家和经济学家也是这样承诺的,但实际状况是,财富既不是构成快乐与幸福的必要条件,也不构成充分条件,只构成基本条件。由财富进达快乐与幸福是一个极为复杂的过程,既取决于人要求于快乐与幸福的标准和境界,还相关于体悟快乐享受幸福的能力。快乐与幸福是生成和创造的,而不是给定的,因此,追求快乐和幸福本质上是生理—心理—精神过程,而不纯粹是一个消灭物的过程。从人与社会的必然联系的角度看,构成快乐与幸福的要素就分成了道路和创造两个方面:重建人文生态和构建和谐社会是通往幸福的道路；创造和体验快乐与幸福是幸福得以生成的源泉。

德国经济学家戈森的享受规律和边际效用理论给了我们这样几点启示：(1)同一类型的享受是有限度的。超过这种限度，同类物品的效用就会减少，随着饱和度趋于零，物品的效用也趋于零，于是享受者就会放弃对同一类物品的摄取。(2)在不同的时间段，满足同类享受，初始感到的享受量会变小，也会放弃对同类产品的摄取。(3)当多种类型的享受同时存在而人们又不能同时满足享受时，人们会部分地加以满足；在享受总量的范围内，人们会合理地变换享受的类型，且可以做到不因中断而减小。(4)人们总是可以找到或发现一个新的享受，从而扩大享受的总量。如果我们把马斯洛的需要层次理论引入对人的享受规律的分析中来，我们便会发现：人的享受的迁移是可能的。需要或享受的迁移可以有两个方向：同质迁移和异质迁移。同质迁移是指享受的类型未变，而满足享受的物品发生了变化，如食物、衣装、住所等等。异质迁移是指享受由低级向高一级享受的升迁，不仅享受类型发生了变化，满足享受的物品也发生了质的变化。在实际的生活中，享受的两种迁移都有可能发生。相对而言，同质迁移更容易发生，因为，保持一种类型的享受是容易的，无需投入成本即可以延续下去，如衣、食、住、行、用等，而且如黑格尔所说，社会可以把同类享受细致化，市场经济恰是这样一种经济类型，它可以不断地变换满足同一类型享受的物品，但却没有把人的享受提升到更高的层次。正是同类享受的细致化才使奢侈、浪费成为可能。然而，就人作为人来说，是不能仅停留于物质需要的满足的，它们是必要的需要，而非充足的需要。充足的需要是指社会需要(归属：爱/友爱/被你接受、自我尊重和他人尊重)和精神需要(爱、真理、正义、完美、充实)，它们表现为非物质化的过程：满足享受的对象是非物质化的存在，满足的方式是非物质化的过程，不像物质需要的满足那样，是一定物质的占有和消耗。

由物质享受向社会需要和精神享受的升迁是享受的最为典型的异质迁移。这种迁移并非没有发生的必要，相反，依照戈森定理，它是非发生不可的。然而，相对于同质迁移，异质迁移要困难得多。其一，用于满足社会需要和精神需要的产品的生产与供给往往不像商品那样有明显的收益;其二,用于提升人的心志力量的精神活动和精神产品需以一定的理解能力和体悟能力作基础。而近代以来,这两个方面都面临着危机。由享受的同质迁移转变为异质迁移遇到了困境,其结果是鲍曼意义上的碎片化和舍勒意义上的精神丧失。

着眼于资本运行逻辑之上的需要、欲望、虚拟享用,达于发现造成奢侈、浪费的消费观和社会设置,指明一种趋向和谐发展的可能形态,是伦理批判的终极目的,也是伦理建设的核心内容。在伦理建设上至少有这样几个方面:一如虚拟享用那样,可以通过一种更为健康而完善的社会设置,将想象享用引导到情感与精神需要的享用上来,也可以通过一种社会机制,形成一种追求限定物质享用而提升精神素养的文化时尚,对此,组织和政府承担着极为重要的责任。重建全面的幸福观,占有、享用物质财富只是人们获得幸福的一个基本领域,创造并享用于满足信仰、认知、情感、意志的精神产品才是更高级和稳定的一种。创造幸福生活的前提,只是创造可能形态的幸福生活,创造幸福生活本身并体悟幸福生活才是生活幸福的真谛。

2. 朝向中国式现代化而来的精神世界的先行标画

如果说,"精神世界、精神生活的原初结构及其运行逻辑"只是一般性地描画了精神、精神世界、精神生活的原初结构及其由现代社会转型而引发的精神世界的结构性变化,那么如何构造一个针对"社会转型与伦理变迁"而言的精神哲学原理才是我们深入研究"社会转型与伦理基础变迁及其重建"问题的理论前提,而这个前提又是以有关精神和精神生活的一般性讨论为前提的。

（1）以状态和结构出场的精神:内部视阈

精神概念所描述的是一个人正处在令他能够正确思考、正当行动、深刻体验的状态;一种不可识见但可以令他感受到的内部状态,他可以将这种状态描述给他者,但他者永远不会像描述者那样对这个内部状态有直接的感受,他只能借助移情和想象而虚拟地感受这种状态。精神是使人的灵魂处在清醒状态的那种力量,这种力量是特定的内部结构以及结构的各个部分的功能得到充分发挥之后形成的整体效应;精神必须以实体性的诸种官能为基础,但却不是这些官能本身,而是诸种官能充分发挥其功能而形成的效应,一如生长、营养、运动、感觉、意识、思维那样,它们都是特定官能的机能、功能,以及充分发挥这些机能所产生的效应。于是,状态、结构、功能、效应就成了描述一个人的精神之内部视阈呈现的关键词。对个体而言,作为内部视阈的精神,既是一个决策者、管理者,又是一个行动者;作为决策者,精神就是理念,它决定着作为这个精神之主体的我,能够、应当成为什么样子;能够成为什么样子,精神为我贯彻了它的建构性原则,它是生产性的、创造性的,它要把属于我的诸种特殊纳入到普遍性之下加以思考;作为管理者和行动者,精神为我规定了诸种规范,其所贯彻的是范导原则,精神要为我在生命的任何一个段落里的思考与行动找到一个可以遵循的实践法则。总之,精神就是使一个人处在一个好的状态并使他出色地完成他的行动所需要的能力和品质。当我们说,一个人能够做什么的时候,他的精神就是他完成他的行动、实现他的目标、达到他的目的所需要的可行能力,哪怕一个人为恶,也是需要一定能力的;若此,人的精神就变成了一种可以任意使用的能力,既可以为善,也可以为恶。"理解、明智、判断力等,或者说那些精神上的才能勇敢、果断、忍耐等,或者那些性格上的素质,毫无疑问,从很多方面看是善的并且令人称羡。然而,它们也可能是极大的恶,非常有害,如若那使用这些自然禀赋,其固有属性成为品质的意志不是善良的话……苦乐适度、不骄不躁、深思熟虑等,不仅从各方面看是善的,甚至似乎构成了人的内在价值的一部分;它们虽然被古人无保留地称颂,然而远不能被说成是无条件地善的。因为,假如不以善良意志为出发点,这些特性就可能变成最大的恶。一个恶棍的沉着会使他更加危险,并且在人们眼里,比起没有这一特性更为可憎。"①

---

① [德]康德:《道德形而上学原理》,苗力田译,上海人民出版社1986年版,第42—43页。

以此观之,就精神这个概念自身的内在规定性而言,它自在地具有善良的、正确的、正当的含义;当我们说一个人、一个民族、一个国家的"什么精神"时,一定是指令个体、民族和国家处在有序状态并能够幸福生活的那些能力和品质;而不是那些仅令自己获利、愉快而令他者受损和痛苦的能力及其运用。总之,在精神这个"概念"里,除了具有能够做什么的内涵之外,还必须具有应当做什么的要求。

（2）作为对象化过程与对象性存在的精神:外部视阈

精神是形成于内而发乎于外的主体性结构;是进行生产、交往和生活的诸种方式;是在对象化过程中呈现出来的由内到外的"文化气息"和由此形成的对象性存在。对此一过程和存在的描述和论述所能够运用到的方式乃是客观因果性陈述和意义妥当性陈述;前者所指的是一个个体、一个民族或一个国家,在进行生产、交往和生活过程中亦即在对象化活动中呈现出来的理念、观念、思维、情感和意志;后者指明的是这些观念、情感和意志之于自身与他者乃至整个人类的生命、财产、自由以及社会秩序的影响程度及其善恶性质。如果说,精神的内部视阈形态给出的是人之能够正确思考、合理表达和正当行动的诸种官能,那么精神的外部视阈给出的则是基于官能之上诸种功能如意识、思维、判断、推理、情感、意志、选择、行动在处理人与自然、人与人、人与自身的关系时所得到的充分运用,以及由此形成的善恶性质。

如若这些基于官能之上的诸种功能的充分运用仅仅表现于个体的日常意识和日常行为中,这些功能的综合运用就表现为个体精神,如他的拼搏进取、吃苦耐劳、敢于探索的科学精神;积极合作、诚实守信、先人后己、勇于奉献的伦理精神;以追求公共善为目的、以合理表达公共意志为途径的公共理性精神。当个体以集体行动的方式与诸多具有共通感或共同感的他者共同表达意志、共享或分享共同财富或价值时,他们的意识、思维、判断、推理、情感和意志,就表象为民族精神。当个体精神、民族精神集中表现于在合法界定的边界内、在物理空间的地域内、以政治的方式所采取的集体行动中,它们就被整合成一个庞大的、具有整体性、权威性的文化—文明体系，这就是国家精神，如中国精神、美国精神、法国精神等等。当特定的个人、民族和国家在特定的时空背景下，于生产、交往和生活形成特定的文化—文明体系时，我们就将其称为"时代精神"，如古代精神、近代精神和现代精神。当这些文化—文明体系以特定制度来表达时，就表象为有关什么"主义"的精神，如资本主义精神、社会主义精神等等。

在中国式现代化中培养起来的精神文明，乃是中华伦理文明新形态中的最高级形态，其生成过程及其类型已如前述，它既是始点性的又是终极性的。作为始点，它是一种初始性力量，推动着人们去创造生态伦理文明和社会伦理文明新形态；作为终极性的精神，乃是不断升华的完成人和实现人的最高境界。康德把人能够过一种有尊严的、负责任的道德生活，看作是真正属人的生活；在全球化日益深化和复杂化的现代性语境下，以追求和获得幸福为个体生命的终极目的，以对己、对他者、对整个人类负起道德责任为根本途径，遵天人之道而行、循人伦之道而动、照心性之道而思，就是当代精神文明的核心要义。

第4章　发展哲学视阈中的
中华伦理文明新形态

在语言哲学、现象学的视阈内，我们给出了重建中华伦理文明新形态的必然性、可能性和现实性，取得了形式上的完满性，然而，这种完满性只是一种形式，而不是实质。如果满足于、徜徉于甚至迷恋于这种形式的构造，严格说来，并不具有真正的实践意义。当我们以文明的名义和姿态构建人类文明新形态时，只是停留在想象的、形式的、传播的状态上，而不去深思我们为什么不具备现代文明，更不去追问和追寻构建人类文明新形态的主体性基础，那么，这种形式主义的认识和思维，原本就是与文明相悖的做法。于是，朝向"人类文明新形态"的"重构论"或"建构论"而来的反思和当下思，就内在地包含如下论题：我们为什么会钟情于想象、言说、表达而不注重行动？对文化和文明的认知与思考为何缺乏深层的、实质性的沉思？满足感、优越感何以强于不足感和危机感？为何难以将意愿建基于反思（思索）和判断之上，相反，总是乐于从意愿到意愿？为何机械论强于有机论、两极思维强于辩证思维？静止意识强于发展意识？客体、属性和结果思维总是强于主体、始点和过程思维？在承认、借鉴和发展传统伦理文化的过程中，是"是古非今""厚古薄今""慕古薄今""荣古陋今""陈古刺今"，还是"古为今用""茹古涵今""熔古铸今""稽古振今"？只有基于断面思维、中介于段落思维而达于历史思维，一个充满生命力的伦理文明新形态才会现出于人们的经验、理论和思想之中；只有将中华伦理文明新形态还原到各种主体的思考与行动中，才能实现"重建论"或"建构论"的道德归责。

构建中华伦理文明新形态是每一个人的事情,如若他者意识超过了自我意识,客体思维替代了主客体间性思维,立自己为道德命令的确定者和发布者,那么这是一种典型的主体二元论或主客二分思维和行为。在权力、地位、身份、机会和运气面前,没有人愿意放弃主体地位,而在履行责任、承担责任面前,每个人都想成为道德命令的发布者和执行者。这正是我们的劣根性。当这种劣根性在人们的无意识、潜意识和意识中发挥着主导性的作用,而人们对此却又浑然不觉,或者认识到了这种劣根性却又无意愿或无能力彻底改造它时,任何形式的"重构"或"建构"都不可能是彻底的、实质性的。

在这个意义上,对我们自身的意识系统和能力体系做一个彻底的批判和反思工作,对真正的构建行动乃是十分必要的。"我所理解的纯粹理性批判,不是对某些书或体系的批判,而是对一般理性能力的批判,是就一切可以对立于任何经验而追求的知识来说的,因而是对一般形而上学的可能性和不可能性进行裁决,对它的根源、范围和界限加以规定,但这一切都是出自原则。"①批判的实质是当下思和反思。当下思是关于人与社会关系的思,作为我们的实际性的社会关系,就是中国式现代化,于是,对中国式现代化进行的当下思,就是要追问,我们何以要推动既不同于我们自身的前社会结构又不同于在共时性形态中与我们相异的西方现代化运动的中国式现代化? 当我们说,这是一个文明的社会,这分明是指,拥有足够主体性资源的个体和类创造了这个社会。朝向中国式现代化的当下思,就是要追问和追寻,在生态伦理文明、社会伦理文明和精神伦理文明这三种客体性的伦理文明形态的形成上,它何以优于我们先前的社会结构,更优于西方现代化? 在主体性的伦理文明类型上,于理智德性或进取性道德、道德德性或协调性道德而言,我们何以是进步的? 当下思,既是确定性和确证性的判断,又是批判性的、省思性的"寻找";确定和确证的目的在于发现我们拥有了构建中华伦理文明新形态的主体性资源和客

---

① 〔德〕康德:《纯粹理性批判》,邓晓芒译,人民出版社2004年版,第3—4页。

体性条件,而批判和省思的目的,在于"寻找"在我们实际拥有的无意识、潜意识和意识中,存有与伦理文明新形态相悖的观念、认知、情感和意志。

反思是朝向不再是的过往事实的思,是后思,是使过往的事实在表象里、意识中当前化,当前化不在我们的行动中完成,而是在意识中完成。反思与直接拥有不同,反思是试图成为一个公正的旁观者所必须完成的意识行为,它将过往的事实作为一个意义不再增加的对象加以阐释,借以澄明它的历史事实和价值事实。作为意识行为的反思,改变的不是过往的事实,而是过往事实对阐释者的观念沉浸、情感激发和意志再造。"观念的东西不外是移入人的头脑并在人的头脑中改造过的物的东西而已。"①作为反思之对象的伦理文化,不是一般的或者说是实物形态的过往事实,而是先民的思考与行动、情感与意志以及由此造成的对象性存在,即作为劳动资料的工具系统和作为生活资料的价值系统。它们作为移入现代人的头脑并在头脑中改造过的物质的东西,就不仅仅是认知的对象,更是需要理解和阐释的对象。阐释的过程,就是把我们能够视听和触摸到的、作为结果出现的对象(物质生活资料是以实物的形态,精神生活资料是以文字、图像、符号的形式)在表象里和意识中,还原成它们得以养成、生成和实现的过程。然而,这种还原工作只是一种想象性的意识行为,它无法将先民们那种动态的充满生命力的思考与行动历历在目于我们的面前,即便能够通过现代科技手段将先民们的思考与行动过程图像化、动漫化,我们也不能实际地拥有它们。先民们在他们的生产、交往和生活中创造出的伦理文化和伦理文明永远都是他们的心智力量及其充分运用,而属于我们的伦理文化和伦理文明只能在我们自己的心智力量及其充分运用中共出。

当下思是共时性的,反思则是历时性的,而将当下思和反思有机地统一在一起的,正是我们的此时此在的思考与行动。当我们将构建中华伦理文明新形态置于发展哲学的视阈内加以沉思时,一个经过了当下思和

① [德]马克思:《资本论》第一卷,人民出版社 2018 年版,第 22 页。

反思之后的伦理文明新形态就以整体性、复杂性和矛盾性的"形象"呈现出来。当我们依旧以结构现象学、价值现象学和发生现象学三种致思范式①呈现这个复杂的但却充满生命力的中华伦理文明新形态时，一个充满了自我肯定、否定和否定之否定的辩证发展过程，就生动地呈现在了现象世界之中。在发生学和历史现象学的原则之下，中华伦理文明新形态就在手段之善和目的之善的关照下，表现为主体性伦理文明和客体性文明实体的发生史。

一、从手段之善与终极之善的辩证关系确证和
论证伦理文明形态

在构建中华伦理文明新形态的诸种讨论中，一个前提性的同时也是终极性的问题，似乎常常被忽略掉，无论是无意识的、潜意识的，还是理性的忽略，都使得相关于人类文明新形态同时也是关于伦理文明新形态的讨论不够彻底。这个前提性的同时也是终极性的问题是，构建人类文明新形态或构建中华伦理文明新形态的终极目的究竟是什么？ 在被说出的各种形态的人类文明中，究竟哪一种类型更有利于实现终极之善？ 究竟为着什么而殚精竭虑地去构建人类文明新形态？

为着预先回答这个终极性问题，我们必须充分运用手段之善和终极

---

① 在此，我们不再从结构、价值和发生三个维度分别呈现伦理文明新形态，而是将三个维度同时运用于伦理文明新形态的论述和陈述之中。因为，当思维的逻辑（由现象到本体、由结果到原因，这是一种逆向思维或反向思维）完成以后，一种综合性的形象便从表象和意识中被见出，如何把这个被见出的总体性用概念、话语和逻辑表述出来，就成了表述的逻辑。表述的逻辑才是事物自身的逻辑，这与其说是我们用概念化和观念化了的理论和思想再现事物自身的逻辑，倒不如说是事物自身借助于我们的概念和话语实现和表达其自身。"回到事情本身"就是要让事情自身当权，真理就是让事物自身实现自己和呈现自己；真理不属于任何个人，不是某个人的私有物，真理属于每一个人，因为它是普遍的，只有普遍的事物才具有普遍有效性。伦理文明新形态就是普遍的事物，它不是某个人的所有物，更不是某个人或某些人以真理的名义，假借伦理文明新形态严于律人而宽以待己。

之善这两个概念,并依照从主体到客体、再从客体回到主体的运行逻辑,借以见出从自在的主体性需要、欲求和欲望到自为的外在化手段之善的设置、再回到主体性基于需要的满足之上的快乐与幸福感受和体验,从而证明,任何一种文明都是为着使人成为人、实现人而完成的主体性活动,以及由此造成的对象化及其社会成就。任何一种文明形式都不是独立地、孤立地存在的,而是表现为主体性的发展状态和客体性的进步程度,是理智德性和道德德性的进化状态和社会结构的完善程度。共产主义之所以被当做人类文明的最高形态而加以追求,就在于它充分实现了出于人而为了人的终极目的。

"共产主义是对私有财产即人的自我异化的积极的扬弃,因而是通过人并且为了人而对人的本质的真正占有;因此,它是人向自身、也就是向社会的即合乎人性的人的复归,这种复归是完全的复归,是自觉实现并在以往发展的全部财富的范围内实现的复归。这种共产主义,作为完成了的自然主义,等于人道主义,而作为完成了的人道主义,等于自然主义,它是人和自然界之间、人和人之间的矛盾的真正解决,是存在和本质、对象化和自我确证、自由和必然、个体和类之间的斗争的真正解决。它是历史之谜的解答,而且知道自己就是这种解答。"①为什么说共产主义是各种矛盾的真正和解、解决?又何以是"通过人并且为了人而对人的本质的真正占有"? 因为,共产主义使人真正进入了由其自身决定而进行自觉自愿的思考和行动,它实现了人的所是,从而使人成为是其所是的存在者,成为有德性的人,所有的伦理关系也成了使人获得快乐和幸福的条件和环境。那么,什么才是于个体和类而言的终极之善呢? 为什么在什么是终极之善的问题上,会有亚里士多德的幸福论的目的论和康德的义务论的目的论之争呢? 显然,这是构建人类文明新形态、构建中华伦理文明新形态所必须优先解决的问题。道德形而上学、道德哲学和伦理学既要为伦理文明新形态进行正当性基础奠基,又构成伦理文明新形态的一个重要

---

① ［德］马克思:《1844 年经济学哲学手稿》,人民出版社 2014 年版,第 77—78 页。

部分，因此，如若它们不能将作为其研究对象的伦理文明新形态中的终极性问题澄明出来，确定和确证起来，那么它们就绝不是伦理文明新形态的理论表达，从而成为伦理文明新形态中的理论和思想形式。

二、什么是伦理文明新形态中的终极之善
——从德性之美到政治共同体之善

在伦理学的学科内，何种事项具有内在价值和自足性，其本身就值得追求，之后确定我们应当做什么，这是我们需优先考虑的问题，至于是把幸福还是把善良意志确立为具有内在价值和自足的，则是在此之后才进行研究的题材。与此相关的是德性之美与政治共同体之善之间的内在逻辑关系问题，尽管个体的德性是政治共同体之善的基础，但却无法从德性之美推论出政治共同体之善来。道德的个人和缺失道德的政府以及道德的政府和不道德的个人都可能是存在的。一个基本的事实是，一个缺失道德的政府比不道德的个人所造成的危害可能更大。然而长期以来，政府的"德性"（或政治共同体之善）是如何可能的却没有真正成为伦理学深入讨论的对象。如果说个体的德性取决于个体的"善良意志"或"优良品质"，那么政治共同体之善则决定于精英集团的公共理性和集体智慧，也更取决于政治家和公务员的德性结构。分别讨论个体德性的结构和政府德性的生成，继而分析连结二者的逻辑环节，无疑是重要的理论任务。

关于如何实现从德性之美到政治共同体之善的问题，至少涉及三个相互关联的问题：伦理学的基本问题与个人追寻美德的意义；个人的德性之美如何可能；从德性之美到政治共同体之善如何可能。在这三个相互关联的伦理问题的论证中，隐含着从德性之美到政治共同体之善乃是一个手段之善和终极之善之辩证关系的问题。

1. 最高的善与幸福

首先,伦理学的基本问题与善。为何要有伦理学这门学科,其基本考虑是,人是以追求各种善为目的的有理性存在物,而在所有被追求的善中必有某种善为最高的善。"如果在我们活动的目的中有的是因其自身之故而被当作目的的,我们以别的事物为目的都是为了它,如果我们并非选择所有的事物都为着某一别的事物(这显然将陷入无限,因而对目的的欲求也就成了空洞的),那么显然就存在着善或最高善。那么,关于这种善的知识岂不能对生活有重大的影响? 如若这样,我们就应当至少概略地弄清这个最高善是什么,以及哪一种科学与能力是以它为对象的。看起来,它是最权威的科学或最大的技艺的对象。而政治学似乎就是这门最权威的科学。因为正是这门科学规定了在城邦中应当研究哪门科学,哪部分公民应当学习哪部分知识,以及学习到何种程度。"①在亚里士多德那里,最高的善就是人的好生活或幸福,关于好生活或幸福应该由最高的科学即政治学来把握。这一点在今天看来似乎非常怪异,但在古代希腊人那里却非常自然。在古代希腊人看来,一个人只有在城邦中才能获得他的幸福或事业上的成功。在亚里士多德看来,人生来是政治性的动物,而政治性的动物注定要过一种社会性的、集体性的生活,并且要在一个旨在促进每个公民的福利的、组织的良好的社会中,获得他的善。于是政治学就有了两个任务:一个是要研究什么是人的幸福,人的幸福是占有财富、靠运气,还是灵魂合于德性的实现活动,亦即在于实践生命的活动;另一个是要研究何种政治、体制能最好地帮助人过一种良好的生活,并为维持这种好生活提供物质基础和制度安排。而要说明前者,就得研究人的习惯、德性;要研究后者就得考察哪种政治、体制适合于这些习惯和德性。关于德性的学问就是伦理学;关于良好政治、体制的学问就是政治学。而关于德性与体制的关系问题,实质上是德性论与正义论的关系问题。

---

①　[古希腊]亚里士多德:《尼各马可伦理学》,廖申白译,商务印书馆 2003 年版,第5—6 页。

在二者的关系上可能有三种样式:德性优先于正当;正当优先于德性;德性与正当具有共时性,互为根据。与此相对应的社会形态可能是:道德的社会与道德的个人;道德的社会与不道德的个人;道德的人与不道德的社会;不道德的社会与不道德的个人。比较而言,第四种形态较少出现,因为在此种形态下,社会秩序以及人的正常生活就绝不可能。于是,伦理学的基本问题就被简约为:"何谓最高的善?""德性"与"正当"何者优先?

其次,最高的善:幸福与实践法则。元伦理学的开创者摩尔在《伦理学原理》一书的序中直接指出,伦理学有两个问题是基本的,需首先给以考虑:"第一类问题可以用这样的形式来表达:哪种事物应该为它们本身而实存? 第二类问题可以用这样的形式来表达:我们应该采取哪种行为? 我已力求证明:当我们探讨一事物是否应该为它自身而实存,一事物是否就其本身而言是善的,或者是否具有内在价值的时候,我们关于该事物,究竟探讨什么;当我们探讨我们是否应该采取某一行为,它是否是一正当行为或义务的时候,我们关于该行为,究竟探讨什么。"①在关于何种事物具有内在价值因而本身就值得追求的问题上,在西方伦理学上主要有两种观点:一种是幸福论的伦理学,一种是义务论的伦理学。幸福论的伦理学把幸福视为是最高的善,它是自足的,本身就值得追求。但必须指出的是,亚里士多德虽然把幸福视为最高的善:"我们把幸福看作人的目的……如果有些实现活动是必要的,是因某种其他事物而值得追求,有些实现活动自身就值得追求,那么,幸福就应当算作因其自身而不是因某种其他事物而值得欲求的实现活动。因为,幸福是不缺乏任何东西的、自足的。而那些除自身之外别无他求的实现活动是值得欲求的活动。合德性的实践似乎就具有这种性质。因为,高尚[高贵]的、好的行为自身就值得欲求。"②但亚里士多德的幸福论的伦理学是德性论的伦理学,因而也

---

① [英]摩尔:《伦理学原理》,长河译,商务印书馆1983年版,第1页。

② [古希腊]亚里士多德:《尼各马可伦理学》,廖申白译,商务印书馆2003年版,第303页。

是规范伦理学。①对大众来说，实践所能达到的最高的善，不消说，似乎都同意是幸福，无论是一般大众，还是那些出众的人，都会说这是幸福，并且会把它理解为生活得好或做得好。但是关于什么是幸福，人们就有争论，一般人的意见与爱智慧者的意见就不一样了。"因为一般人把它等同于明显的、可见的东西，如快乐、财富与荣誉。不同的人对于它有不同的看

---

①　关于德性伦理和规范伦理及其关系我们必须给以清楚的表达，否则会产生很多误解甚至是错误的认识，特别是在本书中。规范伦理学是相对于元伦理学而言的，从时间上说，元伦理学的产生是大大晚于规范伦理学的，其标志是英国伦理学家摩尔在 1903 年发表的伦理学名著《伦理学原理》一书，1911 年又出版了《伦理学》一书，进一步地、比较通俗地说明《伦理学原理》一书的中心思想。摩尔严肃地指出，以学科或科学出现的伦理学到底该研究什么，是伦理学或道德哲学首先加以解决的问题。摩尔把伦理学的研究对象归结为两大类："第一类问题可以用这样的形式来表达：哪种事物应该为它们自身而实存？第二类问题可以用这样的形式来表达：我们应该采取哪种行为？我已力求证明：当我们探讨一事物是否应该为它自身而实存，一事物是否就其本身而言是善的，或者是否具有内在价值的时候，我们关于该事物，究竟探讨什么；当我们探讨我们是否应该采取某一行为，它是否是一正当行为或义务行为的时候，我们关于该行为，究竟探讨什么。"（［英］摩尔：《伦理学原理》，长河译，商务印书馆 1983 年版，第 1 页）规范伦理学概念所意欲表达的是：一个伦理学者在陈述"道德""德性""义务""应当"等的时候，是在作伦理判断，亦即价值判断。在这一点上，摩尔已经作了肯定："在绝大多数情况下，在我们的陈述中，包含'德''不德''义务''正当''应该''善的''恶的'这些术语中任何一个的地方，我们就是在作伦理判断。"（［英］摩尔：《伦理学原理》，长河译，商务印书馆 1983 年版，第 7 页）义务论的伦理学和幸福论的伦理学都是规范伦理学，他们都探讨德性问题，但在德性的效用问题上，进言之在德性的终极价值上，二者是不同的。幸福论的伦理学认为，幸福是一个自足的概念，其本身就是善的，幸福是真正的为它自身而实存的事物；义务论的伦理学则认为道德才是自足的为其自身而存在的事物。但无论是以幸福还是以道德（善良意志）作为具有终极价值的事物，它们都以德性为轴心，在这个意义上，幸福论的伦理学和义务论的伦理学又都是德性论的伦理学。在目前关于元伦理学和规范伦理学之关系的讨论中，许多学者过分地强调了它们的差异，而未能很好地领会元伦理学的精神实质。比如摩尔，他从来就不是一个只对"什么是善的"进行语义分析的伦理学家，他从来没有轻视过进行伦理判断的重要性，问题在于，在日常活动和日常语义中，一个人、一个组织经常在作伦理判断，表达什么是应当的，什么是不应当的，这是可以接受的事实，因为作出伦理判断的人大多不是伦理学家，他们既没有义务、能力，更没有兴趣告诉其他人，什么是善，什么是应当，什么是好人，什么是坏人。最多是，其他人要求判断者给出应当与不应当的理由来，而用不着指出这些概念意味着什么，因为这些概念的日常语义，人们是比较清楚的。然而，对于一个专以善及其相关问题为研究对象的伦理学者来说，要求就不那么简单了。摩尔十分严厉地批评说："什么是那个既具有普遍性，又具有特殊性的东西？而对于这个问题，负盛名的伦理哲学家们提出了一些异常不同的答案，并且也许其中没有一个是完全令人满意的。"（同上书，第 7 页）

法,甚至同一个人在不同的时间也把它说成不同的东西:在生病时说它是健康;在穷困时说它是财富;在感到自己的无知时,又对那些提出他无法理解的宏论的人无比崇拜。"①在亚里士多德看来,有三种生活都和幸福相关:"有三种主要的生活:刚刚提到的最为流行的享乐的生活、公民大会的或政治的生活,和第三种,沉思的生活。一般人显然是奴性的,他们宁愿过动物式的生活。不过他们也不是全无道理,许多上流社会的人也有撒旦那帕罗那样的口味。另一方面,那些有品位的人和爱活动的人则把荣誉等同于幸福,因为荣誉可以说是政治的生活的目的。然而对于我们所追求的善来说,荣誉显得太肤浅。因为荣誉取决于授予者而不是取决于接受者,而我们的直觉是,善是一个人属己的、不易被拿走的东西。此外,人们追求荣誉似乎是为确证自己的优点,至少是,他们寻求从有智慧的人和认识他们的人那里得到荣誉,并且是因德性而得到荣誉。这就表明,德性在爱活动的人们看来是比荣誉更大的善,甚至还可以假定它比荣誉更加是政治的生活的目的。"②然而牟利的幸福和荣誉的幸福都不是真正的幸福,只有沉思的生活才是真正的行得好或做得好。"如果幸福在于合德性的实现活动,我们就可以说它合于最好的德性,即我们的最好部分的德性。我们身上的这个天然主宰者,这个能思想高尚[高贵]的、神性的事物的部分,不论它是努斯还是别的什么,也不论它自身也是神性的还是在我们身上是最具神性的东西,正是它的合于它自身的德性的实现活动构成了完善的幸福。而这种实现活动,如已说过的,也就是沉思。"③作为沉思的幸福:(1)幸福是终极的、自足的;(2)幸福的生活自身就令人愉悦;(3)沉思不含有痛苦;(4)这种实现活动最完善,又最愉悦;(5)沉思的快乐最纯净。沉思的生活乃是一种智慧在理智的德性中处于最为优越地位的生活。沉思的生活之所以是最完善的,是终极的,乃是因为:第一,沉

---

①　[英]摩尔:《伦理学原理》,长河译,商务印书馆1983年版,第9—10页。

②　[古希腊]亚里士多德:《尼各马可伦理学》,廖申白译,商务印书馆2003年版,第11—12页。

③　同上书,第305页。

思是最高等的一种实现活动(因为努斯是我们身上最高等的部分,努斯的对象是最好的知识对象)。第二,它最为连续。它比其他活动更为持久。第三,我们认为幸福中必定包含快乐,而合于智慧的活动就是所有合德性的实现活动中最令人愉悦的。我们可以认为,那些获得了智慧的人比在追求它的人享有更大的快乐。第四,沉思中含有最多的我们所说的自足。智慧的人靠他自己就能够沉思,并且他越能够这样,他就越有智慧,有别人一道沉思当然更加好,但即便如此,他也比具有其他德性的人更为自足。第五,沉思似乎是唯一因其自身故而被人们喜爱的活动。而在实践的活动中,我们或多或少总要从行为中寻求得到某种东西。第六,幸福似乎还包含着休闲。

　　无论亚里士多德怎样地将幸福与德性结合起来,但他仍然把快乐与幸福看作是具有内在价值因而本身就值得追求的东西。因而,亚里士多德的伦理学仍然是目的论的、幸福论的伦理学,尽管是德性论的伦理学。与此不同,康德则坚持义务论的伦理学。"在世界之中,一般地,甚至在世界之外,除了善良意志,不可能设想一个无条件善的东西。理解、明智、判断力等,或者说那些精神上的才能勇敢、果断、忍耐等,或者说那些性格上的素质,毫无疑问,从很多方面看是善的并且令人称羡。然而,它们也可能是极大的恶,非常有害,如若那使这些自然禀赋,其固有属性称为品质的意志不是善良的话。这个道理对幸运所致的东西同样适用。财富、权力、荣誉甚至健康和全部生活美好、境遇如意,也就是那名为幸福的东西,就使人自满,并由此经常使人傲慢,如若没有一个善良意志去正确指导它们对心灵的影响,使行动原则与普遍目的相符合的话。"①在康德看来,具有终极价值因而是最高善的东西,不是起自于人的感受性的快乐与幸福,也不是那些被称誉为美德的诸种品质,如亚里士多德所说的勇敢、节制、慷慨、大方、大度、温和、友善、诚实、机智、羞耻、公正,明智、智慧、好的考虑、理解、体谅等等,但它们都不足以保证一个行动是出于实践法则的,因

---

　　① ［德］康德:《道德形而上学原理》,苗力田译,上海人民出版社 1986 年版,第 42 页。

而其本身就是善的,只有善良意志才是自足的,不待他者而自身就值得追求的东西。"善良意志,并不因它所促成的事物而善,并不因它所期望的事物而善,也不因它善于达到预定的目标而善,而仅是由于意愿而善,它是自在的善。并且就他自身来看,它自为地就是无比高贵。"①

康德与亚里士多德的最大区别不在于,是把幸福还是善良意志作为自足的、具有内在价值因而本身就值得追求的事项,而在于实现幸福、追寻美德的实践能力。

其三,个体美德如何可能。在亚里士多德看来,促使人的德性成为可能的是人的灵魂的特殊结构。一如幸福作为最高的善是自足的那样,人的灵魂也是自足的。亚里士多德在《尼各马可伦理学》第一卷第 13 章以"德性引论"为题总括地讨论了德性与灵魂的关系,在第六卷又分章具体讨论了灵魂与德性的关系。在古希腊哲人的讨论中,善的事物已被分成为三类:外在的善,包括财富、高贵出身、友爱和好运;身体的善,包括健康、强壮、健美和敏锐;灵魂的善,包括节制、勇敢、公正和明智。而只有灵魂的善才是最恰当意义上的、最真实的善,所以灵魂的善才是属人的善。唯其如此,政治家就更需要了解和研究灵魂的本性。②在与灵魂和逻各斯的关联中,人的道德德性是如何可能的呢?(1)德性与自然。"德性在我们身上的养成既不是出于自然,也不是反乎于自然的。"③在某种意义上可以说,人只是一种可能的存在物,比如德性就是一种可能性。自然赋予了我们接受德性的能力,但这种能力只是一种可能性,它并不直接地成为德性,它必须通过人的良好的习惯才能养成和完善,故曰"德性不出于自

---

① [德]康德:《道德形而上学原理》,苗力田译,上海人民出版社 1986 年版,第 43 页。

② 出于题材的限制,在此我们不准备详细讨论亚里士多德关于灵魂学说及其具体构成的详细内容,只想指出四个核心观点,借以论证德性的可能性问题。(1)灵魂、逻各斯与德性的关系(《尼各马可伦理学》,第 32—34 页)。(2)道德德性的获得问题(同上书,第 35—37 页)。(3)灵魂的三种状态问题(同上书,第 42—45 页)。(4)灵魂肯定和否定真的五种方式问题(同上书,第 169—171 页)。

③ [古希腊]亚里士多德:《尼各马可伦理学》,廖申白译,商务印书馆 2003 年版,第 36 页。

然也不反乎于自然"。人的良好的习惯也就是人的好的行动,它养成和完善了人的德性能力,这种能力不是先天具有的,而是反复去做它要求做的事情,我们才获得了它。一如我们只有经常做好事我们被称为好人那样,而不是我们先天就是好人。(2)德性、实践与逻各斯的关系。人的灵魂分为没有逻各斯和有逻各斯两个部分,人的德性虽不是逻各斯本身但却分有逻各斯。德性既是一种品质又是一种能力,只是这种品质和能力不是出于自然而是在反复的实践活动中养成和完善的,于是实践便成了德性得以形成的基础。不是为了了解德性,而是为使自己有德性,我们就必须研究实践的性质,研究我们应当怎样实践,因为,我们是怎样的就取决于我们的实现活动的性质。实践的事务总是相对于那些可因我们的行动而改变的事务,是因我们的努力而改变了的事物。这样,实践总以某种目的为其动因,这种目的既可以是自身之外的,也可以是自身之内的。但无论以哪种目的作动因,都要按照正确的逻各斯去做。那么怎样才能按照正确的逻各斯去做呢?是明智。"明智是一种同人的善相关的、合乎逻各斯的、求真的实践品质。"[1]总的来说,在亚里士多德那里,人的德性是自足的,尽管政治学规定了个人在城邦里应当做什么和不应当做什么的根据和标准,但德性的养成和完善还是决定于人自己的实践活动。因此,人的德性是如何可能的这样的追问是多余的。这种多余的思虑得益于德性之美与城邦之善之间的和谐。雅典城邦基本上是一个在合法界定的基础上由熟人构成的伦理共同体,基于这种共同体之上的,也必定是人的德性与幸福的内在统一。这种统一也直接决定了亚里士多德对"幸福是合于德性的实现活动"这一命题充满希望与自信。

然而,当德性与幸福发生严重分离,以致德性与幸福已无必然关联的时候,人的德性如何可能呢?这就是康德所面临的伦理困境和伦理学难

---

① [古希腊]亚里士多德:《尼各马可伦理学》,廖申白译,商务印书馆 2003 年版,第 173 页。

题,康德要殚精竭虑地解决这个社会历史难题。①在康德看来,一个行为之被称为是道德的,至少有三个要件:善良意志、实践理性、实践法则。一个道德行为,当且仅当是指:一个在善良意志的保障下、借助于实践理性而实现实践法则的行为必然性。康德用三个命题和四个定理来表述"道德形而上学原理"。"道德的第一个命题是:只有出于责任的行为才具有道德价值。第二个命题是:一个出于责任的行为,其道德价值不取决于它所要实现的意图,而取决于它所被规定的准则。从而,它不依赖于行为对象的实现,而依赖于行为所遵循的意愿原则,与任何欲望对象无关。"②"第三个命题,作为以上两个命题的结论,我将这样表述:责任就是由于尊重规律而产生的行为必然性。"③比较而言,对规律的尊重或敬重是道德得以发生的关键,对此有人曾质疑康德,说康德是反对道德起源上的情感主义的,那么对规律的敬重不正是一种情感吗? 对此,康德明确地解释道:"虽然尊重是一种情感,只不过不是一种因外来作用而感到的情感,而是一种通过理性概念自己产生出来的情感,是一种特殊的、与前一种爱好和恐惧有区别的情感。凡我直接认作对我是规律的东西,我都怀着尊重。这种尊重只是一种使我的意志服从于规律的意识,而不须通过任何其他东西对我的感觉的作用。规律对意志的直接规定以及对这种规定的意识就是尊重。所以,尊重是规律作用于主体的结果,而不能看作是规律的原因。更确切一点说,尊重是使利己之心无地自容的价值觉察。所以既不能被看作是对对象的爱好,也不能看作是对对象的恐惧,而是同时两者兼而有之。所以,尊重的对象只能是规律,是一种加之于自身的东西,并且是必然加之于自身的东西。作为规律,我们毫无个人打算地服从于它;作为自身加之于自身的东西,它又仍然是我们意志的后果。在前一种情况

---

① 一些批评者们严厉谴责康德道德哲学的非人道主义性质,指出,在康德的善良意志中,为着保证善良意志的纯粹性,他不得不以牺牲人的快乐与幸福为代价。事实上,并非康德真的出于主观意愿而将幸福从他的道德视野中清除掉,而是康德所生存于其中的那个社会已经使德性与幸福发生严重分离了。思想的逻辑是植根于历史逻辑之上的。
② [德]康德:《道德形而上学原理》,苗力田译,上海人民出版社1986年版,第49页。
③ 同上书,第50页。

224

下,它类似于恐惧;在后一种情况下,它又类似于爱好。对于一个人的尊重,就是对诚实规律的尊重,这个人给我们树立了诚实的榜样。增长才干是我们的责任,所以一个才能出众的人被当做规律的典范,通过锻炼以达到和它相似,这就构成了我们的尊重。所有我们称之为道德关切或兴趣的东西,完全在于对规律的尊重。"①康德在《实践理性批判》中把"道德形而上学原理"表述为四个定理。在陈述这四个定理之前,康德对"纯粹实践理性原理"作了一个界定:"实践原理乃是包含着意志的一般规定的命题,这种一般规定之下有种种实践规则。如果主体认为这种制约只对他的意志有效,那么这些原理就是主观的,或者只是准则;如果他认为这种制约是客观的,即对一切有理性的存在者的意志都有效,那么它们就是客观的,或者就是实践的法则。"②在这个定义之下,实践原理有四个定理。定理一:"一切实践原理,凡把欲望官能的对象(实质)假设为意志的动机的,都是依靠经验,而不能提供实践法则的。"③一个依据经验的实践准则为何不能作为实践法则呢? 康德论述道,一个原则如果只是依据在人对快乐或痛苦的感受性的这样一种主观条件上(这种感受性永远只能在经验上被认识,并且对于一切有理性的存在者也不能同样有效),那么对于具有这种感受性的主体自己来说,它诚然可以作为他的准则,不过甚至对于这个主体自己来说,它也不能成为法则(因为它缺少了那必须被先天认识到的客观必然性)。既然如此,这样一个原则就永远不能供给实践法则了。起于欲望的、以感受性为直接途径的实践准则,尽管有不同的类型和内容,但它们都可以归置一个名称之下,这就是幸福原则。定理二:"一切实质的实践原则,顾名思义,都属于同一种类,并且都归在一般的自爱(Selbsiliebe)原则或个人幸福原则之下。"④所谓幸福原则乃是这样一条原则,"事物存在"表象所给人的快乐,就其成为人对这个事物的欲望的动机的一个原则而言,乃是依据在主体的感受性上面,因为它是依靠于

---

① ［德］康德:《道德形而上学原理》,苗力田译,上海人民出版社 1986 年版,第 51 页。
② ［德］康德:《实践理性批判》,关文运译,广西师范大学出版社 2002 年版,第 3 页。
③ 同上书,第 6 页。
④ 同上书,第 7 页。

一个对象的现实存在(Dasein)的。因而它乃是属于感觉(Gefühl),而不属于悟性——悟性是表示表象对客体的概念关系,而不表示表象与主体的感觉关系。所以只有在主体从对象的现实存在所期待的那种愉快感觉决定其欲望官能的范围以内,这种快乐才可以促进实践。一个有理性的存在者能意识到终身不断享有的人生乐趣,就是所谓幸福(Glückseligkeit);把幸福立为选择的最高动机的那个原理,正是自爱原则。一如康德所论证的,幸福原理对于一个其感受性优先于实践法则的个体来说无疑是首要的、正当的,因而也是合理的。"'追求幸福'必然是每一个有理性而却有限的存在物的愿望,因而也是必然会决定他的欲望的一个原理。因为人生来对自己的全部存在就不满意,他必须首先认识到自己独立不依,无待外求,才能有此洪福,追求这种洪福,乃是我们的有限本性自身加于我们的一个课题,因为我们有所需求,而这种需求乃是有关我们的欲望官能的实质而参照于主观上的快乐感情或痛苦感情的——这种感情才决定了使我们满足自己现状的必要条件。"①然而,幸福原则却不能成为普遍有效的实践法则。定理三:"一个有理性的存在者必须把他的准则思想为不是依靠实质而只是依靠形式决定其意志的原理,才能思想那些准则是实践的普遍法则。"②然而,康德只问其形式而不问其实质内容的实践法则是如何可能的呢?这个疑问用另一种提问方式可以确定为:由实质的实践准则到形式的实践法则是如何可能的呢?康德说,如果抽去法则的全部实质,即抽出意志的全部对象(当做动机看的),那么其中就单单留下普遍法则的纯粹形式了。因此,一个有理性的存在者既然完全不能把他的主观的实践原理(即他的准则)同时思想为普遍法则,那么他就必须假设,单单有它们所借以成为普遍立法的那个纯粹形式自身就可以把它们变成实践法则。然而事实上,第一,仅凭一个假设如何保证把具有实质内容的实践准则变成实践法则呢?第二,借以成为普遍立法的那个纯粹形

---

① ［德］康德:《实践理性批判》,关文运译,广西师范大学出版社2002年版,第10页。
② 同上书,第12页。

式自身如何变成实践法则的呢？于是，康德便提出了定理四："意志的自律（Autonomie）是一切道德法则所依据的唯一原理，是与这些法则相符合的义务所依据的唯一原理。反之，任意选择一切的他律不但不是义务的基础，反而与原理，与意志的道德性互相反对。"①正是自由意志才使得实践法则既成为可能又成为现实。在人的理性所及的范围内，出于客观必然性的实践法则乃是一命令。成为实践原理的"命令"通常有两种类型：绝对命令和相对命令。绝对命令是无条件的，而相对命令则是有条件的。在康德看来，一切"命令"的指示，不是有条件的，就是无条件的或绝对的。"一个有条件的'命令'的含义是：如果立意要得到某一东西，或至少要以此目的，那就必须做某一件事。绝对命令的含义是：某一行为，就是必须作的，不涉及任何别的目的。"②而在非常细微的层次上，康德又把相对命令作了区分：技术规则和明智规约。至于二者的区别与联系可从康德的如下论述中见出："凡一个有理性者所能做的事情，都可作为有理性者的意志所可能追求的对象。因此，意志在追求这些可能的对象的时候，所必须采取的行为原则，其数量是无穷的。然而我们可以假定：有一个目的，是为一切有限的有理性者（至少，那些能听从命令的有理性者）实际追求的对象，并且也为每人依照某种天然本性所追求的对象，这个目的就是幸福。凡是肯定某种行为是作为追求幸福的必要手段的有待命令，都是实述的命令。我们决不可把幸福想作只是一种可能的或和可疑问的目的，而乃是出自人的本性并可先验地假定为人人所追求的目的。凡人精于选择达到自己的幸福的手段，我们称为（狭义的）的精明，因此，一个命令，如果只在于指示选择达到个人幸福的手段，那就只是一种精明的准则，它必然是有条件的命令。它命令行为，也不是绝对的，只不过当作是达到其他目的的手段。"③技术规则和明智规约准确说来，尽管也以命令

---

① ［德］康德：《实践理性批判》，关文运译，广西师范大学出版社 2002 年版，第 20—21 页。
② 周辅成编：《西方伦理学名著选辑》（下），商务印书馆 1987 年版，第 363 页。
③ 同上书，第 364—365 页。

形式出现,但却不可以作为理性命令的基础,它们作为分析的命题形式,不具有必然性和普遍性,因而不能称为道德命令。只有作为先天综合命题形式的道德命令才是绝对命令,而只有绝对的命令才是实践的规律。其他命令都只可称为选择的规则,而不是规律。因为任何事物,既被选择是仅仅作为达到某种任意选定的目标的手段,那它本身只可被看作是偶有的,只要目的已经消失,那么命令就失去效力。反之,无条件的命令,决不允许意志择取相反的途径,只有它才可能用规律所具有的必要性(或必然性)指挥意志。简明地说,只有一个绝对命令,即"你必须遵循那种你能同时也立志要它成为普遍规律的准则而去行为"。

但绝对命令可以有三种变形:(1)按照必然性行事,也就是你必须随时遵循一种可由你的意志变成为普遍的自然律的准则而去行动。能够依照普遍的自然律的准则而去做的事情,就尽到你应尽的义务。"义务是指一种行动在实践上的无条件的必要性。"①(2)人是目的,而不是手段。把这一绝对命令转换成实践的命令式,便成为:"你一定要这样做:无论对自己或对别人,你始终都要把人看成是目的,而不要把他作为一种工具或手段。"②(3)在可能的"目的国"中的自律(或自决)意志——自律是人的尊严的基础。

可以说,实践法则、自由意志、实践理性构成康德道德原理的三个要件。这是一种典型的德性论。德性论的伦理学隐含着个体的德性修为在践行实践法则过程中具有优先性,但法律与政体的优良程度在某种意义上会有更大的作用。亚里士多德在《尼各马可伦理学》的最后一章集中讨论了被组织得良好的社会与个体之德性之间的关系。"由于以前的思想家们没有谈到过立法学的问题,我们最好自己把它与政制问题一起来考察,从而尽可能地完成对人的智慧之爱的研究。"③亚里士多德还提出了从立法学和政制对人的智慧之爱的影响方面进行研究的步骤:"首先,我们将对前人的努力作一番回顾。然后,我们将根据所搜集的政制汇编,

---

① 周辅成编:《西方伦理学名著选辑》(下),商务印书馆 1987 年版,第 369 页。
② 同上书,第 372 页。
③ [古希腊]亚里士多德:《尼各马可伦理学》,廖申白译,商务印书馆 2003 年版,第 318 页。

考察哪些因素保存或毁灭城邦,哪些因素保存或毁灭每种具体的政体;什么原因使有些城邦治理良好,使另一些城邦治理糟糕。因为在研究了这些之后,我们才能较好地理解何种政体是最好的,每种政体在各种政体的优劣排序中的位置,以及它有着何种法律与风俗。"①而关于法律与政制方面的善正是我们目前讨论中的政治共同体之善的问题。因为,在一个总体上正义的社会里,法律的公正和政制的优良乃是优先的或基础的事项,尽管在这个被组织得良好的社会里我们无法保证每个个体都是道德的,但良好的法律和政制对人们获得德性是有帮助的,这是一个道德的社会与不道德的人的组合;在劣质的社会里,我们不排除有德性的个体,甚至是一个有德性的人群,当社会失去了一个总体上的善,这是一个道德的人与不道德的社会的组合。比较而言,后一种组合是难以治理的。因此,在讨论德性之美与政治共同体之善的关系时,我们除了要一般性地研究法律与政制的善之外,对伦理学而言,如何实现从德性之美到政治共同体之善才是核心问题。

2. 从德性之美到政治共同体之善

现代伦理学面临着与亚里士多德伦理学迥然不同的时代主题,这个主题至少包括两个方面,也正是这两个方面才使得现代伦理学与亚里士多德的根本有别:一个是"好生活问题"的隐匿;另一个是"城邦之善"已经变成一个尖锐的问题。简约地说,无论是安斯库姆还是斯托克等人对现代道德哲学的尖锐批评,都是一种学科内的学术批评。②这些批评无论

①　[古希腊]亚里士多德:《尼各马可伦理学》,廖申白译,商务印书馆 2003 年版,第 318 页。
②　安斯库姆说:"我们不能够转向亚里士多德去寻求对谈论'道德'善良、义务等东西的现代方式的任何说明。在我看来,从巴特勒到密尔,现代所有最知名的伦理学的著作家作为这一学科的思想家都是有缺陷的,这些缺陷使得我们无从指望从他们那里得到对这一学科的任何直接的指引。"参见伊丽莎白·安斯库姆:《现代道德哲学》,谭安奎译,载徐向东编《美德伦理与道德要求》,江苏人民出版社 2007 年版,第 42 页。斯托克说:"对我们道德生活之复杂性与广阔性以及什么东西具有价值这些问题的反思,表明新近的伦理理论明显过分集中于责任、正当性与义务之上了……它们在极其重要和极其普遍的价值领域里把理由与动机之间的分裂必然化了,或者说它们给了我们一种道德上极其贫乏的生活的和谐,一种极为缺乏有价值之元素的生活的和谐。"参见迈克尔·斯托克:《现代伦理理论的精神分裂症》,谭安奎译,载徐向东编:《美德伦理与道德要求》,江苏人民出版社 2007 年版,第 60—61 页。

怎样地击中要害，也无论批评者多么激愤，似乎都未触及问题的实质：现代道德哲学的"精神分裂症"实质上是现代生活之"精神分裂症"的理论表达形式。不是功利主义也不是康德的道德哲学把好的生活和人类幸福从伦理学中清除出去，而是现代社会设置使生活没有了终极意义。伦理学家的个人魅力及其伦理学学说对社会生活的作用是有限度的，他们既没有能力也没有完全的责任拯救整个世界。现代伦理学家固然要研究以思想形态出现的学术资源，更重要的是研究造成生活之"精神分裂症"的社会根源，从社会生活中而不是到已有的伦理学那里去寻找解决问题的道路与方法。对此我们不拟作深入讨论，在此我们将专门讨论如何从德性之美过渡到政治共同体之善的问题。

首先，理论上的自信。 依照一般的理论推论，被组织得良好的政治共同体一定是由善人组成的，但有善的个人却不一定导致良序的政治共同体。个体的德性之美只构成良序政治共同体的必要条件：无之必不然，有之不必然。这是一个无须证明的命题。然而由善的个人组成的社会一定是优良的社会，却是一个需要证明的命题。①亚里士多德不无自信地认为，只要每个公民不但具有一般的善德且具有公民的善德，统治者除了具有一般人的善德，更具有统治者的善德，优良的城邦就是必然的了。在古希腊的伦理概念中，善人的品德与公民的品德是有细分的，成为公民的品德不必是善人的品德；在日常生活中，每个人不必是善人，但在城邦里司职，成为一个合格的公民，就必须具有公民的品德。亚里士多德以水手之于船舶的关系比附公民的品德与城邦之善的关系。作为一个团体中的一

---

① 依照道德的标准，就可能性而言，在道德的个人与道德的社会之间有四种组合方式：(1)道德的个人与道德的社会；(2)道德的个人与不道德的社会；(3)道德的社会与不道德的个人；(4)道德的个人与不道德的社会。在实际的情况中，第一种和第四种组合较少出现，但并非不可能。亚里士多德对第一种情况充满了期待和信心。他在历数了斯巴达政体、克里特式政体、迦太基政体之优缺点之后评论道："在前代立法家中，为雅典创制的梭伦可称贤达，他怀有民主抱负，完成一代新政，能保全旧德，不弃良规。"参见《政治学》，吴寿彭译，商务印书馆1996年版，第440页。

员,公民[之于城邦]恰恰好像水手[之于船舶]。水手们各有职司,一为
划桨,另一为舵工,另一为瞭望,又一为船上其他职事的名称;[船上既按
照各人的才能分配各人的职司,]每一良水手所应有的品德就应当符合他
所司的职分而各不相同。但除了最精确地符合于那些专职品德的个别定
义外,显然还须有适合于全船水手共同品德的普遍定义:各司其事的全船
水手实际上齐心合力于一个共同的目的,即航行的安全。在一个合法界
定的雅典城邦共同体中,公民们一如水手那样,公民既各为他所属的政治
体系中的一员,他的品德应该符合这个政治体系。好公民不必统归于一
种至善的品德,作为一个好公民,不必人人具备一个善人所应有的品
德。①"所有的公民都应该有好公民的品德,只有这样,城邦才能成为最优
良的城邦。"②然而由于每个公民在政治体系所司职位各不相同,甚至有
很大分别,如支配者和被支配者,他们的品德是否相同呢?"全体公民不
必都是善人,其中的统治者和政治家是否应为善人? 我们当说到一个优
良的执政就称他为善人,称他为明哲端谨的人,又说作为一个政治家他应
该明哲端谨。"③"明哲(端谨)是善德中唯一为专属于统治者的德行,其
他德行[节制、正义和勇毅]主从两方就应该同样具备[虽然两方具备的
程度,可以有所不同]。'明哲'是统治者所应专备的品德,被统治者所应
专备的品德则为'信从'('视真')。被统治者可比作制笛者;统治者为笛
师,他用制笛者所制的笛演奏。"④为何统治者和政治家必须具备"明智"
这种品德呢? 这是由他们所从事的活动以及由这种活动所要求的品德所
决定的。"明智是一种同善恶相关的、合乎逻各斯的、求真的实践品质。
所以,我们把像伯利克里那样的人看作是明智的人,因为他们能分辨出那
些自身就是善、就对于人类是善的事物。我们把有这种能力的人看作是

---

① 参见[古希腊]亚里士多德:《政治学》,吴寿彭译,商务印书馆1996年版,第120—
121页。
② 同上书,第121页。
③ 同上书,第122页。
④ 同上书,第125页。

管理家室和国家的专家。"①在政治学中，政治家在两个方面表现出明智的品德：一种主导性的明智是立法学，另一种明智是处理具体的政治事务，处理具体事务同实践和考虑相关，因为法规最终要付诸实践。

从亚里士多德的论述中，无论是从逻辑推论还是从实践经验看，他对德性之美与政治共同体之善之间的内在关联是充满自信的。事实上，这种自信更多地可能来自雅典城邦的现实，而不完全是理论上的勇气，以及对德性之美与政治共同体之善相和谐的憧憬。

其次，体制上的保证。雅典城邦体制无疑属于前现代性的社会治理模式，但这种体制却在两个方面有其特点。第一，自由与民主精神构成雅典政治生活的文化基础，一种充满智慧的辩论、对话表现于生活中的各个方面。通过辩论和对话以揭露对方的谬见，继而呈现真理。在弘扬自由与民主精神的同时，每个人都注重自身的德性修为，形成与自身的社会角色相匹配的主德：智慧、勇敢、节制、正义。雅典城邦本质上是一个合法界定的伦理共同体，追求总体上的善是它的直接目标，为每个人提供益于养成其优良品德、获得其幸福的社会良序是它的终极目标。第二，雅典城邦尽管处于水陆交通都极为发达的要地，但由于空间和人口的限制，基本上是一个熟人社会。而在一个相对稳定的熟人社会，类似于完整德性的这样一种优良品质是可以形成的，也会充分发挥它的作用。而被亚里士多德称为统治者和政治家的那些"贤达"也确实拥有"明智"这样的善德，他们是被公认的善人。由善人组成的管理集团有足够的意愿和能力将雅典城邦治理得很好。毫无疑问，构成雅典城邦共同体之坚实基础的是它的伦理体系，这种体系既支撑了雅典的政治体制（立法）和政治活动（实践），也维系了雅典人的日常生活。

值得注意的是，德性之美与政治共同体之善相统一的另类形态，这就是中国的传统社会。以儒家伦理为基本色调的传统社会，本质上是一个

---

① ［古希腊］亚里士多德：《尼各马可伦理学》，廖申白译，商务印书馆 2003 年版，第 173 页。

由差序格局构成的等级社会。一如雅典城邦那样,它也靠着理论上的自信和制度上的安排,从根本上保证了德性之美与政治共同体之善之间的内在统一。理论上的自信充分表现在儒家经典《大学》中。"大学之道,在明明德,在亲民,在止于至善。"朱熹说,此三者乃《大学》之纲领。"明明德"为根本途径,"亲民"为直接目标,"止于至善"为终极目的。而"古之欲明明德于天下者",必是解决八个条目的关系:平天下、治国、齐家、修身、正心、诚意、致知、格物。而自天子以至于庶人,壹是皆以修身为本。通过格物致知、诚意正心、修身自为,以达到齐家治国平天下的目的。家与国的同构化,使得德性之美与城邦之善之间具有了逻辑上必然性,此所谓:"一家仁,一国兴仁;一家让,一国兴让;一人贪戾,一国作乱;其机如此。此谓一言偾事,一人定国。"朱熹还为德性之美与城邦之善之统一提供了认识论上的证明:"所谓致知在格物者,言欲致吾之知,在即物而穷其理也。盖人心之灵莫不有知,而天下之物莫不有理,唯于理有为穷,故其知有不尽也。是以大学始教,必使学者即凡天下之物,莫不因其已知之理而益穷之,以求至乎其极。至于用力之久,而一旦豁然贯通焉,则众物之表里精粗无不到,而吾心之全体大用无不明矣。此谓格物,此谓知之至也。"①格物之"物"既指自然之物,也指人伦之事。一旦体认到事物之理便可通行天下。在儒家那里,由个体善推论出城邦善也并非是一个纯粹的、应然的伦理命题,同时也是一个实践命题:以家庭为基本单位的伦理共同体是中国传统社会赖以存续的基石,而家族、村社和社会则是它的扩展形式。只有在公共生活和私人生活没有界分的境域下,德性之美与城邦之善在认识论和实践论上的贯通才有可能。

3. 从德性之美到政治共同体之善:理论困境与实践难题

在亚里士多德伦理学和中国儒家伦理学中,从德性之美到政治共同体之善既是自信、希望,又是某种事实。然而,在市场社会这种自信和事

---

①　[宋]朱熹撰:《四书章句集注》,中华书局 1983 年版,第 6—7 页。

实都变成了困境与难题,只是人们还保持着对执政者的道德希望,希望他们有政德,希望他们把国家治理得好。

首先,理论上的困境。人们总会有这样的疑问:当一个人充当一般人和公民时会拥有善德和公民的品德,而一当成为政权的拥有者和使用者的时候,这些善德和品德是否依旧是属己的或具身性的能力和品质呢?于是人们便得出结论说,这些人原本就没有善德和品德。这是一种失之偏颇的判断。一如亚里士多德所言,人只有具有接受德性的潜能,而无先天的德性,只是由于经常做好事、善事,他才成为好人。而促使他经常做好事和好人的关键因素是环境,包括日常生活环境和制度环境。另一方面,充当政治家和执政者所需要的实践智慧远比当一个普通人和公民所需要的为多。一个普通人和公民所处理的实践事务通常有三个事项:其一,与自己的欲望有关;其二,与自己出于意愿的选择有关,因自己的行动而成的事物是出于意愿和选择的,因而是可实践的;其三,与既定的机会和财富的分配有关。面对这些机会或财富,行动者既可以占有也可以让渡。占有要符合正当性原则,而让渡则是可嘉奖的行为,因而是合于最好的德性的实现活动。无论是在私人领域还是在公共领域,普通人或公民可以占有和让渡的机会或财富通常是可以确定其归属的那些。当一个人毫无缘由地占有本不属于自己的且可以确定其归属的机会或财富时,就会受到舆论的谴责,甚至受到法律的制裁,因为这种占有的行为是公开的,可直接确定其性质的。因此,利己的动机及其行为就会被限制在确定的范围内,当下性和直观性是普通人或公民之行动的突出特点。而政治活动和行政行为尽管其所指向的是有关公民之根本利益的分配问题,但这种根本利益在确定其归属之前往往是无人称的,或泛主体的。当执政者借助政治活动(立宪立法活动)和行政行为(通过行使行政职权分配公共物品)对公共利益进行分配时,其当下性和公开性以及由此而来的被监督性也就往往弱于普通人和公民的行为,其利用政治和行政这种力量占有无人称或泛主体的利益的可能性就大大增加。尽管我们希望、事实上也确实存在着清正廉洁的执政者,但我们无法保证每个执政者都是具有政德的人。

　　公共政策决策者的自利性偏好有滥用公共权力的可能。经济人假设作为现代经济学的哲学前提,其合法性和合理性尽管受到来自经济学内部的质疑和伦理学的批判,但它依然是西方主流经济学的基本的逻辑前提。效用价值、边际效用、理性经济人、机会成本、帕累托效率、自由选择、需求排序、自由放任等等已经成了西方主流形态经济学的关键词。"在微观经济分析中,根据所研究的问题和所要建立的模型的不同需要,假设条件存在着差异。但是,在众多的假设条件中,至少有两个基本的假设条件:第一,合乎理性的人的假设条件。这个条件假设也被称为'经济人'的假设条件。'经济人'被视为经济生活中的一般人的抽象,其本性被假设为是利己的。'经济人'在一切经济活动中的行为都是合乎所谓理性的,即都是以利己为动机,力图以最小的经济代价去追逐和获得自身的最大的经济利益。第二,完全信息的假设条件。这一假设条件的主要含义是指市场上每一个从事经济活动的个体(即买者和卖者)都对有关的经济情况(或经济变量)具有完全的信息。"①经济学假设对政治伦理的启发在于,公共政策的制定者和公共权力的行使者存有以权谋私的伦理动机,倘若体制为这种以权谋私提供制度保障,那么他们会在体制的范围内谋得私利;倘若体制设定了某种制约,他们就会在体制内做体制外的事情,倘若没有惩罚机制,这种破坏体制的以权谋私行为就会大量或长期存在。总之,如果没有体制上的限制,指望一个清正廉洁的官吏就只有靠他们的德性修为了。然而这是一个充满风险的心理企盼,只有相信任何人都有利己的动机才有可能制定防范利己行为的规范,反之,相信官吏都是以民为本的决策者、管理者和执行者,就不会有健全的规范体系。

　　其次,实践上的难题。理论上,在规范、德性与行动之间,其内在的逻辑关系是清楚明了的,但在实践上,其内在的逻辑必然性却变成了问题。一个经常性的认识论中的误区在于,人们把理论推理等同于实践推理。

①　高鸿业主编:《西方经济学》,中国人民大学出版社 2000 年版,第 22—23 页。

当人们站在普通人或公民的立场上看待和对待执政者的行动时,总是把理论上的推理当成执政者的实践推理。在普通人和公民看来,一个执政者知道该怎么做,且有足够的能力这样做,那他一定会按照人们做期盼的逻辑去做。然而事实上,一些执政者恰恰没有这样做。何以至此呢? 原因在于,普通人和公民在进行理论推理时,通常是把通过政治活动和行政行为为己谋得私利的动机排除在外了;同时也把利己行动的可能性空间(体制上的缺陷和监督上的缺失)排除在外了。在理论上向着有利于普通人和公民进行推理和在实践上向着有利于执政者进行推理之间有着本质区别,这就是问题的根本。康德的主体论的道德哲学把道德可能性的全部基础立于行动者的自律之上,从而保证了行动的必然性。责任是出于对先天法则的敬重而产生的行为必然性,而行动者的善良意志和实践理性保证了这种必然性。看上去,这是一个最为可靠的承诺,然而事实上却是一个最为脆弱的承诺。

　　其三,现实的道路:个体德性与集体行动的逻辑。亚里士多德和康德的伦理学更适合于个体基于意愿之上的实践目的的选择,但把德性与善良意志运用于集体行动的时候,境况会是怎样呢? 我们并不排除拥有和行使政治权力和行政权力的个人拥有德性和善良意志,但我们根本无法保证由这些个人所组成的集团也拥有德性,从而作出正确决策,并在理性上是反思的,能够对他们的行动提供出正当性基础的说明来。个体的实践理性可以帮助个体作出正确的选择,由个体组成的权利集团也同样拥有实践理性吗? 即便拥有,它能够作出正当选择吗? 在当下,不是伦理学该不该研究政治伦理,而是政治伦理如何进入伦理学的问题。个体与集体依据实践理性所处理的是完全不同的事务:个体处理的是如何获得使人幸福的条件从而真正获得幸福的问题;集体所处理的是作为生活之基础的财富问题,是如何分割和分配财富,这种分割和分配与幸福无必然关联。于是,在伦理学的视野内,权力集团之采取集体行动的逻辑在哪里呢? 黑格尔说:"国家是伦理理念的现实——是作为显示出来的、自知的实体性意志的伦理精神,这种伦理精神思考自身和知道自身,并完成它所知道的,而且只是完成它所知道的。"①那么如何保证权力集团知道国家的伦理精神并把这种精神实现出来呢?

在实现由德性之美到城邦之善的道路上,公共理性和公共精神的培育和正义制度的设计是至关重要的两个方面。公共理性与公共精神是民主社会的价值诉求,尽管传统社会也普遍存在集体行动和共同的善,但集体行动的逻辑和共同的善通常与公民的意愿和选择无紧密关系。当人们普遍地以公民身份参与集体行动、创造共同的善并分享共同的善的时候,就会要求一种不同于传统社会的知识与德性,这就是公共理性与公共精神。在真正的现代社会,每个个人、家庭、社团以及政府作为合理的、理性的行为体,都有明确表达其意愿、计划以及相应地作出决策的机会和方式,这是一种知识、品德,也是一种能力。"它是一种知识和道德权力,扎根于人类成员的能力之中。"②公共理性既是公民社会的内容之一,也是它的重要特征:是公民,亦即那些分享平等公民权地位的人的理性,进言之,是一个人以公民身份分享公民权时所要求的理性(知识、品德和能力);公共理性的目标是共同的善:正义的政治概念所要求的社会的基本制度结构,以及他们所服务的目的和目标。公共理性所指向的对象与所有公民有关,在三个方面体现着公共性:"作为公民的理性,它是公众的理性;它的目标的共同的善和基本正义问题;它的性质和内容是公共的,因为它是由社会的政治正义概念所赋予的理想和原则,并且对于那种以此为基础的观点持开放态度。"③当公民拥有并运用公共理性时,其行动逻辑是:出于个人权力要求但不止于这种权力,而是追求共同的善;面对共同的分享应遵守共同的价值原则。公共理性不应只为公民所有,执政者更应当有超出公民水平之上的公共理性能力和公共精神。公共理性与公共精神是执政者不同于其作为普通人和公民所应具备的品德,它们会在

---

①　[德]黑格尔:《法哲学原理》,范扬、张企泰译,商务印书馆 1961 年版,第 253 页。

②　[美]罗尔斯:《公共理性的观念》,载詹姆斯·博曼主编:《协商民主:论理性与政治》,陈家刚等译,中央编译出版社 2006 年版,第 68 页。

③　同上书,第 69 页。

三个关键的方面发挥作用。第一，作为执政者之人格结构的重要元素，公共理性和公共精神会把利己打算排除在政治活动和行政行为之外，而把提供最大的公共的善或共同的善作为根本目标；第二，在由执政者构成的精英集团进行立法和决策时纠正那些利己行为；第三，在决策或分配公共资源时，能够将公共理性和公共精神转变成可实践的伦理艺术，即进行公共善的排序，是考虑少数精英者的需求，还是顾及大多数人的意愿和利益，在分配公共善的问题上显得尤为重要。公共理性和公共精神在治理社会时之所以显得重要，是因为它们以自律的方式发挥作用，在康德看来，只有自律的行动才有道德必然性。

然而人作为有限理性存在者，不但不能始终如一地将私人打算置于公共的善之下，而且极有可能把利己动机置于公共的善之上，因此康德所承诺的道德必然性就不可能是必然的，只是可能的。由此决定，针对执政者之利己动机而设计的他律就会必然存在，这就是制度和社会舆论。在制度安排的具体策略上，一种体现公共精神和公共理性的社会基本制度结构应保证它的普遍有效性，对任何一个执政者都是有效的。面对制度的不严密性，应有防御性制度安排：在一个人口群体 P 中，当其成员在反复出现的情境 T 下，作为行为人常规性的 R 只有在下列条件下而成为人口 P 中的共同知识时，它才成为一种制度：(1)每个人都遵同 R；(2)每个人都预计他人遵同 R；并且(3)如果 T 是一个协调问题，在这种情况下一致遵同 R 是一个协调均衡，于是在其他人都遵同 R 时，每个人都愿意遵同 R；或者(4)如果一个人偏离了 R，人们知道其他人当中的一些或全部将也会偏离，在反复出现的博弈 T 中采用偏离的策略的得益对于所有行为人来说都要比 R 相对应的得益低。这是有关道德成本的核心问题。执政者之利己动机及其行动的道德成本大于其所得，利即行动的可能性就会降低，反之就会出现有令不行，违令不罚的后果。德性无规范则盲，规范无德性则空。针对这种情形，是否有一种普遍公众力量以及这种力量能否发挥作用就显得格外重要。在现代社会，谁不重视社会舆论的力量谁就不可能有效地治理社会。公众的质疑能力、参与能力、公共理性以及公共精神是形成正确公共舆论的伦理基础。

无论对执政者还是对一般公民来说,实现政治共同体之善所需要的伦理基础都不同于在与政治无关或无直接联系的领域所要求的德性。这种德性只有在反复进行的公共生活的实践中才能形成。中国会在伟大的改革开放实践中形成这种德性并践行这种德性。

说德性之美与政治共同体之善为人们获得快乐和幸福奠定了主体性基础和客体性条件,呈现出的是朝向人的是、所是和应是的文明程度,继而发展出人类文明形态的规范或制度形式。然而个体德性的修为程度、政治共同体的和谐程度、规范体系的合理化程度,似乎都是人的快乐和幸福状态的基础和条件,而人之快乐和幸福的文明程度才是人类文明新形态或伦理文明新形态的终极目的和重要标志,由此决定,我们从人类的快乐史和幸福史的角度研究伦理文明的类型和本质。

借助手段之善和目的(终极)之善这两个概念,我们将德性之美与政治共同体之善之间的复杂关系初步揭示出来了;无论在理论上还是在实践上,虽然说个体美德与政治共同体之善作为善的两种逻辑,其间的过渡充满着各种困难和难题,但终归是存在着可能性,因为二者如果始终在空间上阻隔着、在时间上隔断着,那么人们所孜孜以求的快乐和幸福就永远不可能。但这种论证尚未揭示出德性之美和政治共同体之善之于人的快乐和幸福而言,进一步地之于人的是其所是而言,究竟意味着什么。我们虽然无法揭示出人类的快乐史和幸福史,但我们可以从情绪和情感角度予以澄明;从人类情感史角度揭示人类之快乐与幸福的发生及其演变,继而论证伦理文明的本质,无疑是一个重要的致思方式。在构建中华伦理文明新形态过程中,当认识论前提和本体论基础已被揭示出来之后,一个终极性的问题便招致前来,其实这个问题理应在澄明构建中华伦理文明新形态的认识论前提和本体论之前,就该被当前化,亦即将其从自明性状态转变倒明见性状态。这个终极问题就是为着什么和如何实现它的问题。一如已经论证过的那样,由个体美德和政治共同体之善所一并共出的终极之善,就是幸福,或因为合于德性而来的幸福,过一种有尊严的生活,或者说是以人格为基础的好生活;或遵循利益和自爱原则而来的快乐生活。那么,这个被称为终极之善的幸福和快乐以怎样的方式呈现出来呢? 这便是快乐感和幸福感的问题。如何从幸福感和道德感出发去立论中华伦理文明新形态,或者构建中华伦理文明新形态究竟为着什么? 这构成了当代中国伦理学研究的一个重要提问和追问方式,也是对终极之善的沉思方式。

三、情感史视阈中的伦理文明新形态

就情感史的原始发生而言,可以有两种,一种是系统论奠基,一种是生成论奠基。系统论奠基是从结构、功能和价值三个维度静态地考察情感的构成;生成论奠基是从历史发生学角度呈现不同社会状态下情感的原始发生以及不同社会形态下情感的断裂、转换和超越过程。在这种讨论中,如何确定从一般情感到道德情感再到德性与幸福的发生逻辑,无疑是研究情感史视阈中伦理文明新形态问题的关键。

1. 情感史研究何以成为伦理学一种重要的研究范式?

情感史研究成为一种重要的研究范式,似乎并不首先来自伦理学界,在当代中国伦理学研究中,也很少见到道德情感史研究方面的主张和成果,即便有道德生活史方面的伦理学叙事,但从体验和经验的角度呈现生命主体的内心感受,借以将不可识见的情感体验呈现在表象里、把握在意识中,似乎缺乏足够的重视和深入的研究。在当代史学研究中,情感史研究似已成为一种重要的致思范式。作为一种常识和知识,将当代史学研究中的情感史研究,引入到对伦理文明新形态的研究中来,是一件值得借鉴的事情。

(1) 情感史研究中的他者视野

情感史研究存在多重渊源。其一是,在以法国年鉴学派为发起者的

"总体史"的目标追求下,"二战"以后社会史被更多人认为是比思想史研究更能揭示历史动因的选择而获得发展。一方面,原本社会学家就比历史学家更早注意研究情感;另一方面,社会史家注意考察人的行为模式在各个历史时期的变化,从而发现人的情感表现同样受到社会结构的制约,在不同的历史时期有不同的表现,而且情感等感性层面的因素同样影响人们的行为和历史的进程。德国社会学家诺贝特·埃利亚斯(Norbert Elias)的名著《文明的进程》和荷兰学者约翰·赫伊津哈(John Huizinga)的《中世纪的秋天》就是很好的例子,显示了社会学家与社会史家对历史上的情绪、情感的早期研究情况。其二是,科学家特别是神经医学研究者关于人类情感的研究所取得的进展和人类学的兴盛。普兰佩尔所著的《情感史导论》、威廉·雷迪的《感情研究指南:情感史的框架》均用相当篇幅阐述了神经科学家和认知心理学家的研究成果对于情感史研究的启发与推动。普兰佩尔和威廉·雷迪看重神经医学和认知心理学等科学研究成果只是情感史研究中的一个类型——与作为"普遍主义者"的科学家相近,偏重探讨具有普遍性的人类共同情感的表现形式与作用机制。与之不同,前述社会学家与社会史家多为"建构主义者",更注重情感的生成和表现背后的社会、文化背景,亦即情感的历史性。而人类学之所以被伯迪斯等学者认为是与神经科学并列影响情感史兴盛的学科,是因为该学科与神经科学都注重人的身体和行为。其三则是 20 世纪以降特别是二战后国际史学的总体变化。历史研究之科学化遭遇后现代主义和"语言学的转向"之挑战后,涌现了包括新文化史、妇女史、性别史、家庭史、儿童史、动物史、医疗史、身体史、记忆史在内的诸多新兴史学流派。沿着作者的视角,可发现这一史学发展过程,其实是情感从史学研究中退出而又复归的过程。芭芭拉·罗森宛恩于 2002 年在《美国历史评论》上所发表的题为《考量历史上的情感》一文,常被视作情感史兴起的宣言。该文开头直言了对历史研究缺乏情感的不满:"作为一个学术分支,历史学最早研究政治的变迁。尽管社会史和文化史已经开展了有一代之久,但历史研究仍然专注硬邦邦、理性的东西。对于历史研究而言,情感是无关紧要的,甚至是格格不入的。"罗森宛恩这一判断引起史学界的广泛共鸣,情感史研究的意义得以凸显。不过,从更深远的史学史视角考察,罗森宛恩所指的历史研究,其实只是经过欧洲文艺复兴时期科学化之后的近代史学研究。然事实上,在未经科学化的近代以前,东西方的传统史学书写中,均不乏关于人的情感行为之记录,譬如中国古代关于"天人感应"的记述,西方史学之父希罗多德关于"神妒说"的记载,古希腊史学家修昔底德所著的《伯罗奔尼撒战争史》关于伯利克里等雅典政治家动员公民参战的记述,以及东西方史书中分别关于皇帝、教皇、国王等统治者的情感波动如何影响了历史进程的记述。不过,作为以对兰克史学的反叛与超越形象而生的新派史学之一,情感史将情感重新带回史学研究与书写中,并非重回前近代史学的旧路;而是恰恰相反,情感史领域的出现,"不但受到了'语言学转向'的浸染,而且复活和强化了之前历史科学化的努力",其不仅主张运用社会科学的方法,还提倡与自然科学结合。这颇具"吊诡"的意味——情感在历史书写中的消失与重返俱缘于史学的科学化,只是各处于史学科学化的不同阶段而已。

作为新兴史学流派之一,情感史较之新文化史等受"语言学转向"影响而生的其他新兴史学流派走得更远,实际上"在某方面展现了历史学在20世纪末'语言学的转向'之后的发展前景","其开创的领域和尝试的方法足以标示历史学未来的发展走向"。在这一点上,作者表明自己是美国史学家加布丽埃勒·施皮格尔(Gabrielle Spiegel)的支持者。施氏在2005年编纂的《实践历史:语言学转向之后的历史学新方向》一书中曾预测,今后的历史书写会更注重人的"经验和实践"(experience and practice),而在情感史领域,身体不再是听命于其他能动体的被动体,而是一个"深嵌了精神、情感和行为习惯的所在",综合了思考和情感的有机体是人在身体层面的"经验和实践"。历史学者之所以如此看重情感史的发展前景,或更在于他自身从更宽广的史学史视角切实认识到情感史不仅挑战了既往占据主流的近代史学,弥补了历史学视角上的缺失,在史料运用、研究方法与书写方式上的突破也均具有重要的意义。情感史研究还有利于走出西方中心论,更具有国际视野和全球眼光。此外,情感史研究还对一些以往历史书写中情感的生成与表露方式的判定,理性与情感的二元对立,"理性的男人,感性的女人"的性别情感刻画,以及现代性、社会阶级等常用的史学概念形成了观念层面的挑战。在史料运用上,情感史重视口述史料,乃至不再以文字表述作为唯一的手段,感受音视频资料在情感表达上的独特作用。

不过,尽管对倡导情感史研究满腔热情,但相关研究也面临着诸多困难和挑战。情感很大程度上因其所具有的空间性与时间性而成为历史研究的对象,然既有的情感史研究表明,情感的时间性和空间性基本都仰赖语言来表现。因情感史的兴起本来就与"语言学转向"渊源颇深,故不仅超越"语言学转向"存在不小难度,而且因语言的不透明性而使情感史研究的史料解读本就不易。借用罗森宛恩的话说,"研究情感史对史学家重新解读史料提出一系列新的要求。史学家若要真正理解情感的表述,需要参考当时的文化和理论背景,仔细掂量情感用词的轻重程度,理解情感词汇的借喻和讽刺意涵,以及体会沉默时刻所表现出来的情感"。而且,语言文字资料之外,就算被认为是直观体现人物情感情绪的音视频资料,也因受到文化、习俗的深刻影响而使得人的身体表现有异——即罗森宛恩所言"文化不但形塑了大脑,还形塑了身体"。这使得不同文化背景和人生经历的人在情感的身体表达上也有所不同,还存在类似"心口不一""言不由衷"这样一种情感真实和表现出来的情绪不配套的情形,故不能直接使用同一套情感翻译公式或程序。究竟应该怎样研究情感史?对于学界来说,仍然是一个聚讼未休的问题。研究者选择何种方法与路径,须自己去探寻,亦取决于自己的判断。例如,在情感史的史料选择上,不同的史家有不同的偏好,应该选择何种史料,不能一概而论。"摆脱档案文献的束缚"是情感史研究突破近代史学的一个重要体现。这一判断在一些情感史史家那里得到印证。法国由经济社会史转向感官史、情感史的历史学家阿兰·科尔班(Alain Corbin)在研究中提倡使用文学材料,因为文学材料比档案更能呈现历史上人的感觉。然而,撰写了情感史研究指南的英国学者威廉·雷迪所主要利用的史料却是司法档案,认为"民事诉讼记录中有着丰富的情感表达,以及关于正确的情感表达的说教和激烈争论"。"情感史研究在今天的欣欣向荣,其原因或特点不是它作为一门学术研究已经形成了自身独特且确定的范围和方法,而恰恰是在于它兴起以来一直存在的诸多不确定性及其所引发的许多争议。"的确,我们见到的一些情感史研究与性别史、身体史、历史记忆研究之间似乎缺乏明晰的边界,一部情感史研究成果往往又可以称为一部性别史/身体史/记忆研究的研究成果。可以说,情感史领域是以情感为核心与纽带而汇聚各新史学流派之地,与这些新史学流派在领域上存在不同程度的重合。其作为一种视角与方法,对促进整体的史学研究无疑是非常有益的。

(2) 朝向情感史研究的哲学沉思

在这个简短的对史学界关于情感史研究的学术史梳理中,对伦理学研究而言,约有这样几个启示:第一,一如一些史学家所指出的那样,几乎所有居主流地位的史学著作,都是用理性的框架将历史事件安置在被书写出来的文字、句式、句法之中,如同作者所编排的书写框架的那样,一部历史也是由若干历史事件在人为构造的剧场中堆积着。既看不到思想家、政治家、普通公民在各种历史事件中所表现出来的体验和经验、情绪和情感、态度和立场、判断和推理,更看不到统治者和被统治者在矛盾乃至冲突中所经历着的各种情绪和情感,以及由情绪和情感的强烈变化而产生的在态度和立场、判断和推理的变化。正是由于情绪和情感这种属于内心世界中的感受性—敏感性—选择性—接受性状态不易被察觉,更不容易被文字化、符号化、数字化、图像化,它们只能通过移情和同情而被想象地统觉和统握。唯其如此,被文字化、符号化、数字化了的历史,总是那些没有生命力的、没有情绪和情感的历史事件的堆积,或者是机械性地"串联"。对伦理学研究也存在同样的问题,一如康德所描述的那样,一个有理性存在着在作道德判断和道德选择时,既不考虑行动的后果,更不顾及来自快乐和幸福追求的意愿,而只按实践法则去做。除非其为善,否则不予选择,除非为恶,否则不予拒绝。这是在康德意识中完成的事情,而在每一个有理性存在者的思考与行动中,功利后果和快乐体验是不可能从行动者的心理结构和精神世界中驱除出去的。构建中华伦理文明新形态似乎也是一个纯粹理性的过程,来自自爱和功利的意向和意向性已被预先排除在思考与行动之外了。第二,并非要把情绪和情感还原到历史事件的描述中、人类史的书写中,而是将它们同理性思考、选择、行动一并刻画出来;在前行动结构中,情理相融、情理相嵌、情理冲突才是思考与抉择的真实形态。

（3）耿宁的"第一等事"

在诸种思想资源中,儒家的心性学说正是情理相容、情理相嵌的书写方式。经耿宁整理而成的胡塞尔的《共主观性的现象学》,其主旨即在于将道德情感融汇到意向和意向性之中。而耿宁在深耕胡塞尔现象学的基础上,将学术兴趣转向了阳明哲学,并试图将阳明心学整合到现象学的意向与意向性理论之中,或用意向和意向性理论来证明阳明心学具有道德情感意义上的何所向与何所为。

耿宁对"如何获得认识"这个问题很感兴趣,正是对该问题的强烈兴趣,使得耿宁常年深耕胡塞尔现象学。从耿宁的博士论文中,我们可以看出,康德的"先天综合判断"理论已经为"如何获得认识"提供了一个可能的框架。但是,康德的先验理论并没有具体解释意向性是如何生发的,胡塞尔的现象学则为人的认识何以可能、人的意向活动如何产生等问题提供了更生动的描述性图景。为了使得认识成为可能,胡塞尔认为认识需要有一个确定无疑的根基,而这个根基就是笛卡尔的"我思"。任何事物都是可疑的,唯一不可怀疑的就是我在思考这件事。正是"我思"确立了胡塞尔心性现象学的落脚点,即胡塞尔对认识的研究是聚焦于内在的思维领域的研究。但是胡塞尔基于"我思"的研究遭遇了很多批评者,因为"我思"很容易导向"唯我论",这与我们日常的认识是不符的。在日常生活中,我们的认识不是封闭的自我认识,而是可以跟他人一起交流的认识。耿宁通过对胡塞尔"共主观性现象学"遗稿的整理与编纂,发现胡塞尔的心性现象学不是"唯我论","我思"中的"我"不是单个的"我",而是

"我们"。"我思"不仅包含我的经验，也包含我们的经验。

耿宁认为，胡塞尔的心性现象学不是"唯我论"，胡塞尔倡导的现象学还原的方法不是还原到抽象的自我，而是还原为处于情境之中的自身，这种自身与他人共处于交互主体性之中。在胡塞尔看来，我们之所以可以获得认识，是因为我们认识的是内在于认识的事物，而不是外在于认识的事物（自然科学的认识）。胡塞尔的心性现象学要求我们悬置主客体对立的外在思维模式，面向事物本身，回到原本的生活世界之中。

耿宁要努力实现从心性现象学到阳明心学的转向。胡塞尔所倡导的生活世界正是儒学思想所在的世界，儒学的思维模式没有被主客对立的思维所控制，儒学内在于生活，没有远离生活。正是在这个意义上，耿宁对心学的兴趣从胡塞尔心学过渡到儒家心学，儒家心学的代表就是王阳明的"致良知"学说。耿宁一开始对王阳明的"良知"概念充满了疑惑，什么是良知？从一般思路来看，良知指的是一种先天的有关德行的知识。但是，这种对良知的理解并没有告诉我们良知在意识活动中处于什么地位、发挥着什么作用。而要理解良知在意识活动中的地位与作用，耿宁认为需要通过胡塞尔心性现象学方法去思考。

胡塞尔的心性现象学是涉及内意识的学说，是描述内意识如何发挥作用的。胡塞尔认为意识是发生在内时间意识之中的，内意识虽然具有滞留与前摄的特征，但这些特征具有当下性、即时性，而非事后的反思。耿宁将胡塞尔的内意识看作是种"自知"，即每个意识活动都同时知道自己的意识。自知概念虽然回答了意识活动如何发挥作用，但是这种自知并不具有道德的属性。而王阳明的良知概念显然具有道德的属性。如何让不具有道德属性的自知去解释具有道德属性的良知？这是摆在耿宁面前的难题。

耿宁一方面认为，良知不是意念，不是对前一次意向行为的事后反思，而是具有像自知那样的直接意识到自身的那种直接性。另一方面，良知不同于胡塞尔的自知，良知是对道德自身意识的直接意识，这种具有伦理性的直接意识本身就具有实践性。耿宁对良知进行的现象学式的分析很好地展现了现象学面向实事本身的特点。耿宁一方面在对本己经验的反思的基础上借助于现象学内意识、自知的概念去挖掘良知在意识活动中所发挥的作用;另一方面,耿宁从有关王阳明的文本中感受良知本身的伦理蕴含,即知行合一的蕴含。

　　为了让现象学的自知概念更好地解释王阳明的良知概念,耿宁认为需要修改胡塞尔对自知的理解。胡塞尔对自知的理解主要是基于认识论上的理解,即强调每个意识都是关于某物的意识。这种纯粹的认识论意义上的理解并不具有价值、伦理的维度。但是,在耿宁看来,如果我们对生活的意向是整体性的意识,那么意识、自知本身就不能是无关伦理道德的或者说是道德中性的。我们需要借鉴王阳明对良知的理解,将道德属性赋予意识、自知之中。在王阳明看来,"凡应物起念处,皆谓之意,意则有是有非;能知得意之是非者,则谓之良知"。在王阳明那里,良知所进行的意识活动不只在于知道正在进行这种意识活动,还在于意识到的是否是正确的、道德的。除此之外,王阳明认为,良知不只是有关道德的自身意识,还具有伦理实践性,因为,知与行是合一的,是一件事情。

　　耿宁认为,胡塞尔的自知是狭义的认识论的概念,胡塞尔意义上的自知只是王阳明良知中的一部分,我们需要用王阳明的良知概念补充胡塞尔的自知概念。耿宁用胡塞尔心性现象学分析王阳明的心学,并不是为了让王阳明的心学转变为现象学理论,而是为了让现象学意识分析的方法服务于对阳明心学的理解。耿宁的工作不仅丰富了王阳明的心学,回答了良知是如何在意识中发挥作用的,亦丰富了胡塞尔心性现象学,让现象学成为面向实践理性的意识学说。耿宁对中西心学的互鉴不仅促进了中西心学的发展,亦有助于中西互动,传播中国传统文化。

　　"感受""感知""自知""良知",是本体性的还是工具性的,或者说,是目的性的还是手段性的? 是否意味着,它们就是自足的、具有内在价值的行为? 从日常意识和日常概念理解,显然,拥有最基本理性知识和道德判断力的人,都会自然而然地说道,我们为什么而活着? 或者,生活的终极目的是什么? 于是,一种普遍的回答便招致前来,这就是快乐和幸福。

追求快乐和幸福才是最为原初的动机和目的。如果快乐和幸福可以被视作元概念，或者将快乐和幸福视作人的第一等事，那么问题的关键就表现为，快乐和幸福的解释能力和指导能力究竟有多大？元问题与元概念必须是一致的。如果我们在相关于人的所有事情中，能够找到一个始点，它既是目的论意义上的，又是能力论上的，那么我们就要把这个始点澄明、呈现出来。而澄明和呈现的过程是双重的：在体验流的意义上，我们是在描述我们自己的体验和经验，如果没有深刻的切身体验，我们何以能够将快乐和幸福视作人的第一等事呢？这就是胡塞尔的共主观性的现象学的理论旨趣和实践目的。

就不同主体间的"共主体性"和"共主观性"的原始发生而言，它们均奠基于单个主体的感受、感知、自知和良知之上；若是没有相似甚或相同的感受和感知、意向和意向性得以发生，那么不同主体间怎么就会在真善美与假丑恶的差别与矛盾乃至冲突上讨论、争论和议论呢？这便是不同主体间的共同感和共通感。没有了它们，人和人之间的所有共同活动、理解、承认、认同、欣赏、赞美，总之是爱恨情仇，又如何发生呢？在极为细致的地方，主体性与主观性是有区别的，主体性着眼于身体哲学和情感哲学，强调的是身体上的感觉和心理上的感受、体验；而主观性则指出了精神现象的意识向度，即，可以暂时脱离感觉和感受而在纯意识上，或将过往的感觉和感受当前化，或将尚未是的事情当下化，呈现在表象里、把握在概念中。这是意识哲学的事情，只有在意识哲学的领域里，才有反思和预设得以发生。当人们说犯了"主观唯心主义错误"时，分明是说，这是在当前化和当下化过程中，未能充分考虑客观因果性和自主能动性的可能性，而是一味地进行一种意识构造。人们绝不会说，在身体哲学和情感哲学上犯下主观唯心主义错误。

"共主观性的现象学"既指"共主体性的"也指"共主观性的"，它们都是具身性的，即身体、情感和意识是三位一体的，但唯有意识行为才可以是主观性的；任何任性尽管总是基于身体和情感之上的，但本质上则是意识行为。如果一个人对自己的任性且已被众多旁观者共认为是任性，却对这个被公认为是错误的行为,浑然不觉,那么他在人格结构中便是缺少了最基本的反思能力。与之相反,绝大部分任性都是在自知的情形之下发生的,而一种既令他人尊严受到践踏而又使他人利益受损的任性之能够广泛而持续地发生,那绝不仅仅是缺少足够的反思能力的问题,而是价值剩余问题。那么,能够决定人同此心、心同此理的原始基础究竟是什么呢? 这就是基于个体之特定实体之上的需要—欲求—欲望。它们的原始发生、它们的满足过程及其后续效应才是人的"第一等事"! 在个体的终极追求中,一定是快乐和幸福是"第一等事";但对主体间的自由、平等、民主、正义、尊严而言,康德意义上的执念先天法则而行动就是"第一等事"。如果两种意义上的"第一等事"各自为政,相互独立,那必是将快乐和幸福推至极端的利己主义,将义务和责任推至极端的道德主义。

需要是自在的,无论人们是否感受它们、述说着它们、反思着它们,它们都自在而自然地发生着、演变着、重构着。欲求是对需要的感受和体验,当人们自觉着这种感受和体验时,需要分明成了一种对象性的存在。但并非所有的需要都能够被清晰地感受得到,那些不曾被感受得到但却在后续的生命历程中被清晰地感受到了,这就是无意识。无意识在两种意义上被使用,一种是需要,一种是能力。某种需要从个体生命诞生的时候起,就已经存在了,这是一种先在和前在,但它们只是一种可能,若无后天的诱发,或许就成了永远都不被意识到的需要,从而永远成了先在或潜在。作为能力概念是指一种潜能,这种潜能只有在极短情况下才成为现实的能力,这是可能能力和可行能力的关系问题。无论是作为需要还是作为能力,它们作为无意识,均指它们处在经常不被意识到或不被应用的状态之中;无意识状态下的需要能力,一经产生就不会消失,未被表达的情绪永远不会消失。情是本体性的,理是工具性的;理的作用不是驱除情甚至消灭情,而是将其摆放在最为合适的位置上。如果将情从理中彻底铲除,那么,人就将成为理性的奴隶,而不是理性的主人。"于情于理""寓情于理"不仅仅是一种文学表达式,更是一种内心活动。没有哪个人会极为清晰地意识到,他正在情理分明地、于情于理地、寓情于理地思考着、纠结着、选择着，而是浑然不觉地在进行着感受、感知、判断、选择；从不存在单一的情和纯粹的理。将情和理分离开，专题性地分析和论证情和理的作用，这只是研究的需要，而非事实上确实如此。

（4）伦理学研究中的情感史致思范式

尽管情感史研究业已成为人类史研究中极为重要的研究范式，但它的困难和挑战在于两点。其一，情感史的主体问题。既然称为情感史研究，那么它的研究对象一定是不再是的过往历史，因此我们无法直观地从其行为中感受、判断和想象情感主体的真实体验。虽然感同身受、同感共情是主体间性得以建构起来的人性基础，但这只在当下的、具体的、共同在场的不同主体之间的交互性中才能有效。我们无法在同不曾谋面的人之间进行感同身受和同感共情。一如世界史研究中的情感史研究所遇到的困难那样，时空结构既把不同时代的人们和同一时代的不曾谋面的人们在移情和同情基础上，与感同身受和同感共情意义上关联起来，在移情基础上想象他人的感受、体验和经验；但时空结构又把人们在情感意义上隔离、隔绝开来。因为，时代的差异性会在不同主体的情感结构中留下难以磨灭的时代印记。于是，在情感史研究生中，不但不同时代的主体不同，即使是同一时代的主体也不同。在伦理学研究中，似乎有一种不证自明的开端或始点，这个始点与其说是事实本身，倒不如说是伦理学研究本身的理论要求。这个开端或始点就是，一个人如何成为有理性存在者，如何充分且公开运用他的理性，进行正确思考和正当行动。这就在人为设置的开端或起点上，将不符合理性概念或观念的个体和人群排除在伦理学研究的视野之外了。这些特殊人群不但被排除在所谓健康的道德生活的范围之外，也被排除在伦理学的研究范围之外。即便是在伦理学的研究范围内，研究者也很少将因所拥有的权力、知识、资本、地位、机会和运气的不同而被区别开来的人群，在情感、道德情感、快乐感和幸福感上的区别纳入到研究的视阈中来。这种无主体或无差别主体的研究方式，无法将虽生存和生活在同一种时空背景下、但在情感上区别开来的不同人群，纳入同一种研究范式中来。虽然伦理学家常常以公正的旁观者的姿态进行所谓的公正的研究,但他总是有立场和偏好的,只是这种立场和偏好被隐藏在他的道德判断中了。由于伦理学家所代表的人群的普遍性程度不同,所以他获得支持或反对的程度也就不同。于是,在情感—情感史—道德情感史研究中,就会客观地存在着三种主体及其情感体验问题。若是不能将三种主体从自明性状态澄明到明见性状态,那么,我们便无法确定和确证构建中华伦理文明新形态所应该和实际拥有的意义。而这个意义是和三种主体在构建中华伦理文明新形态过程的不同地位和作用密切关联在一起的。这三种主体就是政治家、思想家和民众。三种主体在生产、交往、生活中,因其在社会地位、生活状态上存有明显的差别,因而在情绪和情感上也一定存在差别;由此决定,三种主体在构建中华伦理文明新形态过程中的态度、立场和观念也一定不同。

(5) 情感史研究中的元问题

在情感史研究中所遭遇到的整体性、复杂性和冲突性问题,不仅仅是一个认识问题,更是情感事情本身。只有将作为事情本身的复杂性、复杂性和冲突性(自明性)呈现在表象里把握意识中(明见性),作为伦理学研究之重要致思范式的情感史研究才会得到说明。情绪—情感—道德情感是情感史研究中的元问题。

"情",是一个可以描述的、判断的、践行的状态,充满着身体、心理和精神三种含义。而就这种状态的原始发生而言,可有前情感状态、情感状态和后情感状态;其中,情感状态才是核心,它始终是此在性的,因而是时间性的。而将前状态、状态和后状态并置在一起加以分析和论证,乃是内时间意识现象学意义上的,作为内感知,时间作为人的先天直观形式,将情绪和情感内置于自我的身体、心理和精神结构中,使其在感受、体验状态中持存着。情,何以是此在性的、时间性的状态意义上的持存呢? 进一步地,何以是一种体验流和意识流呢? 这决定于情的时间性本质。"时间不过是内部感官的形式,即我们自己的直观活动和我们内部状态的形式。因为时间不可能是外部现象的任何规定;它既不属于形状,又不属于位置等等,相反,它规定着我们内部状态中诸表象的关系。而正因为这种内部直观没有任何形状,我们也就试图通过类比来补足这一缺陷,用一条延伸至无限的线来表象时间序列,在其中,杂多构成了一个只具有一维的系列,我们从这条线的属性推想到时间的一切属性,只除了一个属性,即这条线的各个部分是同时存在的,而时间的各个部分却总是前后相继的。由此也表明了,时间本身的表象是直观,因为时间的一切关系都能够在一个外部直观上面表达出来。"①将情规定为时间性的此在,揭示了通过内感知或内直观而被把握的内部状态,乃是一个时时刻刻都在发生着的感受和体验;这种感受和体验是与个体生命浑然一体的,甚至说,它们就是人的生命本身,因为生命就是由时时刻刻都在发生着的感受和体验构成的流动的善。而每时每刻都在进行着的感受和体验构成了一个只有自我本身才能觉知到的一条线,当前后相继的感受和体验构成一个从未中断的流动时,就形成了一个由前情感结构、情感结构和后情感结构有机结合成的一条线,只要个体生命实存和存续着,这条线就不曾中断。前情感结构也曾是此在的结构,当它被新的此在结构填充时,它不是被替代了,更不是自动消失了,而是成了情感记忆,留存在了内心世界中。作为记忆的情感结构,非但没有消失,反而为后来的、新生的情感结构进行了某种奠基。对一个生命个体而言,其情感结构会在自然禀赋和后天教化的共同作用下,形成稳定的、类型化的"心理定势",随着生命周期的推演,生活中的如意和不如意会影响"心里定势",但绝不会从根本上改变情感的生成方式(感受性—敏感性—选择性—接受性)和表达方式(情绪化、理智化)。后结构情感是在想象基础上,通过移情完成的对将要是的外部情境的内心感受。当我们完成了对情的一般性论述之后,一个核心问题便紧随而至:情是什么? 如何发生的?

第一,情是什么? "情,人之阴气有欲者。董仲舒曰:情者,人之欲也。欲之谓情。情非制度不节。《礼记》曰:何谓人情? 喜怒哀惧爱恶欲,七

---

① [德]康德:《纯粹理性批判》,邓晓芒译,人民出版社 2004 年版,第 36—37 页。

者不学而能。"①"人之阴气有欲者也"的意思是,人的情感和欲望与阴气有关。这里的"情",指的是人的情感和欲望,而"阴气"则是指与情感和欲望相关的一面。因此,"人之阴气有欲者也"可以理解为人的情感和欲望是与阴气紧密相关的。在阴阳五行学说中,"人之阴/阳气"表明情、性都是人天生就有的东西,并且被划归到阴阳的范畴中。其中,"性"被归为阳气,与善良、本性相关;而"情"被归为阴气,与欲望、情感相关。情感不仅包括欲望,还包括亲情、友情、爱情等。情感是人的一种基本的情感,涵盖了喜、怒、哀、惧、爱、恶、欲等七个方面。

情和欲密切相关,但情并不就是欲本身。欲是情的本体,情是欲的觉知和表达;欲是客观自存的状态,情是对这种状态的觉知和感受。虽然有欲必有情,因为没有欲的发生,情何以有立于其上的本体? 然而没有觉知和感受,欲又如何被知晓或被说出? 为着澄清情的本质就必须预先规定:欲是什么。

一个充满灵动感的生命个体,可由三个同样充满活力的部分构成:身体(生物性)、心理(社会性)和意识(精神性)。欲这个词语,所描述的正是这三个部分各自的特定状态和由三个部分的相互嵌入而共出的整体状态。对这三种状态的相对独立的哲学沉思分别构成了身体哲学、情感哲学和精神哲学,以及由三种哲学有机构成的人生哲学。人的哲学是人生哲学的本体论,意识哲学是人生哲学的认识论,人生哲学是人的哲学和意识哲学的目的论。当人生的目的被先行标画为思考与行动的动力时,就被称为动机、意向;当把动机和意向还原为一个客观的实存时,它就是需要;当作为客观实存的需要被感受到、体验到从而成为一种"本质直观"时,它就是欲求,欲求是被感知和意识到的需要,其"前身"是需要,而其"本身"则是表象或直观;当被感知和体验到的需要,经由理性的整理和改造从而成为一种强烈的、客体化的意向性时,它就是欲望。从需要到欲求再到欲望,乃是生命个体自其真身内部完成的从存在论到认识论再到

① ［汉］许慎撰,［清］段玉裁注:《说文解字注》,上海书店 1992 年版,第五〇二页上。

价值论的过程，而这一自我生成着的逻辑，与其所是不断主观化的过程，毋宁说是一个从主体性到主观性再到主体性的过程。忽视主体性维度而只将欲望的生成看作是一个纯然主观化的过程，会从根本上遮蔽欲望的本己性和属己性特征。那么，需要究竟是什么呢？

需要是状态与指向的有机统一。所谓状态是指，人始终处在不足、匮乏、饱和、过量状态。所谓不足和匮乏，描述的是一个生命个体处在不平衡状态，而依靠其自身的结构和力量，他无法解除这种状态，为着使生命延续下去，或者说是有意义的生命得以实存和持存，他必须通过解除不足、匮乏状态，使自己从非平衡状态恢复到平衡状态。平衡状态就是和谐、健康状态。健康概念所描述的正是那种使生命个体的各种技能得以充分发挥从而使生命亮出光彩的状态。为此，生命个体就必须从自身之外获得解除不足和匮乏状态的资料，或称之为价值物。这就是占有。在生命个体的实存和持存中，与"奉献"相比，占有具有先在性。占有是一种基于解除不足和匮乏的倾向和意向而来的指向，这是一个从外到内的过程，通过占有和享用价值物，个体生命获得了"养料"，使生命又充满了活力，继而成为一个持存性的流动的善。而就占有的性质说，可有合理和不合理两种形式。这是正义、平等、民主、自由等诸价值概念所应研究的对象。当占有被社会化的实体和关系所规定时，原初的、单一的不足、匮乏、占有、解除就即刻获得了社会性质。任何一个生命个体的基于解除不足和匮乏而来的占有，都有自在的合理性，都必须受到尊重，这是对任何一个生命个体都有效的实践法则。但从自在合理的占有中却无法推出任何一种占有都是合理的这个结论来；人类不是为着占有自身而斗争，而是为着占有价值物而斗争。以此可以说，唯物史观不仅仅是一种致思范式，更是一种价值观念。而就占有的对象来说，可有物质生活资料和精神生活资料，以及非物质化的价值物，如来自他者的安慰、赞美、肯定、鼓励、承认、认同、关心、过问、爱等等。这些非物质化的价值物，是使生命个体的生命获得意义的坚实基础。快乐概念所描述的通常是享用物质生活资料而产生的生理和心理体验，而享用精神生活资料和非物质化的价值物所产生的心理和精神体验,则是幸福概念所指称的对象。构建中华伦理文明新形态能够提供何种样式的价值物呢?

所谓饱和、过量,描述的是这样一种情形,在身体哲学的意义上,一种具身性状态下的与外界进行物质、信息和能量的交换过程是,必然的且是经常的事情。通过交换解除了身体结构上的饱和、过量状态,从而使自己恢复到平衡、和谐状态。这是物质意义上的表达。在情感哲学和意识哲学的意义上,生命个体要把他者的情绪、意见、立场、态度、观点表达出来,借以实现朝向人和事的意向性本质。这是心理和精神意义上的表达。这种表达具有极为重要的哲学人类学意义,通过相互表达,不同生命个体间的人同此心、心同此理得到了实现也得到了验证,共通感和共同感也同样得到了验证。

至此,需要概念也就获得了规定。需要是生命个体经常处在不足和匮乏状态以及由此决定的由外到内的占有指向;由生命个体的饱和和过量状态以及由此决定的有内到外的表达指向;当两种状态和两种指向交织在一起构成一个生命体时,一个充满活力更成为动力的状态就以明见性形式呈现在表象里和意识之中了。需要既是自在的又是自为的,人自在地就有身体、情感和精神需要,但这些自在的需要只是需要的基地、基底,在这个基底之上的需要类型、需要的对象、满足的方式又是自为性的;诸如衣、食、住、行、用、性这些物质或身体需要,以及信、知、情、意这些精神需要,是自在的需要,然而它们的类型、内容、对象和方式却是自为的,是可以培养和改造的。"已经得到满足的第一个需要本身、满足需要的活动和已经获得的为满足需要用的工具又引起新的需要,而这种新的需要的生产是第一个历史活动。"①虽然说需要是自在而自为的,是具身性的状态和指向,但它们必须被生命个体感受和觉知到;需要可能是潜在的,就如同某种能力是潜在的那样,潜藏于无意识和潜意识之中,但它们如若要成为一种现实的状态和指向,是必须被生命个体感受和觉知到的。被

---

① 　马克思、恩格斯:《德意志意识形态》,人民出版社 2018 年版,第 24 页。

感受和觉知到的需要，一旦被呈现在表象里把握在意识中，就成了被主观化了的需要，成了自明着的意愿、意向和意志，成为一种自知着的动机；此时的需要就不再是需要本身，而是成了表象和直观的对象。这就是欲求。如果说，欲求还是一种非客体化的意愿、意向、意志，是一种非对象性的主体性存在，那么，它们是无法直接成为行动之动力因素的，它们必须再度经过"改造"，此次改造的工具不再是表象和意识，而是理性。理性将欲求变成了可计算、可预期的意愿和意向，变成了指向外部世界从而可以对象化、客体化的意向性；它意愿某种可以满足需要的价值物可以出现，甚至通过想象力将身体、心理和精神置于某种享用价值从而产生快乐和幸福的状态；这是在意识中完成的需要与价值物的联结，是在意识中完成的事情，这就是欲望。"欲"是主体性的，"望"是客体性的。需要一经通过欲求而变成欲望，作为可数的或有限的需要就变成了超越自然限制和人性限度的意向性，无论在广度、深度还是在力度上都把有限的需要给拓展了、强化了。"欲壑难填"描述的正是这种情形。欲望具有二重性，从积极的方面看，它激发出了主体的积极性、能动性和创造性，因为，等待着满足的欲望比满足了的欲望更令人着迷。人类丰富多彩的文化和光辉灿烂的文明都是人的积极性、主动性和创造性得以充分发挥的结果。从消极的方面看，被激发起来的欲望，可能促使主体超出自然的限制和人性的限度、跃出道德和法律的约束，而变成极具破坏力的行动。低欲求社会的形成，就是人类失去积极性、能动性和创造性的重要表现。"知足者富""知足不辱、知止不殆""知足之足，常足"，是过一种适度生活的伦理主张，而不是一种消沉和颓废的态度。

第二，情绪、情感是什么？在情与欲的辩证关系中，既已隐含着对情绪和情感的规定。将情作为一个单体字加以分析，强调的是通过占有和表达借以接触不足和匮乏、饱和和过量之后在身体、心理和精神上错产生的主体效应；其重点是需要—欲求—欲望的发生过程，以及满足需要—欲求—欲望的复杂过程及其效应。欲为情之体，情为欲之用。如果把欲为情之体、情为欲之用作为一阶逻辑优先确立起来，那么，情绪和情感则是二阶逻辑。作为二阶逻辑的情绪和情感的发生则是一个由客体到主体、由主体到客体的过程。当一个能够思考和能够行动的主体,在与外界诸物相互交换、交往和交流过程中,他物是否拥有价值、拥有多大价值之于欲求主体所产生的效应,以及主体对这种效应的感受和觉知,是对感受的感受。亦即,欲求主体正在感受着价值物之于我的效应,即快与不快的感觉,然后我又感受着或体验着这种快与不快的感觉。诸如,一个能思者或因他物或因自身,致使自己处在极度愤怒的状态中,愤怒是一种主体状态,但这种状态(感受)尚不能称之为情绪和情感,而是产生情绪和情感的基地;在这一基地之上,思考者和行动者表象着、直观着、感受着这种愤怒的状态,才可以称之为情绪和情感。被觉知或知觉到的欲求、欲求是否得到满足而产生的情势、情形、情况,才是情绪和情感。如果说,或因他物或因自身有无价值、有多大价值而产生的主体效应,以及主体对这种效应的感受和体验,乃是客体主体化意义上的情绪和情感,那么,主体基于自身的感受、体验、经验、观念而对他物或自身产生的身体反应、心理倾向和精神指向,就是主体客体化意义上的情绪和情感。这种情绪和情感被称为意见、态度、立场和观念。情绪和情感都有主动和被动、积极和消极之分。积极而主动的情绪和情感,是主体向外探索和获取因而是价值物朝向主体之欲求的过程;基于自身的身体结构、心理定势和价值取向而向自身或他者表达好恶取向的过程,是出于意愿和意向的行为。而消极而被动的情绪和情感是,自我或他物非但没有满足主体的欲求反而否定甚至打击这种欲求而产生的痛苦与不幸、失望与绝望的主体效应,是遭到主体拒斥、抗拒的感受和体验。情绪和情感具有空间上的广泛性和时间上的持续性,它们并不是可有可无、时有时无的感受和体验,而是时时处处都在发生着的事情。笛卡尔的纯粹的"我思"、康德的"理知世界"、胡塞尔的"纯粹意识",都是在意识中发生的事情,更准确地说,是在思辨哲学中发生的事情。从不存在纯粹的情,更不存在纯粹的理。情理结构在不同的情境之下,只有主次之分、显隐之别。情本体,不止是一种哲学主张,更是人性自身。情是目的性的,而理是功能性的。如果将情从理之中彻底驱除出去,那么,理又何所向、何所为呢?

尽管在原初性的感受和体验的意义上,情绪和情感都是客体主体化和主体客体化的过程,但在广度和深度、感性和理性两个向度上,二者存有明显的差别。尽管情绪之"绪",含有初始、始点、起因、头绪之意,亦即,任何一种情绪的发生都是有原因、有始点的,一如没有无缘无故的爱也没有无缘无故的恨那样,尽管看上去毫无根由的怨恨与仇恨、快乐与欢愉,实际上都是事出有因的,只是这种原因尚未出现在可以清楚表达的状态之中。情绪是广泛而感性的,因而具有自发性、非反思性和非评价性三个特点。没有人会在产生和表达情绪之前,理性地予以计算、比较、评估,常常是因情而生、有感而发。尽管存有对情绪进行事后反思,从而产生"追悔莫及"的感受和体验,但不会从根本上改变因情而生、有感而发的基本道路。对情绪的反思只在事后发生,延迟性或后进式反思,使得情绪成了单一的或纯粹的非理性行为。非理性并不就是无理性或反理性,或者就是不正当、不道德,而只是就未经过理性批判而已。故而,情绪通常是非评价式的行为,人们不会轻易地就一个人的情绪化行为而得出道德败坏的结论。

情感是情绪中的理智部分,是稳定的、类型化的、评价性的感受和体验、态度和立场。情感是从情绪中逐渐沉积或沉淀下来的理智感、道德感和审美感,是促使一个能思者在天人之道、人伦之道和心性之道所给定的理性范围内,正确思考和正当行动。理智感是能思者将朝向正确思考的感受和体验、态度和立场与理论理性进行充分结合之后而产生的情感结构,是直接相关于正确认识甚或是追求真理的情感体验。求知欲、好奇心、怀疑性格、批判精神、反思精神、知识喜悦,是理智感的基本面向;是情中有理、理中有情的集中体现。道德感是能思者在思考与行动中表现出来的朝向人格的同情心、慈善之心、怜悯之心,朝向人和物之关系的正义感、公平感和平等感。而审美感则是朝向自然之美而来的崇高感、朝向人格之美而来的敬重感。理智感与人的认识能力(理论理性)、道德感与人的欲求能力(实践理性)、审美感与人的判断能力(判断力)相互交织、相互嵌入在一起,构成一个完整的人格。

第三,道德情感是什么? 任何一种情绪和情感都因需要而生发,又因需要是否得到满足而表现;道德情感就是因人的道德需要是否得到满足而产生的内心体验。一如个体并不天然具有德性,只有接受道德教化的潜能那样,个体并不天然具有道德需要,但个体天然要过一种集体生活而必须具有道德需要,这种需要是在后天反复进行的集体生活中、经由教化和启蒙而逐渐形成的特定状态和指向。如果说德性是具身性的、属己性的、由身性的、涉身性的能力与品质,那么伦理就是德性在主体间性中实现出来的状态及其后果。如果把德性视作是一个整体,那么道德认知、道德情感、道德判断、道德选择和道德行动就是它的要素和环节;而道德情感则构成了道德认知和道德行动的桥梁;认知是理,情感是情,行动便是情理相嵌、情理相融的过程。道德情感既是一种能力,又是这种能力的充分运用以及由此形成的优良品质。亚里士多德在《欧台谟伦理学》《大伦理学》和《尼各马可伦理学》中所列出的德性表,本质上就是作为能力和品质的道德情感。作为能力和品质,道德情感是个体在反复进行的生产、交往和生活中,经由教化和启蒙而逐渐形成的。当尚未遇到可以充分运用道德情感这种能力的时候,它是以潜能和潜质的形式内存于人的心灵结构之中;人们固然可以根据一个人在思考与行动中表现出来的理智德性和道德德性而将其视作有德之人,但若不是为着极端利己的目的而虚假地表现出有德性,那么,拥有道德潜能和潜质的人,自在地就是有德之人。一旦身处充满真假、善恶、美丑含义的情境中,就会自然而然地将道德潜能和潜质变成现实的道德力量,这就是康德的道德宣言,德性直接就是一种伟大的力量。

道德情感既是一种认知、评价,又是一种行动。当我们将道德潜能和潜质视作是道德情感的前结构或隐结构时,分明是将其作为先天的能力而予以规定了。这个先天能力正是孟子所预设出的"良知"和"良能"。在认知活动中,有一种知识是关于客体的,若要获得关于客体的是、所是,就必须去主体性、去主观化。去主体性就是将情绪和情感悬置起来,求得一个意识剩余，即"我思"和"纯粹意识"，通过"我思"和"纯粹意识"获得一个朝向客体的"本质直观"。去主观化，就是将先见、成见和偏见悬置起来，直面事物自身，将个别和特殊的东西包含在普遍性的东西之下加以沉思，从而获得正确的知识。而有一种知识既是关于客体的又是关于主体的，甚或是关于主客体间关系的，这种知识就是价值知识或实践知识，是关于真假、善恶和美丑的知识。这种知识无疑是基于经验的，但却不是经验本身，而是先天就有的关于善恶的知识，即"良知"。在我们所能理解的范围内，"良知"具有三层意思，一是就其原始发生而言，它不是形成的而是先在的，后天培养的是这种知识对经验的应用，而不是这种知识本身。良知是原初性的知识。二是关于善恶的知识，这是就良知的对象而言的，是对观念和行动的应当与不应当之性质的判断。三是关于知行合一而言的，善念与善行之间具有可以相互贯通的逻辑。善念存诸心中，身心互得其益；以善行施之他人，众人各得其益。善念便是良知，善行便是良能。良知是先天具有的关于善恶的知识，从而与经验知识区别开来；作为关于善恶、美丑知识，良知又与科学知识区别开来；作为可以直接指向实践的意愿和意向，又与观念形式的知识区别开来。然而，如若缺少了怜悯之心、同情之心、慈善之心，没有正义感、公正感、平等感，良知又如何发生呢？甚至可以说，实践理性知识正是道德情感的理性形态，拥有道德情感不是为着实现理性知识，相反，实践理性知识（良知）是为着正确而正当地实现道德情感才产生和应用的。当把道德情感转变成强烈的意愿、坚定的信念、顽强的意志时，能够遵天人之道而行、循人伦之道而动、照心性之道而思的才拥有了动力。在后行动结构中，基于反思或后思而来的尊严感、荣誉感、愧疚感、羞耻感，正是道德情感的充分表达。孟子曰："乃若其情，则可以为善矣，乃所谓善也。若夫为不善，非才之罪也。恻隐之心，人皆有之；羞恶之心，人皆有之；恭敬之心，人皆有之；是非之心，人皆有之。恻隐之心，仁也；羞恶之心，义也；恭敬之心，礼也；是非之心，智也。仁义礼智，非由外铄我也，我固有之也，弗思耳矣。故曰：'求则得之，舍则失之。'或相倍蓰而无算者，不能尽其才者也。"（《孟子·告子章句上》）心为体,情为性;性立于心之上,情本于心之善。

事实上,我们将道德人格结构中的认知、情感、判断、选择和行动分别开来予以分述,只是出于研究的目的,是从结构和功能两个维度考察一个正确的道德思考和正当的道德行动是如何发生的。当我们将分解开来的诸要素和环节还原成一个完整的道德人格时,一个完整的、充满生命力的、流动的道德人格就运行起来了。在任何一个要素中都渗透着、活跃着其他所有要素。若是以道德行动为实项加以考察,在前行动结构的道德认知中,道德情感已经以隐性的元素在发生着作用,它推动着也决定着道德认知;在后行动结构中,道德情感以自我肯定和相互评价的形式而表现为道德感(恻隐之心、羞恶之心、恭敬之心、是非之心)。

至此,在建构性原则指导下,我们将作为情感史研究中的元问题(情—情绪—情感—道德情感)用知性范畴先行标画出来了。这是一个从经验、直观、表象到抽象、概念、观念的过程,这是在意识中发生的事情,是由果溯因、由经验的具体到抽象的具体的逆向思维历程。作为逆向思维的成果,一个抽象的具体被建构出来了。"具体之所以具体,因为它是许多规定的综合,因而是多样性的统一。因此它在思维中表现为综合的过程,表现为结果,而不是表现为起点,虽然它是现实的起点,因而也是直观和表象的起点。"①这是一种哲学思维,通过一个由果溯因的逆向思维过程,一个极具统合性的概念就产生了,就像情、情绪、情感、道德情感这些概念那样;使感性和经验、直观和表象概念化和观念化,是哲学思维的妙用。"具体总体作为思想总体、作为思想具体,事实上是思维着的、理解的产物;但是,决不是处于直观和表象之外或驾于其上而思维着的、自我产生着的概念的产物,而是把直观和表象加工成概念这一过程的产物。整体,当它在头脑中作为思想整体而出现时,是思维着的头脑的产物,这个头脑用它所专有的方式掌握世界,而这种方式是不同于对世界的艺术

---

① 《马克思恩格斯文集》第 8 卷,人民出版社 2009 年版,第 25 页。

精神的,宗教精神的,实践精神的掌握的。"①然而,通过由果溯因的逆向思维而获得思想总体,只是一种理论的需要,而要使理论成为指导行动的观念,就必须将理论还原到它所赖以产生的环境中去、事物中去,接受实践的检验。经过检验被证明是正确的理论,才可以成为一种原则和规范,用以指导和规约人的思考与行动。情、情绪、情感、道德情感,作为思想总体,作为思想具体,也必须被还原到我们的实际性中,还原到火热的中国式现代化中,接受严格的实践检验,尔后用于指导人们构建中华伦理文明新形态的思考与行动。

2. 情感史视阈中的中华伦理文明新形态

"在第一条道路上,完整的表象蒸发为抽象的规定;在第二条道路上,抽象的规定在思维形成中导致具体的再现。"②当我们将作为抽象之规定的情—情绪—情感—道德情感还原到中国式现代化这一社会历史场域之中时,一种于实际中现实地发生着的情感便被统觉到表象里、统握在意识中了。这里的情感史,固然是指整个中国历史上已经发生、正在发生和将要发生的情感现象,以及前后相继的演进过程。显然,在"情感史视阈中的中华伦理文明新形态"这一题材中,情感史特指以中国式现代化为实项,在前现代化、现代化和后现代化这一特定时空结构中发生的情感现象。而就情感史的原始发生而言,可有作为导致重建中华伦理文明新形态得以发生之基础的情感;还有作为推动构建中华伦理文明新形态之基础的情感。前者既包括进取性的、理智德性意义上的情感,也包括协调性的、道德德性意义上的情感。而后者特指为着构建中华伦理文明新形态而必需的情感。后一种类型的情感是以对前一种情感的深入分析和广泛论证为基础的,同时也是为着发展积极的情感和消解消极情感这一目的服务的。

（1）以追求快乐和幸福为目的的自然情感

起始于 20 世纪 70 年代末的改革开放,使得中国进入了新的历史阶

---

①② 《马克思恩格斯文集》第 8 卷,人民出版社 2009 年版,第 25 页。

段。社会的变革是以构建三个核心要素为逻辑起点的,这就是欲望的神圣激发、市场的发现和运用,科学技术的发展和利用。在经过了艰苦的理论探索和实践创新之后,至 20 世纪 70 年代末,人们开始理性地、冷静地思索什么才是真正的社会主义? 在随后开启的理论革命(实践是检验认识是否正确的唯一标准)和实践创新(建构和发展社会主义市场经济)的这一双重逻辑变奏之后,中国走上了快速发展的道路。所谓的发展,首先是创造用于满足人的衣、食、住、行、用的生活资料,于是,一种被共同承认的价值观逐渐确立起来,这就是,追求快乐和幸福是建设和发展社会主义的真正目的。正是在这个共同的价值观的指导下,如何快速创造财富、合理分配财富和享用财富就成了进行政策设计和制度安排的直接目标。随着财富的增加,更随着社会活动空间的拓展,交换领域的扩展,人们的快乐感和幸福感指数明显提升,从内心深处领悟到了只有社会主义能够救中国,只有社会主义能够发展中国的真层意涵。然而,随着物质财富的增加和物质需要的满足,人们对物质财富的渴望程度也随之提高;人们已经不满足于快乐和幸福在量上的积累,更渴望在质上得到提升。"已经得到满足的第一个需要本身、满足需要的活动和已经获得的为满足需要而用的工具又引起新的需要,而这种新的需要的生产是第一个历史活动。"① 于是,以追求快乐和幸福为目的的自然情感就由于如下两种情形而发生了微妙的变化。

首先,就生命个体需要的发展规律而言,具有一种自我拓展和提升的内在动力。快乐和幸福剩余往往少于和低于财富剩余。随着同类物品的供给,需求者对该物品的需要会下降,这就是快乐和幸福意义上的边际效用;除非使同类物品具有了新的形式或提高了质量,否则满足感和快乐感会以最后一次供给的物品的主观效用为准。若是用以满足衣、食、住、行、用这些物质需要的价值物没有形式上的创新和质量上的提升,那么原有的满足感和快乐感就减弱,甚至消失,被失望感、怨气、怨恨所代替。

---

① 　马克思、恩格斯:《德意志意识形态》,人民出版社 2018 年版,第 24 页。

其次,市场经济的神奇之处就在于,它不断创造出了用以满足人的各种需要的产品,而且创造出了消费这些产品的消费者。日益发展起来的AI技术,如生成式人工智能、DeepSeek、ChatGPT、kimi,将物品和消费数字化、数据化;日益严重的数字消费、符号消费、身份消费,使得人们不再满足于物质生活资料的占有和享用,而是在物质需要不断被"异质性迁移"的过程中,不断生发出超出合理性边界的虚拟需要、虚假需要。物质上的"欲壑难填"逐渐形成。现代生产逻辑和现代科学技术创造出了新的需要,而被觉知和意识到的需要又成了推动生产和科技的快速发展的动力。生产与消费进入了充满魔力的相互嵌入、相互推动的逻辑结构中。"消费创造出新的生产的需要,也就是创造出生产的观念上的内在动机,后者是生产的前提。消费创造出生产的动力;它也创造出在生产中作为决定目的的东西而发生作用的对象。如果说,生产在外部提供消费的对象是显而易见的,那么,同样显而易见的是,消费在观念上提出生产的对象,把它作为内心的图像、作为需要、作为动力和目的提出来。消费创造出还是在主观形式上的生产对象。没有需要,就没有生产。而消费则把需要再生产出来。"①如果把权力、资本、知识和技术都置于生产与消费的逻辑体系中,那么原本只限于物质消费过程的快与不快的情感,就会溢出物质需要满足的领域而迁移到对社会财富的占有和消费之中。单个人的并不总是在相对独立的时空内占有和享用价值物,相反,他总是在与他人的比较中形成和表达愉快与不快的情感的。由原初的因相对满足而来的满足感和快乐感,逐渐受到对社会的不平等的感知和判断所冲击,对社会不平等的不满、怨恨和仇恨逐渐消解着原本很满足很快乐的"自然情感",于是便产生一种快与不快的幻象:即使我拥有了原本令我满足和快乐的物质财富,却也因为由攀比而来的不满、怨恨而显得没有价值。改革发展史、现代化运动发生史,一定意义上,也是以快乐和幸福为目的的自然情感的发生史。对于构建中华伦理文明新形态而言,愉快与不快的感

---

① 《马克思恩格斯文集》第8卷,人民出版社2009年版,第15页。

受和体验史,并非是可有可无的问题。因为,源自享用物质财富而来的快与不快的体验,是形成其他快乐形式的坚实基础,尤其对于将物质财富的占有和享用视作根本性的快乐和幸福的人群而言,更显得重要。构建生态伦理文明、社会伦理文明和精神伦理文明新形态,若不能使以追求快乐和幸福为目的的自然情感得以积累和提升,那么它们的真正意义就无法得到证明。在中国式现代化中,效率与公平是基础性的价值原则;没有财富的积累便不可能有物质需要得到充分满足之后产生的满足感和快乐感,但因物质财富分配不公平而产生的不满、怨恨和仇恨,会消解原本应该产生的满足感和快乐感。这是由低到高、由末端进到中端再进到高端的平等逻辑,这是平等的实践逻辑。康德把人格平等确立为其他一切平等的前提和根基,这是道德哲学和伦理学意义上的正叙逻辑。这就是人格平等—政治平等—社会平等—经济平等。而在中国式现代化的实践活动中,则是一种倒叙逻辑,经济平等—社会平等—政治平等—人格平等。这种倒叙的平等逻辑不仅仅是我们特有的观念,更是实践活动中的客观规律。在中国传统的平等观念,"等贵贱、均贫富""不患寡而患不均",业已成为无意识和潜意识。上百次的农民起义始终没有摆脱追求末端平等(经济平等)狭隘视界;将经济平等视作是充分必要条件意义上的平等,客观上将社会平等、政治平等和人格平等排除在了人们的思考与行动之外。而这些形态的平等恰恰是构建中华伦理文明新形态所应着力的方面。

(2)以追求社会平等和政治平等为目的的社会情感

"等贵贱、均贫富""不患寡而患不均"这一普遍化的主流平等观,会造成一种历史性的误解或假象,中国社会似乎是一个纯然以经济平等为核心价值的社会结构,而实质上则是以权力为轴线来创造财富、分配财富和享用财富的社会形态。政治权力和公共职权可以借着政治上层建筑和思想上层建筑的权威性、支配性力量,跃出它自身的运行范围,而迁移到经济领域、社会领域和科技领域,使权力、资本、知识和技术四种核心力量成为一个相互嵌入、相互推动的利益共同体。社会情感所表述的是这样一种情形，由权威性资源和可配置性资源能否公平分配而产生的情感体验；如若普通民众将官僚资本、货币资本、技术资本视作是支配性资源，且由于这些资源不能公平分配而造成"显失公正"，视作是天然合理的，那么他们就不会针对"显失公正"而产生强烈的公平要求和正义诉求。中国式现代化，也是现代正义观、平等观和公平观的发生史。这些价值观的生成，与其说是启蒙的结果，倒不如说是由社会主义市场经济自身向人们提出的理论要求和实践诉求。市场经济的形成的前提是以普遍性为基础的个人原则。在近代哲学中有一个不能忽视的开端，这就是自我，自我是任何一种思考和行动的元主体。自我意识的强化、自我价值的确立，使得每个人都在个体的或集体的行动中，确立起了朝向自我价值的向我性、为我性和利我性；自我，即使出发点又是归宿。

于是，两种生成路径的社会情感便逐渐形成了。一种是由外向内的社会情感路径。当人们所先天拥有的正义、平等、公平感被不断拓展和深化的社会变革过程激发出来之后，便与由社会变革过程所形成的新的利益关系，以及这些利益对利益相关者的深度影响而一同变化着、发展着。这个变化、发展过程似乎是一个令人产生社会情感悖论的过程。首先，不断拓展和深化的社会变革过程，或者说，不断深化的中国式现代化，使得一个人口体量最大的国家从一个贫穷落后的状态而逐渐成为一个经济大国。使得人们对政党、政策、制度、社会产生了赞美、肯定和拥护的情感，这种社会情感连同因衣食住行用的初步满足而产生的满足感和快乐感相互嵌入在一起，形成了一个对当代整个社会的情感体验、态度、立场和观念。以上是就社会情感是如何产生而言的；当感性的、体验的、经验的、直接的感受和态度逐渐积淀成为稳定的、类型化的、评价性的情感时，人们就会依照这些情感在民众可接受的范围内，表达着对日益变化着的源自对权力、资本、知识和技术等对资源的分配、占有、使用而来的社会现象的态度、立场和观点。一如当代中国改革开放式本质上是一个开发各种资源从而创造、分配、享用社会财富的社会历史活动那样，当代中国人的社会情感也是一个充满肯定与否定、赞美与谴责、辩护与批判之矛盾和冲突的发展史。唯其情绪和情感是发于心和成于情的感受和体验,因而是最真挚和最真诚的;人可以表现出虚情假意、装腔作势的外表,但不会直接、直观地、不假思索地虚情假意。虚情假意、装腔作势是经过理性算计之后的"从容不迫、深思熟虑",①经过"深思熟虑"的虚情假意、装腔作势是对情绪和情感本身的欺骗和背叛,是根本没有某种激动的情绪和真挚的情感,但却装出一副拥有它们的样子,目的是达到获得不该获得的某种东西的目的。然而,朝向满足感、快乐感和幸福感的感受、体验是不会欺骗它们自身的。

随着社会改革活动的拓展和深化,不但创造财富的方式在发展着,财富的分配方式也在变化着;人和物、人和人、人和自身的关系也在改变着。更加重要的是,人们对不断变化着的物质利益关系,对源自权力、资本、知识、技术而来的支配与被支配、统治与被统治的关系,产生着新的情绪和情感。这些情绪和情感是真挚的、属实的,其中也存在一些负面情绪,会产生有增长而无发展、有条件而无快乐的感受和体验,这种感受和体验逐渐弥散到生产、交往和生活领域的各个层面。

社会情感是无声的语言、无穷的力量;它们是未经批判和反思的内心感受,是不断自我生成和自我强化着的心理能量和精神力量。如果这种能量和力量得不到合理的释放和表达,反而不断地压抑和控制它们,那么,它们就像掩藏在冰山之下的活火山,可随时爆发出来,成为毁灭财富、机会和秩序的海啸。如果说,纯然自然的海啸,是自然表达它无限威力的方式,那么纯然社会的海啸,则是共同的公民意志和公共的历史理性表达其自身的巨大力量。

人们看待社会情感的致思范式是值得商榷的。人们总是不去深刻地体会民众的意愿和意向、情绪和情感,更不去做情感史研究。不经理性批判和反思但却坚定地认为,所有的人都是理性人,他们的理性是无限的,

---

① "情欲(作为属于欲求能力的心境)却从容不迫、深思熟虑,哪怕它也是强烈地要达到自己的目的。"参见康德:《实用人类学》,《康德著作全集》(注释本)第 7 卷,李秋零译,中国人民大学出版社 2024 年版,第 281 页。

由个体的理性组成的集体理性，乃是不证自明、不求而得的伟大力量，它们决定着集体行动的价值逻辑。只要有正确的政治观念、制度和行动，一切文明都可招致前来；不经引导和指导的社会情感都是不合法、不合理的。这种脱离个体和类的真情实感、偏离历史理性的学术和理论，是没有人性基础和社会根源的语言文字游戏。如果所谓的生态伦理文明、社会伦理文明和精神伦理文明，表达的不是民众的心声和历史的声音，那么它们绝不可能被称为文明，而纯然是没有真实的实践目的的意识行为。如果一种被信誓旦旦地称作是文明体的诸种描画，不是出于民众心声和历史声音的社会财富和精神财富，而只是从事意识活动的人自行构造起来的拥有完美无缺外观的主观意志的强烈表达，那么它们就没有理论意义和实践价值。

人们对待社会情感的行动方式是需要改进的。如果说如何看待社会情感是一种意识，那么如何对待社会情感则是一种实践。社会情感的形成是有充分的人性基础和坚实的社会根源的。朝向政治行动的正义感、面向经济行为的公平感、直面社会现实的平等感，作为反思性的感受和体验，都不是凭空出现的。正义感既是对好的政治制度和体制的承认、赞同和支持，又是对违背民众心声、背离历史理性之政治事实的否定、批判、谴责和抗拒。当拥有和支配政治权力和公共职权的个体和集体，不再把快速创造和合理分配物质、社会和精神财富确立为政治的终极之善，反而使之成为谋得个人和集团利益的支配性的力量的时候，民众必然会生发出批判的、谴责的、怨恨的、抗拒的心理和行动，这种心理和行动的有机结合就是作为无形的力量的社会情感。面对这种无形的力量，人们需要的是高超的政治智慧，需要引导、指导和疏通民众的怨恨和愤怒，而不是压制甚至消灭这种愤怒。只有从人们的观念、情感和意志上进行深刻的政治革命，不再把政治定义为攫取、支配和运用权力的技艺，改变对政治进行技术主义的定义方式，而是把政治定义为朝向令每个人自愿且有充分的客观条件过一种整体性的好生活的所有方面，把本质主义的定义方式立为政治思维的观念基础，正确的政治观念、正义的政治制度和正当的政治行动才能生成。构建现代政治伦理文明正是实现政治之终极目的的一种努力。

（3）以追求良序社会和美好生活为目的的道德情感

道德情感是道德需要是否得到满足之后形成的感受和体验；道德情感是人的情感结构中的高级部分，也是个体拥有自尊和尊严的观念和心理基础。如果把孟子的"良知"和"良能"视作是每个人拥有德性的自然禀赋，那么，作为"四端"的仁义礼智信则是"良知"和"良能"的用。"良知"和"良能"和"四端"既是能力又是品质，既是意愿和意向，又是意向性和行动。如果脱离意向性和行动得以产生的外部环境，而仅就它们的原始发生而言，好像会出现孟子所描述的那种情景："求则得之，舍则失之，是求有益于得也，求在我者也。求之有道，得之有命，是求无益于得也，求在外者也。"①朱熹阐释道："在我者，谓仁义礼智，凡性之所有也。""外求者，谓富贵利达，凡外物皆是。"外求有道，不可妄求；有命，则不可必得。向内求索者，谓"求其放心也"，心，谓性之所依存之体，性乃心之所本，即仁义礼智"四端"。外求者，谓之富贵利达，此谓外求有道、有命而言。何谓道和命？那便是"理"。理者，天人之道和人伦之道；而无论是哪一种，均为谓心性之道所统觉、统握。此谓道不离人，离人非道也。理并不在心中生，只在心中现；德性谓心中之理，伦理乃外求之道。孟子的"心外无物""万物皆备于我""仁义礼智，非由外铄我也，我固有之也"，似乎给人一种极端主观主义的德性论者的倾向，实际上，这是一种主体主义的德性论。主观主义的对象是被意识制造出来的意识现象，而主体主义的对象则是隐于内而显于外的自然禀赋、潜能、善性；是将天人之道和人伦之道内化于心的认知、情感、意志和行动。儒家的心性之学便是康德意义上的"原型世界"，既是理智世界、情感世界，更是意志世界和行动世界。这是一个自足的道德哲学原理，它的缺陷不在于心外无物，而在于没有将这个"原理"置于现实的外在环境之中，将基于"良知""良能"之上的"四端"

---

① ［宋］朱熹撰：《四书章句集注》，中华书局 2011 年版，第 328 页。

的自我发生学转换到现实的伦理生活的发生学之中。如果我们始终执着于、徜徉于、迷恋于这个自足的"道德哲学原理"而不去考察这个原理在外化过程中所遭遇到的诸种困难、矛盾和冲突，那便永远是以属性和特征为核心的名词哲学，而不是以过程和道路为核心的动词哲学。

　　一如道为一、路为多，道为体、理为用那样，"良知""良能"和"四端"为一、为体，德行和伦理为用法、为多。起始于20世纪70年代末的改革开放以来，当代中国人的道德情感也产生了根本性的转变。在此前的行动结构中，政治元素在道德情感中起着根本性的作用，道德规范通常就是法律规范和政治命令。个人利益必须在集体利益中获得合理性证明，个人行动只有获得政治命令的许可，才能进行。人们在情绪和情感上，不会对前行动结构中的道德原则和道德规范进行批判和反思，集体主义具有无需任何辩护即可获得的自在合理性。至20世纪70年代末，对什么是真正的社会主义的追问、对好的社会主义的追寻，引发了对原有的道德原则和道德规范的质疑和反思。而以城市为中心的经济体制改革，又从现实的利益关系上将个人利益置于思考与行动的首要位置。现代生产逻辑的建构、以按劳分配为价值原则的财富分配方式、以实行流动性的就业政策为主导，诸种因素使得一个充满流动性的社会结构逐渐被建构出来。于是，原有的德性结构、规范体系和伦理范型也随着现代社会结构的生成而发生着结构性的、根本性的转型。当把效率与公平、正义与平等、自由与幸福确立为经济、政治和生活领域的价值原则时，"自我"就被置于意识和行动上的开端，于是就出现了黑格尔所描述的情形："具体的人作为特殊的人本身就是目的；作为各种需要的整体以及自然必然性与任性的混合体来说，他是市民社会的一个原则。但是特殊的人在本质上是同另一些这种特殊性相关的，所以每一个特殊的人都是通过他人的中介，同时也无条件地通过普遍性形式的中介，而肯定自己并得到满足。这一普遍性的形式是市民社会的另一个原则。"①将自我置于思考与行动的始点，

---

　　① ［德］黑格尔：《法哲学原理》，范扬、张企泰译，商务印使馆1961年版，第197页。

生成了为我性、向我性和利我性，但这绝不意味着，任何人可以任性地、毫无顾忌地将自我确立为一个没有任何道德约束的始点，相反，他必须接受普遍性的规定和制约；因为，若是将极端利己主义立为普遍法则，那么任何一种利己动机都无法实现。

"利己的目的，就在它的受普遍性制约的实现中建立起在一切方面相互倚赖的制度。个人的生活和福利以及他的权利的定在，都同众人的生活、福利和权利交织在一起，它们只能在建立在这种制度的基础上，同时也只有在这种联系中才是现实的和可靠的。"①如果这种特殊性和普遍性的关系是以实际需要、福利和权利的形式发生着，是质料意义上的公共利益和公共价值，那么这种质料意义上的特殊性和普遍性的必然关系必须统觉和统握到观念中，形成普遍的伦理理念，从而成为形式的普遍性。"理念在自己的这种分解中，赋予每个环节以独特的定在，它赋予特殊以全面发展和伸张的权利，而赋予普遍性以证明自己既是特殊性的基础和必要形式、又是特殊的控制力量和最后目的的权利。正是这种在两极分化中消失了的伦理制度，构成了理念的现实性的抽象环节。这里，理念只是作为相对的整体和内在的必然性而存在于这种外界现象的背后。"②当整个社会都朝着有利于实现每个人的意愿、意向和利益发展的时候，人们在道德情感上是充满承认、同意和赞美的，这是进取性的、理智德性意义上的情感；是令每个拥有最基本理性知识、理性判断能力、理性选择能力的人，都能充分正义感、平等感和自由感的社会境遇。

然而，随着社会改革过程的拓展和深化，由前提、过程和结果三种状态下的不平等构成的社会境遇出现了。无论在日常生活和非日常生活中，无需理性地谴责和批判，从切身性的感受和体验中即可体会到诸种不平等。在开启社会改革过程的初始状态中，处于边缘或不利地位的群体，虽然在形式正义的原则下，拥有着改变不利地位的可能性，但真正在不使他者变坏而使自己变好的具体情境中，预先处在不利地位的人群获得实

---

①②　［德］黑格尔：《法哲学原理》，范扬、张企泰译，商务印使馆 1961 年版，第 225 页。

质性的改变不利地位的权利和机会是相对较小的。相反，预先拥有权力、资本、知识和技术的人群，却在所谓前提平等的名义之下，获得了较弱势群体更具有优势的权利和机会。由于在初始性制度安排中，弱势群体无法获得经由先富和共富之政策和制度的设计与安排而来的平等机会，于是由起点不公平造成的过程和结果不公平，在持续进行的社会改革过程中被逐渐积累起来，并在一定程度上形成了固化现象。权利、地位、身份、机会、运气逐渐向处于优势地位的阶层流动，而基于权力、资本和技术的独占和垄断之上的控制、支配和统治则朝向处于不利地位的人群流动。权力资本、技术资本和货币资本在少数人群的积累、新型贫穷和落后在多数人那里的积累，形成了鲜明的对比。因权力的误用、错用和滥用所造成的"显失公正"现象更是令世人震惊；在发现市场、发展市场和运用市场的社会改革进程中，权力的重要性不是减弱了而是强化了。什么是真正的社会主义、什么是好的政治和好的社会的追问和追寻又一次出现在人们的道德感知、道德情感和道德判断中。如果说，在社会改革的初始阶段，进取性的理智德性乃是一种普遍化的道德情感（赞美、支持与合作），那么，当出现一定程度的贫富差距时，处在新型贫穷与落后状态的人群必然会产生一些不满情绪；他们从先前对权力、资本、知识的承认、同意、赞成转变成了不满、谴责、批判和抗拒，居主导地位的不再是以理智德性为基础的进取性道德，而是以道德德性为基础的协调性道德。"依法治国""以德治国"是人们能够找到的解决贫富差距的策略安排和行动方案。

源自人类良知和历史理性的道德舆论，原本是可以超越任何强制限制而自由使用的社会力量，然而，在具体的表达和运用中，却常常受到权威性力量的限制和控制。于是，在拥有最基本道德理性知识的个体和集体那里，产生了倍增的道德怨恨和道德愤怒。历史事实证明，道德舆论一经被限制和控制，那么社会就会处在不正义、不公平状态。道德情感既是推动社会进步和个体发展的根本动力，又是反映一个社会是否拥有一个好的政治、好的法律和道德的晴雨表。最为糟糕的道德情感现象是，处在优势地位而持续获利的既得利益集团，非但没有承认和确认政策和制度之于他们的优绩主义后果,反而充斥着不满,似乎此在的优势地位尚不能令人满意;而持续地处在边缘或弱势地位的人群,便普遍地对自己的新型贫穷与落后表示不满和失望,用各种方式表达着具有谴责和批判性质的道德情绪和道德情感,至于能否公开而合理地表达情绪和情感,并不是道德情感的有无问题,而是是否拥有表达的机会和环境问题。

基于对情感的原始发生而来的关于自然情感、社会情感和道德情感的深刻分析和有力论证,之于构建中华伦理文明新形态具有怎样的意义呢? 它们是人们的真情实感,是对他们的社会地位、生活状况、快乐与幸福的状态所给予的真诚表达。如若忽视这些真情实感和真诚表达,任何一种形式的建构都不可能是彻底的。"理论只要说服人,就能掌握群众;而理论只要彻底,就能说服人。所谓彻底,就是抓住事物的根本。而人的根本就是人本身。"①什么才是推动中国式现代化的根本呢? 构建中华伦理文明新形态是否是抓住了事物的根本呢?

3. 追问和追寻中华伦理文明新形态的根本

自然情感、社会情感和道德情感,作为朝向快乐和幸福的感受和体验,作为朝向社会结构是否正义、平等、公平状态的感受和体验,作为对具有伦理性质的社会事实的感受和体验,它们就是中国式现代化的根本,也是构建中华伦理文明新形态的客体。生态伦理文明的本质是人类在正确处理和自然的关系过程中所形成自然情感、自然观念和生态观念,贯穿其中的深厚基础乃是情绪和情感,它们是形成自然观念和生态观念的基地、基底。无论是自然的人化还是人化的自然,都渗透着人类对自然的尊重和照应之感受和体验。这种情感是普遍的,对任何一个想和自然和谐相处的人而都具有普遍有效。社会情感则是有分别的感受和体验、态度和立场。处在边缘和弱势状态下的人群,不可能对处在有利和优势地位的人群造成不正义、不平等和不公平的后果;正义、平等和正义是处在不利

---

① 《马克思恩格斯文集》第 1 卷,人民出版社 2009 年版,第 11 页。

地位的人群试图摆脱而又无摆脱托不平等状态的无奈和无助,是以情绪和情感的方式表达出来的心声。构建社会伦理文明(物质文明、科技文明、政治文明和社会文明)如何深刻反映民众的心声,无疑是一个值得优先解决的前提性问题。道德情感更是反映了处在不同社会地位的人群的道德感受和体验、判断和推理,道德谴责和伦理批判常常是处在弱势地位的人群或代表民众共同意志的思想家,面对诸种不平等现象而发出的道德谴责和伦理批判。我们应该站在何种立场上构建中华伦理文明新形态？这些疑问和质疑,这些追问和追寻,都将在寻找构建中华伦理文明新形态的可行道路时予以分析和论证。

第5章 构建中华伦理文明
新形态的主体性道路

当我们在对象的确定性和论证的明晰性原则指导下,将中华伦理文明新形态的终极目的、内容构成、发展状态统觉在表象里、统握在意识中,剩余的问题便是我们如何才能构建出中华伦理文明新形态来。对中华伦理文明新形态之自明性的探讨是在意识中完成的,作为一种沉思的理智,此过程可以将诸种导致它不能产生的主客体因素悬置起来,或可以视而不见;但自明性并非就是它的自成性,自成性只能在行动完成。从意识哲学到实践哲学的转向,也就是从属性和后果思维向始点和过程思维转向,从名词哲学向动词哲学转变。在这种转变中,主体主义思维和主体性道路是核心内容。这需要一个自足的实践的理智。

一、回归主体主义思维

从总体性倾向考察,当下的哲学研究呈现出如下几个值得深入讨论的倾向。

1. 无主体思维

无论是学术批评史还是现实问题研究,都呈现出了无主体思维的倾向。所谓无主体思维,乃是指思考与行动似乎是向所有人来述说的,或者说是,向一个无人称的他者而言的。无主体思维的直接表现形式就是他者思维，一个被赋予了被给予性的事物，只是被我说出而已，但却并不因为被我说出就具有由己性、切己性和属己性。

2. 文明体是独立存在的实体吗？

被一再指明的文明体，似乎是一个可以离开人的思考和行动而独立存在的事物，既不向我敞开也不对我有效。文明体就好像是一个完全独立的事物，可以随意创造，又可以任意使用。文明体与一般的纯然的物质性实存具有本质性的区别，尽管文明体也会以物质性的实存为存续形态，如生态文明、物质文明、精神财富，但文明体却不来源于物质实存本身，而源出于个体和类的思考与行动。思考与行动自身是具身性的、切身性的、由身性的，而作为思考与行动之对象化活动之结果的对象性存在，则是离身性的、附身性的；作为文明体之客体性存在样式的财富一经被创造出来，便具有独立性和异在性特征，于是，便给人一种可以独立自存，甚至可以超越时空而为后人任意拥有的印象。事实上，不但精神形态的文明体不能超越时空而为后人任意拥有，即便是物质形态的文明体也不能为后人随意享用。

3. 缺少批判和反思的命令式

作为一个能够思考和能够行动的有理性存在者，在任何时候都要为他的思考与行动提供一个具有坚实的内在根据和充分的外在理由的正当性基础证明，他具有自我批判和反思的义务。当我们意愿一种文明体能够出现时，它所涉及的是对客观原则的概念与其自身意志的必然关系。凡是出于意愿和意向的客体，那一定是因人的努力而成的事情，因为人类不能向具有先在性的自然提出意愿和要求；因人的行动而成的事情，必然充满着被创造、被生成的规律，若是没有了客观规律的约束，那么人类便可根据其意愿和目的创造任何一种他想要的事物来。人类始终在企盼着甚至幻想着，可以分解一切又可合成一切。飞速发展的现代科学技术（如 AI 技术、DeepSeek、ChatGPT、kimi），使人类产生了技术万能论的幻象。如何遵循创造和生成规律，就是一个如何听从命令的过程。

在此,将康德的"命令式"理论作深刻地理解和适度地应用,对于确定和确证构建中华伦理文明新形态的主体,具有极为重要的方法论意义。"对客观原则的概念,就其对意志具有强制性来说,称之为理性命令,对命令的形式表述称之为命令式。一切命令式都用应该这个词表示,它表示理性客观规律和意志的关系,就主观状况而言,意志并不要由此而必然地被决定,是一种强制。"①就其客观规律与意志的关系而言,约有两种强制性,一种是对主观意志的关系,一种是对善良意志的关系。前一种情形是指,当人们意愿一种事物能够出现时,人们就必须遵循能够创造、生成该事物的客观规律,通过一个彻底的主体客体化过程,将创造者和生成者的先见、成见和偏见限制在不至于影响这一过程的范围内。创造一种新型的文明体,绝非想象的、任意的过程,不是一个轻而易举就能完成的事情,相反,是一个需要殚精竭虑地深入思考和艰苦创造的过程。为此,就必须听任客观规律的指导作用。后一种情形是指,构建一种新型的文明体是构建者向其自身提出的有效性要求,是自己向自己发布的道德命令。他不把构建新型文明体作为达到其他目的的手段,而是将这种构建本身视作目的。"一切命令式,或者是假言的,或者是定言的。假言命令是把一个可能行为的实践必然性,看做是达到人之所意愿的,至少是可能意愿的另一目的的手段。定言命令,绝对命令则把行为本身看做是自为地客观必然的,和另外目的无关……假言命令表明,或者是从一定的可能角度,或者从一定的现实角度来看,一种行为是善良的。第一种情况下,它是或然的实践原则;在第二种情况下,它是实然的实践原则。定言命令宣称行为自为地是客观必然的,既不考虑任何意图也不考虑其他目的,所以被当作一种必然的实践原则。"②

---

① [德]康德:《道德形而上学原理》,苗力田译,上海人民出版社 1986 年版,第 64 页。
② 同上书,第 64—65 页。

快速发展的 AI 技术，如 DeepSeek、ChatGPT、kimi 就是或然的实践原则。人们在很大程度上把发展人工智能看做是达到人们所意愿的各种目的的手段，如推动数字劳动、数智劳动、智能社会、智能治理、智能管理、机器诊疗、机器护理……但这种可能行为的实践必然性并不必然带来人们所意愿的后果，倒是有可能造成由于逐渐发展起来的"类人化"而替代"人类化"而使人成为自己的创造物的努力，全面的"抽象统治"使人处在全面的被支配、被控制的状态。由人工智能快速发展而造成的双主体效应，使得道德义务和道德责任的主体从人本身移植到机器人那里。人工智能作为技艺性的命令，作为或然的命令式，至于它所要达到的目的是否合理、是否善良，在这个命令式中无法获得一个有效的正当性基础的证明。

实然的实践原则所意欲表达的是，一个实用的、功利的目的，如利益和自爱，已经确定，寻找一切手段都是为着这些目的服务的。构建新型文明体是为着能够通过创造、分配和享用它而达到功利和自爱目的；只要能够实现实用目的，任何手段都可以选取。那么，怎样的功利和自爱才是合理的、善良的呢？只对自己有利、有效，而对他者不利、无效，这是一种不善良的目的，因而选取何种手段都是不善良的。

那么，构建新型文明体本身是不是自在地就是目的呢？它自身就是目的，自在地具有价值，唯其如此，它自身就值得追求。新型文明体具有多重价值，既具有手段价值，如生态文明、物质文明、科技文明，这是客体性的文明形态；同时又是目的价值，是个体和类在创造科学技术发明、生产和掌握科学知识向度上所取得的成就，在道德修养、思想高度上所实现的进步程度，这是主体性的文明形态。然而，具有多重价值的新型文明体不是既成的而是生成的，不是固定的而是流动的。唯其是因人的思考和行动而成的事情，那么，任何一个能够思考、能够行动，并试图过整体性的好生活的有理性存在者，都有自在的义务和责任去学习和掌握科学文化知识、提升思想道德修养，而不是向他者发布道德命令。这是由文化和文明的本质所决定的。

二、由文化和文明的本质而来的道德命令

文明内在地呈现出密切关联的三种形态：主体、客体和中介。所谓文明的主体形态，乃是先天地存在于个体和类的心灵结构和意识结构中的创造文明所需的潜能和潜质，即康德意义上的认知能力、欲求能力和判断能力，与这三种能力相对应的是理论理性、实践理性、愉快与不快的判断力，以及这些能力的充分发挥所坚持的建构性原则和范导性原则。所谓先天的潜能和潜质，乃是一个种族或民族所先天具有的基因结构和心智结构。这是始点意义上、原初形态的力量。一个种族或民族在先天结构中缺少"返本开新"的始点和原初性力量，那么即使拥有丰富的外部资源，也很难创造出新的文明形态来。如果在所指的意义，文明乃是个体与类所拥有的从蒙昧到野蛮再到文明的先天结构，那么，构建人类文明新形态的意愿和意向，就首先应该指向自身的先天结构，一如康德要在进行哲学批判之前，必须对人的先天拥有的认识能力预先进行考察那样，要对我们能否建构人类文明新形态所应具备的先天结构进行批判，这是一种反思性的工作，是一种前提批判。"康德的批判哲学的主要观点，即在于教人在进行探究上帝以及事物的本质等问题之前，先对于认识能力本身，作一番考察工夫，看人是否有达到此种知识的能力。他指出，人们在进行工作以前，必须对于用来工作的工具，先行认识，假如工具不完善，则一切工作，将归徒劳。康德这种思想看来异常可取，曾经引起很大的敬佩和赞同。但结果使得认识活动将探讨对象，把握对象的兴趣，转向其自身，转向着认识的形式方面。如果不为文字所骗的话，那我们就不难看出，对于别的工作的工具，我们诚然能够在别种方式下加以考察，加以批判，不必一定限于那个工具所适用的特殊工作内。但要想执行考察认识的工作，却只有在认识的活动过程中才可进行。考察所谓认识的工具，与对认识加以认识，乃是一回事。但是想要认识于人们进行认识之前，其可笑实无异于某学究的聪明办法，在没有

学会游泳以前,切勿冒险下水。"①事实上,黑格尔对康德批判哲学的批判,并不完全正确。对人的认识、意识、情感、欲求的过往史进行批判是必要的,因为这种批判并非是完全抽象的,而是在对认识的反思性的、回溯性的逆向的发生学中进行的。如果把对认识能力的反思性批判,转变成一个客体是如何被主体把握到的这样一个问题,那么,我们便可以借鉴性地将这种方法运用于文明的创造过程中,反思、反观个体与类创造文明的可行能力。这就辩证地指出了一个客观事实,个体与类是否具有创造文明的潜能和潜质,是否具有先天结构及其充分运用,要以文明的创造过程及其对象性存在为根据。于是,文明就必然走出主体形态而进到中介和客体形态。

对文明的中介形态进行深度考察,对于理解和把握文明的发生及其演化过程极为重要。没有中介,主体与客体就永远处于分离状态,进一步地,任何一种形态的文明都不可能发生,也不可能被人们认识。在认知的意义上,如果人们只是指认文明的客体形态,而不顾及甚至完全忽视文明的主体和中介形态,那么,人们就不可能全面而正确地把握文明的发生、发展及其本质规律。中介形态与客体形态密切关联,创造何种形态的文明就会选择何种形态的中介。在这里,中介具有两种形式,一种是质料性的,一种是形式性的;前者是生产性的,后者是非生产性的。为着准确地把握中介形态的文明,首先必须对客体形态的文明有准确的理解。客体形态的文明既是主体形态文明的对象化过程及其成果,也是它的目的,尽管不是终极目的。因为任何一种形态的文明的终极目的,都是通过人而为了人,为着个体和类过一种有意义的整体性的好生活。而好生活是以一定的价值系统为基础的,客体形态的文明就是一个有机的价值系统。

客体形态的文明,乃是个体与类朝向终极形态的好生活而创造动态价值和静态价值的过程及其业绩;是个体与类之心智力量的对象化,是自知的、也是自觉的在善良意志的基础上,遵循先天实践法则,充分实现实

① ［德］黑格尔:《小逻辑》,贺麟译,上海人民出版社 2009 年版,第 66 页。

践理性的过程;是基于始点而朝向终点的意识之发生、行动之运行的过程。文为始基、为隐性,明为过程、为显现;既是心智结构的外显、显明过程,也是以文化成天下的过程;既是创造对象性存在的过程,也是成人成己的过程,通过创造证明自己是文明人,通过教化和启蒙而使他者成为文明人。

从呈现方式上,客体形态的文明表现为动态和静态两种类型。动态文明乃是那种具有具身性的文明形式,亦即个体和类先天拥有的"普遍性本质"和"普遍性外观"。所谓"普遍性本质"乃是个体与类,如要为着通过人而为了的目的而进行思考和行动,或者说,如要以文明人的形式去生存、交往和生活,就必须具备能够这样生活的先天结构,这是一种元结构。在不同民族那里以及在同一个民族之不同时代,这个先天结构可能有弱与强、简单与复杂之分别,但元结构却具有相似性的,它们是文明的始点,也是文明的源泉,更是不同民族之间之能够进行文明互鉴的基础。它们以潜能的形式实存于人的实体之中,它们如同潜存于麦粒中的信息那样,只要具备充足的外部条件,麦粒就会生长成麦子,并最后以麦粒的形式完成其生命的整个历程。在人的实体结构中,同样存在着使自己成为文化人、文明人的信息。它们以人的身体为质料基础,以使自己成为人为动力因,以把潜质发展成为潜能和动能为形式因,以创造对象性的文明、提升和完善自己为目的因。这就是文明的"普遍性本质"。但这种本质绝不会始终处在隐蔽的未发状态;个体与类不可能始终处在"喜怒哀乐之未发,谓之中"的状态,它势必要外显出来、对象化出去,产生出"发而皆中节,谓之和"的后果。中也者,大本也,和也者,达道也。

从未发到已发、从内隐到外显,必有其环节和中介,就中介能够源出于某个始点而言,可有具身性和附身性两种。所谓中介文明的具身性形式,是就语言性存在而言的。无论是作为物理形式的有声语言,还是作为表义形式的文字,都是个体与类表达其意愿、意志和思想的中介;也是人的历史事件和精神世界得以持存的载体。古文明遗迹虽然多半以实物形式被保留下来,但为后人能够通过实物所了解、理解和把握的却是古文明主体的语言系统，以及由此呈现给后人的意义世界。所有以实物形式留存于后世的古文明形式，最终的形态还是个人 的意识、思想、情感和意志世界。这既是他们的先天结构，也是这种结构的物化形式；是真实世界、隐秘世界和想象世界的综合体。甲骨文作为汉字之最古老的表义形式，就是古人之精神世界的表达方式。之所以有若干字符无法被后人破译，就是因为作为中介形式的文明具有时空性、地域性和时代性。以此可以说，能够了解、理解和把握一个民族的文明，最为核心的中介形式，就是它的语言、文字、符号、数字系统。语言就是文明的"普遍性本质"，也是文明的"普遍性外观"。破译和通译不同语言系统的意义世界，乃是实现文明互鉴的根本道路。

语言与文明的关系，绝非仅仅具有语义学和语言哲学意义，更具有实践哲学和哲学人类学意义。学习一种语言，理解一种语言，掌握和运用一种语言，就意味着通向另一个意义世界。语言既是工具性的又是目的性的，目的性的语言就是人的精神世界，工具性的语言作为中介，就是精神世界的呈现方式。不同文化类型之间的差别、矛盾和冲突，本质上不是物化世界的差别和冲突，而是具有不同文化类型的个体与群体在创造物化世界和支配物化世界时的矛盾和冲突。是意识、思想、情感和意志上的矛盾与冲突，最终是目的性语言和工具性语言的矛盾和冲突。

除了作为中介形式的文字、符号、有声语言之外，还有体态语。体态语是最具具身性或由身性的语言，是流动的、充满灵动感的语言，也是表意之最为方便的符号形式。表情语、手势语、坐姿语和步姿欲，作为体态语的四种表现形式，是表意的最直接形式。虽然最为直接和方便，但却难以留存下来，我们无法直观到古人的体态语，因而也无法通过表情语、手势语了解和理解古人之起于心意以内的由己性。于是，人类便发明的文字、符号、数字，作为表意符号，它们是语言的物化形式，它们从根本上克服了体态语之无法留存的缺陷，从而使语言之物化形式的文字、符号和数字能够成为超越时空、地域和时代的中介形式。丢失了或消灭了一个语言系统，就意味着消灭了一个意识世界和意义世界。

　　作为中介形式的文明,其基本职能在于表意,但其最核心的价值是记录和表意。被记录和表意的对象乃是那些具有事实性和规范性的思考与行动。事实性的或质料性的思考与行动就是创造价值的过程,这既是文化的定义也是文明的核心。被文字、符号、数字记录下来的历史性事实,就是古人之质料性和规范性活动的物化形式,它们将流动的、充满灵动感和生命力的思考与行动凝固化,将康德所说的数学原理(空间的组合关系)和物理学上的动力学原理(时间上的结合关系)知性化,把感性的、流动的经验世界概念化、观念化,将理性的原则和方法命题化,后人就是通过概念和命题而了解和理解古人的精神世界的。记录古人之实体性的思考与行动的文字、符号和数字,必须遵循所指与被指之间的符合原则,对历史事件的确认必须通过实物遗存和"史记"加以确证。而规范性的思考与行动,则只能通过古人留存给后人的文字、符号和数字来理解。距离文明最近的是个体和类的先验结构,其次是表意的文字、符号和数字。如果没有汉字字符,我们便无从知晓古代的史学、文学和哲学,不会领悟孔子、孟子、荀子的思想世界,更不会就宋明理学和心学而讨论心性问题。

　　胡塞尔的"本质还原"似乎难以完成"历史还原"。通过想象和移情,将古人创造文明的过程文字、图像、符号、数字化,后人将这些文字—符号进行本质还原,借以想象古人所具有的创造文明的"先天结构"以及创造文明的心路历程。然而,这种想象和移情却是附身性或距身性的,而不是具身性和切身性的,因此,永远不能完整地把握和领悟所谓古代文明的精神实质。文字、图像、符号、数字是联结不同文明形态的中介。除了用以表达精神形态之文明形式的中介之外,尚有物质形式的中介,这便是以"物"的形式出现的"文明",即"物质文明"。事实上,"物质文明"并非文明自身,而是文明的物化形式,或者说是作为对象性存在的文明。如果人们完全着眼于文明的外化或物化形式,而忽视创造这些物化形式的"先天结构",那就会因为"舍本求末"而遮蔽先天结构的发现和培养,徜徉于文明的"普遍性外观"和忽视"普遍性本质"。

　　文明的物化形式,除了表意的文字、图像、符号和数字之外,还有制品。制品是作为创制理性的"技艺"的充分运用及其结果,这种制品集中表现为"生产资料"和"生活资料"两种形式。生产资料,亦可成为劳动资料。"劳动资料是劳动者置于自己和劳动对象之间、用来把自己的活动传导到劳动对象上去的物或物的综合体。劳动者利用物的机械的、物理的和化学的性质,以便把这些物当做发挥力量的手段,依照自己的目的作用于其他的物……劳动资料不仅是人类劳动力发展的测量器,而且是劳动借以进行的社会关系的指示器。"①

在物质文明这个总体性概念中,除了一般性的劳动资料即生产工具作为测量器和指示器之外,更为重要的是机器。工具与机器就成了联结劳动者与劳动对象的中介,缺少这个中介,劳动者就无法将自己的劳动能力运用到劳动对象上去,创造出各种制品,以实现劳动者之预先设定出来的目的。如果用科技文明来表示劳动资料的现代形态,那么现代科技文明的最主要的表达形式便是机器,即现在被称为 AI 技术的生成式人工智能、ChatGPT 与 DeepSeek 等。关于现代科技作为劳动资料是否属于"文明"概念,必须以专题的形式加以论证。在现代生产、交换、交往和生活中,作为中介的机器、工具和技术,已经深度地嵌入到了人们的思考与行动之中,甚至产生了技术万能论的幻象。技术可以分解一切又可以合成一切的实际功效,使得人们坚定地认为,只要人类创制一个智能系统,就可以构造一个智能社会。

然而,如果理性地看待和对待现代科技,那么,科技的本质依然是工具系统,是联结劳动者与劳动对象的中介。它既不是能力意义上的始点,更不是目的论意义上的始点。科学技术的拟人化或类人化永远无法从根本上替代人类化过程;拟主体和似主体无法代替个体和类作为能思的、能行动的主体这一基础地位。更加重要的是,技术无法制定出约束其自身的规范来,更无法为它的因误用、错用和滥用而造成的代价矫正、修正、改变其自身。一个无法为它的行为担负起其责任的实体永远不可能成

---

① ［德］马克思:《资本论》,人民出版社 2018 年版,第 209—210 页。

为主体。在这个意义上,无法将作为中介的技术置于文明概念之下加以规定。相反,技术必须在由能够成为主体的个体与类的约束和范导下被运用,而用以约束的手段就是规范体系。规范体系是人类文明的重要内容,它既是文明的产物,又是创造文明的基础;当它是文明的产物时,它是涉身性和具身性的,当它约束人的思考与行动时,它又是距身性和附身性的。

在文明的内部构成中,主体、客体和中介作为三种文明的主要形态,均源出于个体及类所实际拥有的能力体系,以及由能力的充分发挥而表现出的优良品质。主体性的文明是源,客体性和中介性的文明则是流;能力和品质是普遍性本质,而客体和中介则是普遍性外观。没有能力和品质,外观就成了无源之水无本之木;没有外观,能力和品质就只是一种潜能和潜质,只是一种心愿和意愿。就如同我们在意识和意愿上迫切构建一个新兴文明体,但却没有创造伦理文明新形态的行动。如要真正能够构造出新型的伦理文明体,就必须积淀出能够实现这种构造的主体性资源,这便是现代形态的理智德性和道德德性。在我们的灵魂结构中,既有拥有逻各斯的部分,分有逻各斯的部分,也有反对着和抗拒着逻各斯的部分。"德性的区分也是同灵魂的划分相应的。因为我们把一部分德性称为理智德性,把另一些称为道德德性。智慧、理解和明智是理智德性;慷慨与节制是道德德性。"①在构建中华伦理文明新形态的道路上,在积淀主体性资源的过程中,亚里士多德意义上的理智德性和道德德性固然是值得借鉴的结构模型,中国式现代化所要求于主体的德性结构,已经有了全新的内容。现代思维是观念基础;可以进行道德规则的行动是实践基础;体现建构性和范导性的制度体系是规范基础。如何继承和发扬优秀传统伦理文化,并将这种文化与中国式现代化进行深度结合,是形成现代伦理文明的主体性根据。

---

① [古希腊]亚里士多德:《尼各马可伦理学》,廖申白译,商务印书馆 2003 年版,第34 页。

三、从附身性到具身性：明德的发生及其伦理效应

"明德"论是中国传统伦理文化中的核心，是具有始点意义的本体性存在。一切道德思考和道德行动均因明德而发，家庭、村社、国家之伦理秩序均以明德而生。如果能够将明德论返本开新，那么，出于、合于中国现代化运动的德性结构，就具有了深厚的优秀传统基础。

依照本义、转义、新义三大原则，阐释《大学》中的"明德"理论，旨在见出"明德""明明德"和"明德文化"之间的内在逻辑，因为此一逻辑彰显出了德性之原始发生并外化为整个伦理文化体系的自为道路，这便是"明德"的原始发生及其伦理效应问题。出于文本而又不止于文本，而是将《大学》中的"明德"视为德性的原始发生及其充分运用的理论，并将其充分运用于我们自身的道德思考与行动之中，这是一个理论逻辑和实践逻辑双重变奏的过程。就《大学》中的"明德"理论而言，本质上是以文本形式存续下来的理论逻辑，是实践逻辑的文字表达。后来者已无从知晓先民的明明德过程，人们只能从留存下来的文字、语句、句式中想象性地领悟先民的道德思考、判断和行动。于是，作为文字表达形式的"明明德"就以感性的样子再现了"明明德"过程，又以概念的形式超越了那个实际性的"明明德"。当后来者试图以感性的样式还原先民的"明明德"过程，又以观念的形式领悟"明明德"的内在逻辑时，那分明是把样式和形式当做一个客体加以对待了。在这种对待中，人们有意无意地将他者的"明明德"视为己有了，似乎是自己的素养和素质；然而这却是一种主观幻象，他者的"明明德"本质上是附身性的存在，将附身性的存在变成具身性的存在，只有经过自身的思考、判断、选择和行动才能实现。于是，如何将过往的明德实践和明德理论改造成或转变成我们自身的明德过程时，属于我们自身的德性才能形成。这就是"从附身性到具身性：'明德'的发生伦理及其效应"的本质含义，也是继承和发扬优秀传统文化的核心议题。

当我们言说一种伦理范型时，分明是在指称着可用语言加以描述的

道德事实,可称之为道德叙事,亦可是用范畴、话语和逻辑表达出来的理论,可称之为道德叙述。如若述说者所言说的伦理范型乃是其自身的观念、情感、意志和行动,那便是言说者自身所固有的品德,这是一种具身性的伦理范型,是与言说者须臾不可分离的能力,是一种充满生命力的、流动的善。于此之下,言说者将属于其自身的品德述说出来,是出于教化的动机而实现为仁由己的目的,因为教化只是启发、启蒙,以使受教育者醒悟、觉悟、自知、自制。德性不是实体、不是具体物,进言之,德性永远都不是附身性的他者,而是具身性的属我者。教化的本质是启发和启蒙,而不是转移,将言说者之自身的德性转移到他者那里,更不是用自身的德性替代他者的思考与行动。如若不是出于教化的目的,而是将其视作获得德性之外之利益的目的,那么这种将自身之品德言说出来的行为,就是对德性自身的误用。将德性工具化、功利化,是将德性从人的心灵深处连根拔起的行为,其后果便是使德性处于普遍的拔根状态,使生活处在无根状态。

　　如若将作为他者之能力与品质的伦理范型作为述说的对象,这个对象于我们而言,既有空间隔离又有时间距离,那么,它就是附身性的,意愿为我们所有而实际上却是一种异在性的事实或符号。如果是真诚地将异在性的伦理范型作为启发和启蒙自身的资源,那么也得通过自身的为仁由己而生成属于自身的伦理范型,若只是作为一种认识的材料和称赞的对象,那么则是一种只有形式价值而无实质意义的语言文字游戏。那么,将"明德"作为一种伦理文化加以讨论,属于哪一种形式呢?

1. 本义、转义、新义:文本解释的三种意境

　　解释与预设不同,解释是事实性的,预设是预测性的。被解释的对象通常是既成的、既定的,是含义不再增加的已然和实然。如果是一种历史事件或历史现象,那么解释的目的在于还原真相,事实上这不是解释,而是证实;如果是一种观点、理论和思想,那么解释的目的在于证明,在何种意义上观念是正确的,行为是正当的。用字、词、句子、段落、章节、篇章将

过往的观念、理论和思想"武装"起来的外部结构，就是文本；是将充满灵动感的观点、理论和思想固化下来的过程，解释或阐释就是将固化在文本中的观点、理论和思想重新恢复其灵动感的过程。阐释文本的意境有三种：本义阐释、转义开显、新义重塑。本义阐释是朝向文本自身的，转义开显是转向学科的，新义重塑是面向学说的。"明德"既可以是实然和已然的观念、情感、意志和行动，也可以是被人们预设出来的理想类型。如果泛指任何时代的人们的伦理范型，那么，"明德"就既是实然和已然的记述，又是理想类型的论述；如果是对特定时代之特定人群之伦理范型的记述，那么我们就要从过往的观念史和实践史去挖掘属于"明德"的史实。而在实际的研究中，人们并无明确的意识，将描述伦理学和理论伦理学相对清晰地区分开来，相反，常常是把理论伦理学当做描述伦理学来看待，似乎先哲、智者所论述的伦理范型就是古人实际拥有的伦理范型，且只要被后人述说着、讨论着就成为后人的道德能力了；时至今日，这种无意识、潜意识似乎依旧根深蒂固，应然就是实然。人们徜徉于甚至迷恋于提出一套完美无缺的理想类型而孤芳自赏，从不去追问，这些理想类型是如何可能的。当人们述说别一种伦理范型时，总是显得信心满满，却较少扪心自问，我们如何拥有这些范型？如何实现从附身性思维向具身性思维转变、如何实现从名词哲学、属性思维向动词哲学和实体思维转向，才是伦理学的真正任务。如果将"明德"具体化为可以进行实质性分析和论证的文本，那么将是怎样一种情形呢？

　　如若以心灵哲学或道德哲学的视角研读和体会《大学》中"明德"的所指、被指和能指，那么《大学》无疑是一个充满论据和逻辑的道德哲学体系；所指为本义、被指是转义、能指是新义。朱熹做章句集注，既是对经文的解释、阐释，又是一种阐发和开显，虽有不足、过度和适度三种情形，但相对于现代人的阐释而言，或许更接近于经文的本义。虽然在《论语》等记录孔子之言的"语录体"中，似乎难以找到《大学》本文的原文出处，于是，《大学》只能算是被曾子理解了的并述说出来的孔子之言、之意。在此，首先，我们无意去考证曾子、朱熹之阐释合于孔子之言、之意的程度,因为我们无法像古代人那样去思考、判断和选择;其次,更无意愿去考察"明德"概念的原始发生及其阐释史,将先哲的概念、观念和思想作为没有生命力的"材料"处理,殚精竭虑地去发掘"明德"概念的增减史;我们只能以我们能够理解的方式去研读、领悟和阐释所谓的原意、本义。原文、本文只有以符合现代人的思维而向现代人敞开时,它们才能被现代人纳入到他们的思维世界,也才能被现代人所理解和接受;反之,现代人只有以符合古人的思维逻辑才能真正理解原文和本文的本义来,继而开出转义和新义来。从不存在所谓纯粹的、完全符合原意的阐释学,任何阐释都是一种意义重构,都是古义借助他者的激活、激发而重现"光明"。这就是"返本开新"的本义。

直面孔子之言、曾子述之、朱熹集注,我们可以在作为所指的本义、被指的转义和能指的新义三种意境中理解和把握"明德"之文本的微言大义。

(1) 作为所指的本义

所指是起于心意以内的由己性,是一种基于意愿之上的意向,如若这种意向只是单一的内感知,亦即只是生理、心理和精神的结构及其运行状态的自我感受、意识、体验,那么这种意向就是非对象性的、非客体化的感受;唯其是并不指向具体的对象的感受,因而并不能成为一种知识、理论和思想,只是一种发生着的状态,以及对特定状态的感受,是一种意识流或体验序列。如若意向是指向特定对象的,那么这就是感知,是对象性的、客体化的所指;但即便是从内向外的从内感知到外感知的转向,依旧有所指者的意愿蕴含其中,是所指者意愿出现的对象,亦即,即使是关于具体的被称为客体的对象的感知,也依旧有所指者的意愿和意向蕴含其中,是所指者所意愿现出的事情。在相关于《大学》之经文以及朱熹的集注中,一个被所指者所共出的对象乃是一个自成体系的朝向德性的名词哲学和动词哲学。作为名词哲学,这个德性结构自在地体现了结构现象学和功能现象学,然而问题是,这个自在的德性结构何以以这样的样式被呈现在表象里、把握在意识中? 这个结构通过诸种经验被理解和接受,但它们却并不根源于经验,尽管呈现为经验;相反,根源与来源有着巨大的分别,来源指称的是质料,没有经验这个质料,所有的关于德性的描述和论述都是空洞的,但德性却不是这些质料本身,而是将质料统合起来的概念或范畴。这些范畴并不来源于也不根源于质料、经验,而是根源于同时又来源于先天概念和知识。"经验毫无疑问是我们的知性对感官知觉的原料进行加工时所做出的第一项产品。因此,经验是我们的第一节课,而且源源不竭地给我们接着上新课,我们的子孙万代可以在这块土地上收获到新的知识,永远不会感到缺乏。然而,我们的知性活动却决不是局限于经验。经验虽然告诉我们如此这般,却并不告诉我们必然如此,决不能不如此。因此经验也没有向我们提供真正的普遍性,而理性是迫切要求获得这类知识的,它主要是受到经验的激发,并没有从中得到满足。这样一种普遍的、同时又有内在必然性的知识,一定是并不单靠经验,而是本身就明白而确定的。所以我们把这类知识称为先天知识,只是因为它的反面,即单从经验取得的知识,按照一般的说法,只是后天地或经验地认识到的……如果把经验里属于感官的东西统统去掉,还是剩下一些原始的概念,以及由这些概念派生的判断,它们的形成只能是完全先天的,不依靠任何经验的,因为这些概念和判断使我们能够,至少认为能够,对那些呈现于感官的对象说上几句话,说的比单纯经验所能告诉我们的多些,而且,它们还使一些论断包含着真正的普遍性和严格的必然性,那是单纯经验的知识所不能提供的。"①德性为何以此种结构被见出,原是因遵循着真正的必然性和严格的普遍性的原则的,至少从意愿上,这个德性是被认作是具有普遍性和必然性的。

于是,对作为所指的本义的德性结构的理解和把握,就必须回到经、传、注自身,将通过概念、话语和逻辑所见出的含义阐释出来。右经一章是一个充满逻辑进阶的朝向德性的先天知识体系。在学术研究的层面,作为常识,三纲八目是对孔子之言、曾子述之、朱熹注解的总体性把握,但

---

① [德]康德:《纯粹理性批判》,王玖兴主译,商务印书馆 2018 年版,第 35—36 页。

这种把握只是一种外部的把握方式,尚未达到对"是其所是"的内部结构的把握。"大学"为大人之学、成人之学;作为大人之学,乃指智者、贤者将具有真正的必然性和严格的普遍性的德性,通过先天知识呈现为一种先验结构,这个先验结构先于经验而发生和发动,具有相对于经验而逻辑上在先的能动性、主动性,这就是一种意识、情感和意志,更是一种行动,拥有先验结构使人成了自主体。被智者、贤者所指明的这个先验结构,并非所有人都能够拥有的,只为拥有最基本实践理性知识和最低限度的实践选择能力的行动者所拥有。在中国传统道德哲学中,是否所有人都能够也必然地拥有先验结构,似乎始终不是一个认真对待的题材,这实际上是造成在传统道德哲学中缺少追问和追寻普遍性本质和普遍性外观的根本原因。那么作为大人之学和成人之学的先验结构究竟具有怎样的结构呢?

　　"大学之道,在明明德,在亲民,在止于至善"构成了三纲。纲是目的原则,目是纲的显现。作为原则,三纲是理解把握先验结构的准绳,也是先验结构自身的客观逻辑。明德为始、新民为途、至善为终。明德是内在的,新民是外在的,至善是将内在与外在统合在行动中产生的善型。这是始点意义上的道德哲学,人何以要有德性、何以能够有德性? 明明德是何以能够有德性的根基、始点,至善是何以要有德性的终点、目的;明明德是实践论意义上的始点,至善是目的论意义上的始点。在三纲之客观逻辑的支配下,先验结构外化为八目,而在八目中,先验结构呈现为一个根本四个途径和三个人伦日用这一先验与经验相统一的客观结构。"自天子以至于庶人,一是皆以修身为本,其本乱而末治者否矣;其所厚者薄,而其所薄者厚,未之有也。"为仁由己,这是促使行动之能够觉知和觉悟的根本道路,在朱熹看来,"明德者,人之所得乎天,而虚灵不昧,以具众理而应万事者也。"若是以为修身只是一个总的或是根本要求,那么在细微处修身则需通过格物、致知、诚其意、正其心四个环节而完成。通过修身,一个完整的德性结构方能逐渐形成,而有了这样一个先行于行动而成的德性结构,当这个先验结构与具体的经验相结合时,就有了齐家治国平天下的伦理过程及其后果。这就是以名词哲学形式出现的作为所指的德性结构,构成其要素的三纲八目既是要素又是环节,各自发挥着特定的功能,当意识到这个要素和环节并将它们统一到思考与行动过程之中的时候,各个要素就以其各自的功能相互贯通起来,形成了内在的流动的德性和外在的流动的伦理。这是结构现象学和功能现象学。然而结构和功能不是机械的、固化的,而是有机的、流动的。无论是经、传还是注解都给出了完整的流动过程,这就是发生学意义上的德性。

作为总体性概念的德性的发生完全取决于构成其要素与环节的发生过程。曾子在释解"明明德"时,以当"日日新,又日新"注解,而问题是,日新是何所向和何所为的呢?何所向指向的是日新的对象,何所为指称的是日新的过程。朱熹注解道,明德为体、为本,虽为"气禀所拘,人欲所蔽,则有时而昏;然其本体之明,则有未尝息者"。"日日新,又日新"就是要令"学者当其因所发而遂明之,以复其初也。"此一过程便是知、定、静、安、虑、得的生成过程,从知到得的过程,就是一个"知道"的过程。知晓所当止之处,就是先行拥有至善的观念,或将作为善型的至善观念化、概念化,作为一种信念立于诸种心理过程之前。若此,才能志有定向,继而心不妄动,所处而安,思虑精详,处事得当,从而得其所止。这是明德之心理和意识的发生过程,是本体性的意识和能力的内生,为着使得明德能够固化和深化,尚需一个既向内又向外的新民过程。只有时时革除旧习以换新貌,才能返本开新而复其初也;此谓日日新、又日新。圣人、圣君、智者、贤者,以其道学和自修感化他人、教化民众。如果说明德、新民和止于至善,乃是抽象发生学,意指任何一个有德之人均可照此内省和外化而达于至善,那么,只有将这一普遍的德性发生学落实于具体事务之上,方有可以践行的作为能力和品质的德性,这就是具体发生学。作为人伦日用,依照德性而得到的乃是当止之处,即至善。就个体所要达到的至善乃是,为人君,止于仁;为人臣,止于敬;为人子,止于孝;为人父,止于慈;与国人交,止于信。当个人所要实现的至善最大限度地实现出来,作为整体性的至善才能实现。齐家治国平天下,乃是内在的当止之处的外化结果,乃是实现了的明明德的共同体效应;那么将明德与外在至善关联起来的关键环节是什么呢？修身。修身作为一个总体性要求是通过格物、致知、诚意、正心四个环节实现的。在朱熹看来，格物致知乃明善之要，诚意正心乃修身之本。曾子则给出了具体的条目功夫。

至此，作为所指之本义的"明德"便自行发动起来、运行起来。它以潜能的形式潜存于未发状态，谓之中，但它必定会借助各个要素和环节而现实地运动起来，发而皆中节，谓之和。于是便呈现出了基于名词哲学之上的动词哲学行动，或者说是，借助动词哲学明德才完成了它的名词哲学形态。这个被孔子之言、曾子述之、朱熹注解的"明德"，作为所指，是否就必定拥有一个被指与之相互共属、相互共出呢？是否能够在本义之上开出转义呢？

（2）作为被指的转义

所谓转义，是在两个层次上被规定，在真正的必然性和严格的普遍性意义上被展开。所谓两个层次，一个是所指与被指之间的相互共属、相互共在问题；一个是学科意义问题。所指与被指的关系就是意向行为和意向对象的关系，这是在意识的或思维的领域被构建起来的相属关系。一个意向对象被意向行为见出，使意向对象获得了来自意向行为的被给予性；同时也分明是说，一个意向对象现于意向主体之前。"这样我们就有了在被意指状态的方式之间，在 Intentio（意向行为）和 Intentum（意向对象）之间的一种固定的相互共属（Zugehörigkeit），根据这一相互共属，意向对象即被意向者就当在以上所揭示的意义上得到理解：不是作为存在者的被感知者，而是存在者所从出于其中的被感知状态、意向对象所从于其中的被意向状态。运用这一属于每一意向行为的被意向状态，才能在根本上（尽管只是初步地）将意向性的根本枢机纳入眼界。"①只有当意向对象进入到意向者的视界里，只有当诠释对象走进诠释者的诠释视阈中，对象的意思和意义才能被意向者和诠释者见出，这就是对象之意思与意义的被给予性；同时，意向和诠释也只有在见出对象的意思和意义时才得

---

① ［德］海德格尔：《时间概念史导论》，欧东明译，商务印书馆 2009 年版，第 56 页。

到规定。所以,意向和诠释本质上就是一个解蔽的过程,它使对象由遮蔽状态进到解蔽和无蔽状态,向意向者和诠释者亮出它的光彩来,展现出它的魅力来,这正是让意向者和诠释者感到惊异的妙处。对此,海德格尔继续说道:"只有当意向性被看作意向行为于意向对象的相互共属的时候,意向性才能得到充分的规定。现在可以概括地说:意向性与其说是一种事后指派给最初的非意向性体验和对象的东西,还不如说是一种结构,所以此结构所禀有的根本枢机就必然总是蕴含着它自己的意向式的何所向即意向对象。这里我们把意向性的根本枢机暂先标揭为意向行为和意向对象两个相对之方的相互共属,但这却并不是最后的结论,而只是对我们所探察的课题域的一种最初的指引和显示。"①作为指引和显示,被意向行为所意指的意向对象究竟是什么,要以它以何种方式被意向主体把握到为前提。于是,被把握到的意向对象是不是就其自身而言是其所是的东西,就变成了虽然可以被证明但却无法被彻底证实的东西。

被意向主体意指出的意向对象,未必就是科学的对象,但却一定是学科的对象;"明德"未必就是科学对象,亦即客观的社会事实和精神事实,但却一定是道德哲学和伦理学的学科对象。于是,不同的伦理学家所争论的对象,看上去更像是关于客观事实的争论,实际上是学科内部的争论,是不同观点之间的论证。这就是作为被指的转义的含义。在转义的或者是在学科的意义上,"明德"理论(如果"明德"可以被称作理论的话)就绝不仅限于孔子之言、曾子述之、朱熹注解的"明德",而是延展到了子思、孟子、荀子、朱熹、王阳明的思想之中,其中尤以子思和孟子的思想距离"明德"理论为最近。如果说在《大学》中,无论是发生还是日用,明德都由若干要素和环节构成,并借助这些要素和环节而自行运动起来;而在这些要素中,"诚其意"是最为关键的要素,而在《中庸》中,这更是被置于"天命之谓性,率性之谓道,修道之谓教"的关键地位之上。诚,可前置到知之中,若是不能知,道便是与人无关,若是能知而故意不知,便是由不能

---

① 〔德〕海德格尔:《时间概念史导论》,欧东明译,商务印书馆 2009 年版,第 57 页。

诚其意所致；诚，可后移至行动中，并非真心循理而思、遵道而行，而是行其好而求其利。诚其意源出于明德的本体论，求其利植根于明德的工具论；前者是扎根状态，后者是拔根状态。反求诸身，诚与不诚，自明之。诚其意，谓不自欺。诚身有道，可明乎善，可诚乎身。在《中庸》十九至二十五章，子思深入分析和论证了"诚"的内涵、类型和作用。"诚者，天之道也；诚之者，人之道也。诚者不勉而中，不思而得，从容中道，圣人也。诚之者，择善而固执之者也。"圣人无需诚之便可不勉而中、不思而得，而未至于圣，则不能无人欲之私，真实无妄，而其为德不能皆实。如何才能诚之呢？ 朱熹说道："未能不思而得，则必择善，然后可以明善；未能不勉而中，则必固之，然后可以诚身，此则所谓人之道也。"沿着由内向外的道路，若能诚者、诚之者，则可以与天地参矣。"唯天下至诚，为能尽其性；能尽其性，则能尽人之性；能尽人之性，则能尽物之性；能尽物之性，则可以赞天地之化育；可以赞天地之化育，则可以与天地参矣。"只有诚之者，才能成仁、成己、成物。

那么，究竟是什么样的原初性力量能够使人"诚之"呢？ 是良知和良能。"人之所不学而能者，其良能也；其所不虑而知者，其良知也。"①将良知和良能开显出来就呈现为"四端"："恻隐之心，人皆有之；羞恶之心，人皆有之；恭敬之心，人皆有之；是非之心，人皆有之。恻隐之心，仁也；羞恶之心，义也；恭敬之心，礼也；是非之心，智也。仁义礼智，非由外铄我也，我固有之也，弗思耳矣。故曰'求则得之，舍则失之。'"②

子思和孟子虽然未就曾子所论的"明明德"做直接的讨论，但却从更深的层次上推进了明德理论，进一步地推进和发展了中国古代的道德哲学形态，虽然缺少了西方哲学式的直接论证，而是多半使用了比附性论证，从而更利于理解和便于践行。就作为被指的转义而言，从学说和学科角度理解原初和后续形态的"明明德"，都贯彻了始点预设和发生学原

---

① ［宋］朱熹撰：《四书章句集注》，中华书局 2011 年版，第 331 页。
② 同上书，第 307 页。

则,从而构成一个可以圆通的道德哲学体系;同时也体现了理论结构和思维逻辑的一贯性。但思维逻辑是否就是集体行动的逻辑? 抑或是,虽有出入,但基本上是实践逻辑的理论表达? 进一步的问题则是,"明德"理论给出的原则和规范是否具有真正的必然性和严格的普遍性? 这就是能指所要回答的问题。

（3）作为能指的新义

我们在这里并不是依照语言学的标准使用所指、被指和能指概念的,而是在语言哲学和实践哲学的结合中规定其内涵的。所谓实践哲学中的能指,乃是那个被所指者所意指的被指的实际性。明德理论作为明德行动或明德文化的哲学表达,并不以这个理论的完美性为目的和根据,若是望着这个完美无缺的理论而自鸣得意,那么这样的道德哲学和伦理学就只是思想家的语言游戏;相反,明德之成为思想,势必是把握到了明德的真正的必然性和严格的普遍性。基于此种立意,我们就把作为能指的新义完全归属到明德的实际性中来,借以见出所指与被指之间在实际性意义上的差异。

在语言学的意义上,能指是联结所指与被指的中项,被所指者所使用的语言符号恰与被指的对象相合,即形式与内容是一致的;进言之,被所指者用语言文字所指明的意涵正是被指者的所是,而所是正是语言文字这种形式所欲表达的内容。以此,便构造起一个完美无缺的明德理论。孔子之言、曾子述之、朱熹注解的明德理论就具有完美无缺的形式。后继者们引述着、背诵着、述说着这个貌似完美无缺的明德理论,好像是拥有了中国人的实际性的伦理精神似的。正是这种严重缺乏反思和批判精神的理论态度,致使人们广泛而持续地将应然视作必然、将理论等同实践。重要的是,来自生活世界的理论,必须返回生活实践之中,接受实践的严格的检验和考验,只有经得起实践检验的理论才会有规范的功能。只有将语言哲学中的能指转向实践哲学中的能指,那个充满流动性的、充满生命力的明德行动才能现出。

首先,理论上的难题与实践中的困境。作为孔子之言、曾子述之、朱熹注解的明德理论,乃是一个经过双重悬置之后形成的本质直观。第一种悬置是主体性的,即悬置先见、成见和偏见,用纯粹意识去把握事物的本质,这是直面事情自身的过程。第二种悬置是客体性悬置,将人何以能够明德从诸多无本质联系的状态中抽离出来,直面明德的要素、环节和发生过程。经过双重悬置,一个本质直观便出现在意识之中。唯其是祛除了主客体之无本质联系的要素,也脱离了能够导致明德的具体语境,也排除掉了导致不能明德的困境,这个经过悬置和抽离过程的明德理论就获得了完美无缺的特性。然而,当我们试图将这个完美无缺的明德理论还原为实际性时,其理论上的难题便显露出来。

第一,原子论或实体论。在逻辑起点上,明德理论并未就明德的始点问题作出具有坚实的内在根据的预设,即人们何以需要明德?它把明德的根源和来源混同在一起,继而将来源原子化或实体化。朱熹在注解"明明德"时说道:"明德者,人之得乎天,而虚灵不昧,以具众理而应万事者也。故学者当因其所发而遂明之,以复其初也。"为不使得乎天的德性为气禀所拘、人欲所蔽,须得"日日新,又日新"。在注解"天命之谓性,率性之谓道,修道之谓教"时,朱熹注释道:"天以阴阳五行化生万物,气以成形,而理亦赋焉,犹命令也。于是人物之生,因各得其所赋之理,以为健顺五常之德,所谓性也。"将明德原子化或实体化,遮蔽了德性的本质,德性是生成的而不是既成,并非仅靠后天的日日新、又日新的功夫即可以复其初也。关于明德的原子论和实体论预设,遮蔽了德性的本质性和复杂性。"德性在我们身上的养成既不是出于自然,也不是反乎自然的。首先,自然赋予我们接受德性的能力,而这种能力通过习惯而完善。其次,自然馈赠我们的所有能力都是先以潜能形式为我们所获得,然后才表现在我们的活动中。再次,德性因何原因和手段而养成,也因何原因和手段而毁丧。"[1]由明德的实体论预设而导致的直接后果就是性善论的假设。

---

① 　[古希腊]亚里士多德:《尼各马可伦理学》,廖申白译,商务印书馆 2003 年版,第36 页。

第二，性善论假设及其后果。性善论构成了儒家伦理的基本主张，它具有形式上的优点和实质上的缺点。在孔子那里，虽有"性相近、习相远"的补充性论证，但"人之初，性本善"却是他的"第一原理"，是人生第一等事。在孟子那里，良知和良能为性善论提供了认识论和实践论根据，而其四端则是性善论得以实现的四个要素和环节。在形式上，性善论取得了这样的优势，既然天然善良，那么实现仁义礼智信、恭宽信敏惠就有了始点意义上的初始根据，同时也为教化提供了可能，返璞归真、弃恶从善，不但是可能的，甚至是必然的。而反复进行的实际性证明，并非所有的人都天然善良，并非一个人始终善良。因此，在形式上的优点之下就隐藏着实质性的缺点，它大大弱化了人们对性恶论的关注，也对私念恶行采取了无原则的宽容，将返璞归真、弃恶从善建立在不切实际的自省自悔和回头是岸的幻想中。更为实质性的缺点是约束性的、惩戒性的规范体系的严重缺失。既然是先天善良的，便无需制定约束和惩戒性的规范。这又直接相关于传统伦理文化中根深蒂固的君子观。君子是性善的典型，君子是被人们预设出来的道德典范，不是因为君子通过其善德和善行证明自己是君子，而是被他者认作是君子；成为君子是因为"诚者，天之道也"，是"自诚明"。这种差序格局之上的君子观，使得在明德的道路上，人为地将人分为德性上的优越者和劣势者，"君子喻于义，小人喻于利"，正是假设君子无需在明德的道路上日日新、又日新，于是便完全不再关注君子成为小人的可能性。

第三，理论推理与实践推理的差异性。宽泛地说，儒家经典要么直接就是明德理论，如《大学》那样，要么是明德理论的深化和扩展，如《中庸》和《孟子》那样。然而，明德在理论上的贯通，虽然显示出了真正的必然性和严格的普遍性，但却是空洞的，因为它缺少主体，一如为人君、为人臣、为人子、为人父、为市民，其明德的具体过程是如何发生的？又是如何持续的？实践推理的基于矛盾和冲突之上的复杂性被双重悬置了的本质直观代替了，进言之，明德理论既缺少还原的基础又缺少还原的道路。在实践推理中，君臣、父子、平民因其社会地位的不同，而有不同的道德观念、情感、意志和行动;因而在具体的实践推理中,除去明德理论所给出的那些纯粹的道德因素和环节,还有权力、功利、身份、地位等诸多因素,其间充满着公共意志和个人意志的冲突。

第四,明德理论的历史效应问题。如果以思想儒学、制度儒学和文本儒学三种立场考察明德理论的历史效应,通过董仲舒的"独尊儒术、罢黜百家"的理论专制过程,通过汉武帝将儒家思想意识形态化,明德理论就逐渐变成了仅向喻于利的小人阶层有效的思想支配过程。当只有一种权力和只有一种理论奇妙地结合在一起的时候,思想就不再是反映真理的理论表达,而变成了权力表达其自身的有力工具。

其次,普遍法则与具体规范的张力问题。在明德理论中,在形式上取得了从普遍到特殊再到个别的逻辑进路,在可能性上,"明德者,人之所得乎天,而虚灵不昧,以具众理而应万事者也",人人皆可格物、致知、诚意、正心,从而修其身;但在具体的明德过程中,却有了诚者和诚之者的分别,有了圣人、智者、贤者与庶民的区别,有了君子和小人之间的等差,前者是自觉、自醒、自行者,无需规范的约束和他者的监督,后者则是被教化者、被支配者;在具体的行动中,普遍性经由特殊性而发展成为个别性的仁义礼智信。然而,在实质上并未贯彻普遍有效性原则。只是在拥有明德的意义上,取得了普遍有效的前提,但却没有从前提中开显出普遍有效的实践法则来,也就是说,在明德理论中最缺乏的就是普遍性本质和普遍性外观。前者是德性论上的普遍性,后者是在规范论上的普遍性。由于缺乏抽象的但却是普遍有效的形式法则,就只有质料的、实用的行动法则。在积极自由的意义上,儒家的实践法则是:"夫仁者,己欲立而立人,己欲达而达人。"在消极自由的意义上,这条法则可以被陈述为:"己所不欲,勿施于人。"那么从道德哲学的角度理论,为何《论语》缺乏相关于德性的完整论证,而始终与实践智慧或生活中的机智、智巧关联,于此,黑格尔用带有偏见的口吻说道:"我们看到孔子和他的弟子们的谈话,里面所讲的是一种常识道德,这种常识道德我们在哪里都找得到,在哪个民族里都找得到,可能还要好些,这是毫无出色之点的东西。孔子只是一个实际的世间智者,在他那里思辨的哲学是一点也没有的——只有一些善良的、老练的、道德的教训,从里面我们不能获得什么特殊的东西。"①康德针对能否把功利作为实践法则的问题说道:"人们不能把'己所不欲,勿施于人'这种老调子当作一个指导行动的原则和规则。因为这条原则,虽然有所不同但只不过是从前一条原则引申出来的原则。还因为它不是一条普遍规律,它既不包括对自己责任的根据,也不包涵对他人所负责任的根据。好多人都有这样一种看法,除非他有借口不对别人做好事,别人也就不会对他做好事。最后因为,它不是人们相互间不可推卸的责任,并且那些触犯刑律的人,还会以此为根据不服法官的判决、逃避惩罚。"②人们可以不用顾及康德和黑格尔对中国哲学乃至中国传统道德哲学的成见甚至是偏见,而直面明德理论自身,其理论上的不足和实践上的缺陷,即使不像德国哲学家说的那么严重,却也是必须承认的事实。如果不是囿于断面思维和段落思维,而是用历史思维看待和对待明德理论,那么它的优点和缺点都可以在历史的长河中获得明见性;在今天看来是落后于时代的东西,为何还是有效的?

2. 三种历史场域下的明德:原始发生与历史效应

从人类诞生之日起,人类历史就从未中断过,哪怕是最糟糕的国家和最坏的社会,人类还是在延续着,这说明人类在制定着同时也遵循着最低限度的伦理。人类的实际性既不像空想论者描绘的那样完美,也不像悲观论者描述的那样一无是处。当我们用历史思维考察明德理论的历史流变时,它的原始发生和历史演进原是有着坚实的人性基础和深刻的社会根源的;它的优点和缺点只能从它所植根于其上的社会结构中加以客观地理解。

(1)从差序格局到差序伦理

作为质料,中国传统社会在家国同构的基础上,形成了一个君君臣

---

① [德]黑格尔:《哲学史讲演录》第一卷,贺麟、王太庆等译,上海人民出版社2013年版,第117—118页。

② [德]康德:《道德形而上学原理》,苗力田译,上海人民出版社1986年版,第82页注。

臣、父父子子的差序社会,话语权被垄断在居于优势和支配地位的君父那里。作为形式,维系差序格局的规范体系乃是那些以君为臣纲、父为子纲、夫为妻纲为核心的"看似有理性结构",这是一个非批判、非反思的有理性结构。虽然在始点上,"明明德"指称给了每个人拥有德性的进阶之路,但在"成就"上,君王、圣人、智者、贤者却是诚者,无需后天的觉悟便先天地拥有了天之道,而臣民则是诚之者,非得经过一个"存天理灭人欲"的艰苦过程不可。或许,这一部分来自实际性,但更多的则是来自理论的预设。而就是这种理论预设说,经过董仲舒的意识形态化和汉武帝的中央集权化,成了极具支配能力的观念体系和规范系统。从差序格局到差序伦理是奠基于社会结构及其演进之上的,精英和民众遵循着不同的道德法系,是因为从事着不同的活动,各自按照属于自身的行动逻辑而生活着。这之所以可能,完全是因了那个不可抗拒的显结构和隐结构的构造及其持存。

所谓显结构乃是那个自上而下的支配逻辑,君—臣、父—子、夫—妇。需要特别指出的是,在明德、新民和止于至善的过程及其性质上,父—子和夫—妇结构与君—臣结构是不同的。就其中的交互主体性而言,君—臣结构内含着父—子、夫—妇结构,但后者却不必然发展成为君—臣结构。如此一来,在明明德的道路上,处于父—子和夫—妇结构中的行动者,是依照自然情感和社会情感来构造差序格局和差序伦理的,而出于以君—臣结构为轴心的差序格局中的行动者,则是以权力为核心力量构造差序格局和差序伦理的。唯其如此,处在不同结构中的行动者遵循着不同的行动法则。在君—臣结构中,权力分割及其运行始终是超越伦理法则之上的,明明德成了对权力法则的感悟和领悟,新民成了将自我和他者的权力欲限制在相互承认的状态下,革除旧习、以换新貌变成了权力拥有者向被支配者提出的有效性要求,而支配者只有把自己改造成正其心、顺其意的诚之者,才能获得来自权力支配者那里的诸种功利。在这种极不对称、不对等的差序格局中,本质上并不存在"己欲立而立人、己欲达而达人""己所不欲、勿施于人"的可能性,至少不会普遍的出现。作为质料的、功利主义的实践法则，只会出现在对等的甚或是平等的社会领域中。而在父—子和夫—妇结构中，父和夫只是在形式结构中处于优势地位，而由这种形式上的"优越性"并不直接导致无理性后果，相反，这种形式上的优越性倒成了父和夫要承担比其他成员更多责任的根据和理由，其间虽然不是平等的关系，但却是对等的关系，父亲要出于父亲的责任而对待子女，丈夫也要出于父亲的责任而对待家人。这是中国传统社会能够齐家的根本原因，具有极强规范功能的家规和族规，使得家庭获得了超稳定结构的基础，严格的君臣关系和普遍而持续的中央集权使得封建社会获得了超稳定结构的基础。

对于处于父—子、夫—妇结构和村社结构中的行动者，或者说处于家庭、家族和村社三种共同体中的行动者，本质上是处于熟人社会，因而是处于显结构中的个体。在熟人社会，人们朝夕相处、互通有无，过着相似甚至相同的生活，拥有着相同的观念和法则；每个个体的观念和行动都被置于他者的关照和看护之下。对于熟人而言，熟人共同体向每个成员保持着足够的公开性，虽然这种敞开性和公开性是在极小的范围内存续着。这个极小的熟人社会不但向每个成员开放着，朝向由君—臣构成的权力场域也是开放的；虽然君—臣并不知悉家庭、家族和村社的具体情形，但可以把明德理论卓有成效地贯彻到家庭和村社之中。在家国二元结构中，流动是单向的，只有自上而下的支配，没有自下而上的监督，因此对长期生活在熟人社会中的个体而言，由君—臣构成的权力场域永远是陌生的、异在的世界。也正因如此，权力场域总是保持着足够的封闭性、神秘性，充满了吸引力。这是一个鲜为人知的隐秘世界，是一个隐结构，其间充满了怎样的权力之争，是无法被民众知晓的，但政治权力和公共职权却是相关于每个公民的支配性力量，它既可以将权力拥有者的明德规范化，还可以制定朝向被支配者的观念与行动的约束体系。权力拥有者并不是基于明德理论的构造者们给出的行动逻辑去规约自己的观念和行动，而是根据权力的分割和运行的实际需要而制定规范。在天德、圣德观念支配下，人们不会从性恶论的立场上去制定约束权力的分割和运行的规范，而是依照为人君止于仁的信念相信国君能够为仁由己进行想象和推理的。事实证明，这是一种靠不住的理想"契约"，因为这不是约束性的而是期盼性的契约。而在西方，在君民之间构建起来的契约则是约束性的："没有人能够自立为皇帝或国王，人民提升某一个人使之高于自己，就是要让他依据正确的理性来统治和管理人民，把他所有的给予每一个人，保护善良的，惩罚邪恶的人，并使正义施行于每一个人。但是如果他妨碍或搅乱了人民建立他所要确立的秩序，也就是违反了人民选择他的契约，那么人民就可以正义而理性地解除服从他的义务。因为是他首先违背了将他们联系在一起的信仰。"①这是 11 世纪一位思想家提出的观点。

　　于是，明德理论的有效性问题就集中在家庭和村社之中。这绝不是说，在充满权力争夺的场域中，正其心、诚其意就完全被权力规则所替代，而是依然有明德的必要性和可能性，这只在权力的争夺和运行尚未超出争夺和运行权力的人的占有欲、支配欲和控制欲的范围内，当权力欲超出明德及其规范的约束范围的时候，或者说，当违约成本低于因滥用权力所获取的收益的时候，明德就变成了一种虚无。相反，在家国之间以及在不同的生活共同体之间，在空间上是隔绝的，诚信、诚意和慎独都是在极其有限的熟人空间中完成的。"小人闲居为不善，无所不至，见君子而后厌然，掩其不善，而著其善。人之视己，如见其肺肝然，则何益矣。此谓诚于中，形于外，故君子必慎其独也。曾子曰：'十目所视，十手所指，其严乎！'"而在一个朝夕相处、反复交往的熟人社会，为恶者寡，而为善者众。而为善者未必是君子，但依然遵守家规、族规和村规，其根本原因在于，"十目所视，十手所指，其严乎！"明德者自然可以为善，而弱于正其心、诚其意者，亦可为善，其原因正在于为恶乃为"十目所视，十手所指，其严乎！"在一个反复交往的人群中，当个体失去来自他者和群体的认同感和归属感的时候，便深感失去了安身立命之本。

---

①　［英］迈克尔·莱斯诺夫等：《社会契约论》，刘训练等译，江苏人民出版社 2006 年版，第 13 页。

另一方面，为仁由己、日修其身，甚至"吾日三省吾身"，日日新，又日新，是如何可能的呢？这只有在固定的空间和剩余的时间之内才能完成。在千百年来不曾改变的生产、交往和生活空间中，人们无需完全出于公共理性而制定普遍有效的实践法则，而是根据千百年来基于共同生活而逐渐产生的风俗、习惯、惯例、禁忌、巫术、家规、族规、村规等进行思考、判断、选择和行动，这是一个极具自我构造、自我调整和自我修复的自组织系统，人们无需追问更无必要反思，这个自组织系统的合法性和合理性，它不仅是一个观念上的同时也是实践上的看似有理性结构。在家国同构的社会状态下，由于在家国之间缺少一个具有足够调节能力的中介系统，所以它们所遵循的伦理法则是不同的，其间几乎不存在所谓的反思平衡系统，在权力场域，能否贯彻"若不是认其为善，我们就不贪求任何事情；若不是认其为恶，我们就不憎恶任何事情"这一实践法则，在缺少外部监督的情形之下，就只得指望权力拥有和支配者的"明明德"功夫了。然而，在一个时时处处都充满权力争夺的空间内，人们是否有足够的心理空间和自然时间"吾日三省吾身"呢？比较而言，被阻隔在权力场域之外的家庭、家族和村社中，人们倒有足够的自然时间和心理空间，反复进行明德、新民、止于至善。所谓自然时间乃是这样一种情形，充满季节性的种植、畜牧使人们有足够的闲暇去"吾日三省吾身"，而省思的客体不是极具支配力量的权力，而是广泛而持续的人伦关系，是被自然情感和社会情感稀释了的功利关系，无论是以物为主出现的现象，也要用"事情"来表达，人和物、人和人之间的性状要用"情况"来表达，一个人的内外行为要用"性情"来表达。这不是一个简单地以"情"附意的过程，而是在诸种关系中渗透着人的情绪和情感。这就为每个人省思、觉察自身的行为创造了广阔的心理空间。当心理空间被权力欲、占有欲和支配欲所占据时，省思和觉察就失去了心理基础；当自然时间被权力的争夺全部占据时，省思和觉察自身行为的时间就被剥夺了。

这着实是一个历史悖论：当人们的生产能力、消费能力尚没有发展起来的时候，人们用以构建和维系人际关系的能力就会提高；当人们生产物质生活资料的能力远不及创造精神产品和规范体系的能力时候,用于提升心智力量的活动就必然会普遍地开展起来。如果把人的精神世界和社会结构都视作可能性空间的话,那么,二者倒是一种相互嵌入、相互推动的关系。狭小的社会空间限制了人的精神世界,而匮乏的精神世界又直接决定着狭小的社会空间。在物质生产、社会生产和精神生产过程中,如若由一些精神匮乏的个体和群体支配社会核心资源,那必是一个匮乏的社会,甚至是一个严重缺少创新能力的社会。如果,人们将主要的甚至是全部的力量都投入权力、资本、智能的创造、占有和支配中,那么,明德、新民、止于至善又是怎样的情形呢?

（2）从领域合一到领域分离:现代性场域下的明德及其困境

现代社会何以根本区别于传统社会? 是怎样的社会结构及其演进逻辑导致传统社会的明德若隐若现、困难重重? 现代生产逻辑改变了传统社会的时空结构,普遍的交换和广泛的交往,使得过往的极具地域性的明德环境变成了广阔的社会空间,加速社会的来临使得人的心理时空被压缩,明德的自然、社会和精神环境被颠覆性地改造成碎片性的存在。由资本的运行逻辑所造成的自然本体论、社会本体论和欲望本体论相互嵌入和相互推动,使得明德—新民—止于至善被利己的动机、权力的争夺和利益的计算所替代,以明德为根基的德性论、以仁义礼智信为关键词的规范体系被工具性的道德和等价原则所替代。贯通家国之间的德性和规范被领域化的外在规则所替代,同时又要求着对一切人都有效的实践法则,而这是从传统的明德理论中所无法获得的伦理资源。于是,传统明德就遭遇到了因立于其上的社会基础的解构而产生的危机。

首先,社会活动领域专业化及其明德后果。若是以生产为判断依据理解和把握社会领域分化和专业化,那么在传统社会,生产主要表现为私人生活领域的生产和以权力为轴心的国家观念体系的生产。生活资料、伦理规范体系、人类自身的生产,基本上都是在家庭、家族或村社这个熟人空间内完成的,以明德为基础的规范体系的生产也主要是用于资源、身份、地位、角色的分配,以及情感、意志、观念的确证与维系的创制与运用。

在传统社会的生活与观念体系中，明德的根源和来源主要限于协调性的德性和规范，而进取性的伦理范型则严重缺失，这完全是由千百年来不曾变化的以农业为主的生产方式所决定的；然而这种注重协调而不注重进取的伦理范型，在千百年来的历史流变中业已成为一种无意识和潜意识。建构性、进取性伦理范型的严重缺失，作为一种无意识和潜意识，及至今日，依旧于无声处决定着人们的道德思维和道德行动。明德的根源固然源出于人的先验结构，亦即，人类于任何一种社会状态下都有明德的必要性，这是由人的类本质决定的，但来源于何种生产方式、交往方式和生活方式，明德的途径、过程和类型就有了本质上的区别。

当现代生产逻辑打破了传统的生产方式，在生产与消费之间嵌入了分配和交换这两种重要元素和环节，从而建构了一个由生产—分配—交换—消费构成的自我生成和演化逻辑。当人们不再为自己的需要而直接进行生产和分配，而是为着他者的需要才进行生产，原有的人与自然、人与人、人与自己的关系结构也就被重构了。"人们对自然界的狭隘的关系决定着他们之间的狭隘的关系，而他们之间的狭隘的关系又决定着他们对自然界的狭隘的关系，这正是因为自然界几乎还没有被历史的进程所改变。"①当人们用现代生产工具既充满广度又充满深度地改造传统的人与自然的关系的同时，也在颠覆性地改造人与人、人与自身的关系，于是在传统的家国之间构建起了一个相对独立的社会空间。黑格尔认为："在市民社会中，每个人都以自身为目的，其他一切在他看来都是虚无。但是，如果他不同别人发生关系，他就不能达到他的全部目的，因此，其他人便成为特殊人达到目的的手段。但是特殊目的通过同他人的关系就取得了普遍的形式，并且在满足他人福利的同时，满足自己。由于特殊性必须以普遍性为其条件，所以整个市民社会是中介的基地；在这一基地上，一切癖性、一切禀赋、一切有关出生和幸运的偶然性都自由地活跃着；又在这一基地上一切激情的巨浪，汹涌澎湃，它们仅仅受到向它们放射光芒的

---

① 《马克思恩格斯文集》第 1 卷，人民出版社 2009 年版，第 534 页注①。

理性的节制。受到普遍性限制的特殊性是衡量一切特殊性是否促进它的福利的唯一尺度。"①正是现代社会的逐渐发展,使得传统的经济、政治和文化的领域合一状态被打破,并逐渐走向了领域分离的状态。其中固然有若干个微观领域被开显出来,但基本的领域则是家庭、社会和国家。由于它们各自有着为其他领域所没有的利益关系和运行逻辑,故而各自需要着适合于其自身之利益关系的约束体系,不但需要规范性的、协调性的伦理范型,更需要建构性的、进取性的伦理范型。这些伦理范型如何从明德得来?

其次,场域伦理及其明德困境。 布尔迪厄把"场域"定义为在各种位置之间存在的一个关系空间。场域中的位置由两方面的因素来界定:一是占据某一特定位置的行动者所拥有的资本的总量及其类型的结构;二是这些位置之间的相互关系,如支配关系、屈从关系、结构上的对应关系等等。场域作为一个关系空间由资本的分布结构来界定,反过来资本也只有通过场域才能够得到界定。"一种资本总是在既定的具体场域中灵验有效,既是斗争的武器,又是争夺的关键,使它的所有者能够在所考察的场域中对他人施加权力,运用影响,从而被视为实实在在的力量,而不是无关轻重的东西。"任何一种场域都具有"构造性结构"和"被构造的结构"两种特性,这是针对场域中的不同的成员而言的。而决定构造和被构造性质的,则是构成场域的三个关键要素:权力(资本)、习性(惯习)和规则。场域就是拥有权力的人在其习性支配下依照特定规则构造出的各种位置之间的关系空间。那么,作为场域之核心力量的权力从何而来呢?就其来源而言,可有先赋权力地位和自致权力地位,先赋权力地位是不经自己努力而由他者先行供给的支配性力量,在此一境遇下,先赋权力获得者无需进行朝向权力之合法性和合理性而来的"明德",因为,一种毫无质料的纯形式的明德是不可能发生的,作为一种潜质和潜能,明德只能在特定的语境中就如何合理安排资源和行为才逐渐开显出来。一个无需经

---

① 〔德〕黑格尔:《法哲学原理》,范扬、张企泰译,商务印书馆 1961 年版,第 197—198 页。

由自身的努力便可获得支配性力量,因未能经过由明德而来的对权力分割和运行的合理性批判,因此,其权力的运行就会依照拥有者所能够拥有的观念、思维、情感和意志而进行。在此一情形之下,权力获得者和运用者的习性就成了决定权力和规则的关键因素。当习性作为一个中项将权力和规则这两个殊相在个人意志的支配下关联起来的时候,公共理性和公共舆论作为一种客观的强有力的社会力量,就难以对个人意志进行合理性批判和论证。政治权力和公共职权作为最大的公共物品,是相关于每个公民之根本利益的核心力量,唯其如此,对权力的争夺与维护是所有社会矛盾和冲突中最激烈的一种。在专权专制社会结构中,经由自身努力而获得权力的可能性几乎被压缩到了最边缘化的权力领域。社会对自致权力地位的安排程度,是国家治理和社会管理民主化程度的重要标志,而这是以公共理性和公共价值为明德对象作为坚实基础的;公共理性和公共舆论的形成和充分运用,从根本上抑制了基于个人意志而来的利己动机,同时也弥补了个人理性与个人意志在国家治理和社会管理上的不足。无论就个人知识和个人理性还是就人类的知识和理性而言,都是有限的,如果将个人的有限性放大到替代人类理性的程度,那么很难构造出一个最大限度实现效率与公平、正义与平等、自由与幸福这些价值原则的社会结构来。

现代生产逻辑不仅解构着过往的权力分割及其运用模式,也解构着以家庭、家族和村社为基本单元的熟人活动空间,更是开辟出了介于家庭和国家之间的广阔社会空间。明德的社会基础发生了结构性变迁,明德的内容、道路、方式也发生了根本性的改变,一如现代化原本就是一个悖论性的社会运动那样,在为明德提供新的基础和要求的同时,也使传统的明德理论和明德实践陷入重重危机之中。

（3）全球治理过程中的明德及其困境

当资本的世界运行逻辑打破了知识、规则和观念的地方性,将地域性的生产、分配、交换与分配变成了世界性的存在时,也将不同形态的文化、不同形式的文明置于世界性的交流、比较与互鉴之中。在以经济、政治和文化为核心内容的全球化过程中,机遇与挑战、创价与代价、机会与风险、合作与冲突、互鉴与排斥交织在一起,如何为全球治理供给一个坚实的伦理基础,业已成为一个全人类的事情。利益共同体、政治共同体、精神共同体都要在人类命运共同体这个总观念之下获得规定。以明德至善、为仁由己、心外无物为核心理念的儒家伦理,能否真正具有中国价值和世界意义,无疑是重大理论难题和实践困境。如何使附身性的明德理论变成具身性的道德实践,是解决理论难题和摆脱实践困境的根本道路;而要实现这一目的,更为根本的任务是要建构出超越前现代和现代而为我们拥有的实际性,即第三种历史场域。人们是在构造新型场域的过程中构造明德理论和明德实践的,而不是相反。

3. 从附身性到具身性:第三种历史场域中的明德实践

第三种历史场域是一个知性概念,是由前现代和现代发展而来的社会结构类型。是由理性想到而用概念表达出的所指和被指;所指是所指者所意愿的社会状态,被指是可以用知性概念加以描述的社会状态,而能指则是把所指和被指关联起来的中项,这就是当代实践。通过实践,那个自为的所指便自行消灭了主观性和理想性;通过实践,那个自在的具有客观性的被指世界,去掉了自身的抽象性和空洞性,当所指和被指通过实践这个能指,就把主观性和客观性、主观意志的法和自在的伦理世界有机地统一到了行动中,这就是现实性。明德就是为着这个现实性而自行安排的自主活动。

(1)第三种历史场域的先行标画

作为一种新型的社会结构,第三种历史场域,是一个相对为好的社会类型,是由知性先行标画出的概念,虽然来源于过往的和当下的体验与经验,但却根源于先天知性概念,即自在的有秩序的社会和整体性的好生活,人们对秩序和好生活的孜孜以求。如果第三种历史场域被反复进行的社会实践证明是可实现的事情,那么它就应该具有真正的必然性和严格的普遍性,当我们能够清晰地表述这个场域的自明性时,它就是一个朝向我们而来的现实世界。

就第三种历史场域所要和所能实现的价值而言，它是一个由不同层次的价值构成的社会结构。第一，作为基础价值的效率与公平。基础价值具有充分的必要性特征，没有财富就不可能有高质量的整体性的好生活，但拥有财富却未必带来所有人的好生活。"资本主义生产方式占统治地位的社会的财富，表现为'庞大的商品堆积'"，但"庞大的商品堆积"却是以严重的不公平为代价的。能够找到一个快速积累财富并合理分配财富的经济组织方式，是充分实现效率与公平的基础。市场经济被视作是人类至今能够发现的相对为好的经济组织方式，但市场并不是万能的，由它自身造成的矛盾和冲突依靠其自身的自组织能力是无法完全解决的，市场的自我调节和自我修复能力在极其有限的范围内是有效的，这就是交换领域。而决定哪些人可以自由进入市场甚至垄断市场，则是由市场之外的因素决定的。布罗代尔将真正能够自行调节的市场限制在最低层次的交易领域，这就是 W-W、W-G-W 的领域，这是一个类似于伊甸园式的自由交换空间。"劳动力的买和卖是在流通领域或商品交换领域的界限内进行的，这个领域确实是天赋人权的真正伊甸园。那里占统治地位的只是自由、平等、所有权和边沁。自由！因为商品例如劳动力的买者和卖者，只取决于自己的自由意志。他们是作为自由的、在法律上平等的人缔约契约的。契约是他们的意志借以得到共同的法律表现的最后结果。平等！因为他们彼此只是作为商品占有者发生关系，用等价物交换等价物。所有权！因为每一个人都只支配自己的东西。边沁！因为双方都只顾自己。使他们连在一起并发生关系的唯一力量，是他们的利己心，是他们的特殊利益，是他们的私人利益。正因为人人只顾自己，谁也不管别人，所以大家都是在事物的前定和谐下，或者说，在全能的神的保佑下，完成着互惠互利、共同有益、全体有利的事业。"①这是马克思用诙谐的语气说出的话，在一个相对独立的交换领域，形式上取得了自由、平等、所有权和利己心共同起作用的结果，然而，如果把这个貌似自由而平等的交换领

---

① ［德］马克思：《资本论》（第一卷），人民出版社 2018 年版，第 204—205 页。

域还原到整个社会结构中的时候,无论是交换领域的前结构状态还是后结构状态,都是充满不平等的。令人忧虑的是,人们往往被形式上的自由和平等遮蔽了理性的眼睛,得出资本主义市场经济是最能实现自由和平等的经济组织方式。事实上,在支配和被支配、统治和被统治的意义上,资本主义制度才是造成不平等的根源。在 G-W-G′、G-G′领域,即资本运行的领域,则是以垄断为原则的,资本集团虽以等价交换为始点,但却试图以市场垄断为终点。当资本集团借助权力和科技(知识、智能)而垄断某个领域时,市场的自制能力就消失了,等价交换原则就失效了。资本主义市场经济和社会主义市场经济都是人类能够找到的理想的市场经济的现实方式,社会主义市场经济如能找到快速积累财富从而超越自然经济和计划经济之缺陷的财富创造方式,又能创制出集进取性规则和协调性(约束性)规则于一体的制度体系,公平合理地分配财富,就可以超越资本主义市场经济的两极分化缺陷。这便是效率优先原则与公平终极原则的有机统一。是社会主义制度而不是单一的社会主义市场,从根本上保证着从而也实现着效率与公平。第二,作为根本价值的正义与平等。根本价值直接决定着社会的基础价值和终极价值,它以政策设计和制度安排的形式,决定着各种资源在市场中的配置方式,它以第一种分配方式决定着第二种和第三种分配方式;它以政治制度决定着公民的生命权、财产权和自由权,更决定着作为公共话语权的社会舆论的发生和作用方式,进一步地决定着人们的政治认同感和归属感。政治生命将通过生命政治来保障。第三,作为终极价值的自由与幸福。如果说基础价值和根本价值在本质上都是附身性的,无论是在自然时间还是在社会空间内,都与每一个价值主体保持着物理距离和心理距离,那么自由与幸福则是具身性的或由身性的价值。以自由的观点看待发展,就是每一个拥有道德人格的人都可以拥有在合理性和合法性范围内自愿获得价值的资格,包括经济权利、社会权利、政治权力和人格权利。在自由基础上最大限度地实现诸种需要和愿望,就是幸福;幸福虽然不能定义但可以描述;幸福是人的生物属性、社会属性和精神属性的现实化。

毫无疑问，在现有的条件下，第三种历史场域是任何一个拥有最基本实践理性知识和实践理性能力的人，可以想象和想望的世界；如果它只为圣人、智者和贤者想到却为普通民众所无法理解，那么就必须进行启蒙和教化，使之能够具有决心和勇气，在不经由他人指导的情形下"从他咎由自取的受监护状态走出"。如果它为每个有理性存在者见出，却不能为集体行动所现出，效率与公平、正义与平等、自由与幸福无法广泛而持续地成为集体行动的逻辑，那必是由制度的严重缺陷所致。第三种历史场域虽可以被知性概念标画出来，但它却不会自己实现自己，它等待着能够被理性想到、被知性规定、用语言说出的个体和类去实现它，而实现的伦理基础就是，个体和类必须拥有与第三种历史场域相一致的理智德性和道德德性，而这，正是明德的现代要求，或者说是现代性语境之下的天人之道、人伦之道和心性之道向明德提出的诉求。

（2）基于三种智性生活而来的明德

无论是就目的论始点还是就实践论始点而言，明德都是个体和类朝向终极之善的第一等事；而就明德的向度而言，可有想象性（回忆性）地拥有、实际性地拥有和意愿性地拥有三种。明德的这三种向度根源于人类的三种智性生活：思索（不再是）、判断（正在是）和意愿（将要是）。基于思索而朝向不再是的明德，乃是他者之明德在思索者那里的后置，是在思索者的表象或意识中出现的先人明德之情境；基于判断而指向正在是的明德，则是言说者在行动中正在生成着的理智德性和道德德性，是明德的设置；基于意愿而朝向将要是的明德，则是立于不再是和正在是而对将要是的明德的明确立义，是未来明德在当下的前置。没有后置和设置便不可能拥有前置，但仅有后置而无设置和前置，便没有实质性的明德而共出；后置是在认识活动中即可完成的事情，而设置和前置则是既要在认识中更要在实践中完成的事情。如若人们乐此不疲地将他者拥有的明德仅仅通过述说就视作是自己实际拥有的明德，那么这种仅具有形式价值而无实质意义的行为，是有害的思维和行动。在文化的三种形态中，唯有器物文化可以超越时间和空间，在历时性形态和共时性形态中流动，因为它们是脱离其生产或创造者而独立实存的;而制度文化和思想文化却不能脱离时空而实存,它们与它们的创造者是浑然一体的,将制度文化和思想文化视作可以独立自存的实体,既可以任意地分离,也可以随意地结合,乃是一种纯粹的意识行为。文明交流与互鉴,本质上是一种启蒙、启发、激发;被启蒙是以能够启蒙为前提的,举一反三是以能够拥有举一反三的能力为基础的。实际地拥有和想象地拥有具有本质的不同,任何一种文明类型都是个体和类在反复进行的社会实践中升华出来的精神业绩,它不容易也不可能为他者直接地拥有。他者的明德是他者在其反复进行的社会实践中完成的"修其身",正心、诚意、格物、致知只是他者在适合于他自身的历史场域中完成的事情,除非将他者生存、生活于其中的历史场域直接移植到言说者的生活世界中来,成为他们的实际性,否则任何一种在历史时空中的直接移植,对任何一种形式的明德而言都是不可能的。至此,可以坚定地说,于我们而言,卓有成效的明德乃是基于判断之上、立于正在是之上的设置,基于意愿、立于将要是之上的前置。后置不能转换成设置和前置,那么后置就只有道德记忆的意义。而设置和前置本质上则是充满理性和理智的集体行动。

在细微的意义上,理性和理智是有分别的,理性朝向的是不变的事物,而理智朝向的则是可变的且是因人的行动而成的事情,当把理性和理智结合在行动中的时候,智慧才会现出。智慧是科学与努斯的完美结合,明德就是个体和类在行动中现出智慧的根本道路。《大学》的经文中和朱熹注解中现出的明德,既有朝向世界之序的维度,又有朝向心灵之序的向度,既有事实性的道,又有价值性的逻各斯。那么,在第三种历史场域中,将指向天人之道、人伦之道和心性之道即世界之序和心灵之序的明德,既着眼工具理性更追求价值理性的智慧,究竟具有何种样貌呢? 这是当代明德所必需沉思的事情。

(3) 当代明德:流动性、冲突性、复杂性

这是一个可描述也可以实践的明德图景,与第一种和第二种历史场域之下的明德相比,流动性、冲突性和复杂性是当代明德的根本特征。这

些特性并非仅由明德而独有,相反这是当代世界的构成方式以及由此形成的外部特征。

首先,流动性:明德的时空条件。一如已经指出的那样,在一个千百年来不曾改变的社会结构中,定向的生活空间、固化的规范体系、熟悉的人际关系,使得明德获得了稳定而持续的时空条件,明德、新民、至善、修身、正心、诚意、格物、致知,都是在相同的时空结构中、在同一种情感结构中、在不断重复的相同的思考与行动中进行的。而在一个加速社会中:"一切固定的僵化的东西以及与之相适应的素被尊崇的观念和见解都被消除了,一切新形成的关系等不到固定下来就陈旧了。一切等级的和固定的东西都烟消云散了,一切神圣的东西都被亵渎了。人们终于不得不用冷静的眼光来看待他们的生活地位、他们的相互关系。"①在自然时间已经给定的条件下,人们在社会时间和人类学时间概念中,把自己依照不同的动机与目的安排在不同的关系结构中,置入到不同欲求或欲望的满足之中。这就是使得明德不可能在同一个时间序列中进行,时间碎片化使得明德断面化、段落化;由明德而来的德性和规范都难以超越碎片化而持存下去。一个不能独立自存的德性和规范,势必被裹挟到诸种利己主义的打算和追求之中,成为手段性的、工具性的元素。流动性创造出了机会,也带来了不可预估的风险;当被康德所担忧的甚至批判的功利和自爱原则成为普遍法则,那么由明德而来的法则意识和责任感也就从人的心灵深处连根拔起了。当个体和类生活在一个没有根基的社会状态中时,一切都变成了捉摸不定的事情,一种虚无主义的情绪和情节就会普遍地扩展开来,一个无意义的世界就会形成。在空间上,流动性造成了不同场域之间的快速变换,一个场域尚未固定下来,新的场域便扑面而来,甚至在同一种时间结构中出现场域重叠现象。于是由明德而来的规范就会出现迁移上的措置和后置。所谓措置,就是把不同场域中的行为规则进行不合理的迁移,所谓后置就是不能随着场域的建构而及时创制用于激励、

① 《马克思恩格斯文集》第2卷,人民出版社2009年版,第34—35页。

约束和惩戒的规范来,若是惩戒性的规范成了场域的主流规范,那么就不会在动机这个始点上创制出前约束机制。

其次,冲突性:明德的社会基础。冲突来源于差别和矛盾。如若这种冲突仅在熟人社会发生,那么由明德而来的规范意识和道德情感就会在自然情感和社会情感基础上发挥广泛而持续的调节作用,使生活在共同体中的个体处在和解状态,和解是解决冲突的有效方式。而在熟人社会以外的现代社会中,陌生化的人际关系使得利己动机成了普遍的原初性力量。如何构建并践行黑格尔所意欲的建立在公共理性之上的普遍法则,或者说是康德所孜孜以求的决定命令,就自然而然地成为当代明德的根本任务。由冲突性向明德提出的最大挑战是,由利益的冲突、观念的冲突和规范的冲突所造成的明德类型上的莫衷一是,当由利己动机和各种利益关系牵引着人们去制定各种规范时,规范就变成为各种利益服务的工具,从而失去独立发挥效力的能力。当人们将精力置于不断制定规范又不断地修改规范的行动中时,用于修身、正心、诚意、格物、致知的精力就会所剩无几,这就是有规范而无德性的那种情形。

其三,复杂性:明德的诸种面相。为着实现第三种历史场域中的价值,历史理性向每一个有理性存在者在本义、转义和新义三个向度上,对明德提出了要求。第一,明德、新民、止于至善是否还普遍有效? 这是毋庸置疑的事情,个体与类无论以何种方式构造何种形态的社会结构,但都以创造愈来愈丰富的社会价值为直接目的,以自由而全面的发展、以快乐和幸福为终极目的;为此就必须拥有秩序和规则,而这些规则无论怎样地变动不居,都必须以人的良知、良能为根基,以四端为基础,人类不会发展到将良知和良能丧失殆尽的程度。第一哲学、第一哲学原理、人生第一等事情,永远不会从人的心灵深处连根拔起,重要的是,面对现代化运动造成的诸种难题和困境,人类如何重新将明德扎根于心灵深处。第二,源出于不同主体而来的明德实践。人类从未丢失对自由、平等、快乐和幸福的渴望和追求,但每每总是处在不自由和不平等的状态。在第三种历史场域中,人们需要的不是所有人都处在同等程度的社会地位上，而是要处在被平等对待的社会状态之中。优势、优越地位不应该成为特权阶层的理由，而应该成为承担更多道德责任的根据。无论是先赋地位还是自致地位的获得，处在优势地位的个体和群体，在明德的层次性和严格性程度上，除了具备普通民众所拥有的理智德性和道德德性，还必须拥有亚里士多德德性论中的"自制"。当政治权力、经济权力和科技权力被掌握在精英者那里，精英者是否拥有儒家给出的明德细目，就成了精英者们从群众中来、到群众中去的道德基础。第三，明德及其效应问题。如若每个有理性存在者都如康德和儒家所愿，都能够拥有意志自由并充分运用它，能够拥有四端并充分发挥良知和良能，那么明德及其效应的复杂性和困难性就消失了，然而这是靠不住的信念和承诺，因为例外情形是普遍存在的。于是，在明德的具体道路上，除了源自于明德而来的正心、诚意、格物、致知之外，必须有体现公共意志的社会舆论共出。

国家是政治权力和公共职权的有机体，只有在国家中，每个公民才会获得政治自由、实现政治自由，但必须以国家是以实现公共意志为基础。"国家是伦理理念的现实，是作为显示出来的、自知的实体性意志的伦理精神，这种伦理精神思考自身和知道自身，并完成一切它所知道的，而且只是完成它所知道的。"①这是黑格尔用颇带诗意的、拟人化的语言说出的话，他将非人格化的国家人格化。其间蕴藏着两个必要前提，其一，掌握且运用政治权力和公共职权的人能够将"实体性意志的伦理精神"立为国家治理和社会管理的首要甚至是唯一动机，这是消极意义下的自由，即通过观念的形式将民众的根本利益和政治意志立为政治权力和公共职权的终极目的；其二，能够殚精竭虑地将"实体性意志的伦理精神"贯彻到治理和管理的各个环节之中，这是积极意义下的自由。实践理性知识保障了政治权力的何所向，政治智慧保障了政治的何所能。技艺就是可以被充分运用于政治事务的程序、规则、手段，它永远不是本体性的，而是

---

① ［德］黑格尔：《法哲学原理》，范扬、张启泰译，商务印书馆1961年版，第253页。

工具性的。技艺既相关于何所向也相关于何所能,但却不能决定政治意志。技艺万能论的假象就在于,似乎创制一个无所不在、无所不能的技艺,一个完美的城邦之善就必然被实现出来。如若没有一个善良意志,技艺的"罪恶性质"将会是政治危机。为此,朝向现代技艺应用于政治事务的伦理沉思就不能仅有伦理辩护面,更有伦理批判面。

在政治责任的归属问题上,最大的困难并不在于权力占有者和支配者能够出于公共意志的目的而将利己动机完全置于利他动机的约束之下,而是那种对出于责任而行使权力并无直接爱好,而是将利己动机作为隐性目的直接作用于政治事务中;为着取得表象上的出于公共目的,借助技艺及其制品营造一种服务于民的社会文化环境。这种相对于技艺之本然意义上的真(根据)的像真、似真,并不是真正意义上的国家之伦理理念的现实,而是国家之理性实现其自身的假象,它以否定的形式将国家理性以公共诉求的方式昭示出来,被召唤出来的不是被实现了的国家理性,而是要实现国家理性的民众意志。

在此情境之下,技艺作为第四种权力形式,可以充当表达公共意志的工具。当权威媒体被集中到权力者那里,那么其他传播媒介就会被充分地运行起来。于是,技艺和制品就扮演了双重角色,既是国家意志表达其自身的手段,也是民众表达公共意志的力量。当由技艺和制品构造起来的公共领域,同时成了国家意志和公共意志相互争夺话语权的场域时,表达其中的公共舆论就成了技艺和制品显现其价值的对象。"公共舆论是人民表达他们意志和意见的无机方式。在国家中现实地肯定自己的东西当然须用有机的方式表现出来,国家制度中的各个部分就是这样的。但是,无论那个年代,公共舆论总是一支巨大的力量,尤其在我们时代是如此,因为主观自由这一原则已获得了这种重要性和意义。现时应使有效的东西,不再是通过权力,也很少是通过习惯和风尚,而确是通过判断和理由,才成为有效的。"①正是在现时代,作为技艺及其制品的公共媒介被

---

① ［德］黑格尔:《法哲学原理》,范扬、张启泰译,商务印书馆 1961 年版,第 332 页。

广泛用于公共舆论的表达之中。因传媒是多样化的，政治表达也是多样化的。而就舆论表达的内容而言，乃是意志与意见相混合的，真理与谬误相混杂的。技艺及其制品成了被双方充分运用的工具，技术真理论和真理罪恶论之间的论争也因技艺的支配者和使用者的善与恶的动机而被激发起来，实质上，二者的论争不过是善与恶之动机之冲突的外部表达形式而已。

因此，对黑格尔所说的"伟大人物"来说就要辩证地看待和对待公共舆论，既不能不屑一顾；也不能视为是真理的表达，全面接受。"公共舆论中有一切种类的错误和真理，找出其中的真理乃是伟大人物的事。谁道出了他那个时代的意志，把它告诉他那个时代并使之实现，他就是那个时代的伟大人物。他所做的是时代的内心东西和本质，他使时代现实化。谁在这里和那里听到了公共舆论而不懂得去藐视它，这种人决做不出伟大的事业来。"①伟大人物固然是那种"实体性意志的伦理精神"的领悟者和践行者，将自身和民众都视作是真理的感悟者和实现者；如若将自身的观念和情感掺杂其中，就极有可能产生将公共舆论视作是对自身政治地位的怀疑和批判的情感体验。在弱伦理的意义上，技艺及其制品的中介作用集中体现在"上传下达"之上，国家意志、"实体性意志的伦理精神"要通过权威媒体和自媒体贯彻到政治生活的各个环节之中，民意也通过多媒体反映到公共舆论中。充满边界感的、充分运用技艺的现代国家治理和社会管理被界定为：能够排除各种抗拒以贯彻其意志，但必问其正当性基础为何。如若不追问其正当性基础，而是一味地运用数字进行意志支配，那么这就是强意义上的伦理批判。

反映公共意志的公共舆论，乃是明德的对象化过程及其业绩，是诸种规范实现激励、约束和惩戒功能的外部力量，也是历史理性借以实现其自身的手段。在三种历史场域中，相关于明德的复杂性问题，本质上不是一个有无的问题，而是必须既从形式上又在内容上实现后现代转向的问题。

---

① ［德］黑格尔：《法哲学原理》，范扬、张启泰译，商务印书馆1961年版，第334页。

四、我们如何进行现代思维？

现代化、现代社会、现代性、全球化、中国式现代化，这就是我们的实际性，当我们根据相似性和亲缘性原则标画出它们的哲学性质时，分明是在呈现我们的实际性的根本性、基础性和全局性问题。如果说，我们借助知性给予我们的哲学范畴以根据建构性原则，将个别包含在普遍性之下加以思考，使得描述性和判断性的世界性存在"招致前来"，那么，我们依据实践法则将人们的观念、制度和行动包含在普遍法则之下加以思考，遵循的是范导性原则。当我们用诸种概念标画出全球化的诸种症候时，隐藏在各个所指背后的不仅仅是那个被指之物的"所是"，还有"应是"这一隐喻，这便是意指。我们不但把全球化的现实性规定给它，而且把潜在性和可能性指派给它，希望它朝着我们所希望的方向而共出。如果止于"所是"，那只是一种事实叙述，如果朝向意指，那便是价值叙事。价值叙事是有要求的，有期盼的。这个要求和期盼就是将现代化、现代性和全球化中的危险、风险总之是代价保持在可接受的范围内。"在透过语言这面镜子观察周围的世界时，我是通过隐藏在语言中的众多潜在性之镜领悟周围世界的现实性的。这样说意味着，潜在性就是'照此'显现出来的，它只是通过语言实现了潜在性：正是对某物的称谓，展示（'设置'）了它的潜力。"①现代化、现代性和全球化是生成性的、构成性的，是可变事物，它是被范畴和话语"照亮"的所是和被语言"照此"显现出来的潜在性，它们都借着我们的所指而现出其自身；然而作为"应是"的潜在性，本质上却不是一个意指问题，意指只是把有理性自身依照合乎理性的方式而澄明出来、呈现出来，使之概念化和观念化，呈现在表象里，把握在意识中；然而，那个有理性东西自身依旧保持着它的自在的客观性，意指者依旧保持着

① ［斯洛文尼亚］斯拉沃热·齐泽克：《意识形态的崇高客体》，季广茂译，中央编译出版社 2017 年版，第 6 页。

概念和观念的抽象的主观性，消灭自在的客观性和抽象的主观性，使二者共属于同一个事实中，才会是现实的。这就是凡是有理性的东西都是现实的真义，完成这一过程的基础则是行动和实践。正是借助我们的行动才使现代性、全球化扬弃各种缺点于优点之中。

实践哲学乃是这样一种学问，它要指出，只有当行动者拥有或分有逻各斯的时候，才能通过技艺创造出产品和艺术品来，才能借助行动的适度原则造成和谐的人际关系来。之于中国式现代化而言的实践哲学，乃是充满着辩证法的思维与行动；它所指称的是因人而成的事情。在描述性、判断性的世界性存在中，除去那些纯粹自然的力量造成的危险、灾难而使人无法抵御和抗拒之外，全球化场域下的危险和风险都是因人的观念和行动而造成的。于是，人类便在普遍意识的水平上发出了这样的疑问：人们为何不能和谐相处而共在、共享和共生呢？在全球化过程中，为何有各种各样的矛盾与冲突不断加剧和扩张呢？为何持续存在着的个体、组织和国家的任性不能通过自我修正和矫正而改变、通过全球正义力量而得到遏制？人们能否构造一个普适性的价值体系？事实证明，真正具有普遍性的不是所有的人、所有的国家共在同一个文明体之中、遵循同一种信仰和信念、运用同一种情感和意志；唯一可以成为普遍性的价值乃是非实体性的精神和规则。在类哲学意义上，人类的现代精神应该具有的，乃是相互承认的态度、相互尊重的情感和共同有益的行动。这是康德所说的"世界公民意识"。康德认为在人的理论理性、实践理性和判断力之上，有一只看不见的"宇宙之手"在约束着同时也在激励着人类，完成人类本质中所应是的东西。人类作为有理性的被造物，就是要以人的方式交往和生活。"在人（作为尘世间唯一有理性的造物）身上，那些旨在运用其理性的自然禀赋，只应当在类中，但不是在个体中完全得到发展。"[1]作为"宇宙之手"的自然，它并不直接为人类构造出它所希望的秩序，更不可

---

[1]　［德］康德：《关于一种世界公民观点的普遍历史的理念》，载《康德著作全集》第8卷，李秋零译，中国人民大学出版社2010年版，第25页。

能把人类应当成为的样子直接"赠送"给人类,而是让人类依凭它的理性完成它自己的所是和应是。那么什么才是人类的"应是"呢?"自然迫使人类去解决的人类最大问题,就是达成一个普遍管理法权的公民社会。"这是怎样一种社会呢?"既然唯有在社会中,确切地说是这样的社会,它拥有最大的自由,从而有其成员的普遍对立,但毕竟对这种自由的界限有最精确的规定和保证,以便他们能够与别人的自由共存。"①建立这样一个社会,是"最难的问题,同时也是人类最后解决的问题"。这样的社会既指共同体内部的公民状态,也指共同体之间的依照法律构建起来的公民状态。"建立一种完善的社会的问题,取决于一种合法的外部国际关系的问题,而且没有这种关系就不能得到解决。"②这是康德 1784 年提出的观点,而在那时的柯尼斯堡还是一个远离欧洲工业和文化中心的"小城",而 18 世纪的欧洲也远未出现全球化的影子;那么,康德为何以哲学的语言证明,这样一个社会的建立,将是人类最难的,也是最后要解决的问题呢? 并且坚定地认为,解决问题的道路是在理性基础上,构建普遍有效的法律? 而要建立一个完善的法律就必须拥有"一种合法的外部国际关系",那么,这个"合法的外部国际关系"又如何可能呢? 在 240 年后的今天,现代化、现代性与全球化以康德不曾想象的形式在世界范围内迅速扩展开来,令人不解的是,人类并未随着全球化的到来而构建一个"合法的外部国际关系";相反,前现代社会中人类的若干"国民性"在全球化过程中非但没有改造成现代人类精神,反而成了形成现代精神的最大障碍。真正的全球化需要新的哲学形态,而生成中的新的哲学也将为真正全球化的到来提供思想基础;这个新的哲学,可能以一个自足的哲学体系的形式产生,但更应该是全球化场域下各种行动主体所具有的意识、知识和行动,也就是哲学思维与实践智慧,但不是以往的哲学形态,而是对类意识和类本质的理论自觉,即类哲学。

---

① [德]康德:《关于一种世界公民观点的普遍历史的理念》,载《康德著作全集》第 8 卷,李秋零译,中国人民大学出版社 2010 年版,第 29 页。

② 同上书,第 31 页。

实践哲学是朝向人的思考与行动的哲学沉思。思考是行动的观念基础，行动是思考的现实基础。朝向中国式现代化的实践哲学，其思考与行动都拥有了新的形态和新的内容；类哲学将成为现代人类精神的哲学形式。在实践哲学的视阈内，类意识和类实践将以它的元哲学形态、三种历史场域下的类意识和类哲学以及摆脱类意识和类哲学危机的诸种谋划三种范型而展开其内在的演进逻辑。这是现代思维的最高形态，推动中国式现代化既要求着又生成着现代思维；中国形态的现代思维或许能够成为人类未来活动的观念基础。现代思维就是中华伦理文明新形态的基础，又是这种新形态中的高级部分。

1. 类意识和类实践的元哲学形态

元哲学或哲学中的元问题，乃是一个形而上学问题，也就是关于始点的问题。类意识和类实践的元哲学形态，指称的就是关于"类"的始点问题，这个始点是就我们的知识而言的，亦即，如要有一种观点、理论和思想被反复进行的实践证明是正确的，那么我们的研究就从这个观点开始；这个始点是就事物自身而言的，亦即，有一个始点存在着，它有能力展开自身为他物（外化、对象化）又回归于自身，实践哲学就从这个行动者开始。关于类意识和类实践的元哲学探讨，追寻的正是这个始点；这个始点不在别处，正在于人的定义、原理和是其所是之中；人不但在存在论上进行着类的活动，而且在认识论上意识到自己是类存在物，并坚定地主张，不但在意识上而且在实践上把自己实现成类存在物，才是真正地实现了人的内在规定性，这是最有价值的事情。于是，所谓类意识和类实践的元哲学形态就是存在论、认识论和价值论三种形态上的类。

（1）存在论状态上的类意识和类实践

任何一种形式的类都以能"知止而后有定，定而后能静，静而后能安，安而后能虑，虑而后能得"的个体主体为存在论基础，类不是一定数量的个体主体的机械相加，而依照互惠互利原则或共同有益原则、通过分工与协作而形成的"团结"。如若一个或多个个体主体只是无意识地或被动地被置于一种由异在的力量控制的"团结"中,那么,被支配的个体主体就不是自知、自愿、自主的行动主体,而仅仅是被支配的客体;被某个或某些异在的力量所独断支配的"团结"以及由此而形成的类,尚不能成为真正的类。然而,无论是由个别或少数个体强制构造的类,还是通过使每一个成为有理性且充分而公开地运用理性者而构造出的"有机团结",都是类的形式,二者区别不是类的有无问题,而是类的构造方式及其性质问题,即便是最为矛盾和冲突的类也是类的一种形式。由每一个人的"是其所是"决定的个体本质,原本就内在地包含着类的诉求,进言之,每一个只有以类的方式进行思考和行动才能实现他的"是其所是"。如果不是从道德立场先行判断类的性质,而是从类的原始发生考察类的类型和构造方式,那么,类便以如下方式而展开它的原始发生及其演变逻辑。

就个体主体因何而必须采取类的形式进行思考和行动而言,便是技艺和实践两种形式。技艺是生产性的,实践是非生产性的。生产性的技艺以获得活动以外的善为目的,技艺作为手段之善决定于它所获得的善的客观要求。当人的生产能力、生产工具和生产技术处在不发达的状态下,分工与合作的广度和程度也通常是低下的,且技艺的类型多以畜牧业和农业为主。自给自足的农业经济,使得技艺在极小的家庭和家族空间之内进行,类的形式也仅限于基于血缘和地缘关系之上的共同劳作、共享劳动财富的非政治性、非经济性的"机械团结"。每个劳动者无需考虑个人的得失与感受,决定他思考和行动的原初动机和终极目的是家庭和家族的共同利益,以及共享财富之后所获得的情感、意志与精神的回报。在此种语境下,马克思所说的,人不但在意识中理智地复现自己而且在实践中现实地复现自己,在他所创造的对象中直观自己和反观自己的本质力量,并在这种反观中证明自己,实现自己,通过对象化过程和对象性关系而获得满足和快乐。此种情形是以极弱的形式存在着,即是说,劳作者通过植物的栽培和动物的养殖,而在对象上反观自己,但更令其愉快的是,他的"作品"被家庭和家族的其他成员享用时所产生的人与人之间的满足和被满足的关系,来自人与人之间的对象性关系远比因栽培和养殖形成的对象性关系来得重要。这也充分证明了，在被狭隘的人与自然的关系所限制的狭隘的人与人关系的历史场域之下，人与人之间的依赖性程度远远高于现代性语境下的依赖性程度。于是，与技艺这种生产性的构造类的形式相对应的非生产性的即实践形式的类，就在基于自然情感和社会情感之上的熟人之间展开。虽然熟人状态下的实践不具备城邦共同体中的实践概念所包含的丰富内容，但它同样具备实践概念所要求的基本功能，道德德性和理智德性同样展现出品质与功能两个向度上的含义，作为品质，团结在一起的个体拥有基于同情和利他主义之上的慷慨、友爱、公正、节制、自制；作为状态，每个人都尽可能地处在充分发挥其意志和理性的状态之上，更体现在主体间的和谐状态之上。在非生产性的感性本体论上，每一个交往者都感受到主体间的共同性，共通感与共同感使得他们能够相互理解、承认与认同。在意识上，则是一种自发的类意识，尽管主体思维或原子思维构成了其他思维的原初根据，因为只有预先感受到自己的感受，才能感受到他人的感受，但人们并不把实体、主体、原子思维置于关系思维和价值思维之上，相反，人们总是在关系思维中界定和规定个体主体。总之，无论是在生产性的分工与合作的劳动过程中，还是在感觉、知觉、表象、概念、判断和推理中，人们都充分地构造着类并切实地感受着类。这些被感受着的类，既有作为对象性存在的、物化的价值物，还有充满经验和体验的共同感和概念化、观念化的规则体系。

（2）认识论意义上的类意识和类实践

就类的存在方式而言，可有物化的类，即作为公共性的社会财富，无论是私有制还是公有制条件下的劳动产品，都是劳动者通过分工与协作而创造出来，因为是普遍性的存在物，除了凝结着一般人类劳动，还可以普遍性地满足不同人的相似甚或相同的需要。然而，物化的类存在即劳动财富的创造、分配和享用，都是在类意识的支配下实现的。这除了表现在人们对劳动、劳动产品、财富的享用具有共同的感受和相同的理解之外，更加重要的是人们对精神世界和精神产品的同感共情。认识论意义上的类意识和类实践，同样表现在生产性和非生产性的活动两个向度上。

认识论意义上的类意识和类实践所要探讨的是,人作为认识主体和行动者何以能够成为普遍的存在者? 一个有理性的存在者,不但是客观上的普遍的因而是类的存在物,而且感受到、意识到甚至是思维着自己确实是类存在者。而完成这一切的均是那个能思的"我","我"都是个别,但每个人都是"我",所以,"我"乃是一个最普遍化的表达。

关于从这个能思的"我"如何能够得出普遍的"我",黑格尔在《小逻辑》中深刻地说道:"当我说:'这个东西''这一东西''此地''此时'时,我所的这些都是普遍性的。一切东西和任何东西都是'个别的''这个',而任何感性事物都是'此地''此时'。同样,当我说'我'时,我的意思是指这个排斥一切别的事物的'我',但是我所说的'我',亦即是每一个排斥一切别的事物的'我'。康德曾用很笨拙的话来表达这个意思,他说,'我'伴随着一切我的表象,以及我的情感、欲望、行为等等。'我'是一个自在自为的普遍性,共同性也是一种普遍性,不过是普遍性的一种外在形式。一切别的人都和我共同地有'我'、是'我',正如一切我的情感、我的表象,都共有着我,'伴随'是属于我的东西,就作为抽象的我来说,'我'纯粹是自身联系。在这种的自身联系里,'我'从我的表象、情感,从每一个心理状态以及从每一性情、才能和经验的特殊性里抽离出来。'我',在这个意义下,只是一个完全抽象的普遍性的存在,一个抽象的自由的主体。因此'我'是作为主体的思维,'我'既然同时在我的一切表象、情感、意识状态之内,则思想也就无所不在,是一个贯串在一切规定之中的范畴。"①

"我"既是一个实际性的存在,也是一个语言性的存在;语言自身就是一个二重性的存在,既是一种所指又是一个被指,只有当所指和被指相互共属、相互共出的时候,语言的二重性存在才是一种现实性的事情。当"我"被"我"这个称呼揭示出来、澄明出来时,被指就被所指开显出来了。而每一个被称为人的个体都是"我",当他以"我"这个词述说自己时,他

①　[德]黑格尔:《小逻辑》,贺麟译,上海人民出版社 2009 年版,第 86—87 页。

已经用"我"这个词语说出了作为实际性存在的"我"。但这个实际性的"我"并非因为"我"这个所指才成为实际性的存在，相反，无论从时间逻辑还是从行动逻辑观察，实际性的"我"都是先于作为词语的"我"的；被指并不因为所指而由无到有，而是被指因所指而被显现，而被界定和规定。于是，"我"，作为实际性，乃是适合于一切人的，因为每个人都是"我"，无论他是否被述说着。这是自在的、自然的普遍性，进一步地，是类的自然形态。其实，普遍性这个概念并不仅仅指称人本身，凡属类存在的存在物，都有类属。植物的类属是以固定的、不能自知的方式存在的；动物是以运动的、低级自为的但同样是不能自知的方式存在的；而人是以自为且自知的方式呈现、实现类属的类存在物。人不但像植物和动物那样自在地是类存在物，更以自知自为的方式构成着类，从而使自己成为现实的普遍的、类的存在物。

"如果我们稍微更仔细地考察精神，那我们就发现精神的最初的和最简单的规定就是：精神是自我。自我是一个完全简单的东西、普遍的东西。当我们说自我时，我们想到的大致是一个个别的东西；但因为每个人都是自我，从而我们只是说出了某种完全普遍的东西。自我的普遍性使得它能够从一切事物，甚至从它的生命中抽象出来。但是，精神不仅是这种同光一样的抽象简单的东西，从前把灵魂的单纯性同身体的复合性对立起来谈论时，精神就曾经被看作是这样的东西；相反地，精神是一个不顾其简单性而自身内有区别的东西，因为自我把自己自身与自己对置起来，使自己成为自己的对象，并从这个起初诚然是抽象的、还不具体的区别回复到与自身的统一。自我在其自相区别中的这种在自己本身中存在，就是自我的无限性或观念性。但这种观念性只有在自我与它面对的无限多样下料的关系中才得到证实。当自我抓住这个材料时，它就为自我的普遍性所毒化和理想化，而失去了它的孤立的、独立的持存并得到一种精神的定在。因此，精神很少为其表象的无限多样性而被从其简单性、从其自内存在而拖入到一种空间性的相互外在中去，结果反而是精神的简单的自身清澈明亮地贯穿于那种多样性而不容许它得到任何独立的存在。"①精神,既是自我把握自我之灵魂的能力和过程,又是被这些能力把握到的那个决定自我成为普遍性的因而是自由的存在者的东西。在"认识论意义上的类意识与类实践"这个标题之下,所能呈现出的复杂性和深刻性,不仅仅是在范畴系列上的层次性,而且表现在通过意识而完成的自我的普遍性和自由本质的复杂性。

在范畴系列中,自我与精神是同等程度的范畴。自我乃是一个在存在论上呈现为质料的多样性或要素上的杂多性的范畴,这使得自我存在着内在的张力,即差别、矛盾与冲突;正是因为要素上的杂多性才使得自我既可以为善也可以为恶,既可以成为圣人、智者,也可以成为暴戾之徒。用简单性或单一性原则去揭示自我的复杂性是行不通的,人性善或人性恶的主张,本质上并不是一个客观判断,而是一种信念;因为都无法令人信服地解释和论证自我的复杂性和多向性,亦即,自我是可能的存在物,不是既成的、已经完成了的存在物,相反,自我是可能的、完成着的存在物。于是,使自我成为人的原初性力量绝不是所有的要素,而是其中的使人求真向善趋美的力量,这就是精神。与其说精神就是自我,倒不如说精神是使自我成为普遍的、类的因而是自由的存在物的力量。于是,作为自我的精神,不是被别的,正是意识、理性和思想。

意识、理性和思想是在自主能动性意义上的同等程度的范畴。如果说精神与自我是主要与次要、主动与被动意义上区别开来的范畴,那么意识、理性和思想则是在自主能动性意义上于程度上区别开来的概念。在以往的"意识"中,意识似乎是一个总体性概念,包含理性和思想于自身之内,但细分下来,其间具有明显的不同。我们可以说,世界是有理性的,但我们不能说世界是有意识的。意识具有相较于理性和思想而言的单一性,亦即,一个自我以主体的方式感觉、感知着自己又认知着对象而言。感觉、感知、体验、经验着自身的内在感受,被称为内感知,内在感受被称为内部视阈;对对象的感知被称为外感知,被感知的对象被称为外部视

---

① ［德］黑格尔:《精神哲学》,杨祖陶译,人民出版社 2015 年版,第 12—13 页。

阈。在这里，意识就类似于康德意义上的感性经验，是借助时空这一先天直观形式而获得的感性材料。感受性、敏感性、回应性和接受性是意识的基本环节；在此基础上，感知者要对感性材料进行分类、比较，继而进行判断和推理，形成正确认识和正当判断。至此，意识似乎难以就自我的普遍性、类和自由有所作为，于是，理性和知性就从出于自我之中，越出意识的层面而指向所是与应是；若要合理地且是最大限度地实现诸种目的、满足各种需要，思考就必须正确，行动就必须正当；若此，灵魂就必须获得真，一个是就事物自身的真，一个是就与欲求和目的而言显得是真。灵魂肯定和否定真的方式有五种：科学、技艺、明智、智慧和努斯，理智是灵魂既把握可变事物又把握不变事物的能力，而努斯则是把握相关于欲求或目的的可变事物的能力。理智和努斯是亚里士多德用以把握是与应是的概念，理性和知性则是康德用以把握是与应是的范畴，而黑格尔则是综合了前哲学家的观点，构造出了自己的范畴群和话语体系。虽然，他们都是相关于类意识和类实践的哲学探讨，但黑格尔的哲学范畴和话语体系似乎更接近于类概念。

说人是普遍的、自由的因而是类的存在物，那分明是说，人是有思想的，因为只有思想才是普遍性的。思想是意识和思维的成果，是它们的高级形式，但不能把思想还原为意识和思维。黑格尔区分了思想和思想范畴，"这里所说的思想和思想范畴的意义，可以较确切地用古代哲学家所谓'Nous(理性)统治世界'一语来表示。——或者用我们的说法，理性是在世界之中，我们所了解的意思是说，理性是世界的灵魂，理性居住在世界中，理性构成世界的内在的、固有的、深邃的本性，或者说，理性是世界的共性。"①整个世界甚或整个宇宙都共在于同一个理性之下，遵循着同一种理性法则即事物法则；而每一个类或一个种又共在于同一个类的理性法则之下；同一个类之下的个体并不分有一个与它们同在的、并列的共性，而是内在地具有同一种性质，这种性质原本就内在于个体的个别性的

---

① ［德］黑格尔：《小逻辑》，贺麟译，上海人民出版社2009年版，第93页。

规定之中。这种共性就是它们的普遍性，它不是从外部植入到个别性之中的，更不是可移动的、让渡的，唯一的道路是把潜藏于内的普遍性实现出来。普遍性不是视听的对象，而是意识的对象，当它被语言说出时，也不是具象性地立在那里，而是呈现在意识中。这正像康德所认为的那样，实践法则只能被意识到而不能被视听到。

　　"如我们指着某一特定的动物说：这是一个动物。动物本身是不能指出的，能指出的只是一个特定的动物。动物本身并不存在，它是个别动物的普遍本性，而每一个存在着的动物是一个远为具体的特定的东西，一个特殊的东西。但既是一个动物，则此一动物必从属于其类，从属于其共性之下，而此类或共性构成其特定的本质。任何一个事物莫不有一个长住的内在的本性和以外在的定在。

　　"思想不但构成外界事物的实体，而且构成精神性的东西的普遍实体。在人的一切直观中都有思维。同样，思维是［贯穿］在一切表象、记忆中，一般讲来，在每一精神活动和在一切意志、欲望等等之中的普遍的东西。所有这一切只是思想进一步的特殊化或特殊形态。这种理解下的思维便与通常单纯把思维能力与别的能力如直观、表象、意志等能力平列起来的看法，有不同的意义了。当我们把思维认为是一切自然和精神事物的真实共性时，思维便统摄这一切而成为这一切的基础了。我们可以首先把认思维为 Nous 这种对思维的客观意义的看法，和什么是思维的主观意义相结合。我们曾经说，人是有思想的。但同时我们又说，人是有直观、有意志的。就人是有思想的来说，他是一个有普遍性者，但只有当他意识到他自身的普遍性时，他才是有思想的。动物也是具有潜在的普遍的东西，但动物并不能意识到它自身的普遍性，而总是只感觉到它的个别性。动物看见一个别的东西，例如它的食物或一个人。这一切在它看来，都是个别的东西。同样，感觉所涉及的也只是个别事物。自然界不能使它所含蕴的理性（Nous）得到意识，只有人才具有双重的性能，是一个能意识到普遍性的普遍者。人的这种性能的最初发动，即在于当他知道他是我的时候，当我说我时，我意谓着我自己作为这个个别的始终是特定的人。其实我这里所说出的，并没有什么特殊关于我自己的东西。因为每一个其他的人也仍然是一个我，当我自己称自己为'我'时，虽然我无疑地是指这个个别的我自己，但同时我也说出了一个完全普遍的东西。因此我乃是一个纯粹的'自为存在'，在其中任何特殊的东西都是被否定或扬弃了的。这种自为的我，乃是意识中最后的、简单的、纯粹的东西。我们可以说：我与思维是同样的东西，或更确切地说，我是能思者的思维。凡是在我的意识中的，即是为我而存在的。我是一种接受任何事物或每一事物的空旷的收容器，一切皆为我而存在，一切皆保存其自身在我中。每一个人都是诸多表象的整个世界，而所有这些表象皆埋葬在这个自我的黑夜中。由此足见我是一个抽掉了一切个别事物的普遍者，但同时一切事物又潜伏于其中。所以我不是单纯抽象的普遍性，而是包含一切的普遍性。平常我们使用这个'我'字，最初漫不觉其重要，只有在哲学的反思里，才将'我'当作一个考察对象。在'我'里面才有完全纯粹的思想出现。动物就不能说出一个'我'字。只有人才能说'我'，因为只有人才有思维。在'我'里面就具有各式各样的、内的和外的内容，由于这种内容的性质的不同，我也因而成为能感觉的我，能表象的我，有意志的我等等。但在这一切活动中都有我，或者也可以说在一切活动中都有思维。因此人总是在思维着的，即使当他只在直观的时候，他也是在思维。假如他观察某种东西，他总是把它当作一种普遍的东西，着重其一点，把它特别提出来，以致忽略了其他部分，把它当作抽象的和普遍的东西，即使只是在形式上是普遍的东西。

"我们的表象表现出两种情况：或者内容虽是一个经过思考的内容，而形式却为经过思考，或者正与此相反，形式虽属于思想，而内容则与思想不相干。譬如，当我说忿怒、玫瑰、希望等词时，这些词所包含的内容，都是我的感觉所熟习的，但我用普遍的方式，用思想的形式，把这些内容说出来。这样一来，我就排斥了许多个别的情况，只有普遍的语言来表达那些内容，但是那个内容却仍然是感性的。反之，当我有上帝的表象时，这内容诚然是纯思的，但形式却是感性，象我亲自感觉到的上帝的形式那样。所以在表象里,内容不仅仅是感性的,象在直观里那样,而且有着两种情况:或者内容是感性的,而形式却属于思维;或者正与此相反,内容是纯思的,而形式却又是感性的。在前种情况下,材料是外界给与的,而形式则属于思维,在第二种情况下,思维是内容的源泉,但通过感觉的形式这内容表现为给与的东西,因此是外在地来到精神里的。"①

借助于黑格尔关于普遍性、思维、思想及其相互关系的分析和论证,就认识论意义上的类意识与类实践,我们可以集中地表述为如下几个主要方面。第一,基于感性存在论之上的自我意识和对象性意识的原始发生。类意识和类实践得以发生的始点在于逐渐形成意识的个体,各种共同体作为类的外部形式,其内在基础都是逐渐觉醒起来的个体;共同体不过是类意识和类实践的对象性存在。而无论是外部的共同体还是内在的个体,它们均奠基于个体的感性存在及其感性意识之上。起初,个体只是一个自在的自我同一和他我同一的存在物,意识上的混沌状态使得个体尚未感知到差别的存在。而就差别的原始发生看,他我差别感优先于自我差别感,在原初的感觉中,对他者和他物的感觉是前意识性的,他只是模糊地感觉到,他者和他物是异在性的;然而他并不认为这个他者和他物是异己的,而是属己的,不是附身性的,而是具身性的,于是他便前意识性地将诸种异在的他者和他物当作属己之物加以对待。随着诸种感觉的发生和完善,同时随着前意识向初级意识的发展,他愈发感觉到这些曾被认作是属己的异在者,并不听从他的属己意向和据为己有的努力;时时处处都感受到了他者意志的存在和力量,甚至产生了抗拒这些意志力量的意识。这是类意识得以产生的原初根据,我们把这种初级形式的类意识称之为对象意识或他者意识。以此可以说,原初形态的类意识并非人们后来所明确规定的不同类属之间的差别性存在,而是同一个类即人类内部的个体之间的差别意识。直至今天,人类内部的个体之间、组织之间、民族和国家之间的差别意识甚至是矛盾和冲突意识依旧是类意识和类实践

---

① [德]黑格尔:《小逻辑》,贺麟译,上海人民出版社 2009 年版,第 95—96 页。

的根本形态。随着感受到了的个体间的差别意识的发展，个体自身的自我差别意识也逐渐地发展起来，他逐渐地感受到，这个自在的以身体形式存在的感性的我，与感觉着的、意识着的我是不同的。来自身体的、感性的意向和意向性，无需经过意识便自发地、强有力地表现出来，我感受到了这种力量，它促使我不问其是否合理而必须予以满足。然而，各种基于需要和欲求之上的意向和意向性，并不都合于身心健康和他者意志的规定性，于是，来自他者的要求、限制甚至是斥责便应运而生，是遵循逻各斯而思考、听从逻各斯的指引而行动，还是依照反对着、抗拒着逻各斯的欲求而随心所欲、任性妄为？在反复进行的教化和教育中，个体便在基于感性存在之上的差别意识之上发展出了反思意义；每一个体都有反思性意识的潜能，但不天生具有反思性能力，这是在不断的社会化过程中逐渐形成的能力体系。但外在的差别意识反身嵌入到自我关系时，一种朝向自身的差别意识便生发出来。而就这种差别意识的类型说有两种，即直观的差别意识和反思的差别意识。直观的差别意识描述的是个体的完整的内部结构或内心世界，无论是自然发生的还是有意发生的，感觉系列、情感系列和理性系列，即性、情、理。对于三者之间的关系，休谟作了更为清晰的表述：

> 正像心灵的一切知觉可以分为印象和观念一样，印象也可以有另外一种分类，即分为原始的和次生的两种。这种印象分类法，也就是我在前面把印象分为感觉印象和反省印象时所使用的那种分类法。所谓原始印象或感觉印象，就是不经任何先前的知觉，而由身体的组织、精力、或由对象接触外部感官而发生于灵魂中的那些印象。次生印象或反省印象，是直接地或由原始印象的观念作为媒介，而由某些原始印象发生的那些印象。第一类印象包括全部感官和人体的一切苦乐感觉；第二类印象包括情感和类似情感的其他情绪。
>
> 确实，在心灵发生知觉时，必须要由某处开始；而且印象既然先行于其相应的观念，那么必然有某些印象是不经任何介绍而出现于灵魂中的。这些印象既然依靠于自然的和物理的原因，所以要对它

们进行考察,就会使我远远离开本题,进入解剖学和自然哲学中。因为这个缘故,我在这里将只限于讨论我所称为次生的和反省的那些其他的印象,这些印象或是发生于原始的印象,或是发生于原始印象的观念。身体的苦乐是心灵所感觉和考虑的许多情感的来源;但是这些苦乐是不经先前的思想或知觉而原始发生于灵魂中或身体中的(称之为灵魂或身体都可以)。

……

当我们观察各种情感时,又发现了直接情感和间接情感的那种划分。我所谓直接情感,是指直接起于善、恶、苦、乐的那些情感。所谓间接情感是指由同样一些原则所发生、但是有其他性质与之结合的那些情感。这种划分我现在不能再进一步加以辩解或说明。我只能概括地说,我把骄傲、谦卑、野心、虚荣、爱、恨、妒忌、怜悯、恶意、慷慨和它们的附属情感都包括在间接情感之下。而在直接情感之下,则包括了欲望、厌恶、悲伤、喜悦、希望、恐惧、绝望、安心。①

在一个有理性存在者那里,性、情、理原是相互嵌入、相互影响和相互运动的,凡是感觉着的东西无不在思维之中,凡是被思维着的东西无不是感觉着的东西。在充满流动的生命历程中,总有一种相关于性、情、理的基本范型伴随着我,它是我的普遍性的,是我的所是。如果把每一个人都看作是一个完整的类,那么属己的是便是属于我的类意识;如果没有这样一个原初性的类意识,那么充满杂多性或复多性的类意识就不可能产生,后者是前者的对象化过程及其业绩。当异在性的差别意识和向我而言的差别意识被叠加在一起的时候,一种真正的类意识便开始形成了,这就是主体间性状态下的类意识。

第二,基于主体间相似甚或相同体验之上的类意识。从范围上说,类意识既可以描述不同的类如有生命物质和无生命物质、有生命物质类型

① [英]休谟:《人性论》(下),关文运译、郑之骧校,商务印书馆 1980 年版,第 309—310 页。

中的植物、动物和人类之间在意识上的差别性与同一性，也可以表达同一个类如人类之内部的不同个体（类）之间的差别性和同一性。在我们引证黑格尔关于思维、思想和普遍性的论述中，他所指称的正是人类内部不同个体之间的差异性和同一性。人类内部之不同个体之间的差异性和同一性，无论是以"机械团结"还是以"有机团结"的方式完成，都是意识、思维和思想的支配下进行的。不同个体之间的同一性构成了形成类意识的可能性基础，而他们之间的差异性则构成了必要性前提。基于主体间相似甚或相同体验基础上的类意识，乃是消解了差别、矛盾和冲突意识之后形成的和解；它不是在对立与冲突之中消灭他者，而是消灭自己的孤独与任性而相融于他者之中，承认是事实意义上的和解，尊重是道德意义上的确证。在属人的世界里，每一个个体都是一个完整的类，他的感觉、体验、经验、意志、思维和思想，他的喜怒哀乐就是他的所是，是他的规定性、普遍性；他自在地具有合理性。个体间的类意识，就是意识到了他者的规定性和普遍性，并将这种规定性纳入到自己的意识之中，他的所是就是确证和实现我之所是的普遍性，尽管这种普遍性是以特殊性的形式存在的、显现的，普遍性不是与个体性并列的、实体化的、具象化的实体，相反，普遍性是被意识到了的无数个他者的所是。需要特别强调的是，主体间性状态下的类意识并非单一的认识问题，毋宁说它也是实践的，是在意识中预先完成的实践；技艺性的、生产性的类实践是在这种实践现实地进行之前已经预先地在主体间的共识中完成了，这个共识正是类意识。

第三，以人类为基本单元而构建起来的类意识。若是以个体为始点构建类意识和类实践，这是必须承认的事实，通过人而为了人，为了实现人的本质力量的对象化，为使人处在整体性的好状态，永远都是终极目的，以此便构建起了三重关系：人与自然的关系、人与人的关系和人与自身的关系，基于此，也就形成了三种逻各斯或道，即天人之道、人伦之道和心性之道，对道的感悟、顿悟和领悟就是类意识，将逻各斯或道贯彻到行动中，就是类实践。出于个体而不止于个体，而是止于类，这就是认识论意义上的类意识与类实践的本义。在对待与人造世界即人类社会不同的自然界时,类意识和类实践表现出了与属人世界中不同个体间的道路和形式。因为,属人世界之中的类意识和类实践是在相同的或接近的理性水平的基础上形成和实现的,是可以相互提出有效性要求的类意识和类实践。而与人类社会不同的自然界,则是有理性但却没有意识的系统,它无法像有理性的存在者—人那样用理性法则表达事物法则,唯其如此,人类便可以随意、任意地对待自然。当自然以其"无言的结局"的形式悄无声息地惩罚人类时,人类才深深地感受到自然理性的力量。

个体及人类必须以类的形式进行思考和行动,乃在于个体只有过集体的生活,才能获得幸福,这便是类意识和类实践的价值基础问题。

（3）价值论意义上的类意识与类实践

人被规定为过集体生活,那是因为在有生命的存在者中,只有人类才意识到并通过实践把集体生活实现为最有价值的生活;创造公共价值、分配和享用公共价值,是人类从事集体行动的逻辑。如果说类意识与类实践是人类过集体生活的形式,那么创造并合理分配公共或类价值则是构成内容。人类发展史就是一部在类意识和类实践基础上创造和分配类价值的历史;通过类意识和类实践,个体变成了社会性的存在,变成了普遍性的存在物;通过集体行动,个体以不断拓展和深化的形式满足着自己日益增长的物质需要和精神享受。

类意识和类实践基础上的类价值,以两种方式亦即物质价值和精神价值的样式而展开其自身。人类个体只是在极小的范围和程度上,可以单独创造出物质价值和精神价值,即便如此,也在技艺和观念上借鉴了人类的共同成果,相反,随着社会化程度的提高,人类的物质和精神产品已经越来越具有了类的性质,因为它们是集体行动的产物。如果单从人类物质文明史考察人类的类意识和类实践的发展历程,那么完全可以有理由说,由资本的运行逻辑所导致的现代化运动以及这一运动之上的现代化、现代性和全球化,资源在全球范围内的配置,创价和代价在全球范围内的分配,乃是人类的类意识和类实践在当代的最大限度的发展,尽管它们困难多多、危机重重,但把世界上的几乎所有民族和国家置于同一个生产—分配—交换—消费的逻辑体系中，无论如何都是类意识和类实践得到充分发展的证明。

首先，**物质形态的公共价值，为每一个体最大限度地满足多重需要创造了物质条件**。如果说，在前现代社会的各种社会形态中，人们是在极小的范围内生成着类意识和进行着类实践，公共性和普遍性是在极小的范围内生成着，如马克思所说，人与人之间的简单关系制约者人与自然之间的简单关系，反之亦然，这是因为社会分工不发达，生产能力低下，从而是一个生活资料简单甚至是匮乏的社会。起始于 15 世纪下半叶的现代化运动，使得人的社会化过程在完全不同的生产方式和生产关系的结构之下迅速展开，对此，马克思深刻地指出："一切产品和活动转化为交换价值，既要以生产中人的（历史的）一切固定的依赖关系的解体为前提，又要以生产者互相间的全面的依赖为前提。每个个人的生产，依赖于其他一切人的生产；同样，他的产品转化为他本人的生活资料，也要依赖于其他一切人的消费。这种互相依赖，表现在不断交换的必要性上和作为全面中介的交换价值上。经济学家是这样来表述这一点的：每个人追求自己的私人利益，而且仅仅是私人利益；这样，也就不知不觉地位一切人的私人利益服务，为普遍利益服务。关键并不在于，当每个人追求自己私人利益的时候，也就达到私人利益的总体即普遍利益。从这种抽象的说法反而可以得出结论：每个人都妨碍别人利益的实现，这种一切人反对一切人的战争所造成的结果，不是普遍的肯定，而是普遍的否定。关键倒是在于：私人利益本身已经是社会所决定的利益，而且只有在社会所设定的条件下并使用社会所提供的手段，才能达到；也就是说，私人利益是与这些条件和手段的再生产相联系的。这是诗人利益；但它的内容以及实现的形式和手段则是由不以任何为转移的社会条件所决定的。"①以此可知，虽然从可行能力意义上，现代化运动、现代社会、社会分工和科学技术把人的类意识和类实践发展到全球化的程度，但它们并不都是令人愉快的，

---

① 《马克思恩格斯文集》第 8 卷，人民出版社 2009 年版，第 50—51 页。

充满了矛盾和冲突,充满了侵略和控制,充满了剥削和压迫。"能够"与"应当"是我们衡量类意识和类实践是否健康发展的两个尺度,前者是科学根据,后者是价值尺度。

在物质形态之公共性和普遍性日益发展的基础上,物质资源和物质财富越来越符号化、观念化。资本就是资源和财富的符号化形式,而且是最典型的符号;随着交往的拓展和深化,随着依赖性的增强,各种符号似乎都可以转化为数字,数字化是公共性和普遍性高度概念化和观念化的最典型形式,因为符号和数字已经超越了时空限制,它以时空压缩的方式实现着、表征着类意识和类实践。而这一切均得益于资本的公共性和普遍性本质。"资本是集体的产物,它只有通过社会许多成员的共同活动,而且归根到底只有通过社会全体成员的共同活动,才能被运用起来。因此,资本不是一种个人力量,而是一种社会力量。"①正是通过资本的社会性力量,才造成了庞大的商品堆积,形成了被物包围的世界。日益增加的生产资料和生活资料,是类意识和类实践充分发展的物质形态。

其次,类意识和类实践的社会价值和哲学人类学意义。在劳动中,劳动者双重地肯定了自己,他在劳动过程中物化了自己的本质力量于活动中,在劳动产品中,他反观和再现了自己的本质力量,因为产品是自己本质力量对象化的过程及其业绩;在精神上,他体会到了把自己的类本质应用到另一类事物上的类本质的复杂过程,唯其是复杂的、理性的因而是成功的而感到快乐。不仅如此,劳动者的类本质还在他的劳动产品的社会化分配和享用中得到实现和证明。

"假定我们作为人进行生产。在这种情况下,我们每个人在自己的生产过程中就双重地肯定了自己和另一个人:(1)我在我的生产中物化了我的个性和我的个性的特点,因此我既在活动时享受了个人的生命表现,又在对产品的直观中由于认识到我的个性是物质的、可以直观地感知的因而是毫无疑问的权力而感受到个人的乐趣。(2)在你享受或使用我的

---

① 《马克思恩格斯文集》第 2 卷,人民出版社 2009 年版,第 53 页。

产品时,我直接享受到的是:既意识到我的劳动满足人的需要,从而物化了人的本质,又创造了与另一个人的本质的需要相符合的物品。(3)对你来说,我是你与类之间的中介人,你自己意识到和感觉到我是你自己本质的补充,是你自己不可分割的一部分,从而我认识到我自己被你的思想和你的爱所证实。(4)在我个人的生命表现中,我直接创造了你的生命表现,因而在我个人的活动中,我直接证实和实现了我的真正的本质,即我的人的本质,我的社会本质。"①正是在劳动产品的分享和共享过程中,类意识和类实践带给人们的满足和愉悦才得到了充分实现。在以物为媒介而完成的类意识与类实践,物的供给者具有一种来自物的享用者所给予的确认、确证和感恩,这是一种回报性的期盼,这种期盼是合理的,也是享用者所必须给予的回报和感恩。因为物满足了我的需要,使我获得了快乐与愉悦,使的生命得以持存,我有义务感谢、感恩物的创造者,而被感恩者无需时时处处在场,以至于只有在场才会感恩;相反,无论是否在场,也是否有人称,享用者都须有感恩之心,心乃情之源,情乃心之见。真心、真情、真意均寓于一个"真"字,无待感恩对象在否,均有发于心和出于真的感恩,才是真正的感恩。因此,不但物是对象性的,物的享用也同样是对象性的。由此便完成了由双重对象性而来的从物质价值向社会价值和哲学人类学价值的飞跃。如果说,在物的生产和物的享用中,人们只是以物化的方式完成着、实现着类意识和类实践,那么在通过生产和享用而生成的关系中,则是以社会性的和精神性的方式映现着类意识和类实践,这恰恰是人类的本质规定;基于物而又超越于物而升华到社会性的和精神性的对象性关系中,才算是真正地实现了人的类本质。通过物的创造和享用而完成的不同主体实践之间的确证与被确证、满足与被满足、感恩与被感恩的关系,原本就是类意识和类实践所应有的内容和意义,然而这种意义却不是自发的、既成的,而是生成的,是非经过意识这个关键环节不可的,被意识到了的内容和意义,内容和意义才是现实的;只有体验和经

---

① 《马克思恩格斯全集》第 42 卷,人民出版社 1979 年版,第 37 页。

验到了内容和意义,它们才是真实的。如果仅以一个消费者而不是以享用者来消费甚至消灭物,那便是一个纯粹的物和物之间的关系。在普遍的消费主义价值观支配下,在只有通过占有物和消费物才能证明自己的价值的境遇下,被物的占有和消费者记起的不再是物的创造者所付出的心智力量和汗水,而是基于等价交换原则之上的物的使用价值,他所念念不忘的是他所支付的货币。这便是马克思所严厉批判和普遍担忧的物化世界的来临。更为严重的是,当物的创造者处在劳动资本化、资本制度化的社会场域下,异化劳动呈现出相互关联的四个向度,于是,物的创造者深深地感受到,获得来自物的享用者那里的回报与感恩已经变成一种奢望,甚至对劳动这个原本是他的本质力量对象化的证明的生命活动,都变成了剥夺他的生命的渊薮。以此可以说,作为能力概念的类意识和类实践与作为应当观念的类意识和类实践有着本质的区别,如何实现二者的统一,无疑是相关于国家的性质和制度的本质的事情。

其三,类意识与类实践的观念意义。 这里的观念具有科学和价值双重含义,所谓科学意义上的类意识和类实践,指的是在可行能力基础上,人们实现其类意识和类实践所能达到的广度和深度。在人的类本质中似乎有一种共同的原始冲动,那就是"欲无止境",这种冲动源出于个体的非自足、非完满性状态,欲壑难填、欲无止境,就是个体的原始冲动。当个体的欲壑难填被类意识和类实践整合到政体、体制和制度中去,一种集体性的、共同性的欲壑难填就毫无顾忌地、义无反顾地勇往直前了。当这种原始冲动以整个人类的方式朝向身外的自然时,人类就不再顾及自然界的类本质,将普遍性仅仅限制在人类这个类属中,事物法则被理性法则所替代。如果缺少了来自哲学的反思,那科学意义上的类意识和类实践被证明是反科学的,为此就必须有一个价值即应当意义上的类意识和类实践。如果从积极自由的角度规定,能力意义上的类意识和类实践是进取性的,而应当意义上的则是协调性的;起始于 15 世纪下半叶的现代化运动,完成着两个建构,因为这是一个建构的时代,一个是向下的建构,这就是作为市场经济的建构和科学技术的飞速发展,一个是向上的建构,这就是经济哲学、政治哲学和精神哲学的发展。而就现代哲学的原始发生和理论旨趣说，其间始终交织着科学观念和价值观念的相互嵌入和相互制约。而在当代哲学中，虽不乏反思性的哲学家由对现代性的诸种弊端的深刻反思和严厉批判而从出，但解释性的哲学和综合性的哲学却是当代世界哲学的主流；人们乐此不疲于对过往哲学的阐释和反思，而对实践形态的类意识和类实践少有深刻的、整体性的反思。

至此，我们从存在论、认识论和价值论三个层面对类意识和类实践作了元哲学分析和论证，本质上属于横向的结构现象学范式，是一种系统论奠基，是结构主义和功能主义的，尽管包含着客观因果性陈述和意义妥当性论述，但依旧是静态的、机械的，属于论证的逻辑，而不是事物自身的逻辑。如要将类意识和类实践的原始发生及其演进呈现在表象里、把握在意识中，就必须运用纵向的发生现象学范式，这是生成论奠基。如果说，类意识和类实践的元哲学分析只是标画出了它们的内在根据和外在理由，解决的是何以可能的问题，那么将这种根据和理由还原到事物自身中去，就必须探讨它们如何可能的问题。类意识和类实践作为流动的生命过程，是流动的善，是在动态中创造普遍价值并实现普遍价值的；意识到自己是普遍的存在物并实现这种普遍性，都是在流动的过程中完成的；一切相关于类意识和类实践的差别、矛盾和冲突，都是在流动中得以产生和解决的。这就是作为整体概念的类意识和类实践：原始发生及其内在逻辑。对此一问题的研究原本是必不可少的，但限于论证空间的适度要求，将融汇到下一个论证单元的讨论中，这就是三种历史场域下的类意识与类实践，要从发生史的角度，判断作为能力和应当范畴的类意识和类实践。

2. 三种历史场域下的类意识与类实践

自从人类开启类意识与类实践的发生史，就从未中断过，就像一个个体的生命那样，从出现在这个现实的世界上，到消失于这个世界，其间从未中断过。那么我们为何用历史这个范畴来描述这个不曾间断的过程呢？事实上，历史这个范畴本来就有段落的含义，亦即一个连续的过程呈现出不同的段落。根据朝代划分段落根据的是实现"改朝换代"的主体，其所改变的只是权力主体即权力的所有者，而不是人类活动的结构性变迁，进一步的问题就是，晚出的权力拥有者未必就推动了历史的进步和社会的发展。而用以标识历史进步和人类发展的符号则是历史理性的发展程度，它表现为三个向度，其一，能否找到一个能够创造财富并合理分配财富的经济组织方式，市场经济、知识经济、数字经济之所以被视作是更有效率的经济组织方式，就在于它们比原始经济（采集与狩猎）和自然经济（畜牧业与农业）更具进步性，就在于它们推动类意识和类实践的发展，而发展了的类意识和类实践又反身嵌入到推动它们发展的经济组织方式之中。其二，建构出一个令每个人都能够出于意愿且合理表达其政治意志的政治制度和体制，如若将已经被实践证明是落后的观念和体制如官僚主义观念和专制主义体制移植后来的社会形态中，尽管它们是后来者，但它们的观念和行动是落后的。经济文明表达的是人的物质生活的进步程度，政治文明反映的是人们政治观念和行动的进化程度。政治文明是政治文化中的优秀部分，但人们常常把政治文化视作是政治文明。其三，每一个有理性存在着都有意愿也有条件和环境过一种整体性的好生活，处在整体性的好状态之中。每一个人都是历史理性的感悟者和践行者。这是实现了的类意识和类实践。依照这样三个最为根本的价值标准反观人类类意识和类实践的发生史，便可以客观地标画出三种历史场域：前现代、现代和后现代。

（1）前现代场域下的类意识与类实践

家庭是人类最原初的共同体，人的类意识和类实践都是在家庭这个伦理共同体中发生和展开的。一如前述，任何一种形式的类意识和类实践都是以个体的意识和实践为基础的，集体只是个体的集合，集体是不会思维的，也是不会实践的，所谓集体行动和集体行动的逻辑，实质上是个人的联合。在家庭中，个体的类意识原是发生于由他者构建起的充满生命、情感、照料、表达、安全的集体；个体的类意识来自充满呵护和照料的同质性的感觉系列，他感受到的是虽在外部样子上存有差别但本质上却是同质性的体态语和不可言说的温情。这种起自于相貌上的差别尚不是真正的类意识，因为他实在感受不到他者的异己性存在。基于这种同质性的类意识，原初性的类实践也在共同意志基础上表现为"感同身受"和"同感共情"。这是基于血缘关系和自然情感之上的缺少计算、功利性质的类意识和类实践。人类的相互依存性情形绝不可能仅止于家庭这一狭小的生活世界里，随着生产能力的提高、活动范围的扩大，一种家庭的扩大形式诸如家族、村社、部落、部落联盟逐渐出现了。这是人类发生史和发展史上的重要事情，从此便开始了充满矛盾和冲突的类意识和类实践过程。尽管人类内部的个体、组织和集体乃至国家之间发生着诸种矛盾和冲突，甚至是战争，但由于前工业状态下的社会依旧以自然经济为主，虽有一定程度上的手工业和商业兴起，但与人类完全不同的自然界依旧保持着它的自在性和独立性，人类对自然的改造作用是极其有限的。农业和畜牧业本质上是复制经济或模仿经济，是人类模仿自然的结果。于是，人类和自然这个类依旧保持着相安无事的状态，作为问题的类意识和类实践尚未普遍地产生；任何一个哲学概念和哲学观念的产生，都是面对一个或多个危机而又无法摆脱危机时所产生的沉思和反思。如果考察哲学概念史和观念史，类意识和类实践作为概念和观念，在古希腊哲学甚至在中世界哲学的词典里，是难觅其踪影的，它们是随着现代化运动而发生和发展起来的。

（2）现代性场域下的类意识与类实践

在某种意义上可以说，当代世界的人们既享受着现代化运动带给人们的价值，又承受着它带给人们的危险与风险；虽然说，在任何一种社会场域之下，都不可能有完全朝向目的之善的类意识和类实践，而是充满矛盾和悖论的存在，但现代化运动却把这种悖论发展到了极端的状态。

3. 摆脱类意识和类实践危机的诸种谋划

造成类意识和类实践危机的原因，可以人性基础和社会根源两个方面,其中前者又是始点性的,社会根源乃是人性基础的对象化过程及其后果。只有从始点寻找到摆脱危机的道路,作为复杂设置的社会系统才能被重建起来。

(1) 观念的革命依旧是本源性的

从客体角度定义观念,就是"观念的东西不外是移入人的头脑并在人的头脑中改造过的物质的东西而已"①。北宋邵雍在《观物内篇》中说道:"夫所以谓之观物者,非以目观之也;非观之以目,而观之以心也;非观之以心,而观之以理也。"显然,这里的观念乃是一种关于对象的正确认识,当把这种认识改造成为结构化、系统化的逻辑时,就成了知识、理论和思想,它们是相关于道或逻各斯的,亦即事物的法则。在如何获得就事物自身而言的真时,中西方哲学供给了不同的致思范式,亚里士多德说灵魂肯定和否定真的方式有五种,理智既把握不变事物又把握可变事物,而努斯是基于欲求而把握可变事物的活动;相关于事物自身的把握方式是明智,相关于实践的把握方式是智慧,而努斯则是智慧的最为集中的形式。康德则通过先验逻辑与感性经验的有机统一来获得知识,知识就是主客观都有充分根据的那种视其为真;但康德似乎从未把相关于善和美的认识称之为知识,唯其是相关于人的欲求的事情,所以才有意志自由的问题,也才有正当与否的问题,虽然也相关于正确,即如要行为正当思考就必须正确,但追求正当是实践理性的目的。而在儒家哲学中,心理与天理或物理的同源性预设,将获得知识、理论、思想和真理的复杂性消融在同源性的直接规定之中。"唯天下至诚,为能尽其性,能尽其性,则能尽人之性;能尽人之性,则能尽物之性。"(《礼记·中庸》)孟子更是明确地说道:"尽其心者,知其性也。知其性,则知天矣。存其心,养其性,所以事天也。"(《孟子·尽心章句上》)东汉赵岐注:"性有仁义礼智之端,心以制之,唯心为正。人能尽极其心,以思行善,则可谓知其性矣;知其性,则知天道之贵善者也。"朱熹对孟子的尽心、知性、知天论注释道:"心者,人之神明,

――――――――――
① ［德］马克思:《资本论》第一卷,人民出版社 2018 年版,第 22 页。

所以具众理而应万物者也。性则心之所具之理，而天又理之所从以出者也。人有是心，莫非全体，然不穷理，则有所蔽而无一尽乎此心之量。故能极其心之全体而无不尽者，必其能穷夫理而无不知者也。既知其理，则其所从出，亦不外是矣。"①完全有理由说，在儒家哲学中，心、性、理具有同源性。这是一个假设还是一个客观描述？在此，我们试图论证的不是作为"思"之官能的"心"能否获得心之理、物之理和天之理，而是这个"理"本身。"理"本身就是一个动名词二元结构，作为动词之理便是去掉杂质以得宝玉的过程，亦即如切如磋、如琢如磨；作为名词之用的理则是道、事理、道理、原理。然而，心之理与物之理显然不同，心与性也有别，若是不能细分二者，或等同或模糊，都会造成心无所依，性无所见，理无所从出。"'心'或'人心'在这里是指：心识、心智、意识、心理……'性'（这里的'性'也可以叫作本性、共性、普遍性或通性）在这里是指：心的本性、心的习性、心的理性、心的德性。"②心性固然紧密相连，但毕竟有细微差别。我们以为，心是连接人性和物性的桥梁，但这绝不等于说，人性与物性是同一种类型的本性、共性或普遍性。一个充分的根据就是，人性乃是人的所是，在属性上可有自然性、社会性和精神性，而在始点上，三种属性均源自于人的需要、需求和欲望，而物性之理则是与人性不同的他物的所是，至少到现在，尚没有哪个物性能像人性这样时时处处都在欲求着，且感受着、自知着这种欲求。

基于人性与物性的这种分别，在观念的讨论中，就不能将心之理、物之理和天之理视作是同一种范型的理。相关于类意识和类实践的观念就非常清晰地区分为与人的意志无关的他物的观念和直接相关于意志的观念。如果将观念规定为相关于是与应当的根本性的、全局性的看法、观点，那么就必然分为科学观念和价值观念两种；前者是拥有逻各斯的事情，后者是分有逻各斯、听从逻各斯的指引而行动的事情。科学观念与价

---

① ［宋］朱熹撰：《四书章句集注》，中华书局 2011 年版，第 327 页。
② 倪梁康：《心性现象学》，商务印书馆 2021 年版，第 8—9 页。

值观念从来就不是各自孤立存在的,即便是出于天生的观、看,也存有科学与价值的两种性质。科学观念必以某种价值观念为目的,价值观念也以天人之道、人伦之道和心性之道为前提;但二者毕竟有着本质上的区别。指出二者相互嵌入和相互制约的关系,并不是要模糊它们之间的边界,相反倒是应该警惕以科学的名义推行价值观念,或将科学观念视作是因人而异的价值观念。自由、民主、平等、正义、公平,都是价值意义上的道、逻各斯,是可变事物的理,这个理不像机械规律那样,如天人之道;而人伦之道和心性之道是因人的努力而可改变的道。然而,如果将这个道以必然性的名义推广到人的思考与活动所及的整个领域,就会抹杀基于差序格局之上的理。相反,如果把对所有人都有效的规则变成仅对自己有效的价值尺度,那么就会以普遍性的名义而消灭普遍性。

这里所指称的观念的革命,就是在经历了因现代化运动而产生的诸种危机之后而对已有的旧观念或错误观念发出的反思性要求;而且这种反思必须是彻底的、整体性的。就其类型说有 3 种,就其种类说有 14 种。人与自然的关系:自然观念、生态观念、时空观念;人与人的关系:财富观念、政治观念、权力观念、正义观念、平等观念、身份观念、社会观念;人与自身的关系:人格观念、情感观念、理性观念、幸福观念。表面看,这些观念是分散的,而在反复进行的现代性的生产与再生产中,它们被整合成了一个整体性的观念体系。

观念是人们在反复进行的生产、交往和生活实践中经思维而形成的根本性的、全局性的看法和观点,但观念一经形成便即刻反身嵌入人们的思维、情感、意志和行动结构中,以至于人们不假思索地、极其惯性地运用这些观念进行思考和行动。

(2) 现代性的观念基础

似乎人类的所有观念都根源于人的特定的存在状态及其展开方式,然而,无论是何种"出身"的人类种群和个体,在源初的存在状态上并无天壤之别,可在观念上怎会如此不同? 其最终解释可能在于不同种群所处的自然环境及其制造生产资料和创造生活资料的方式的差异。以此为依据,不同种群的任何一种观念都是从其特定的存在状态及其展开方式中生发出来的感知方式、判断能力和价值观念。并非所有的观念都与现代性相关,但却支撑了现代性;而有些观念一定相关于现代性,因为它们原本就是在现代化运动产生出来的。

首先,先行于现代性产生但却支撑了现代性的观念。在所有的观念体系中,似乎哲学观念是最高级的。这些哲学观念不是人们学习了哲学之后而产生的,而是哲学家把日常观念提升到了形而上学的高度。在西方哲学观念体系中,实体思维似乎就是与现代性最为密切的观念,虽然它不是为着现代性而产生的,但却与现代性有着天然的亲缘关系。追问本体构成了古希腊哲学最初的意愿和意向,追问本体,追问事物的始因,乃是由人的本性所决定的,只有找到了事物的始因才能找到生成此物的初始性力量,也只有明了或支配了这个初始性力量才能支配此物。因此,获得初始性、确定性和因果性乃是人类的一种强烈愿望,无论把始基、始因定义为水、气、无限、数、原子,还是火,都是追问始基的方式,这种愿望具有二重性,当逻各斯在物自身而不在人这里,那人就必须要遵从逻各斯而行动,照逻各斯而生活。"这道虽然万古长存,可是人们在听到它之前,以及刚刚听到它的时候,却对它理解不了。一切都遵循着这个道,然而人们试图像我告诉他们的那样,对某些言语和行为本性——加以分析,说出它们与道的关系时,却显得毫无经验。"①巴门尼德把关于本体的、道的追问直接演变成了存在论问题,并预设了被思想和思想的目标的同一性,人们只能思维存在者而不能思维不存在者。"因为能被思维者和能存在者是同一的。必定是:可以言说、可以思议者存在,因为它存在是可能的,而不存在者存在是不可能的……存在者不是产生出来的,也不能消灭,因为它是完全的、不动的、无止境的。它既非过去存在,亦非将来存在,因为它整个在现在,是个连续的一……可以被思想的东西和思想的目标是同一的;因为你找不到一个思想是没有它所表达的存在物的。存在者之外,绝没

---

① 《西方哲学原著选读》上卷,商务印书馆 1981 年版,第 11—12 页。

有、也绝不会有任何别的东西;因为命运已经用锁链把它捆在不可分割的、不动的整体上。"①思想与思想的对象是同一的,这是一种意愿还是一种事实? 它起于意愿、信念而止于部分事实。无数个事实证明了,人们只能部分地、一定层次上地感悟逻各斯、分有逻各斯,遵从逻各斯而生活,因此完全知了和领悟逻各斯乃是一种坚定的信念和良好的意愿。将思想者与思想的同一性、将思想与思想对象的同一性视作愿望、视作情怀,固然体现了人类的信心和信念,但若是作为一个具有必然性的观念则潜藏着僭越逻各斯的风险。亚里士多德在《形而上学》中,将思想者与思想的同一视作最令人神往的善,亚里士多德说,能被思想者一定是善的东西,甚至是最高的善,善型与善型的显现方式是一致的,这个显现方式就如同是立在思想者和思想之间的一个中项,它把所指和被指有机地结合起来。如若有一种东西它是至善或最高的善,那它一定是一种自足的东西,它推动着追求和向往它的东西去运动,去实现它,它自身就是一个运动着的本体、实体,"它以这样的方式来运动;像被向往的东西和被思想的东西那样而不被运动。最初的这些东西也是这样。被欲求的东西,只显得美好,被向往的东西,才是最初的真实的美好。欲求是意见的结果而不是相反。因为思想是本原。理智被思想对象所运动,只有由存在所构成的系列自身,才是思想对象。而在这个存在的系列中,实体居于首位,实体中单纯而现实的存在者在先(单一和单纯并不相同。单一表示尺度,单纯则表示自身是个什么样子)。而美好的东西,由于自身而被选择的对象,都属于思想对象的系列。在一系列中,最初的永远是最好的或者和最好的相类"②。最初的东西就最美好的东西,它总是这样地美好而不会变成别样,"由于它必然而存在,作为必然,是美好,是本原或始点。而必然性又有这所有含义,由于与意向相反而被强制,或者没有它好的结果就不可能,总须如此而不允许别样是最单纯的意义"③。在亚里士多德看来,天

① 《西方哲学原著选读》上卷,商务印书馆1981年版,第22—24页。
② 《亚里士多德全集》第七卷,苗力田译,中国人民大学出版社1993年版,第277页。
③ 同上书,第278页。

界和自然就是这种最初的本源,它们永远都是自足的,没有缺陷,只要完满;但人类就是有缺陷的,它总是想获得那个完满的东西,但总是以有限的方式去思想它和追求它。"天界和自然就是出于这种本原,它过着我们只能在短暂时间中体验到的最美好的生活,这种生活对它是永恒的(对我们则不可能),它的现实性就是快乐(因此,清醒、感觉、思维是最快乐的,希望和记忆也因此你而是快乐)。就其自身的思想,是关于就其自身为最善的东西而思想,最高层次的思想,是以至善为对象的思想。理智通过分享思想对象而思想自身。它由于接触和思想而变成思想的对象,所以思想和被思想的东西是同一的。思想就是对被思想者的接受,对实体的接受。在具有对象时思想就在实现着。这样看来,在理智所具有的东西中,思想的现实活动比对象更为神圣,思辨是最大的快乐,是至高无上的。如若我们能一刻享受到神所永久享到的至福,那就令人受宠若惊。如若享得多些,那就是更大的惊奇。事情就是如此。神是赋有生命的,生命就是思想的现实活动,神就是现实性,是就其自身的现实性,他的生命是至善和永恒。我们说,神是有生命的、永恒的至善,由于他永远不断地生活着,永恒归于神,这就是神。"①如若把人自身视作神,那么他就一定是一个自我运动、自我沉思的神,获得至善固然重要,但获得至善的过程更重要;获得思想重要,但现实地沉思着思想的对象更令人着迷,因为只有具有现实性的活动才更加重要。

但黑格尔把思维与存在、思想者与思想的对象视作是绝对同一的,这是一个充满风险和危险的哲学信念,而实现这个同一的则可以是绝对理性或绝对精神,也可能是国家,更可以是单个的人。而康德则为"物自

---

① 《亚里士多德全集》第七卷,苗力田译,中国人民大学出版社 1993 年版,第 278—279 页。黑格尔对亚里士多德"思想者与思想者是同一的"的思想高度重视。他在《哲学史讲演录》的"亚里士多德"部分,对这段话几乎是引用原话进行了逐句的讲解(《哲学史讲演录》第二卷,贺麟、王太庆等译,上海人民出版社 2005 年版,第 281—285 页)。在《精神哲学》的最后一节即 577 节中,论述"理念之自我分割"时,在注释中几乎逐字逐句地引证了亚里士多德的这段话。足见黑格尔对亚里士多德关于思想与思想者是同一的这一思想的高度重视。

体"保留了足够的先在性和源初性,人们只能认知、体验和把握关于"物自体"的表象,而永远不能彻底地掌握"物自体",因为,"物自体"作为本体,作为初始性力量是先于人而存在的,人的理性与"物自体"并不具有完全对称的关系,人们必须遵循机械规律而待自然。而在由人的理性和行动所及的世界里,人则是自由的,因为它们是因人的行动而成的事情。

以此可以说,先行于现代化运动而产生的古希腊实体思维、思想者与思想的对象相同一的哲学观念具有二重性,从积极自由的角度看,一如亚里士多德所论述的那样,如若把人自身视作神,那么他就一定是一个自我运动、自我沉思的神,获得至善固然重要,但获得至善的过程更重要;获得思想重要,但现实地沉思着思想的对象更令人着迷,因为只有具有现实性的活动更加重要。实现属人的善才是最具内在价值的事情,而实现属人的善就是要按照人的样子去行动。这里虽然没有明确的自然优先性的观念,但也绝没有可以任意对待自然优先性的主张。黑格尔虽然把思维与存在视作绝对的同一,但也从未主张特殊性可以任意对待普遍性,相反,只有受到普遍性光芒照耀的特殊性才是现实的。那么,古希腊以降至现代化运动之前的本体论和实体思维,是如何演变成现代化运动中的实体运动和实体思维的呢?哲学家构造各种体系、生成各种观念并不直接导致其体系和观念普遍化和现实化,国家治理和社会管理者也从未完全按照哲学体系和哲学观念治理天下的,因此,将古希腊以来的实体思维和本体论与现代化运动关联起来的,并不是哲学家,而是多个层次的行动者。

其次,实体思维与原子主义思维。关系思维与实体思维是两种完全不同的思维方式,整个古希腊哲学的底色是就是实体思维,水、气、原子等等作为自然本体,就是原子,作为始基,这些原子具有源初性,展开自身为他物,他物又复归于原子。每一个思维者也同样是原则,亚里士多德德性论中的行动者就是各个层次的原子,政治家除了具备一般公民所必备的德性,还要具备政治家自身所应有的德性。每个能够思维和行动的社会原子相互交往、公共行动,构成了家庭、城邦等共同体。正是每一个原子的相似甚至相同的需求才使各个原子相互嵌入、相互制约,共同行动。这种观念和情感在现代化运动中被极大地扩展开来，每个人的人格性都是目的，每个人的生命权、财产权和自由权都具有不证自明的合理性。有个体定义整体，由原子定义关系，就是实体思维和原子主义思维。在这种思维支配之下，个体与整体对立着、人类与自然对立着；我是主体，他者是客体；人类是主体，自然是客体；对立的关系就要通过斗争来解决。任何一个主体，任何一个原子，都存有超越自身的有限性而变成全体、变成无限性的冲动；主体会把自由滥用到我即一切、朕即国家的地步。从实体思维和原子主义思维走向关系思维和价值思维，乃是西方当代形态的现代性所面临的最大难题。东方思维起初是关系思维和整体思维，人们总是自觉与不自觉地从整体定义个体、从关系定义存在。将中国哲学中的"道"与古希腊哲学中的"逻各斯"做对比，尽管仅仅具有形式上的意义而不具有实质性的价值，但对于实体思维、原子主义思维和整体思维、关系思维之于现代性的观念意义之研究，还是极为重要的。当代德国现象学哲学家罗姆巴赫对此有着颇为值得重视的见解："另一种思想的形成方式是不同的，它来自对道路（Weg）的经验，在道（Tao）中表达自身，就通过这种方式而被描述……道是一个基本词，就是说，像逻各斯在西方一样，道是一个同样类型的基本词。由各自的基本经验出发，（以下）这些对立的方面得到了思考。逻各斯讨论在，道讨论无；逻各斯讨论知识，道讨论无知；逻各斯讨论意志，道讨论无为。不过这种无为与无所为无甚关系，在其中显示的是，它能被建构一种高超的艺术。无为是如此发生的，即每个东西都在自己的构成运行。"①"对于道路的经验通向这种经验本身的'本质'，通向结构，在此道路显现了对于结构的经验方式，结构成为道的真实性形式。一个结构只能在某条道路上被经验，处于由一物向另一物的过渡中。逻各斯不是这样；逻各斯论及一种'超越'事物的经验方式。通过逻各斯经验的本质绝不是不可把握性，而恰好是每一事物的可把握

---

① ［德］海因里希·罗姆巴赫：《结构存在论：一门自由的现象学》，王俊译，浙江大学出版社 2015 年版，第 ii 页。

性。由它超越事物的立场出发,它获得了'客体性',这种客体性是西方哲学和科学的本真意义和诱因。"①在老子的道论中,无论是形而上之道还是形而下之道,道都是与人的存在须臾不可分离的,人们只能在"恒无欲"中把握无形之道,在"恒有欲"中把握有形之道;在顿悟和体验中把握通往道的道路。道路是由道开显出来的路向,也是通往道的路径。关系思维和境界思维超越了由实体思维所导致的原子主义和本质主义的风险。

面对源初的、扩张的和反思的现代性,实体思维、关系思维和价值思维经历着分离的、隔阂的状态,也蕴含着相互嵌入的、相互贯通的内在要求;只有将他者思维和集体意识贯彻到原子主义和个人主义之中,自由、民主、平等才会获得真正的含义;关系思维和价值思维只有将个体的初始性权力贯彻到集体无意识和有意识中,也才能获得真实的个体存在。两种不同的思维方式既然先行于现代性而生成并持久地发挥作用,那么,面对问题形态的当代现代性,只有超越各自的片面性,才能生成类似于罗姆巴赫意义上的"结构"。"结构不是范畴,而是很多范畴的安置。当结构的构造状态的范畴安置被阐明的时候,结构的构造状态也就被阐明了。其中的一些范畴始终在存在论中占有一席之地,如'关系'或'意义',有些是较新的,如'异化'和'动态',有些则是在最近才作为术语被接受,如'创造性'和'信息'。"②"结构"将"实体"和"体系"含括在自身之内,并把二者发展成动态的秩序构造过程,而将诸要素连结起来构成"结构"的关键则是"环节";世间存在可能从不缺少实体和体系,但却缺少环节,正是诸环节才让整个世界关联起来、运动起来,充满生机,持存秩序。关系思维和价值思维并非取代实体思维,而是把实体思维提升到了关系和价值的高度。

其三,理性无限的观念。自古希腊泰勒斯追问世界的本源开始,至费

---

① [德]海因里希·罗姆巴赫:《结构存在论:一门自由的现象学》,王俊译,浙江大学出版社 2015 年版,第ⅲ—ⅳ页。
② 同上书,第ⅵ页。

尔巴哈止，通常被称为西方传统哲学。西方传统哲学有两个传统，即两个承诺：包括人在内的整个世界一定存在着一个统一的本体、始因，它展开自身为万物，万物又复归于始基；人有足够的认识能力认知和把握这个本体。这就是本体论承诺和认识论承诺。整个古希腊哲学要么在论证这两个承诺的必要性，要么在论证它们的可能性，但尚无明显的倾向对此表示怀疑和质疑。及至近代，笛卡尔第一个以全面而彻底怀疑的面相对这两个承诺进行了考察，在他那里，考察心灵认知能力的无限可能性问题具有优先地位。笛卡尔进行全面"怀疑"不是目的，而是一种获得"确定性"和"明晰性"的艺术。"我发现，'我想，所以我是'这条真理是十分确实、十分可靠的，怀疑派的任何一条最狂妄的假定都不能使它发生动摇，所以我毫不犹豫地予以采纳，作为我所寻求的那种哲学的第一条原理。然后我仔细研究我是什么，发现我可以设想我没有形体，可以设想我没有我所在的世界，也没有我立身的地点，却不能因此设想我不是。恰恰相反，正是根据我想怀疑其他事物的真实性这一点，可以十分明显、十分确定地推出我是。另一方面，只要我停止了思想，尽管我想象过的其他一切事物都是真的，我也没有理由相信我是过。因此我认识了我是一个本体，它的全部本质或本性只是思想。它之所以是，并不需要地点，并不依赖任何物质性的东西。所以这个我，这个使我成其为我的灵魂，是与形体完全不同的，甚至比形体容易认识，即使形体并不是，它还仍然是不可不扣的它。"①笛卡尔把我思想作为我所是的根据，正因我不停地进行思考、怀疑、考察、确证才使我成为我。成为我自己乃是沿着两条路向而展开的，一个是向外的，通过怀疑、考察和确证，一种具有确定性和明晰性的知识得以产生；一个是向内的，对自己的思想进行思想，这就是灵魂比形体更容易被认识。虽然在通常的认识中，笛卡尔被认作是西方近代哲学中唯理论或理性主义的先驱，但也同样可以找到通往经验论的元素。有一点是确定的，那就是，笛卡尔的最终目的是借助"我思"而获得思之对象的"是其所是"和思

①　[法]笛卡尔：《谈谈方法》，王太庆译，商务印书馆2000年版，第26—28页。

本身的"是其所是"，只有将两种"是其所是"有机地统合在一起，自古希腊以来的两种承诺才能被证实。至少在哲学论证中，人们不但相信理性的力量，也在孜孜以求于理性。在现代化的初始阶段，自然科学的高歌猛进，科学技术的飞速发展，人在产生知识和创制技术活动中的主体地位的凸显，使人们产生了理性可以创造一切、支配一切和解释一切的幻象。被高估的理性在三个领域或层面上展开它的力量。在亚里士多德那里，理性被构造成为三种，理论理性，是人的灵魂中科学把握不变事物的能力；创制理性，是技艺把握可变且可制作的事物的能力；实践理性，是因人的理智德性和道德德性而通过行动造成正义、友善等适度状态的能力。在雅典城邦这个有限度的生产、交往和生活空间中，人的理性虽然被确定起来、开显出来，但并未表现出"僭越"的态势。及至近代，亚里士多德的理性在两个人群、三个层面上被快速地激发起来，一个是科学家人群，一个是思想家人群。科学家借着各自的科学研究和卓越成就，将人的创制理性提高到了可以解构一切、制造一切、解释一切的高度，开启了一个海德格尔意义上的使世界图像化的时代。在思想家那里，理性沿着社会哲学、道德哲学和精神哲学的道路而扩展开来。社会哲学分化为经济哲学和政治哲学，亚当·斯密将社会理性分解成相互关联的四个方面：人性利己论、社会分工论、市场自治论和理性无限论。反复的社会实践证明，这不是一个周全的理论，也是靠不住的承诺。

其四，与现代性具有同质性的观念。 在与现代性具有同质性的诸种观念中，主体性观念是最为重要也是迄今为止最根深蒂固的观念。现代化运动直接将个体变成的了单一的怀疑的主体（笛卡尔）、权利的主体（洛克）、道德的主体（康德）、思维的主体（黑格尔），而自由、平等和民主无不建立在"默会知识"之上：我是我的一切行动的出发点，也是我的归宿。"如果我们稍微更加仔细地考察精神，那我们就发现精神的最初的和最简单的规定就是：精神是自我。自我是一个完全简单的东西、普遍的东西。当我们说自我时，我们想到的大致是一个个别的东西；但因为每个人都是自我，从而我们只是说出了某种完全普遍的东西。自我的普遍性使得它能够从一切事物，甚至从它的生命中抽象出来。"①或许就个体生命的宿命而言，他天然存有将自己视作"存在事物存在的根据，也是不存在事物不存在的根据"的可能性，但只有在现代化运动中，这种可能性才逐渐变成了现实性。市场经济将某一个人变成了独立的甚至是孤立的个体，他必须将自己视作主体，视作自由的、平等的个体，他甚至要把这种个体变成明确的理念和坚实的行动。黑格尔认为："在市民社会中，每个人都以自身为目的，其他一切在他看来都是虚无。但是，如果他不同别人发生关系，他就不能达到他的全部目的，因此，其他人变成为特殊的人达到目的的手段。但是特殊目的通过他人的关系就取得了普遍性的形式，并且在满足他人福利的同时，满足自己。由于特殊性必然以普遍性为其条件，所以整个市民社会是中介的基地；在这一基地上，一切癖性、一切禀赋、一切与出生和幸运的偶然性都自由地活跃着；又在这一基地上一切激情的巨浪，汹涌澎湃，它们仅仅受到向它们放射光芒的理性的节制。受到普遍性限制的特殊性是衡量一切特殊性是否促进它的福利的第一尺度。"②从黑格尔关于精神自我、关于个人自我这个特殊性与理性这个普遍性的相互关系的论证中可以看出，现代社会（市场经济是现代社会的经济活动形式）之于个人自由之确立、个人权利之确定与实现，具有双重作用，一方面，它使逐步确立起来的个人意识、自由与权利置于社会诸要素之首要位置，任何人无疑可以自在自为地将自己作为目的，将其他一切视为虚无，但任何一种特殊性都必须在普遍理性的照耀之下才能取得合理性，因为每个个人都是如此思考和行动的，它构成了自由、民主和平等的共同根源。然而，这只是一种理念、一种信念，在现代社会中，它们具有现实性基础；而在由资本和权力支配的充满差别的领域，自由就仅仅向处于优势地位的人群开放，民主和平等就仅仅成了处于弱势的人群的强烈呼声。

---

① ［德］黑格尔：《精神哲学》，杨祖陶译，人民出版社 2006 年版，第 14 页。
② ［德］黑格尔：《法哲学原理》，范扬、张企泰译，商务印书馆 1961 年版，第 197—198 页。

基于主体性和自主性意识之上的自由、民主、平等具有双重效应，它既可以发展出保障倒叙的平等逻辑（经济平等—社会平等—政治平等—人格平等）的规则体系，也可以假借民主、平等、自由之名义实现实质性的不平等。或许可以说，人类从未真正实现过自由、民主、平等，而真正存在的则是不平等，或有限度的平等，以此可以说，自由、民主、平等都是反思性概念，作为完满的、自足的观念体系和规范系统，它们是用来批判、反思和矫正不平等事实的。作为与现实性具有同质性的观念，基于主体性和自主性之上的民主、平等、自由的实现方式和实现程度，固然决定于市场社会的建立与完善，更决定于国体和政体。随着现代化运动的深化和拓展，更随着现代性之复杂性和冲突性的呈现，社会主义制度相较于资本主义制度的优越性日益明显。

现代思维既是实体思维、关系思维，又不是单一的实体和关系思维，而是将二者有机地统合在一个充满生命力、体现普遍性本质的思维之下，这就是价值思维。中华伦理文明新形态本质上就是一个价值体系，与生态伦理文明、社会伦理文明和精神伦理文明相对应，由自然价值、社会价值和精神价值三个共同构成。类意识和类事件是创造、分配和享用这个价值体系的根本方式。

五、可以为其进行道德归责的行动

当我们把主体主义思维贯彻到构建中华伦理文明新形态的过程中，一个显而易见的问题就即刻被澄明出来，这就是，何种主体、何种主体性、何种主体行动，才是对构建中华伦理文明新形态负有直接的和间接的道德责任的？当人们"殚精竭虑"地、"满腔热忱"地为他者的思考和观念立法的时候，为他者的"应当"发布道德命令时，全然忘记了，自己才是构建中华伦理文明新形态的直接责任者。事实上，任何人都是推进中国式现代化的利益主体，也是构建中华伦理文明新形态的责任主体。如何能够相互提出有效性要求，如何由自身和利益相关者向掌握权威资源的个体和集体提出特殊的有效性要求，构成了生成可以进行道德归责之行动的关键。

在推动中国式现代化的过程中，每个人都是利益主体，创造、分配和享用财富的主体，因而也是构建中国力量我们新形态的道德主体；如若有一种可以向所有主体提出的普遍的有效性要求，那么这个要求就是，如何成为一个正确的言说者、公正的旁观者和正当的行动者。尽管每一个主体所掌握的资源不同、所处社会地位有别、掌握的话语权各异，但都有为构建中华伦理文明新形态而担负的道德责任。在微观状态下，这个道德责任因所拥有的资源不同，而在担负道德责任的广度和程度上而区别开来。

1. 如何做一个公正、理性、正当的决策—分配者？

作为决策—分配者，政治精英和各级官吏乃是政治权力和行政职权的占有者和使用者，这种权威性地位对实现政治"是其所是的东西"具有根本性的作用，因此他们是否具有德性、知识和理性乃是至关重要的事情。首先，他们必须具有坚定的政治信念，这种信念不是空洞的，而是现实的，那就是对政治"是其所是的东西"的确信和坚守。任何权力和职权都来自人民，也必须用于人民。信念决定方向，决定道路。如若起初就没有明确而坚定的信念，在具体的决策和管理中，就极有可能成为欲望和诱惑的俘虏。所谓坚定的政治信念，表现在终极目的上就是让每一个人的生活得以改善，使每一个人过上一种整体上的好生活。表现在手段上，就是寻找和建构能够最大化实现这个终极目的的政策与制度。有了追求和实现政治之目的之善的坚定信念之后，就必须把这种信念落在具体的德性的修为、知识的积累和理性的训练之上。德性的修为是落实信念的根本途径，在实际的国家治理和社会管理中，在一个时段、某些领域、某些方面，我们似乎只停留于信念的建构、宣传和教化上，且把这种信念的教育、宣传都落实在了他者身上。这种严重的不对等、不对称使得信念的建构和实现变成了毫无内容的形式主义。基本理由在于,真正掌握权威性资源即权力和制度的人群才是实现政治信念的主体,如果他们仅仅是为了宣传、强调某种信念,而不去殚精竭虑地实现信念,那么信念就必然流于形式,这正是官僚政治和政治官僚的集中表现。第二,为着实现信念,政治精英和各级官吏就必须强化品德修为。政治精英的德性具有双重结构,作为普通人,作为一般公民,他必须具有为一般公民具有的德性,如真诚、善良意志、正义、诚实、同情、友爱;除此之外,还必须具有为一般公民不具有的德性,如大度、宽容、自治力、理智感。德性之美是建构一个良序社会所必须具备的条件,但这个条件仅仅是必要的条件,没有德性之美就一定不会有一个良序社会,但有了它却未必就有良序社会。从德性之美到政治共同体之善需要诸多中间要素和环节,二者具有不同的运行逻辑。在与政治之目的之善和手段之善有关的德性之美与政治共同体之善之间,其内在逻辑关系究竟应该怎样呢?

首先,政治精英和各级官吏的德性乃是实现政治之目的之善的伦理基础。"自天子以至于庶人,壹是皆以修身为本。其本乱而末治者否矣,其所厚者薄,其所薄者厚,未之有也!"①在儒家那里,"明明德""亲民""止于至善"乃普遍有效性要求,但由于每个人的权力、地位、身份不同,"止于至善"的要求便是不同。"为人君,止于仁;为人臣,止于敬;为人子,止于孝;为人父,止于慈;与国人交,止于信。"②为人君者,即可为一国之君,亦可为谦谦君子。为一国之君者,当止于仁。何谓仁? 视每个人为人,为一国之君所止之处,便是让每个人得其所得,让其应得,让其生活幸福。当把这个当止之处立于心中之深处,心中始终装着人民,这便是正其心,"所谓修身在正其心者,身有所忿懥,则不得其正;有所恐惧,则不得其正;有所好乐,则不得其正;有所忧患,则不得其正。心不在焉,视而不见,听而不闻,食而不知其味。此谓修身在正其心。"③之所以说修养自身的

---

① [宋]朱熹撰:《四书章句集注》,中华书局 1983 年版,第 5 页。
② 同上书,第 6 页。
③ 同上书,第 9 页。

品性要先端正自己的心思，是因为心有愤怒就不能够端正；心有恐惧就不能够端正；心有喜好就不能够端正；心有忧虑就不能够端正。心思不端正就像心不在自己身上一样：虽然在看，但却像没有看见一样；虽然在听，但却像没有听见一样；虽然在吃东西，但却一点也不知道是什么滋味。所以说，要修养自身的品性必须先端正自己的心思。为民之官、为国之君必须正其心，心不正则品不良。一国之发展在于创造更多的财富，平等分配这些财富；在于提升社会的自治力，形成良序社会；在于使每个人有尊严地生活着。这便是国之"是其所是的东西"，把这个"是其所是的东西"立于心中，便是正心。政治权力和行政职权亦复如是，其是其所是的东西就是在正义、公平和平等原则支配下，完成或实现一国之"是其所是的东西"，把这个是其所是的东西立于政治精英和各级官吏的心中，便是正心。反之，若把自己之私利或集团之利益置于心中，便是心不正。成为政治精英和各级官吏之正当动机的必须是这个"是其所是的东西"，若把自己的占有和支配欲望视为、作为拥有和使用政治权力和行政职权的真实动机，便是动机偏离。一如康德所反复强调的那样，若没有善良意志，其他被称为品质的东西都可能被错误地使用。"在世界之中，一般地，甚至在世界之外，除了善良意志，不可能设想一个无条件善的东西。理解、明智、判断力等，或者那些精神上的才能勇敢、果断、忍耐等，或者说那些性格上的素质，毫无疑问，从很多方面看是善的并且令人称羡。然而，它们也可能是极大的恶，非常有害，如若那使用这些自然禀赋，其固有属性称为品质的意志不是善良的话。这个道理对幸运所致的东西同样适用。财富、权力、荣誉甚至健康和全部生活美好、境遇如意，也就是那名为幸福的东西，就使人自满，并由此经常使人傲慢，如若没有一个善良意志去正确指导它们对心灵的影响，使行动原则和普遍目的相符合的话。这样看来，善良意志甚至是值不值得幸福的不可缺少的条件。"[1]善良意志是使权力拥有者和使用者做正当之事的初始性力量。

---

[1]　[德]康德：《道德形而上学原理》，苗力田译，上海人民出版社1986年版，第42页。

　　若把善良意志贯彻于整个行为之中,第一个环节就是"诚其意"。
"所谓诚其意者,毋自欺也。如恶恶臭,如好好色,此之谓自谦。故君子必
慎其独也! 小人闲居为不善,无所不至,见君子而后厌然,掩其不善,而著
其善。人之视己,如见其肺肝然,则何益矣。此谓诚于中,形于外。故君
子必慎其独也。十目所视,十手所指,其严乎! 富润屋,德润身,心广体
胖。故君子必诚其意。"①使意念真诚的意思是说,不要自己欺骗自己。
要像厌恶腐臭的气味一样,要像喜爱美丽的女人一样,一切都发自内心。
所以,品德高尚的人哪怕是在一个人独处的时候,也一定要谨慎。品德低
下的人在私下里无恶不作,一见到品德高尚的人便躲躲闪闪,掩盖自己所
做的坏事而自吹自擂。殊不知,别人看你自己,就像能看见你的心肺肝脏
一样清楚,掩盖有什么用呢? 这就叫做内心的真实一定会表现到外表上
来。所以,品德高尚的人哪怕是在一个人独处的时候,也一定要谨慎。曾
子说:"十只眼睛看着,十只手指着,这难道不令人畏惧吗?!"财富可以装
饰房屋,品德却可以修养身心,使心胸宽广而身体舒泰安康。所以,品德
高尚的人一定要使自己的意念真诚。要做到真诚,最重要,也是最考验人
的一课便是"慎其独",在一个人独处的时候也谨慎,简而言之,就是人前
人后一个样。人前真诚,人后也真诚,一切都发自肺腑,发自内心,发自我
全部的感官,就像手脚长在我自己身上一样自然自如,一样真实无欺,而
不是谁外加于我的"思想改造",外加于我的清规戒律。从反面来说,"若
要人不知,除非己莫为",自欺欺人,掩耳盗铃,总有东窗事发的一天。本
来具有利己之心,却要表现出一心为公、一心为民的样子,极尽表演之能
事,就既无正其心,更无诚其意。

　　正其心、诚其意是政治精英和各级官吏能够一心为公、真正为民的道
德基础,它解决的是意愿和动机问题,而要真正做到应当做的事情,还必
须遵循国家治理和社会管理的客观规律,这就是所谓的"格物""致知"。
格身外之物,以求天道;格心中之私欲,以尽善性,天道不可违,人道不可

---

① 〔宋〕朱熹撰:《四书章句集注》,中华书局 1983 年版,第 8 页。

逆。如何"格物"呢？就是学习知识、把握规律、运用理论。格就是推究、研究、揣摩，体会，"致知"就是在认识上形成知识体系、理论体系，在实践上就是正确运用。只知其所知而不知其所以知，便是一知半解；若能运用到实践中，并证明知识是正确的，便是一智全解。"格物""致知"解决的是能够一心为公、执政为民的问题，其实质是理性能力的培养与运用。

其次，理性是使政治精英和各级官吏能够一心为公和执政为民的意识基础。如果说在千百年来都不曾变化的传统社会中，国家治理和社会管理较少充分且公开运用理性，而是反复使用过往的治理模式，那么在充满流动性、变动性、多样性的当代社会，若想建构一个良序社会，通过科学而有效的国家治理与社会管理而最大化地实现政治之目的之善，是必须充分运用理性的。理性精神是现代精神体系中的核心内容，由理论理性、创制理性和实践理性构成。

理论理性包括知识与理论两个部分，理论理性作为一种能力首先表现为对管理知识的学习，对科学理论的掌握和运用。而无论是知识的习得还是理论的掌握，其目的都是为着理解、掌握和运用国家治理与社会管理的客观逻辑，因为平等作为一种客观的关系结构和几何比例关系，乃是一种过程、一个事实，如要追求这个事实，就必须遵循治理和管理之必然性，领悟、拥有、运用逻各斯，知识与理论乃是实现有效管理、实现正义、公平与平等原则的理性基础。

创制理性乃是一种进行技术创新、规范创新、制度革新的实践能力。平等作为一种适当的几何比例关系不是通过意见、情感来实现的，而是依靠可以反复使用的游戏规则来实现，因此，决策—分配者就必须不断进行制度创新和规范完善。在社会主义市场经济建立之初，政策设计和制度安排倾向于激励性的安排，如何实现财富的快速积累，以摆脱长期处于贫穷落后的面貌是第一要务，因此协调性的、预防性的制度设计则不够健全。但随着经济的不断发展，在部分地方也在一定程度上出现了贫富差距的问题。决策—分配者就要时时处处根据活动结构和关系结构的变化，修复、完善已有的规范，创新、发现新的规范。当科学技术作为第一生产力被给定以后,或科学技术的内生变量已经给定的条件下,制度的完善与创新就会作为第二生产力而出现。

实践理性对决策—分配者而言,乃是最为重要的素养与素质。因为,在决定社会财富与资源的分配中,在实现平等的过程中,虽然说各种主体都会起作用,但决策—分配者则起着决定性的作用,因为他们是政治权力和行政职权的占有者和使用者,而权力又是最具支配性的力量,所以,决策—分配者是否具有实践理性、是否具有足够的实践理性对于实现社会平等而言,乃是最为要紧的元素。所谓实践理性乃是一个人在处理与自己的欲望有关的事项时所具备的能力体系,实践理性是保证一个做正当的事情以及正当地做事情的道德基础。实践理性所处理的对象是欲望与诱惑,欲望的根据在于人的需要、偏好,是促使一个人采取某个行动的动力。由需要跃迁到欲望,乃是一个客观的状态与指向的主观化或观念化的过程,欲望作为被把握在意识中的需要,乃是需要的表象,而需要一经表象化,其强度与广度就被大大扩展了。由于决策—分配者乃是掌握最具支配性力量即权力的人群,在某种意义上,他们对这种支配性力量就更加渴望。但如果这种借助权力而实施占有和表达的欲望超出了道德与法律的边界,欲望就会变成一切罪恶的渊薮。实践理性的作用就在于使权力拥有者在认知上判定欲望的合理性边界,在意志上,将不合法、不合理的欲望解决在萌芽之中。意念、欲念乃是一个行为得以发生的初始性要素。诱惑是外在之善对人的吸引力、诱惑力,而就外在之善的类型说,可有财富、权力、荣誉、名声、地位、身份,在可能性上,这些外在之善乃是令一个人生活得以改善的基础,令一个人快乐的条件。对每一个正常的人来说,外在之善都是一种吸引恶诱惑。然而,这些基础和条件对于权力拥有者的吸引和诱惑更大,因为他们较之没有支配权力的人群更有机会去获取它们。那么,在欲望与诱惑的推动下,决策—分配者该如何拥有实践理性并充分运用实践理性呢? 首先,在动机上。实践理性表现为善良意志,所谓善良意志就是将权利和职权的"真理"即提供公共善作为占有、使用和支配权力的动机,此所谓"正其心",反之,如果将利己之心作为初始动机，就是动力偏离，此所谓心不正则品不良。贪婪乃罪恶之源，滥用职权生于贪婪、起于贪婪。自律必须从善良意志开始。只有将历史的声音、民众的心声置于动机之上，政治权力和行政职权才有可能沿着正确的、正当的轨道运转。第二，在过程。在过程中实践理性表现为"顽强的意志品质"，除了排除来自自身欲望的冲动之外，还要抵御不断出现的各种外在诱惑。除了善良意志和自治力之外，实践理性尚有另一个任命，这就是克服各种困难以把善良动机贯彻下去的要求。这种要求乃是理论理性和创制理性意义上的，因为当一个正义、公平和平等作为价值诉求以目标或目的确立下来之后，最为关键的乃是创造条件、创设环境实现这些目标。而实现这些公共善的过程中，会产生各种阻力，出现各种困难，解决困难仅有善良意愿是不够的，还必须有理论、知识、判断力、执行力作保障。第三，在后果上。平等作为一种客观的行动以及由行动造成的利益关系，乃是一个行动的后果。一个追求平等的行动固然要以善良动机和自治力作保证，但如果不能产生平等的结果，那么善良动机和自治力也就没有了价值。在后果的意义上，实践理性对决策—分配者的作用在于促使他们对行动后果进行正当与否的鉴定，并通过鉴定检验自己的认知、情感与意志。自信与反思是这种检验的两个直接成果，自信是正当意义上的体验，当决策—分配者在善良动机和自治力的保证下，将公共善作为终极目标加以追求时，若实现了这个目标，那么就会增强更好地"执政为民"的信心，会从艰辛的"执政为民"的过程和令民众满意的后果中证明自己、再现自己，在对象性关系中实现自己的社会价值，称为人们的好公仆。若未能产生人们所预期的公共善，执政者也会总结失败的教训，在正确理论和科学知识的保障之下，矫正和修复既定的规范，以期做得更好。此时具有的体验乃是遗憾而不是悔恨。反之，若以利己为动机、以违背道德与法律规范为手段，以占有和支配为结果，那么能否实现正义、公平、平等的问题就会成为完全幻想的问题了。面对道德谴责、法律的制裁，权力和职权的滥用者毫无愧疚之安、悔罪之意，那么指望这些决策—分配者实现平等就是彻底的幻想了。如果滥用职权者面对自己的犯罪、过错表示悔过、悔罪、自责、忏悔,那么这种所谓的事后悔过也无实质意义,因为它是实践理性实效或根本就没有实践理性的恶果,因为他们不再具有补救重大损失的机会了,"悔过自新"只具有舆论的意义,而没有道德意义。因为道德的作用恰恰是在动机和过程之中,而不是后果主义的。若权力和职权的滥用者被持续地任用,那只能证明这个社会已经到了不可救药的地步。

总之,决策—分配者的人格结构、德性构成、理性能力乃是决定能否实现平等的最大的主体性资源。只有这些主体性资源被培养和积累起来以后,决策—分配者才能成为公正的旁观者、正确的思考者和正当的行动者,而只有成为三者合一者,政策的设计、制度的供给才可能是合理的,国家治理和社会管理才可能是有效的。

2. 如何做一个公正、理性、正当的辩护—批判者?

社会作为由若干个体依照各种规则、规范组织起来的共同体,并非仅有决策—分配者一个人群,尚有知识阶层和平民阶层。知识阶层作为一个具有知识、理论、人格与良知的人群,在实现社会主义平等过程中具有不可推卸的社会责任,其担负责任的方式明显不同于决策—分配者和劳动—享用者两个人群。在实现正义、平等的活动中,知识阶层的作用表现在如下几个方面,第一,有良知的中间人的角色。它身居决策—分配者和劳动—享用者之间,起着上传下达、传下达上的作用。要把国家的信念、理念、意志传达到普通百姓中,变成人们的日常意识和日常行为,虽然国家并不代表和实现历史的声音和民众的心声,但国家总是在努力实现人民的意志。知识阶层还要把民众的心声以建议、提案、学术、思想的方式表达给决策—分配者。第二,是有知识和理论的群体。知识阶层在实现平等过程中的作用就是以理论的方式对平等与不平等的事实及其根源、成因、后果进行反思、批判与预设:对过往的事实进行反思、对当下的问题进行批判、对未来的状态进行预设。第三,较少受到权力和金钱的影响。而要完成这些使命,知识阶层就必须成为公正的旁观者、正确的思考者和正当的行动者。

知识阶层如何成为公正的旁观者呢？所谓旁观者就是平等与不平等事实的观察者，而要成为关于平等与不平等事实的公正的旁观者，知识阶层必须拥有两个先决条件，一个是视界问题，一个是理性问题。视界就是视野、角度，就是立场。平等与不平等作为一种价值事实根本不同于一般的事实，而是在事实基础上形成的相关于善恶、美丑、利弊的判断，同样是一个比例关系，处于优势地位的人会认为是公平的、平等的，而处在劣势地位的人则认为不平等。这就是视界问题。知识阶层可以站在两个当事人之外，以公正的旁观者的角色对各种比例关系进行判断。所谓公正指的是，知识阶层所给出的判断是有充分根据的，是可以证明的。改革开放40多年来，公正、正义、公平、平等得到越来越多的重视，政治哲学、伦理学、法学、教育学、社会学等等，从各自的学科视角进行讨论、争论，提出了各种各样的学术观点和理论模型，近几年每年一度的"平等状况调查"更是赢得了人们的普遍赞同和认同。由各个学科的平等观和平等理论而形成的"共识"，愈来愈影响着政策的设计和制度的安排，也引领着普通百姓的平等观念。理性就是知识阶层表达平等观的意识基础，即是说，知识阶层的平等感、平等理论是充分且公开运用理性的结果，是沉思后的成果，只有经过前提批判，经过充分论证、经得起实践检验的感受和观点才是可信的，也才有说服力，也才是公正的视界。而要保证知识阶层对平等与不平等事实的观察期视界是公正的、理性是充分的，就必须是一个正确的思考者。

如果说，视界和理性所保证的知识阶层对平等与否的观察是公正的，解决的是平等"何以可能"中的价值根据问题，那么正确的思考者所解决的则是"何以可能"中的事实依据问题。而价值根据与事实依据必须是统一的，而这种统一就是价值逻辑与事实逻辑的统一。知识阶层把握平等问题的方式显明地有别于决策—分配者和劳动—享用者。决策—分配者在进行政策设计和制度安排时，必须以理论作支撑、以知识作基础，然而，决策—支配者却往往由于专心致志于具体的政策的设计、制度的安排以及具体的国家治理和公共管理之中，即便有学习知识、掌握理论的意愿，也由于时间和精力的稀缺而疏于理论素养的提升。如果说在农业社会人们是依照千百年来不曾变化的常识与经验进行国家治理和社会管理的，那么在充满流动性、变动性、偶然性的现代社会，国家治理和社会管理必须以知识和理论为基础。而这种知识和理论只能由知识阶层来生产、创造和传播。而这种知识与理论的作用就在于对实现平等的政策、制度、体制、治理、管理进行论证、验证、矫正、修复和完善。而普通百姓在追求平等的过程中，则是具体的要求、个人的视界，他们除了具备最基本的理性知识之外，对平等的根据、发生、根源似乎没有知其所以然的意愿，既不想也不能形成知识与理论，而在现代社会，对平等的追问、追寻和实现仅有经验和常识是不够的，是需要丰富的知识作支持，正确的理论作指导的。

当完成了公正的旁观者、正确的思考者之后，知识阶层的使命在于将沉思之后形成的知识与理论运用到实现正义和平等的社会实践之中，借以检验知识的可靠性、理论的正确性，这就是正当的行动者问题。所谓正当就是知识阶层通过其知识和理论影响社会实践的方式与路径是可接受的，适当的。正当的方式表现为，其表达平等观念的类型是理论化的、理智化的。理论化的方式不同于意见和情绪的方式，意见和情绪不需要论证，不需要符合客观逻辑，而理论则不同，其所给出的平等理论，必须是经历过回溯的过程的，即经历由果溯因的过程，是实现了思维的逻辑与表述的逻辑的完整联结的，是实现了表述的逻辑与历史的逻辑相统一的。理智化的表达方式指的是，知识阶层是通过合法而合理的手段与途径表达其平等观的。在媒体已经高度发展的今天，知识阶层必须充分运用大众媒体的作用，努力将自己的知识与理论变成实际的平等观。

而知识阶层要真正成为公正的旁观者、正确的思考者和正当的行动者，就必须具有思想之自由、独立之人格。如果仅仅成为权威的辩护者，关于平等的真理就无法给出，因为他不能借助自己的理性、知性对感性进行正确地统合，以真理的形式呈现历史的声音、实现人民的心声。如果被权力与金钱所奴役、收编和收买,那就不会有独立人格,当一个人没有了正义感、平等感,没有了经得起检验的平等观,那他就不是真正意义上的知识阶层。中国改革开放的伟大实践,需要具有自由之思想、独立之人格的知识阶层,同时也锻造着知识阶层。

3. 如何做一个公正、理性、正当的劳动—享用者?

依照日常意识和经验,追寻和要求平等的人群,通常是那些感到自己没有被平等对待、没有平等获得财富、机会、身份、地位的人群。边缘人群和弱势人群就是处在劣势地位的人群,他们有自己的平等感和平等观,他们依照自己的平等感和平等观念来对待权力、地位、身份和机会的。在以家庭为基本生产单位的农业社会,劳动者既是生活资料的生产者,也是劳动的组织者,自然经济具有很强的自组织性。在此种场域下,对于大多数人来说,平等问题仅限于熟人社会的算数比例关系和几何比例关系。当生产资料和生活资料发生分离,精神生产与物质生产发生分离,生产的决策者和生活资料的创造者发生分离,就会导致政治权力和行政职权集中于决策者—分配者手中,而使劳动者阶层成为强烈要求平等的阶层。在阶级社会,严重的私有制导致严重的阶级对抗,要求平等的行动通常表现为社会革命;而在以公有制为主体,多种所有制经济共同发展的社会主义社会,作为生活资料生产者的劳动者阶层,究竟该最大限度地实现平等呢? 最根本的道路乃是决策—分配者通过建构和完善科学而合理的政策、制度、体制来实现,当罗尔斯所倡导的两个正义原则已经给出,一组相对为好的激励制度已经给出,那是否意味着,劳动者阶层所企盼的平等就一定能够实现呢? 在这里必须修正一种观点,这就是很多人都认为,无论劳动者—享用者如何作为,在实现社会主义平等的道路上,他们似乎都没有任何责任。如果把这种观点推至极端就会出现极端的情形,即无论劳动者阶层是否努力,都应该也必须享受改革开放的成果。事实上,这是一种极其有害的认识和观念,因为一个完全有劳动能力但却十分懒惰,然而却有充足理由分享他人的劳动成果,这是十分不可接受的事实,因为它与平等之"是其所是的东西"相悖。

若劳动者阶层无论如何努力都不能改变现有的生活状况,那造成不平等的根源也就不在劳动者阶层这里,而在于马克思所深刻揭露的社会根源,即劳动、资本和土地的严重分离,罪恶的渊薮在于私有制;当社会主义公有制给出了相对公平的政策和制度保障,给出了相对的机会平等,然而一些有足够劳动能力的人却由于懒惰而不能充分把握和运用平等的政策与机会,如果,决策—分配者依旧像对待付出艰辛劳动的劳动者阶层那样分配给懒惰者以同样的生活资料,那么就是有目共睹的"显失公正"。在实现社会主义平等的道路上,应该正确处理要求的平等和被给予的平等之间的关系。被给予的平等又有如下两种情况,第一种情况是整体性的被给予,在新中国成立后的 30 年里,平均主义意义之下的社会主义平等就是由决策—分配者直接"分配"给劳动—享用者阶层,其实被给予的人群并不知晓什么是平等,什么是不平等。这种给予平等的方式只有在政治权力统合一切的历史场域下才能存在。在先富与后富政策之下,市场经济使每个人逐渐产生了自我意识,意识到了自己的权利和利益,开始出现要求和追求平等的情形。而这种要求平等的情形又有两种,一种是,经过自己的艰苦努力,使自己的生活状况与过去的我加以比较有了极大的改善,但与其他劳动者比较,改善的广度和力度相对迟缓,这种差距尽管也使发展较慢者产生些许的失落之感,但却认同这种差别,因为他们所付出的劳动存在差别,要么在能力上存在差别,要么在劳动积极性上存在差别。这种充分证明,基于几何比例关系之上的平等观正在生成。另一种情形是,辛勤劳动者与劳动者以外的人群进行比较,现代媒体的传播作用,使得劳动者阶层逐渐了解到通过权力、制度、体制、身份优势的人群,是如何使自己快速"富裕"的,这使得劳动者阶层产生更加强烈的要求平等的愿望,也使他们产生了埋怨、怨恨、仇恨。这是来自民间的要求和追求平等的力量,在这种力量的推动之下,极有可能出现被给予的平等和要求的平等的有机结合。这是值得肯定、鼓励、配置的平等观念。需要批判和改造的平等观乃是那种既不努力还又要求平等的情形,传统文化中的平均主义意识和现代社会中的等、要、靠思想，在一些人身上依旧根深蒂固地存在着。

那么，在建立和完善社会主义市场经济的过程中，劳动—享用者该如何成为一个公正、理性、正当的劳动—享用者呢？第一，树立能力本位论的观念。能力才是一个人把握平等机会、创构财富并公平获取财富的基础。别人的错误不该成为自己犯同样错误的理由，自建立和完善社会主义市场经济过程中，权力滥用、渎职等行为固然存在，但如果劳动—享用者阶层不去打造自己的能力体系，而是模仿、运用不正当的牟利方式，只能使实现平等的愿望更加遥遥无期。第二，树立正确的政治观、权力观和平等观。平均主义只是一种极端的分配方式，是最低限度的平等，"应得""得其所得"和几何比例分配关系才是社会主义平等的根本要求。第三，学会用理智而不是冷漠与激情进行政治表达和表达政治。

在培养和践行作为公共意志的政治意志从而最大化实现政治之目的之善的道路上，成为一个有理性且无偏见的观察者、有理性且能正确的言说者、有理性且能正当的行动者，是每一个人的事情，因为政治作为最大的或最典型的公共性存在，就是相关于每个人之根本利益的社会观念、情感、意志和行动。

六、重构规范体系：原则与方法

重构推进中华伦理文明新形态建设、更能实现人类价值的规范体系，其根本原则是正确性和正当性，只有充分体现正确和正当原则的规范才会是普遍有效的。为着这一目的，规范的建构者必须具备这一原则所要求的素养和素质。由于普通民众既无能力又无机会制定朝向社会支配性资源的规范体系，而是由处于优势、支配地位的个人和集团来实现，因此，规范的建构者就必须成为正确的言说者、公正的旁观者和正当的行动者。正确的言说者不但认识和领悟到了道和逻各斯，而且能够言说给世人。"这个'逻各斯'，虽然永恒第存在着，但是人们在听见人说到它以前，以及在初次听见人说到它以后,都不能理解它。虽然万物都根据这个'逻各斯'而产生,但是我在分别每一事物的本性并表明其实质时说出的那些话语和事实,人们在加以体会时却显得毫无经验。因此应当遵从那人人共有的东西。可是'逻各斯'虽是人人共有的,多数人却不加理会地生活着,好像他们有一种独特的智慧似的。"①拥有正确认识的能力和完整的知识是建构规范的认识论前提。公正的旁观者保证了规范的制定者,时时处处都把公共善和公共意志视为目的和根据。"当我努力考察自己的行为时,当我努力对自己的行为作出判断并对此表示赞许或谴责时,在一切此类场合,我仿佛把自己分成两个人:一个我是审察者和评判者,扮演和另一个我不同的角色;另一个我是被审察和被评判的行为者。第一个我是个旁观者,当以那个特殊的观点观察自己的行为时,尽力通过设身处地设想并考虑它在我们面前会如何表现来理解有关自己行为的情感。第二个是行为者,恰当地说是我自己,对其行为我将以旁观者的身份作出某种评论。前者是评判者,后者是被评判者。"②如果说正确的言说者是智者,那么公正的旁观者则是德者。正当的行动者是把理智和明智有机结合到行动之中的过程,从而具有智慧。明智考虑的是具体事物的善,而智慧则沉思总体的善。"智慧显然是各种科学中的最为完善者。有智慧的人不仅知道从始点推出的结论,而且真切地知晓那些始点。所以,智慧必定是努斯与科学的结合,必定是关于最高等的题材的、居首位的科学。"③明智关注具体的善,智慧关系的是城邦之善。只有将智者、德者和行者被统一在一起,从而拥有完整的道德人格的时候,一个真正能够实现人类价值的规范体系才能被建构起来。如果以上是构建规范的原则,那么将原则贯彻到具体的建构过程之中,就形成了科学的方法。

---

①　《古希腊罗马哲学》,北京大学哲学系外国哲学史教研室编译,商务印书馆 2021 年版,第 19—20 页。

②　[英]亚当·斯密:《道德情操论》,蒋自强等译,商务印书馆 1997 年版,第 140 页。

③　[古希腊]亚里士多德:《尼各马可伦理学》,廖申白译,商务印书馆 2003 年版,第175 页。

1. 规范平衡问题

社会是由多个相互关联的领域构成的,每个领域因其自身的性质而拥有适合于其自身的规范系统。每个具有特定的领域就是"场域",布尔迪厄把"场域"定义为在各种位置之间存在的一个关系空间。场域中的位置由两方面的因素来界定:一是占据某一特定位置的行动者所拥有的资本的总量及其类型的结构;二是这些位置之间的相互关系,如支配关系、屈从关系、结构上的对应关系等等。场域是由习性、权力和规则构成的,习性是构成场域的内在力量,而权力和规则则是各种习性独自和相互运用的结果。而就诸种场域说,可有依照权威性力量而实施支配性行为的领域,如由政治权力和公共职权构成了政治领域,由各种非权威性力量构成的社会公共领域,还有基于血缘关系之上的私人生活领域如家庭。所谓规范平衡问题,就是每一个场域都有适合于其自身性质的规范系统,且相对有效。如若出现了规范非平衡状态,就会使社会秩序出现或专制或混乱状态。如通过政治权力和公共职权建构起来的非竞争的独断领域,而没有构建起与独断领域既相匹配又相制约的公共领域,就会产生不同领域之间的矛盾和冲突。相反,如果在普遍交换和广泛交往已经逐渐发生和发展的基础上,随着现代传播媒介的创造,一种反映民意的公共意志已经成熟起来,进言之,公共舆论已经具备了表达真理的能力,而独断的、非竞争领域的规范并不具备接受公共舆论监督和质询的能力,就会出现国家意志和公共意志的冲突。现代政治文明的一个重要标志就是国家既是伦理理念的领悟者,又是伦理理念的实现者。"国家是伦理理念的现实——是作为显示出来的、自知的实体性意志的伦理精神,这种伦理精神思考自身和知道自身,并完成一切它所知道的,而且只是完成它所知道的……单个人的自我意识由于它具有政治情绪而在国家中,即在它自己的实质中,在它自己活动的目的和成果中,获得了自己的实体性的自由。"[①]只有将理智德性和道德德性有机统一起来的人,才能领悟并实现作为伦理理念现实的国

---

① [德]黑格尔:《法哲学原理》,范扬、张企泰译,商务印书馆1961年版,第253页。

家的使命。规范平衡问题不仅仅表现在各个社会领域都有实现正义与平等的规范,且卓有成效,更指它们遵循着共同价值原则,如正义与平等、效率与公平、自由与幸福,作为价值原则分属于政治、经济和文化领域,但它们共同遵循着每一个有理性存在者既是手段又是目的这一最高价值原则。

2. 规范边界问题

规范边界问题实质上是规范的溢出效应问题。表面看来是特定场域中的规范跃出自己的边界而嵌入、侵蚀到其他社会场域,致使其他规范失效的过程,实质上是权力的无理性扩张问题。将权力、地位、身份超出其边界而迁移到社会领域,继而占有社会资源的行为,是导致公共领域之规范失效的根本原因。在社会领域逐渐分化、各个领域愈益专业化的过程中,来自独占、非竞争领域的政治权力,来自私人生活领域的私权,都要在公共意志的约束下,获得各自的合理性、合法性地位。成熟起来的现代社会具有强大的自组织能力、自适应能力,它会依照来自各自立场的意志而整合成一个被理解、被共识、可公度的公共规则来调节各种利益关系,被先前用权力和私权限制了的人格,在现代社会获得了独立性。每个人的意志和利益既受到其他个人意志的约束,更受到被建构起来的公共规则的制约,唯其如此,他的利益、意志与人格才会得到保证和尊重。而这一切都决定于人们是否形成成熟的公共理性,并充分运用它。"公共理性在三个方面是公共的:作为公民的理性,它是公众的理性;它的目标是共同的善和基本正义问题;它的性质和内容是公共的,因为它是由社会的政治正义概念所赋予的力量和原则,并且对于那种以此为基础的观点持开放态度。"①

如果说人类制定规范、修正规范和完善的过程,呈现的是人类文明程度的外部表现,那么人类能否拥有完成这一切的观念、情感、意志,总之是否拥有日益完善的理智德性和道德德性,才是创造人类文明的原初性力

---

① [德]黑格尔:《法哲学原理》,范扬、张企泰译,商务印书馆1961年版,第68—69页。

量。人类只有也唯有提升和完善其自身的主体性力量，一个被称之为新形态的人类文明才是可能的。这才是我们深入思考"是规范失效还是道德危机"这一题材的真正意图。观念、情感、意志既是制定和遵守规范的原初性力量，也是纠正和修正失范行为的外部力量。进一步地，作为进行教化、启蒙和救赎的中介，规范必须具有普遍有效性，而要实现这一目的，制定和支配规范的人首先必须完成自我教化、启蒙和救赎。教育者本人一定是受教育的。"环境的改变和人的活动或自我改变的一致，只能被看做是并合理地理解为革命的实践。"①在任何时候，制定和支配规范的权力都是一种权威性的支配力量，也是垄断教化和启蒙之话语权的权威性力量。作为具身性的力量，规范的发生和变迁源出于人的心智力量及其充分发挥；作为附身性的权威力量，规范又是对他者之心智力量的支配和控制。规范是文明性的，但却未必是文明本身。在现代国家治理和社会管理中，自由、民主、平等、富强、和谐等价值观不仅具有文明性质，而且就是文明本身，因为它们要么就是快乐和幸福本身，要么就是追求和获得快乐与幸福的基础。唯其如此，规范不仅具有工具价值，更具有目的意义。

3. 制度变迁中的正义问题

制度文明建设是构建中华伦理文明新形态过程中的关键要素和环节。规范平衡和规范边界问题是初始性制度安排中的两个重要方面，这是从静态角度加以考察的。从动态视角加以规定，制度变迁中的正义问题，乃是更为重要的方面。百年未有之大变局，实质上是一个社会转型问题，中华伦理文明新形态建设是这个大变局的文化表达；中国式现代化是这个大变局的实践表达，而制度变迁则是规范表达。

制度，作为反复可以使用的游戏规则，其功能在于激励和规约，而激励和规约的对象乃是人自身的思考与行动。人类规范的发生和发展史，与人类的生产与交换、分配与消费、交往与交流，是一个相互嵌入和相互

---

① 《马克思恩格斯文集》第 1 卷，人民出版社 2009 年版，第 500 页。

推动的过程,具有同样长久的历史。"在自然界中每一物件都是按照规律起作用。唯独有理性的东西有能力按照对规律的观念,也就是按照原则而行动,或者说,具有意志。既然使规律见之于行动必然需要理性,所以意志也就是实践理性。如果理性完全无遗地规定了意志,那么,有理性东西那些被认作是客观必然的行为,同时也就是主观必然的。也就是说,意志是这样的一种能力,它只选择那种,理性在不受爱好影响的条件下,认为实践上是必然的东西,也就是,认为是善的东西。如若理性不能完全无遗地决定意志;如若意志还为主观条件,为与客观不相一致的某些动机所左右;总而言之,如若意志还不能自在地与理性完全符合,象在人身上所表现的那样,那么这些被认为是客观必然的行动,就是主观偶然的了。对客观规律来说,这样的意志的规定就是必要性(Nötigung)。这也就是说,客观规律对一个尚不是彻底善良的意志的关系,被看作是一个有理性的东西的意志被一些理性的根据所决定,而这意志按其本性,并不必然地接受它们。"①按照对规律的观念而行动,也就是按照原则和规范而行动;当这种原则和规范在人的头脑中发生着,这是观念形态的规范。但原则和规范无法始终以观念的形式实存和持存着,并无空间距离地直接决定人的意志,它们必然也必须外化出去,变成可以视听的话语、文字、数字、符号;一是为着可以在反复进行的生产与交换、分配与消费、交往与交流活动中,保证原则和规范的同一性,二是为着不同的行动者可以共同遵守同一种原则和规范。加速社会的形成,各种活动日益复杂化,各种矛盾和冲突不断产生,这就更加需要创制出既有普遍性又有特殊性、既有同一性又有差别性的制度体系。由于观念形态的原则和规范,符号化、文字化、数字化的原则和规范,都处在不断变动的状态之中,那是因为各种活动和由此生成的各种关系都处在变动之中,所以制度变迁业已成为生成伦理文明新形态过程中的根本面向。制度创制与制度变迁既是精神文明建设的核心内容,又是推进各种形态之伦理文明建设的基础。

---

① ［德］康德:《道德形而上学原理》,苗力田译,上海人民出版社 1986 年版,第 63 页。

制度变迁既是必要的又是可能的。其必要性在于,任何一种制度、特别是政治制度,一经被创制出来就变成一种"看似有理性结构",从而具有了合法性、合理性、权威性和强制性。然而,由于活动及其关系的多样性,以及人的理性的有限性,所以任何一种"看似有理性结构"都不能把所有的可能性呈现在表象里、把握在意识中、呈现在文字中。从制度产生的那一刻起,它就已经成为一个有限的"看似有理性结构"了。当这个有限的"看似有理性结构"已经无法容纳已经由发生重大变化的社会结构变迁而导致的新的利益关系和矛盾时,变革已有制度、创制新型制度的时刻就到来了。制度变迁既是社会进步程度的测量器,又是人类思想品德进化的指示器。

制度变迁过程中的正义问题,直接指向生态伦理文明、社会生态伦理文明和精神生态伦理文明。在生态伦理文明建设中,制度变迁中的正义,体现为代内生态正义,即实现生态权利与生态责任的平衡机制;代际生态正义,是此一代人开发和利用自然资源不得以降低下一代人的生活质量为前提。在社会生态伦理文明建设中,在权力、资本、知识、技术、机会、运气分配过程中,坚持差别意义上的平等和人道意义上的平等辩证统一原则。在精神生态伦理文明建设中,为充分激发和发挥个体的积极性、能动性、自主性和创造性,创造出足够的可能性空间,以使人们创造出更加丰富的满足人们信、知、情、意等多形态、多层次需要的精神产品。当在推进中国式现代化过程中,先进的观念、公正的制度和正当的行动被并置在一起,成为一个充满生命力的、流动的善的时候,用以构建中华伦理文明新形态的主体性资源就被培养起来了。

参 考 文 献

［1］A.J.赫舍尔.人是谁［M］.隗仁莲译,贵阳:贵州人民出版社,1994.

［2］保尔·芒图.十八世纪产业革命［M］.陈希秦等译,北京:商务印书馆,1997.

［3］北京大学哲学系外国哲学史教研室.古希腊罗马哲学［M］.北京:商务印书馆,2021.

［4］北京大学哲学系外国哲学史教研室.西方哲学原著选读［M］.北京:商务印书馆,1981.

［5］布罗代尔.资本主义的动力［M］.杨起译,北京:三联书店,1997.

［6］丹尼尔·A.科尔曼.消失的边界:建设一个绿色社会［M］.梅俊杰译,上海:上海译文出版社,2002.

［7］笛卡尔.谈谈方法［M］.王太庆译,北京:商务印书馆,2000.

［8］费尔南·布罗代尔.十五至十八世纪的物质文明、经济与资本主义［M］.顾良、施康强译,北京:商务印书馆,2018.

［9］高鸿业.西方经济学［M］.北京:中国人民大学出版社,2000.

［10］海德格尔.存在论:实际性的解释学［M］.何卫平译,北京:商务印书馆,2016.

［11］海德格尔.时间概念史导论［M］.欧东明译,北京:商务印书馆,2009.

［12］海因里希·罗姆巴赫.结构存在论:一门自由的现象学［M］.王俊译,杭州:浙江大学出版社,2015.

［13］黑格尔.法哲学原理［M］.范扬、张企泰译,北京:商务印书

馆,1961.

[14]黑格尔.精神哲学[M].杨祖陶译,北京:人民出版社,2006.

[15]黑格尔.小逻辑[M].贺麟译,上海:上海人民出版社,2009.

[16]胡塞尔.纯粹现象学通论[M].李幼蒸译,北京:商务印书馆,1992.

[17]吉尔伯特·赖尔.心的概念[M].徐大建译,北京:商务印书馆,1992.

[18]京特·雅科布斯.规范·人格体·社会:法哲学前思[M].冯军译,北京:法律出版社,2001.

[19]康德.纯粹理性批判[M].邓晓芒译,北京:人民出版社,2004.

[20]康德.道德形而上学原理[M].苗力田译,上海:上海人民出版社,1986.

[21]康德.康德书信百封[M].李秋零译,上海:上海人民出版社,2019.

[22]康德.康德著作全集(注释本)[M].第7卷.李秋零译,北京:中国人民大学出版社,2024.

[23]康德.康德著作全集[M]第4卷.李秋零译,北京:中国人民大学出版社,2005.

[24]康德.康德著作全集[M]第6卷.李秋零译,北京:中国人民大学出版社,2007.

[25]康德.实践理性批判[M].关文运译,桂林:广西师范大学出版社,2002.

[26]理查德·瑞吉斯特.生态城市——建设与自然平衡的人居环境[M].王如松、胡聃译,北京:社会科学文献出版社,2002.

[27]罗伯特·艾尔斯.转折点——增长范式的终结[M].戴星翼、黄文芳译,上海:上海译文出版社,2001.

[28]罗尔斯.公共理性的观念[M].载詹姆斯·博曼主编.协商民主:论理性与政治,陈家刚等译,北京:中央编译出版社,2006.

［29］马克斯·舍勒.伦理学中的形式主义与质料的价值伦理学［M］.倪梁康译,北京:商务印书馆,2011.

［30］摩尔.伦理学原理［M］.长河译,北京:商务印书馆,1983.

［31］倪梁康.心性现象学［M］.北京:商务印书馆,2021.

［32］诺曼·迈尔斯.最终的安全:政治稳定的环境基础［M］.王正平、金辉译,上海:上海译文出版社,2001.

［33］斯拉沃热·齐泽克.意识形态的崇高客体［M］.季广茂译,北京:中央编译出版社,2017.

［34］王亚南.中国官僚政治研究［M］.北京:商务印书馆,2010.

［35］韦伯.经济与历史:支配的类型［M］.康乐等译,桂林:广西师范大学出版社,2004.

［36］休谟.人性论［M］（下）.关文运译、郑之骧校,北京:商务印书馆,1980.

［37］许慎撰、段玉裁注.说文解字注［M］.上海:上海书店,1992.

［38］亚当·斯密.道德情操论［M］.蒋自强等译,北京:商务印书馆,1997.

［39］亚当·斯密.国富论［M］.郭大力、王亚南译,北京:商务印书馆,2015.

［40］亚里士多德.尼各马可伦理学［M］.廖申白译,北京:商务印书馆2003.

［41］亚里士多德.政治学［M］.吴寿彭译,北京:商务印书馆,1996.

［42］中国21世纪议程管理中心可持续发展战略研究组.发展的基础——中国可持续发展的资源、生态基础评价［M］.北京:社会科学文献出版社,2004.

［43］周辅成.西方伦理学名著选辑［M］（下）.北京:商务印书馆1987.

［44］朱熹.四书章句集注［M］.北京:中华书局1983.

图书在版编目(CIP)数据

中华伦理文明新形态：何所向与何所为 / 晏辉著.
上海 ： 上海人民出版社，2025. -- ISBN 978-7-208
-19628-5

Ⅰ. B82-092

中国国家版本馆 CIP 数据核字第 2025QD0289 号

责任编辑 王笑潇
封面设计 零创意文化

中华伦理文明新形态：何所向与何所为
晏　辉 著

出　　版　上海人民出版社
　　　　　（201101　上海市闵行区号景路 159 弄 C 座）
发　　行　上海人民出版社发行中心
印　　刷　苏州工业园区美柯乐制版印务有限责任公司
开　　本　720×1000　1/16
印　　张　24.25
插　　页　5
字　　数　334,000
版　　次　2025 年 7 月第 1 版
印　　次　2025 年 7 月第 1 次印刷
ISBN 978 - 7 - 208 - 19628 - 5/B • 1854
定　　价　125.00 元